21世纪高等学校规划教材 | 计算机应用

大学计算机基础教程

（Windows 7 · Office 2010）（第二版）

刘志勇 张敬东 主 编
封 雪 高婕姝 郝 颖 副主编

清华大学出版社
北 京

内容简介

本书是按照教育部《关于进一步加强高等学校计算机基础教学的意见暨计算机基础课程基本要求》的有关规定编写的。本书以 Windows 7 和 Office 2010 为平台，讲授计算机的基础知识和基本操作。全书共分七章，第 1 章 计算机基础知识；第 2 章 计算机操作系统；第 3 章 办公自动化技术；第 4 章 计算机网络与应用；第 5 章 计算机信息安全；第 6 章 多媒体技术；第 7 章 软件技术基础。本书以基本知识讲解和基本技能训练为主线，突出基本技能的掌握，内容新颖，图文并茂，层次清楚。通过本书的学习，使学生掌握计算机软、硬件技术，多媒体技术，计算机网络技术，计算机信息安全技术和计算机软件技术的基本概念和原理，具备办公信息处理的能力。

本书不仅可以作为高等院校各专业计算机基础课程的教材、教学参考书及社会各类培训班的教材，还可以作为初学者的自学用书。

图书在版编目(CIP)数据

大学计算机基础教程：Windows 7・Office 2010/刘志勇，张敬东主编. --2 版. --北京：清华大学出版社，2016 (2019.5重印)

21 世纪高等学校规划教材・计算机应用

ISBN 978-7-302-44597-5

Ⅰ. ①大… Ⅱ. ①刘… ②张… Ⅲ. ①Windows 操作系统－高等学校－教材 ②办公自动化－应用软件－高等学校－教材 Ⅳ. ①TP3

中国版本图书馆 CIP 数据核字(2016)第 179426 号

责任编辑：贾 斌 薛 阳
封面设计：傅瑞学
责任校对：焦丽丽
责任印制：宋 林

出版发行：清华大学出版社
网 址：http://www.tup.com.cn，http://www.wqbook.com
地 址：北京清华大学学研大厦 A 座 **邮 编**：100084
社 总 机：010-62770175 **邮 购**：010-62786544
投稿与读者服务：010-62776969，c-service@tup.tsinghua.edu.cn
质量反馈：010-62772015，zhiliang@tup.tsinghua.edu.cn
课件下载：http://www.tup.com.cn，010-62795954
印 装 者：北京嘉实印刷有限公司
经 销：全国新华书店
开 本：185mm×260mm **印 张**：20.5 **字 数**：499 千字
版 次：2014 年 9 月第 1 版 2016 年 7 月第 2 版 **印 次**：2019 年 5 月第 4 次印刷
印 数：4401～5400
定 价：44.50 元

产品编号：070386-01

出版说明

随着我国改革开放的进一步深化，高等教育也得到了快速发展，各地高校紧密结合地方经济建设发展需要，科学运用市场调节机制，加大了使用信息科学等现代科学技术提升、改造传统学科专业的投入力度，通过教育改革合理调整和配置了教育资源，优化了传统学科专业，积极为地方经济建设输送人才，为我国经济社会的快速、健康和可持续发展以及高等教育自身的改革发展做出了巨大贡献。但是，高等教育质量还需要进一步提高以适应经济社会发展的需要，不少高校的专业设置和结构不尽合理，教师队伍整体素质亟待提高，人才培养模式、教学内容和方法需要进一步转变，学生的实践能力和创新精神亟待加强。

教育部一直十分重视高等教育质量工作。2007 年 1 月，教育部下发了《关于实施高等学校本科教学质量与教学改革工程的意见》，计划实施“高等学校本科教学质量与教学改革工程(简称‘质量工程’)”，通过专业结构调整、课程教材建设、实践教学改革、教学团队建设等多项内容，进一步深化高等学校教学改革，提高人才培养的能力和水平，更好地满足经济社会发展对高素质人才的需要。在贯彻和落实教育部“质量工程”的过程中，各地高校发挥师资力量强、办学经验丰富、教学资源充裕等优势，对其特色专业及特色课程(群)加以规划、整理和总结，更新教学内容、改革课程体系，建设了一大批内容新、体系新、方法新、手段新的特色课程。在此基础上，经教育部相关教学指导委员会专家的指导和建议，清华大学出版社在多个领域精选各高校的特色课程，分别规划出版系列教材，以配合“质量工程”的实施，满足各高校教学质量和教学改革的需要。

为了深入贯彻落实教育部《关于加强高等学校本科教学工作，提高教学质量的若干意见》精神，紧密配合教育部已经启动的“高等学校教学质量与教学改革工程精品课程建设工作”，在有关专家、教授的倡议和有关部门的大力支持下，我们组织并成立了“清华大学出版社教材编审委员会”(以下简称“编委会”)，旨在配合教育部制定精品课程教材的出版规划，讨论并实施精品课程教材的编写与出版工作。“编委会”成员皆来自全国各类高等学校教学与科研第一线的骨干教师，其中许多教师为各校相关院、系主管教学的院长或系主任。

按照教育部的要求，“编委会”一致认为，精品课程的建设工作从开始就要坚持高标准、严要求，处于一个比较高的起点上；精品课程教材应该能够反映各高校教学改革与课程建设的需要，要有特色风格、有创新性(新体系、新内容、新手段、新思路，教材的内容体系有较高的科学创新、技术创新和理念创新的含量)、先进性(对原有的学科体系有实质性的改革和发展，顺应并符合 21 世纪教学发展的规律，代表并引领课程发展的趋势和方向)、示范性(教材所体现的课程体系具有较广泛的辐射性和示范性)和一定的前瞻性。教材由个人申报或各校推荐(通过所在高校的“编委会”成员推荐)，经“编委会”认真评审，最后由清华大学出版社审定出版。

目前,针对计算机类和电子信息类相关专业成立了两个“编委会”,即“清华大学出版社计算机教材编审委员会”和“清华大学出版社电子信息教材编审委员会”。推出的特色精品教材包括:

(1) 21世纪高等学校规划教材·计算机应用——高等学校各类专业,特别是非计算机专业的计算机应用类教材。

(2) 21世纪高等学校规划教材·计算机科学与技术——高等学校计算机相关专业的教材。

(3) 21世纪高等学校规划教材·电子信息——高等学校电子信息相关专业的教材。

(4) 21世纪高等学校规划教材·软件工程——高等学校软件工程相关专业的教材。

(5) 21世纪高等学校规划教材·信息管理与信息系统。

(6) 21世纪高等学校规划教材·财经管理与计算机应用。

(7) 21世纪高等学校规划教材·电子商务。

(8) 21世纪高等学校规划教材·物联网。

清华大学出版社经过三十多年的努力,在教材尤其是计算机和电子信息类专业教材出版方面树立了权威品牌,为我国的高等教育事业做出了重要贡献。清华版教材形成了技术准确、内容严谨的独特风格,这种风格将延续并反映在特色精品教材的建设中。

清华大学出版社教材编审委员会

联系人:魏江江

E-mail:weijj@tup.tsinghua.edu.cn

随着计算机科学和信息技术的飞速发展及计算机的普及教育，国内高校的计算机基础教育已踏上了新的台阶，步入了一个新的发展阶段。各专业对学生的计算机应用能力提出了更高的要求。为了适应这种新发展，许多学校修订了计算机基础课程的教学大纲，课程内容不断推陈出新。我们按照教育部《关于进一步加强高等学校计算机基础教学的意见暨计算机基础课程基本要求》编写本教材。大学计算机基础是非计算机专业高等教育的公共必修课程，是学习其他计算机相关技术课程的前导和基础课程。本书编写的宗旨是使读者较全面、系统地了解计算机基础知识，具备计算机实际应用能力，并能在各自的专业领域自觉地应用计算机进行学习与研究。

本教材以 Windows 7 和 Office 2010 为平台，向读者介绍计算机的基础知识和基本操作，并增加了物联网、云计算等方面的计算机新技术。全书共分七章，第 1 章计算机基础知识；第 2 章计算机操作系统；第 3 章办公自动化技术；第 4 章计算机网络与应用；第 5 章计算机信息安全；第 6 章多媒体技术；第 7 章软件技术基础。本书以基本知识讲解和基本技能训练为主线，突出基本技能的掌握，内容新颖，图文并茂，层次清楚。通过本书的学习，使学生掌握计算机软、硬件技术，多媒体技术、计算机网络技术，计算机信息安全技术和软件设计技术的基本概念和原理，具备办公信息处理的能力。

参加本书编写的作者是多年从事一线教学的教师，具有较为丰富的教学经验。在编写时注重原理与实践紧密结合，注重实用性和可操作性；案例的选取上注意从读者日常学习和工作的需要出发；文字叙述上深入浅出，通俗易懂。另外，有配套的《大学计算机基础实验指导及习题教程》，以供读者学习参考。

本书由刘志勇、张敬东主编，王丽君主审。参加本书编写的还有高婕姝、封雪、郝颖。

由于作者水平所限，本书难免有不足之处，欢迎广大读者批评指正。

编　者

2016 年 3 月

目 录

计算机基础知识

本章学习目标

- 了解计算机的发展与应用。
- 了解计算机的基本工作原理，掌握微型计算机的硬件组成。
- 理解计算机中的数制与编码，掌握各数制间的转换方法。

电子计算机诞生于20世纪中叶，是人类科技发展史上一个崭新的里程碑。当今微型计算机技术和计算机网络技术的应用已经渗透到社会生活的各个领域，有力地推动着科技的发展和社会的进步。因此，学习和掌握一定的计算机基础知识是我们社会生活的必然要求。

本章首先介绍了计算机的产生、发展、分类、特点以及当前的应用，再介绍了计算机的系统构成与工作原理，着重介绍了微型计算机的硬件及其组成，最后介绍了计算机中4种常用的数制及其转换方法。

1.1 计算机概述

所谓计算机是指由电子器件组成的具有逻辑判断和记忆能力，能在给定的程序控制下自动完成信息加工处理、科学计算、自动控制等功能的数字化电子设备。其特点是运算速度快、精度高，具有记忆和逻辑判断能力并且自动执行。

1.1.1 计算机的产生

1946年2月，世界上第一台电子计算机ENIAC（Electronic Numerical Integrator And Calculator）在美国宾夕法尼亚大学研制成功。ENIAC的研制源自于第二次世界大战时期美国军械试验中弹道火力表的计算。这台电子数字积分计算机使用了18 800多个电子管，1500多个继电器，功率150kW，占地约170平方米，体重约30t，耗资约48万美元，如图1.1所示。

图1.1 第一台电子计算机

从1946年诞生并投入使用的9年间，ENIAC为原子核裂变方程求解等诸多重要计算提供了帮助。虽然它只能进行每秒5000次的加法运算，但ENIAC的研制成功为计算机技术的发展奠定了坚实的基础。同时,ENIAC的诞生标志着人类社会进入崭新的电子计算机时代。

1.1.2 计算机的发展

计算机早期的产生和发展是众多科学家共同努力的成果。例如,帕斯卡发明了加法机,莱布尼茨改造加法机而形成乘法机,巴贝奇提出自动计算机概念,布尔完整的二进制代数体系,维纳创立的控制论。他们都为计算机的产生和发展奠定了基础。

冯・诺依曼首先提出完整的通用电子计算机体系结构方案,即EDVAC方案。长达101页的EDVAC方案指导了计算机的诞生并成为计算机发展史上的里程碑。因此被后人尊称为"计算机之父"。

阿兰・图灵,计算机逻辑理论的奠基者。建立了"图灵机"的理论模型并且发展了可计算性理论,为计算机的发展指明方向。他还提出了定义机器智能的"图灵测试"。计算机界的最高奖定名为"图灵奖"。

1. 计算机的发展阶段

现代计算机是从使用电子管开始的,所以称为电子计算机。在推动计算机发展的诸多因素中,电子元器件的发展起着决定性的作用。因此,根据计算机所采用电子元器件的发展,将计算机的发展划分为4个时代,如表1.1所示。

表1.1 计算机发展的4个时代

时　代	电子器件	运算速度	内存容量	编 程 语 言	主要应用
第一代 1946—1958	电子管时代	10^3～10^5 指令/秒	几千字节	机器语言、汇编语言	科学计算
第二代 1958—1964	晶体管时代	十万次/秒	几十万字节	高级语言如FORTRAN,简单操作系统	数据处理、过程控制等
第三代 1964—1970	中小规模集成电路时代	百万次/秒	64KB～2MB	多功能操作系统,结构化程序设计语言	文字处理、企事业管理
第四代 1971年以后	大规模集成电路时代	上亿次/秒	2MB～64GB	可视化操作系统,面向对象的程序设计语言	应用于社会生活各领域

第四代计算机中最具影响力的莫过于微型计算机。它诞生于20世纪70年代,随着超大规模集成电路技术上的突破和微处理器的诞生,在短短的几十年里微型计算机迅速发展、普及并改变着人们的生活。

2. 计算机的发展方向

当代计算机技术日新月异,新产品层出不穷,其中硬件技术的发展尤为迅猛,计算机发展遵循摩尔定律,即计算机的性价比以每18个月翻一番的速度上升。据统计,近年来,大约每隔3年计算机硬件性能会提高近4倍,而成本会下降近50%。计算机的发展极大地推动着社会的发展和科技的进步,同时也促进了新一代的计算机产生,称为第五代计算机。实际上自 1982 年以后，许多国家都开展了第五代计算机的研制。所谓第五代计算机应该是有知识、会学习、能推理的智能电子计算机。因此对于计算机的发展应该向着微型化、巨型化、智能化、网络化和多媒体化的方向发展。

1）微型化

微型化是指计算机向着体积小、质量轻、成本低、速度快、功能强的方向发展，如当前的笔记本电脑、平板电脑、智能手机等。随着新材料的不断研发，计算机将会进一步向超大规模的高速集成化方向发展。

2）巨型化

巨型化是指计算机向着运算速度更快、精度更高、存储容量更大、功能更强的方向发展。目前巨型机运算速度可达每秒千万亿次以上。巨型机的研制水平体现着一个国家的科技水平和综合国力。

3）智能化

智能化是指计算机应该是具有知识表示、逻辑推理、自主学习、人机交互等充分体现人类智慧的超级计算机系统。智能化是新一代计算机要实现的目标，是计算机发展的一个重要方向。

4）网络化

网络化是指计算机技术与通信技术相结合向着资源高度共享的方向发展。互联网、电子商务已悄然改变着人们的生活。目前随着物联网、云计算等新技术的出现，人们正积极搭建新的物联网平台，因此网络化是计算机发展的必然趋势。

5）多媒体化

多媒体化是指以计算机数字技术为核心，更有效地处理文字、图形、音频和视频等多种形式的自然信息，使人与计算机之间交换信息的方式向着更为接近自然的方向发展。

3. 我国计算机的发展

我国计算机事业开始于 1956 年制定的《十二年科学技术发展规划》。1956 年 8 月 25 日，中国科学院计算技术研究所筹备委员会成立，我国计算机事业由此起步。50 多年来，我国计算机事业突飞猛进，几代人付出了艰辛的努力，其发展历程简述，如表 1.2 所示。

表 1.2　中国计算机发展历程简表

时　间	机　型
1957 年	哈尔滨工业大学研制成功我国第一台模拟式电子计算机
1958 年	我国第一台小型电子管数字电子计算机(103 型)
1965 年	中科院计算所研制成功第一台大型晶体管计算机(109 乙)
1974 年	采用集成电路的 DJS-130 小型计算机，运算速度达每秒 100 万次
1983 年	银河-Ⅰ巨型计算机投入运行，1 亿次/秒。我国计算机研制的一个里程碑
1995 年	大规模并行处理结构的并行机曙光 1000，通过鉴定
1997 年	银河-Ⅲ并行巨型计算机系统研制成功，百亿次/秒
2002 年	中科院第一款自主知识产权的 CPU“龙芯”研制成功

续表

时　间	机　　型
2008 年	曙光 5000A,运算速度 230 万亿次/秒；深腾 7000,106 万亿次/秒
2010 年	天河一号 A,运算速度 2507 万亿次/秒(2010 年世界排名第一)
2011 年	曙光-星云,运算速度 1271 万亿次/秒
2013 年	天河二号,以 33.86 千万亿次/秒(浮点运算)成为全球最快超级计算机

4. 未来新型计算机

随着计算机应用技术的深入,目前传统的冯·诺依曼机的体系结构已经不能满足未来智能计算机系统的理论要求。因此展望未来,从理论上突破传统冯·诺依曼机的概念,采用新型的物理材料,是当前人们不懈努力的方向。

1) 神经网络计算机

神经网络计算机是希望通过建立神经网络的工程模式来模拟人脑的信号处理功能。人脑有近 140 亿神经元及 10 亿多神经键,每个神经元又多交叉相连。用许多微处理机模仿神经元,采用大量并行分布式网络,信息存储在神经元之间的联络网中,从而建立一个模仿人脑活动的巨型信息处理系统,即神经网络计算机。

传统冯·诺依曼机大多处理条理清晰、符合逻辑的信息,而人脑能处理各种纷繁复杂的非逻辑信息,因而神经网络计算机的发展目标是着力接近人脑的这种智慧和灵活性。与传统计算机系统相比,神经网络计算机的长处在于能并行处理并且具有一定的自学习和自适应能力。因此,神经网络计算机技术可以在模式识别、智能控制、智能信息检索、自然语言理解和智能决策等人工智能领域发挥优势。

2) 生物计算机

生物计算机是利用蛋白分子 DNA 为主要材料制成。其运算过程就是蛋白质分子与周围物理化学介质的相互作用过程。最大优点在于它的存储容量大并且运算速度快。DNA 本身具有极强的存储能力,它的存储点只有一个分子,而存储容量可达到普通电子计算机的十亿倍;分子间完成一项运算仅需 10ps,远远超过人脑的思维速度。由于生物计算机的材料是蛋白质分子,使得生物计算机具有生物的特性,如可以自我修复芯片、自我再生出新电路,从而更易于模拟人脑的机制。

3) 光子计算机

光子计算机是利用光子作为信息传输载体的计算机,又称光脑。光子的特点：一是运行速度快等于光速；二是光子不带电荷没有电磁场作用,能耗低；三是信息存储容量大。用光子做信息载体,可以制造出运算速度极高的光子计算机。光子计算机由光学反射镜、透镜、滤波器等光学元件和设备组成。光子的传导不需要导线,其实现的关键技术之一是激光技术。光子计算机优点在于并行处理能力强,具有超高的运算速度。目前光脑的许多关键技术,如光储存技术、光互联技术和光电子集成电路等都已取得突破。1984 年世界上第一台光脑已由欧共体的多名科学家研制成功,其速度比普通计算机快 1000 倍且准确性极高。

4）量子计算机

量子计算机是一种利用多现实态下的原子进行运算的计算机。在某种条件下，原子世界里存在着多现实态，即原子可以同时存在于此处或彼处，可以同时向上或向下运动。如果用这些不同的原子状态分别代表不同的数据，就可以利用一组不同潜在状态组合的原子，在同一时间对某个问题的所有答案进行探寻，并最终将正确答案的组合表示出来。量子计算机的优点是能够实行并行计算、存储能力大、发热量小并且可对任意物理系统进行高效模拟。量子计算机最早由美国阿贡国家实验室提出来。目前开发的有核磁共振量子计算机、硅基半导体量子计算机和离子阱量子计算机3种类型。量子计算机的高效运算能力使其具有广阔的应用前景。

5）超导计算机

1962年，英国物理学家约瑟夫逊提出了“超导隧道效应”。所谓超导就是在接近绝对零度下，电流在某些介质中传输时所受阻力为零的现象。电流在超导体中流过，电阻为零，介质不发热。与传统的半导体计算机相比，超导计算机的耗电量仅为其几千分之一，而执行一条指令的速度却要快上近100倍。1999年日本超导技术研究所制作了由1万个约瑟夫逊元件组成的超导集成电路芯片，其体积只有3～5mm²。为超导计算机的发展开拓了新前景。

6）纳米计算机

在纳米尺度下，由于有量子效应，物理材料硅微电子芯片便不能工作。其原因是这种芯片的工作，依据的是固体材料的整体特性，即大量电子参与工作时所呈现的统计平均规律。如果在纳米尺度下，利用有限电子运动所表现出来的量子效应，就可能克服上述困难，可以用不同的原理实现纳米级计算。目前已提出了四种工作机制，即电子式纳米计算技术、基于生物化学物质与DNA的纳米计算、机械式纳米计算、量子波相干计算。它们有可能发展成为未来纳米计算机技术的基础。

综上所述，未来计算机为我们描绘了广阔的应用前景，目前这些技术离实际应用还有距离。但是未来计算机的实现将是对传统计算机模式的革命性突破。另外，当前很多科学家也意识到现有的芯片制造技术，尤其是晶体硅的物理性能在未来的十多年后将达到其物理极限。开发新型的芯片材料也是人们力争突破的方向，例如，2010年两位诺贝尔物理学奖获得者发现的石墨烯，是目前世界上所发现的最薄的材料。石墨烯以其优越的物理性能有望超越晶体硅，突破现有集成电路的物理极限成为未来计算机芯片的主力。

1.1.3 计算机的分类

计算机种类繁多，其分类的方法也因角度的不同而难以精确划分。例如，按处理数据的类型可以分为模拟计算机、数字计算机和混合计算机；按用途及使用范围可以分为专用型计算机和通用型计算机；按其工作模式可分为工作站和服务器等。当前，最常见的分类方法是按照计算机系统的规模，将其划分为以下几类。

1. 巨型计算机

巨型计算机又称为超级计算机，简称巨型机。巨型机是功能最强、运算速度最快、存储容量最大的高性能计算机。巨型机主要应用于国家级高尖端科学技术的研究及军事国防领域。巨型机的研制和应用是一个国家科技发展水平的重要标志，也是一个国家科技实力的综合体现。目前我国自主研制的巨型机，如天河系列和曙光系列，其性能均处世界前列。2013年我国的“天河二号”，如图1.2所示，以浮点运算速度33.86千万亿次/秒的绝对优势成为全球最快超级计算机。

2. 大型计算机

大型计算机简称大型机。大型机具有通用性强、速度快、容量大、支持多用户使用的特点。大型机具有完善的指令系统和丰富的外部设备，适合于进行数据处理。主要应用在银行、电信、金融等需要对大量数据进行存储和管理的大型公司企业或大型数据库管理机构，也常用作计算机网络中的服务器等。2013年1月，浪潮发布了我国首套大型主机系统，浪潮天梭K1系统，如图1.3所示。它使我国成为继美日之后第三个掌握新一代大型主机技术的国家。

图1.2 巨型机“天河二号”

图1.3 大型机“浪潮天梭K1”

3. 小型计算机

小型计算机机器规模小、结构简单、设计周期短，便于及时采用先进工艺，由于小型机本身对运行环境要求不高，操作简单易维护且安全可靠，所以小型机广泛应用在工业自动化控制、大型分析仪器、测量仪器、医疗设备中的数据采集、分析计算等领域，也可以用作大型机和巨型机系统的辅助机，被广泛用于企业管理及大学和研究所的科学计算等。

4. 微型计算机

微型机分为台式计算机、笔记本式计算机和平板计算机。自1971年，美国Intel公司成功制造出世界上第一片4位微处理器Intel 4004，并由它组成了第一台微型计算机MCS-4以来，微型计算机空前发展，广泛普及。微型机特点是体积小、能耗低、价格便宜。微型机的出现使得计算机真正地面向全人类，科技服务大众化。然而它也悄然地改变着人们的生活方式。

1.1.4 计算机的应用

计算机的特点是运算速度快、运算精度高、存储能力强、具有记忆功能和逻辑判断能力并且通用性好。计算机自身的特点使其得到了广泛应用。计算机最早应用于科学计算和数据处理。但随着计算机技术的发展和普及，计算机的应用现已融入社会生活的方方面面。根据其特点我们将计算机的应用归纳为以下几个方面：

1. 科学计算

科学计算也称为数值计算，指用于完成科学研究和工程技术中提出的数学问题的计算。科学计算是计算机最早的应用，是计算机研发的初衷。现在，随着科技的发展，使得各领域中的计算模型日趋复杂，例如，高阶线性方程的求解、大规模向量的计算、天气预报的卫星云图分析等，这对于人工计算已是望尘莫及了。利用计算机进行数值计算，可以减轻大量烦琐的计算工作，节省人力、物力并提高计算精度。

2. 数据处理

数据处理是指对大量原始数据进行收集、整理、分析、合并、分类、统计等加工过程，也称为信息处理。与科学计算不同，数据处理涉及的数据量大，但计算方法较简单。例如人事管理、图书资料管理、学生成绩管理等。目前，数据处理广泛应用于办公自动化、企业管理、事务管理、情报检索等，数据处理已成为计算机应用的一个重要方面。

3. 过程控制

过程控制也称实时控制，是指计算机作为控制部件对单台设备或整个生产过程进行控制。其基本原理利用计算机实时采集、检测数据，将数据处理后，按最佳值迅速地对控制对象进行控制。过程控制主要应用于冶金、石油、化工、机械、航天等各个领域。利用计算机进行过程控制，不仅提高了控制的及时性和准确性，还可以改善劳动条件、节约能源、降低成本，使产品的性能和劳动生产率大幅提高。

4. 计算机辅助系统

计算机辅助设计(CAD)是利用计算机来帮助设计人员进行工程设计。

计算机辅助制造(CAM)是利用计算机进行生产设备的管理、控制和操作的过程。

计算机辅助教学(CAI)是利用计算机来辅助教师和学生进行教学和测验自动系统。

计算机辅助测试(CAT)是利用计算机完成大量而复杂的测试工作。

5. 人工智能

人工智能是指用计算机技术模拟人脑的思维活动，使计算机具有如感知、推理、学习等人类的思维能力。人工智能的研究建立在现代科学的基础之上，将信息处理和人工智能相结合，融合多种边缘学科，力争有所突破。现在科技工作者研制的各种“机器人”，可在高温、有毒、辐射等各种复杂环境下代替人类工作。目前人工智能的研究方向主要有模式识别、自然语言处理、机器翻译、智能信息检索以及专家系统等。人工智能是计算机应用研究的前沿学科，也是今后计算机的主要发展方向。

6. 多媒体技术

多媒体技术是指利用计算机技术来存储和处理图、文、声、像等多种形式的自然信息。

多媒体技术在广播、出版、医疗、教育等领域广泛应用,例如电子图书、远程医疗、视频会议等。多媒体与网络技术相结合,实现计算机、电视、电话三位一体的网络模式。多媒体技术研究的关键是数据压缩技术。目前多媒体技术研究的主要内容是多媒体信息的处理与压缩、多媒体数据库技术和多媒体数据通信技术。虚拟现实技术也是多媒体技术具有影响力的发展方向。

7. 计算机网络

计算机网络是利用通信设备和线路将地理位置不同、功能独立的多个计算机系统连接起来,以功能完善的网络软件实现网络资源共享和信息传递的系统。如今,随着 Internet 的产生与发展,人们对网络的应用日益紧密,例如网页浏览、收发邮件、在线聊天、网上购物等都已成为我们生活的重要部分。

1) 电子商务

所谓"电子商务",是指通过计算机和互联网络进行的商务交易活动。其始于 1996 年,以其高效率、低支付、高收益及全球化的优点受到人们的广泛重视。现在,世界各地的许多公司都已开始通过互联网进行商业交易,他们通过网络方式与顾客、批发商、供货商等进行相互间的联系,在网络上进行业务往来。电子商务作为计算机技术与互联网技术结合的最新领域,发展前景广阔。

2) 物联网与云计算

物联网的理念最早由比尔·盖茨在 1995 年的《未来之路》一书中提出,即"物物互联"的概念。物联网通过智能感知、模式识别与"云计算"等先进技术在网络上的融合与应用,使得世上万物,小到手表钥匙,大到汽车楼房,只要嵌入一个微型感应芯片把它变得智能化,就能实现"物物交流",这就是物联网。云计算是 2006 年由 Google 公司首先提出,云计算的"云"就是存在于互联网服务器集群上的资源,它包括硬件资源和软件资源。云计算是实现物联网的核心技术,物联网是当代互联网发展之未来,而云计算则是支持物联网发展的重要计算工具。物联网被称为继计算机、互联网之后世界信息产业发展的第三次浪潮。据预测,物联网将为我们带来一个上万亿规模的高科技市场。

2009 年美国总统奥巴马就任后,将新能源和物联网列为振兴经济的两大重点,提出"智慧地球"的理念。2009 年 8 月,温家宝总理在无锡视察时提出"感知中国"的战略构想,物联网被正式列为国家五大新兴战略性产业之一,并写入"政府工作报告"。在物联网时代,每一个物体均可寻址,每一个物体均可通信。物联网时代的来临将会使人们的生活再次发生变革。

1.2 计算机系统构成

完整的计算机系统是由硬件系统和软件系统两部分组成的。计算机硬件系统是指由各种物理器件组成的计算机实体,是计算机工作的物质基础。软件系统是指管理和控制计算机运行的各种程序和数据的总称,是计算机系统的灵魂。硬件和软件相互结合才能充分发挥计算机系统的功能。计算机系统组成如图 1.4 所示。

1946 年在计算机的研制过程中,美籍数学家冯·诺依曼提出了一个完整的通用电子计

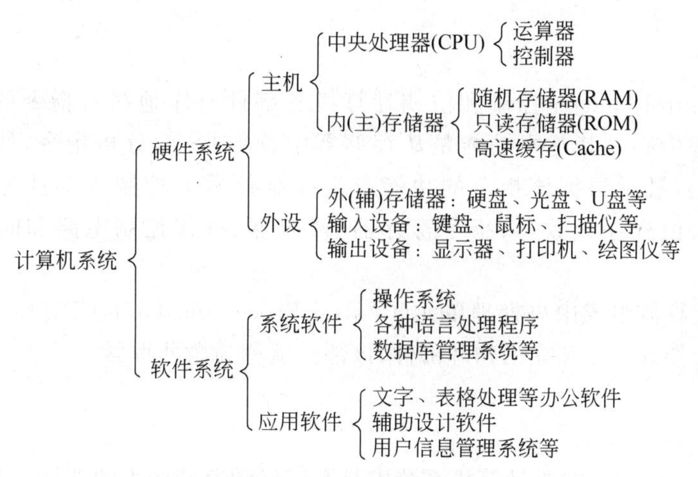

图 1.4 计算机系统组成

算机体系结构方案，即 EDVAC 方案。该方案指导了计算机的诞生，具有划时代的意义，其基本思想是：

- 计算机由控制器、运算器、存储器、输入和输出设备五部分组成。
- 采用二进制数表示数据和指令。
- 存储程序是计算机的基本工作原理。

计算机诞生至今，已历经四代近 70 年的发展历程，现代计算机系统无论是在性能指标、存储容量、运算速度、应用领域等各方面均发生了革命性的变化，但冯·诺依曼体系结构的基本原理仍然适用。目前大多数计算机仍属于冯·诺依曼体系结构。

1.2.1 计算机硬件系统

根据冯·诺依曼提出的计算机的体系结构，计算机的硬件系统主要由控制器、运算器、存储器、输入和输出设备五部分组成。各部分之间的结构如图 1.5 所示。

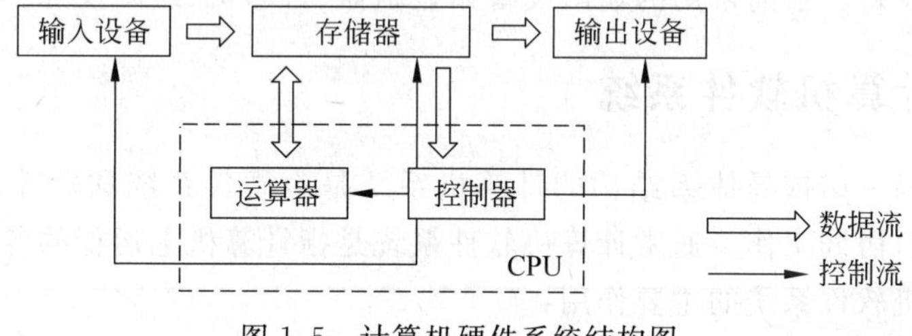

图 1.5 计算机硬件系统结构图

1. 运算器

运算器(Arithmetic Unit)是计算机系统中对信息进行加工处理的核心部件。它的主要功能是对取自内存的二进制数码进行算术运算和逻辑运算，然后将运算结果写回内存储器。通常运算器主要由累加器、寄存器和控制线路组成。

2. 控制器

控制器(Control Unit)是控制和协调计算机各部件有序地执行指令的核心部件。它是计算机的指挥中心。其基本功能是从存储器中读取指令,分析指令,然后确定指令类型并对指令译码,最后根据该指令的功能产生控制信号去控制各部件完成该指令的操作。控制器通常由程序计数器、指令寄存器、译码器、操作控制电路和时序控制电路等组成。

控制器和运算器组成中央处理单元(Central Processing Unit,CPU)。如果将CPU集成在一块芯片上作为一个独立的物理部件,该部件就称为微处理器。

3. 存储器

存储器(Memory Unit)是计算机系统中具有记忆和存储能力的部件。其主要功能是保存各类程序和数据信息。存储器通常分为两大类,一类是主存储器又称内存,其主要功能是存放当前CPU要处理的程序和数据,直接与CPU进行数据交换。内存储器的特点是工作速度快、容量较小、价格较高;另一类是辅助存储器又称外存,主要用于存放要长期保存的程序和数据,只在需要时才会调入内存中,间接与CPU进行数据交换。外存储器的特点是容量大、价格低、信息可长期保存,但数据存取速度较慢。

4. 输入设备

输入设备(Input Device)是向计算机内存中输入各种信息的设备。其功能是将自然信息转换成计算机可以识别的二进制信息的形式。常用输入设备如键盘、鼠标、扫描仪、数码相机等。

5. 输出设备

输出设备(Output Device)是将计算机处理后的信息转换成用户习惯接受的自然信息形式表示出来的设备。目前常用的输出设备如显示器、打印机、绘图仪等。

1.2.2 计算机软件系统

一个完整的冯·诺依曼体系结构的计算机系统是由硬件系统和软件系统两部分组成的,两者相辅相成,协同工作。通常计算机软件系统是指计算机上运行的各种程序和相关文档的集合。计算机软件系统的主要作用:

- 控制和管理硬件资源。
- 提供友好的操作界面。
- 提供专业软件开发环境。
- 完成用户特定应用需求。

计算机软件系统按其用途可分为系统软件和应用软件两大类。其关系如图1.6所示。

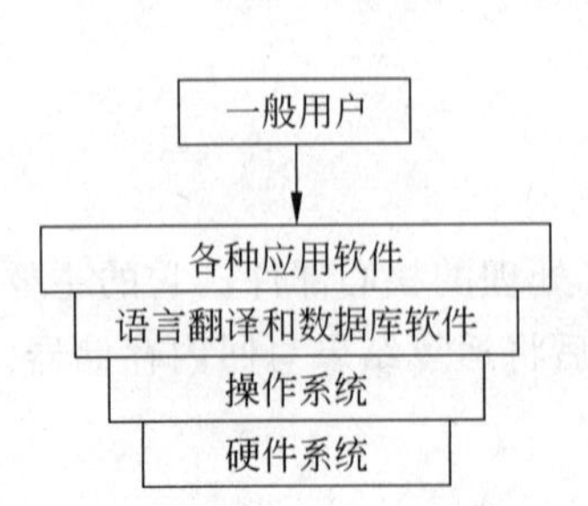

图1.6 软件和硬件关系

1. 系统软件

系统软件是指控制和协调计算机及其外部设备,支持应用软件开发和运行的软件。一般包括操作系统、语言处理程序、数据库管理系统等。

1) 操作系统

操作系统是用来控制、管理和协调计算机系统中所有软、硬件资源并为用户提供良好运行环境的系统软件。操作系统是整个计算机软件系统的核心。操作系统种类繁多,但一个完善的操作系统应包括进程管理、存储管理、设备管理和文件管理 4 个基本功能。目前常见的操作系统有 Windows 系列、Linux、MacOS 以及大型主机使用的 UNIX 等。

2) 语言处理程序

将某种语言编写的源程序翻译成机器语言程序,所有的翻译程序均称之为语言处理程序。语言处理程序有两类:解释程序和编译程序。

(1) 解释程序

可将使用某种程序设计语言编写的源程序翻译成为机器语言的目标程序,并且翻译一句,执行一句,直至程序执行完毕。

(2) 编译程序

可把用高级语言编写的源程序,翻译成目标程序。由于目标程序一般不能独立运行,因此还需要将目标程序和各种标准的库函数连接装配成一个完整的可执行程序(机器语言的程序),计算机才能执行。

3) 程序设计语言

程序设计语言是指编写计算机程序所用的语言,是人与计算机之间交互的工具。一般可分为机器语言、汇编语言和高级语言。

(1) 机器语言

机器语言即是机器的指令系统。是计算机系统唯一能识别的用二进制代码表示的程序设计语言,是最低级语言。机器语言中的每一条语句(即机器指令)实际是一个二进制形式的指令代码。机器语言随着 CPU 型号的不同而不同。因此,机器语言程序在不同系统之间不通用,故称其为面向机器的语言。机器语言的程序可读性差,不易记忆,编写烦琐且易出错,通常不用机器语言直接编写程序。

(2) 汇编语言

汇编语言是一种面向机器的程序设计语言。汇编语言采用一定的助记符号代替了二进制代码来表示机器语言中的指令和数据,这种替代使得机器语言“符号化”,从而大大提高程序的可读性。汇编语言从属于特定的机型,不同的计算机系统间不通用。用汇编语言编写的源程序不能被计算机识别,需要将其翻译成目标程序(机器指令)才能执行。

(3) 高级语言

高级语言是同自然语言和数学表达较为接近的计算机程序设计语言。高级语言独立于机器具有较强的通用性。它更接近人类的语言,因此用高级语言编写的程序易读、易记、易维护。但是高级语言编写的程序计算机不能识别,要将其翻译成计算机能识别的二进制机器指令,然后供计算机执行。目前常用的有 C++ 、Visual Basic、Java 等。

4) 数据库系统

数据库系统(DataBase System,DBS)是由数据库(DB)和数据库管理系统(DBMS)组成的。数据库是按一定方式组织起来的相关数据的集合。数据库管理系统是向用户提供管理和处理各类数据的系统软件,是用户与数据库的接口。数据库管理系统一般具有:建立数据库;增、删、修、查等数据维护功能;对检索、排序、统计等使用数据库功能;友好的交互能力;简便的编程语言;提供数据独立性、完整性、安全性的保障。目前广泛使用的数据库软件有 Oracle、SQL Server、Sybase、MySQL、Visual FoxPro、Access 等。

2. 应用软件

应用软件是指用户利用计算机的软、硬件资源为某一专门的应用目的而开发的软件。应用软件的种类丰富多样,通常简单地分为通用软件和专用软件两大类。

(1) 通用软件。通常指为解决某类问题而设计的软件,例如:

- 办公自动化软件。Microsoft Word、Excel 等。
- 图像处理软件。Photoshop、AutoCAD。
- 多媒体应用软件。RealPlayer、Windows Media Player。
- 网络应用软件。IE、QQ 等。

(2) 专用软件。用户自己开发的各种应用系统。例如人事、图书、销售管理系统等。

1.2.3 计算机的基本工作原理

计算机能够自动且有序地完成设定任务是由于人们在内存储器中输入了可执行的程序。通过控制器将一条条指令从内存中取出、分析、执行。因此计算机的工作过程就是执行程序指令的过程。

1. 指令

指令就是能被计算机识别并执行的二进制代码,由操作数和操作码两部分构成,它规定了计算机能完成的某个操作。

2. 指令系统

一台计算机所有指令的集合,称为该计算机的指令系统。指令系统反映了计算机的基本功能。不同类型的计算机,由于其硬件系统的结构不同所以指令系统也不相同。例如,为苹果机编写的程序在 IBM-PC 机上不能运行,因为 CPU 指令不兼容。

3. 程序

程序是人们为解决某一实际问题而写出的有序的指令集合。指令设计及调试过程称为程序设计。用高级语言编写的程序称之为源程序。能被计算机识别并执行的程序称之为目标程序。

4. 计算机的工作原理

在冯 • 诺依曼理论体系中,计算机的工作过程是人们预先编制程序,利用输入设备将程序输入到计算机并且同时转换成二进制代码,计算机在控制器的控制下,从内存中逐条读取程序中的每一指令交给运算器去执行，并将运算结果送回存储器指定的单元中，当所有的运算指令完成后，程序执行结果利用输出设备显示输出。所以计算机的工作原理可以概括为存储程序和控制程序。

计算机的工作过程实际上是快速地执行指令的过程。当计算机在工作时，有两种信息在执行指令的过程中流动，即数据流和控制流。所谓数据流是指原始数据、中间结果、结果数据、源程序等。所谓控制流是由控制器对指令进行分析、解释后向各部件发出的控制命令，指挥各部件协调地工作。CPU 不断地读取指令→分析指令→执行指令→读取下一条指令→…，这个周而复始的过程就是程序的执行过程。

1.3　微型计算机及其硬件组成

微型计算机是计算机发展史上的又一个里程碑。微型计算机有体积小、质量轻、功耗低、可靠性高并且价格低廉、易于批量生产等特点，从诞生之初就倍受人们青睐。随着大规模集成电路技术的突破，进而使得微型计算机迅速普及并深入社会生活的各个领域。

1.3.1　微型计算机概述

1. 微型计算机的产生

1969 年美国 Intel 公司工程师马歇尔·霍夫(M. E. Hoff)首先提出将计算机整套电路集成在 4 个芯片上的可编程通用计算机的设想。1971 年意大利人弗金(Fagin)将其实现，这就是一片 4 位微处理器 Intel 4004，一片 40B 的随机存取存储器，一片 256B 的只读存储器和一片 10 位的寄存器，它们通过总线连接，就组成了世界上第一台 4 位微处理器的微型计算机——MCS-4。

2. 微型计算机的发展

控制器和运算器组成中央处理单元 CPU，将 CPU 集成在一块芯片上作为一个独立的物理部件，由于体积大为减小所以称为微处理器。人们习惯上直接把微处理器称为 CPU。因此，在微型计算机的发展过程中微处理器也即是 CPU 的发展起着主导作用。

自 1971 年英特尔公司推出了第一款微处理器 4004 之后，40 年间微处理器技术突飞猛进，目前 Intel 公司占据市场绝对主导地位，引领 CPU 的发展。因此以 Intel CPU 为例，按照微处理器技术的发展将微型计算机的发展大致分为 6 个阶段，如表 1.3 所示。

表 1.3　微型计算机的发展时代

分　代	年份	典型芯片	字　长	特　点
第一代	1971	4004	4 位	第一个微处理器，主频 1MHz
第二代	1972	8080	8 位	29 万次/秒，地址总线宽度 16 位。主频 4MHz
第三代	1978	8086	16 位	内、外部数据总线宽度 16 位，地址总线 8 位
	1982	80286	16 位	内、外部数据总线都是 16 位，地址总线 24 位

续表

分 代	年份	典型芯片	字 长	特 点
第四代	1985	80386	32 位	内、外部数据总线都是 32 位,多任务处理能力
	1989	80486	32 位	使用 RISC 技术
第五代	1993	Pentium	32 位	内置超级流水线技术浮点运算器
	1997	Pentium Ⅱ	32 位	双重总线,可多重数据交换
	1999	Pentium Ⅲ	32 位	Pentium Ⅱ 加强版,新增 70 条指令
	2000	Pentium 4	32 位	采用 NetBurst 结构,支持超线程技术
第六代	2006	Core 2	64 位	双核,基于 Core 微架构
	2008	core i7	64 位	4 核 8 线程,8MB 三级缓存,Intel Nehalem 微架构
	2009	core i5	64 位	4 核 4 线程,8MB 三级缓存
	2010	Core i3	64 位	2 核 4 线程,4MB 三级缓存,Intel Westmere 微架构

3. 微型计算机的基本构成

微型计算机的硬件系统结构仍然遵循冯·诺依曼机的基本思想,微型计算机的硬件系统一般由主机和外部设备构成。主机机箱外观形式多样但功能基本相同,主要用于封装微机的主要设备,在机箱内装有主板、CPU、内存、硬盘、光盘驱动器、机箱电源和各种接口卡(适配卡)等部件。机箱面板上,通常有电源开关(Power)和重启开关(Reset),机箱背面有多个专用接口,用于连接如显示器、键盘、鼠标、音箱、打印机等外部设备,微机外观如图 1.7 所示。

图 1.7 微型计算机

打开机箱,其中 CPU 和内存是主机的核心部件,CPU 通过总线连接内存构成微型计算机的主机,主机通过接口电路连接上输入/输出设备就构成了微机系统的基本硬件结构。

微型计算机所采用的是总线结构,所谓总线(Bus)是微机中一组公共信息传输线路,是系统内各部件之间传输信息的公共通道,总线由多条信号线路组成,每条信号线路可以传输二进制信号。例如 32 位的 PCI 总线就意味着有 32 根数据通信线路可以同时传输 32 位二进制信号,微型计算机中总线一般分为内部总线、系统总线和外部总线三种:

(1) 内部总线是指 CPU 芯片内部的总线。内部总线大多采用单总线结构。

(2) 系统总线是指主板上连接各部件之间的总线。

(3) 外部总线是微机和外部设备之间的总线。微型计算机通过该总线和外设进行信息交换。

1.3.2　微型计算机的主机

1. 主板

主板(Mainboard)又叫主机板、系统板或母板。主板是微型计算机系统中各种硬件设备的连接载体,主板通过总线实现各部件之间的通信,主板的性能直接影响着整个微机系统的性能。

微机主板在结构上主要有AT、ATX、BTX等类型。区别在于主板的尺寸形状、布局排列、电源规格及控制方式等各有不同。目前常见的主板结构是ATX,而BTX则是Intel公司提出的主板新标准,主要用于解决散热问题。

主板是由多层印刷电路板和焊接在其上的控制芯片组、CPU插座、内存插槽、扩展插槽、外部接口、BIOS芯片、电源插座等元件构成的。微型计算机通过主板将CPU等各种器件和外部设备有机地结合起来,构成一个完整的计算机硬件系统。主板实物如图1.8所示。

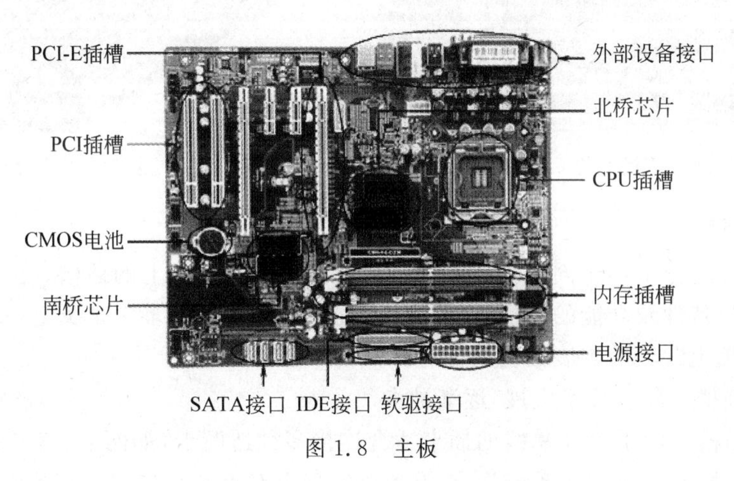

图1.8　主板

1）芯片组

芯片组(Chipset)是主板的灵魂,由一组固定在主板上的超大规模集成电路构成。它决定了这块主板的功能。按其在主板上位置的不同,通常分为北桥芯片和南桥芯片。

(1) 北桥芯片。主要负责CPU与内存之间的数据交换。一般摆放在主板上靠近CPU和内存的地方,由于北桥芯片的发热量比较大,通常在芯片上会装有散热器甚至风扇。北桥芯片对主板起着主导性的作用,也称为主桥。

(2) 南桥芯片。南桥芯片主要负责数据的上传与下送,连接着各种外部设备接口(如声卡、显卡、网卡、SATA和PCI等)。一般摆放在主板中间靠下,接近总线和接口的地方。

芯片组属于计算机核心技术,与CPU关系密切,利润较高。目前只有Intel、AMD、VIA、SIS等少数公司能够生产。

2）CPU插座

CPU需要通过CPU插座与主板连接进行工作。CPU插座大多都是针脚式(Socket)。现在主流的CPU插槽为LGA 775插槽和Socket AM2插槽。Intel Core 2系列处理器采用的CPU插槽是LGA 775(又称Socket T)。但LGA 775插槽都已无针,插槽与CPU之间以触点形式连接。Intel Core i7 处理器使用的插槽是 LGA 1366,如图 1.9 所示。

AMD CPU 目前多是采用 Socket AM2+以及 AM3 接口。由于 Intel 的 CPU 和 AMD 的 CPU 采用不同的封装形式,不同接口,因此,两者无法通用。

3) 内存插槽

内存插槽是主板上用来安装内存的地方,如图 1.10 所示。目前应用较多的是 DDR2 和 DDR3 两种,均有 240 个触点。随着 Windows 7 操作系统广泛应用,DDR3 内存已是主流配置。通常主板上的内存插槽会有 2 或 4 根,支持的内存容量一般在 2GB 到 8GB。对于支持双通道内存的主板,用不同颜色的插槽加以区分,用户只需将两根相同的内存条插入同一颜色的内存插槽中即可。为防止安装错误,内存插槽与相应类型的内存条之间有对应缺口。

图 1.9 主板上的 CPU 插座

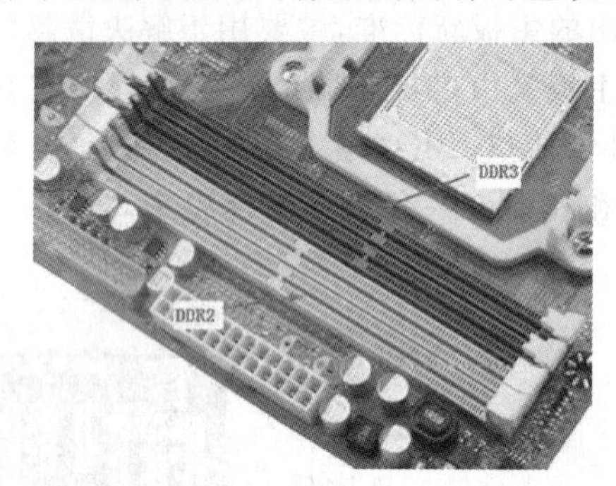

图 1.10 主板上的内存插座

4) 扩展插槽

扩展插槽是主板上用于固定扩展卡并将其连接到系统总线上的插槽。扩展槽是一种添加或增强计算机特性及功能的方法。扩展插槽的种类和数量的多少是决定一块主板好坏的重要指标。主板上常见的扩展插槽主要有:

(1) ISA 插槽。随着技术发展,逐渐被淘汰。

(2) PCI 插槽。用于 PCI 总线的插卡适合连接多种适配卡,如网卡、声卡、Modem 等。

(3) PCI-E 插槽。新一代系统总线,设备可实现点对点串行连接。目前常用连接显卡。

(4) AGP 插槽。加速图像端口,专门用于插 AGP 显卡。

(5) AMR 插槽。适合连接多种声卡、调制解调器插卡。

5) BIOS 芯片

BIOS(Basic Input Output System,基本输入/输出系统)是被"固化"到微机主板内存芯片上的一组程序,里面存放着能够让主板识别各硬件设备的基本输入/输出程序。BIOS 芯片(图 1.11)从外观上看,是一个方块状的存储器,BIOS 芯片是只读存储器,所以称为 ROM-BIOS。BIOS 是面向硬件的底层程序,它的功能主要有开机自检、硬件驱动以及引导进入操作系统。

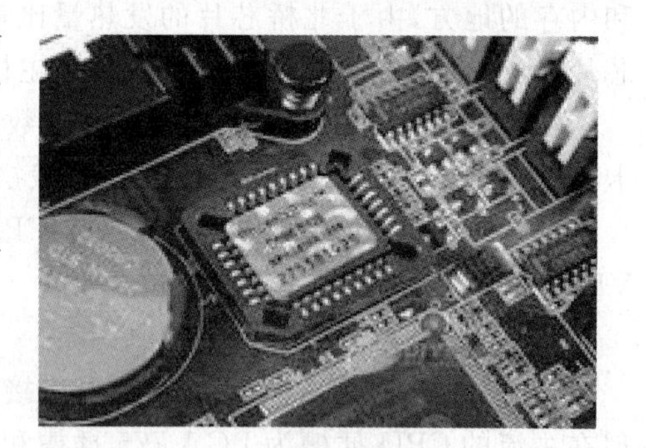

图 1.11 主板上 BIOS 芯片

6) CMOS 芯片

CMOS(Complementary Metal Oxide Semiconductor,互补金属氧化物半导体)是微机主板上的

一块可读/写的存储芯片 RAM,称之为 CMOS-RAM。CMOS 芯片由主板上的一块纽扣锂电池供电,以保证关机后 CMOS 的信息不会丢失,CMOS 中保存的是当前系统的硬件配置信息,例如系统时间、驱动盘顺序、硬盘格式、内存容量等重要信息,所以对 CMOS 中各参数的设定要通过专门的程序,在开机时通过按下 Del 键,进入 CMOS 设置环境。初学者请慎用。

主板对于计算机的性能来说影响重大,选择主板的原则应该是工作稳定、兼容性好、功能完善、扩充能力强。目前市场认可度较高的品牌是华硕(ASUS)、微星(MSI)、技嘉(GIGABYTE)等。其中,华硕(ASUS)是全球第一大主板制造商,也是公认的主板第一品牌。

2. CPU

CPU 主要是由运算器、控制器、寄存器组、高速缓存和内部总线等构成的,是计算机的核心部件。CPU 是一个体积较小但集成度超高、功能强大的芯片,它的性能决定了整个微型计算机系统的性能。CPU 外观如图 1.12 所示。

图 1.12 CPU

CPU 始终围绕着速度和兼容性两个目标进行设计。反映 CPU 技术性能的指标很多,例如系统结构、指令系统、字长、主频、高速缓存容量、线路带宽、工作电压、制造工艺、封装形式、插座类型等,其中最为重要的是字长、主频和缓存,这也是我们在选购和配置 CPU 时应主要关注的。

1) CPU 字长

内部寄存器在单位时间内一次处理的二进制数的位数。它反映了 CPU 的寄存器和数据总线的数据位数。例如字长是 64 位的计算机,可同时处理的数据为 8 个字节。

2) CPU 主频

主频是指 CPU 的工作频率,表示 CPU 在单位时间内执行的指令数。单位是 MHz。

外频指的是 CPU 以及整个计算机系统的基准频率,又称系统总线频率。单位是 MHz。

倍频则是指外频与主频相差的倍数。两者之间的关系是:主频=外频×倍频。

3) 前端总线频率

前端总线频率(Front Side Bus, FSB)是指 CPU 和主板的北桥芯片间总线速度,表示 CPU 和外界数据传输的速度。FSB 也可以看作是 CPU 与内存之间的数据传输速度。

4) 高速缓冲存储器

高速缓冲存储器(Cache)简称高速缓存。由于内存和 CPU 的运行速度存在较大差异,为了协调两者之间的速度差异(解决"瓶颈"问题),提高整个系统效率,在 CPU 中内置了一级高速缓存 L1 和二级高速缓存 L2。酷睿 2 之后为了进一步提高速度,增设了三级高速缓存 L3。一般地,一级缓存的容量可在 32~256KB 之间,二级缓存容量可在 256KB~1MB 之间,高的可达 2~4MB。

目前,生产 CPU 的几家公司中,Intel 占市场主导地位。Intel 早期的 CPU 采用的是 NetBurst 架构,在 Pentium 4 之后高热量和高能耗制约其发展,于是 Intel 适时研发推出了全新架构的"酷睿"处理器,实现了真正的双核处理器,从而大幅提升 CPU 效率。2008 年

Intel 推出 Core i7,采用 Intel Nehalem 架构是一款原生四核处理器,拥有 8MB 三级缓存,支持三通道 DDR3 内存,LGA 1366 封装设计,支持第二代超线程技术,即八线程运行。之后推出酷睿 i5 原生 4 核 4 线程基于 Intel Nehalem 微架构。2010 年推出酷睿 i3 是双核 4 线程基于 Intel Westmere 微架构。在 Intel 的 CPU 产品中,酷睿 i3 双核四线程,属于中端 CPU,酷睿 i5 原生四核 CPU 定位是中高端。

我国正在研发的具有自主知识产权的 CPU“龙芯”,外观如图 1.13 所示。龙芯是中国科学院计算所自主研发的通用 CPU。其发展过程简述如下:

图 1.13 龙芯

- 2002 年 8 月,龙芯 1 号 首片 X1A50 流片成功,频率为 266MHz。
- 2003 年 10 月,龙芯 2 号 首片 MZD110 流片成功,频率最高为 1GHz。
- 2006 年 9 月,龙芯 2E 研制成功,其综合性能接近 Intel Pentium Ⅲ水平。
- 2007 年 7 月,龙芯 2F(代号 PLA80)流片成功,龙芯 2F 为龙芯第一款产品芯片。
- 2009 年 9 月,我国首款四核 CPU 龙芯 3A(代号 PRC60)流片成功。龙芯 3A 是中国第一个自主知识产权的四核 CPU,主频 1GHz。产品定位服务器和高性能计算机应用。

目前,龙芯 3B 是首款国产商用 8 核处理器,主频 1GHz,支持向量运算加速,峰值计算能力达到 128GFLOPS。龙芯 3B 也主要用于高性能计算机和服务器领域。

3. 内存储器

内存储器简称内存,一般由半导体器件构成。根据功能不同,可分为随机存储器和只读存储器。内存条外观如图 1.14 所示。

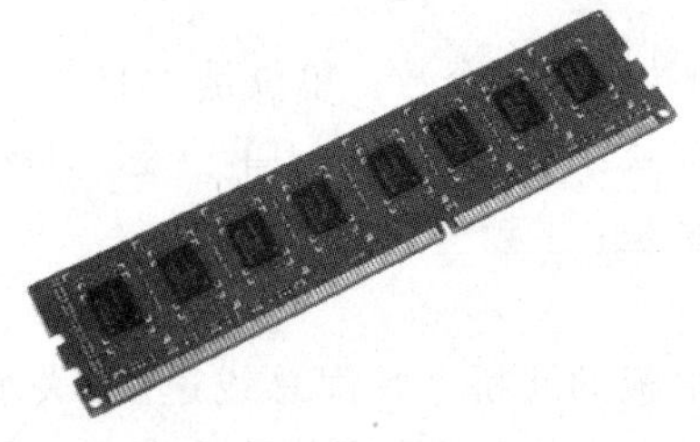
图 1.14 内存条

1) 只读存储器

只读存储器(Read-Only Memory,ROM)是指用户只能进行读操作的存储器,即只能从其中读出内容,不能修改,断电后其内容也不会消失。常用来存放那些固定不变的、控制计算机系统的专用程序,例如主板 BIOS。

2) 随机存储器

随机存储器(Random Access Memory,RAM)又称读写存储器,用于存放临时数据。RAM 中的内容可随时按地址进行存取。因为 RAM 中的信息是由电路的状态表示的,所以断电后,数据会立即丢失。

(1) 静态随机存储器(Static RAM,SRAM)集成度低、价格高,但存取速度快。一般用作高速缓冲存储器。

(2) 动态随机存储器(Dynamic RAM,DRAM)需要刷新,集成度高、价格便宜。所以现在微机内存均采用 DRAM 芯片安装在专用电路板上,做成内存条。

3）内存条的技术指标

微机系统的内存储器是将多个存储器芯片并列焊在一块长方形电路板上，构成内存组，称其为内存条，通过主板的内存插槽接入微机系统。

（1）内存地址。整个内存被分为若干个存储单元，每个存储单元具有一个唯一的编号标识即内存地址。CPU 通过内存地址找到存储单元，完成对存储单元内存放的数据的读/写操作。就如同旅馆通过唯一的房间号才能找到该房间里的人一样。

（2）内存容量。是指存储器能存储的字节数。计算机内存中使用的是二进制数，其中每个二进制数称为一个位（bit，b），每 8 位二进制数存放在一个存储单元内，称为一个字节（Byte，B）。内存容量以字节为单位。其中，1B＝8b（其中 $1024=2^{10}$）。

$1KB=1024B=2^{10}B$

$1MB=1024KB=2^{20}B$

$1GB=1024MB=2^{30}B$

$1TB=1024GB=2^{40}B$

$1PB=1024TB=2^{50}B$

$1EB=1024PB=2^{60}B$

（3）工作频率。内存工作频率越高，其传输带宽就越大，计算机性能也就越高。

目前市场上主要的内存类型是 DDR3。对于当前的 Windows 7 操作系统要求内存一般都在 2GB 以上，主流容量一般在 4GB 以上，最高可达 32GB。内存作为计算机中重要的配件之一，其容量大小直接关系到整个系统的性能。目前主要内存生产商为金士顿、三星等。

4. 系统总线

系统总线是指主板上连接微机各功能部件之间的总线，是微机系统中最重要的总线，通常采用三总线结构。根据传输信息不同，系统总线可分为地址总线（Address Bus，AB）、数据总线（Data Bus，DB）和控制总线（Control Bus，CB），如图 1.15 所示。

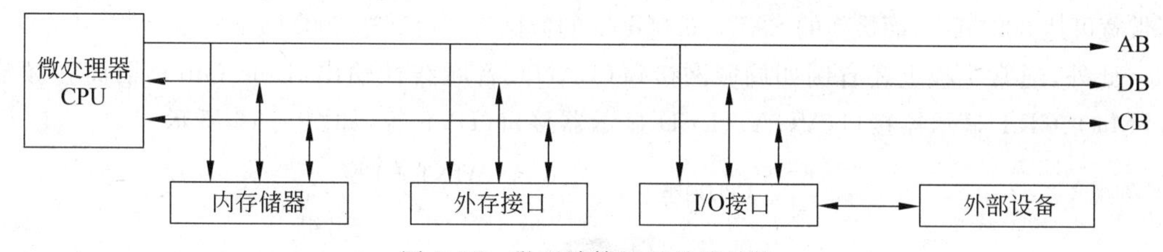

图 1.15 微型计算机三总线结构

（1）地址总线。用于传送 CPU 要访问的存储单元和要访问的外设接口的地址信息。地址总线是单向总线，其位数决定了 CPU 可直接寻址的内存空间大小。

（2）数据总线。是用于传送 CPU 与存储器和 I/O 接口之间的数据信息。是双向总线。数据总线的位数通常与 CPU 字长一致，是微机的一个重要性能指标。

（3）控制总线。用于传送 CPU 各种控制信号。控制总线是双向总线。控制总线的位数由系统的实际需要确定。

（4）总线的性能通过总线宽度和总线频率来描述。

① 总线宽度为一次并行传输的二进制位数。例如，32 位总线一次能传送 32 位数据，64

位总线一次能传送 64 位数据。微机中总线的宽度有 8 位、16 位、32 位、64 位等。

② 总线频率则用来描述总线的速度,常见的总线频率有 32MHz、66MHz、100MHz、133MHz、200MHz、400MHz、800MHz、1066MHz 等。

在微型计算机中采用总线结构,可以减少传送信息的线路数目,易于添加外部设备,目前总线发展已经标准化,常见的总线标准有 PCI 总线、USB 总线和 AGP 总线等。

5. 外部接口

外部接口(I/O 接口)也叫端口,是外部设备与 CPU 之间的连接槽。外部接口主要解决高速的主机与低速的外部设备之间的速度匹配问题。外部接口具有设备选择、信号转换等功能以保证外部设备与 CPU 协调工作。常用的外部接口主要有:

(1) PS/2 接口。功能比较单一,仅用于连接键盘和鼠标。将被 USB 接口所取代。

(2) 串口。一次传输一个二进制位。大多数主板提供两个 COM 口即 COM1 和 COM2。用于连接串行鼠标和外置 Modem 等设备。逐渐被淘汰。

(3) 并口。一次传输 8 个二进制位。一般用来连接打印机或扫描仪。将被 USB 接口所取代。

(4) USB 接口。USB(Universal Serial Bus,通用串行总线)是一种新型接口技术。于 1995 年提出,并随着 Windows 98 中内置的 USB 接口支持模块而得到广泛应用。USB 接口本身优势明显,第一,体积小、质量轻、易携带。第二,支持"热拔插",真正做到了即插即用。第三,标准统一,易于推广普及。USB 已经逐步成为微型计算机的标准接口。USB 2.0 标准现已广泛应用,其最高传输速率可达 480Mb/s。目前 USB 3.0 是最新规范,已出现在主板中并开始普及。

(5) SATA 接口。SATA (Serial Advanced Technology Attachment,串行高级技术附件)是由 Intel、IBM、Dell、APT、Maxtor 和 Seagate 公司共同提出的硬盘接口规范。SATA 接口是连接硬盘和光驱的串行技术接口。它体积很小,速度快,连接方便。目前主流的 SATA 3.0Gb/s,接口的数据带宽可达 300MB/s,而最新的 SATA 6.0Gb/s 的数据带宽可高达 600MB/s。

此外,通常主板上还有例如局域网接口(LAN)、音频线性输出(Line Out)、话筒音频输入(Mic)、CRT 显示器接口(VGA)、LED 显示器接口(DVI)等,如图 1.16 所示。

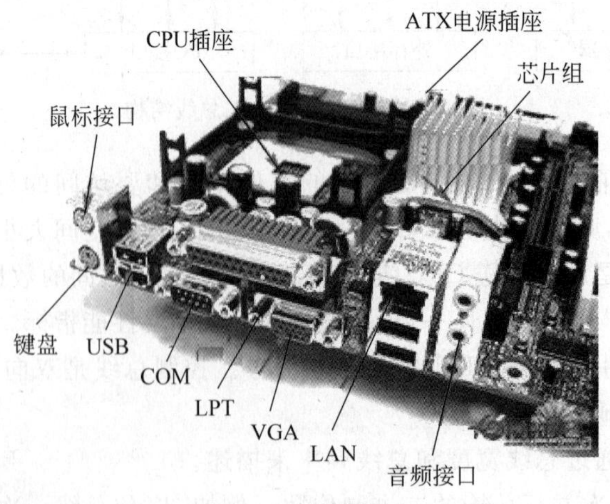

图 1.16 外部接口

1.3.3　微型计算机的外设

1. 外存储器

外存储器简称外存。外存属于外部设备，它既可是输入设备又可是输出设备。外存大多采用磁性、半导体和光学材料制成。外存是内存的补充，与内存相比，其特点是存储容量大、成本低、断电后也可以永久地保存信息，但其存储速度较慢，只能与内存交换信息不能被CPU直接访问。目前常用的外存储器主要有硬盘、光盘、移动硬盘、U盘等。它们和内存一样，存储容量也是以字节(Byte)为基本单位。

1) 硬盘

硬盘由涂有磁性材料的铝合金圆盘封装而成，每个硬盘都由若干个磁性圆盘组成。其外观如图1.17所示。它的特点是存储容量大、工作速度快。

硬盘的主要指标：

(1) 容量。主要指标，以GB为单位。目前主要是320GB、500GB、1TB。

(2) 转速。指硬盘内电机主轴转动速度。目前主流硬盘转速为5400r/min或7200r/min。

(3) 缓存。指硬盘内部的高速缓冲存储器。目前容量一般为32MB。

(4) 缓存接口类型。串行SATA接口。目前硬盘大多是SATA接口的。

图1.17　硬盘

目前主要的硬盘生产商为希捷(酷鱼)、迈拓、西部数据、三星等。

2) 光盘与光盘驱动器

光盘是一种大容量的存储器，它具有体积小、容量大、可靠性高、保存时间长、价格低和便于携带及储藏等特点。光盘分为CD光盘和DVD光盘。

(1) 光盘分类

光盘主要有三类：

① 只读光盘(CD-ROM，DVD-ROM)。数据采用专用设备一次写入光盘，之后数据只能读出不能写入。CD-ROM存储容量为650MB，DVD-ROM存储容量可达到4.3～17GB。

② 一次性写入光盘(CD-R，DVD-R)。利用光盘刻录机将数据一次性写入后不能修改。

③ 可擦写光盘(CD-RW，DVD-RW)。利用光盘刻录机将数据写入光盘，可以反复修改，但需要专用软件的支持，光盘本身价格也较高。

(2) 光盘驱动器

图1.18　光驱

光盘驱动器简称光驱，是专门用于读取光盘中的数据的设备。其外观如图1.18所示。光驱由激光头、电路系统、光驱传动系统、光头寻道定位系统和控制电路等组成。激光头是光驱的核心部件。光驱就是利用激光头产生的激光扫描光盘的表面，从而读出0或1的数据。随着多媒体技术的发展，以及越来越多的软件刻录在光盘上,光驱成为计算机不可缺少的设备。光驱按其读取数据的速度有36倍速、52倍速及更高的倍速。另外,还有用于写入数据的CD刻录机、DVD刻录机等光盘设备。

3) U盘

U盘又称为USB闪存(Flash Memory)盘,是一种采用快闪存储介质,通过串行总线接口(USB接口)与计算机主机相连的可移动存储的设备,其外观如图1.19所示。由于U盘不需要专门的读/写设备,无须安装驱动程序和额外电源,即插即用,可以反复读/写,而且其体积小、容量大、寿命长,越来越受到用户的青睐。目前常用U盘的容量有16GB、32GB、64GB、128GB和256GB等。

4) 移动硬盘

移动硬盘(Mobile Hard Disk)也是一种新型的移动存储器,其外观如图1.20所示。移动硬盘多采用USB、IEEE 1394等传输速度比较快的接口,可以较高的速度与系统进行数据传输。移动硬盘特点是存储容量大,存储成本较低,而且携带比较方便,应用广泛。主流2.5英寸品牌移动硬盘的读取速度约为15～25MB/s,写入速度约为8～15MB/s。目前的移动硬盘容量有80GB、120GB、160GB、320GB、640GB等,最高可达5TB。

图1.19 U盘

图1.20 移动硬盘

2. 输入设备

输入设备是指能把外界信息转换成二进制形式的数据存到计算机中的设备。输入设备种类繁多,常用的有键盘、鼠标、扫描仪、光笔、数字化仪、触摸屏、数码相机等。

1) 键盘

键盘是计算机最常用的输入设备。用户的各种命令、程序和数据都可以通过键盘输入到计算机中,常规的键盘有机械式按键和电容式按键两种。目前,微机上常用的键盘有101键、102键和104键。键盘接口多为USB接口。主要产品有罗技、技嘉、双飞燕、三星等。

2) 鼠标

鼠标是取代传统键盘的光标移动键,使光标移动定位更加方便、准确的输入装置。它是一般窗口软件和绘图软件的首选输入设备。按键数分类,鼠标可以分为传统双键鼠标、三键鼠标和新型多键鼠标。按内部结构分类,鼠标可以分为机械鼠标、光学鼠标和光学机械鼠标。按连接方式分类,鼠标可以分为有线鼠标和无线鼠标。

3) 扫描仪

扫描仪是一种捕获图像并将之转换为计算机可以处理的数字化输入设备,如图1.21所示。这里所说的图像是指照片、文本页面、图画等,甚至诸如硬币

图1.21 扫描仪

或纺织品等三维对象也可以作为扫描对象。常用的扫描仪有滚筒式扫描仪和平面扫描仪，近几年才有的笔式扫描仪、便携式扫描仪、馈纸式扫描仪、胶片扫描仪、底片扫描仪和名片扫描仪等。主要品牌有佳能、爱普生等。

4）触摸屏

触摸屏可以让用户只用手指触碰计算机显示屏上的图形或文字就能实现对主机操作，如图1.22所示。触摸屏技术是一种新型人机交互方式，它将输入/输出集中到一个设备上简化了交互过程。配合识别软件还可以实现手写输入。常用触摸屏显示器可分为电容式和电阻式两种。目前触摸屏技术在智能手机、平板电脑以及公共场所（如机场、车站）的展示、查询中广泛应用。未来随着Windows 8的到来，触摸屏技术将日趋普及。

图1.22 触摸屏

3. 输出设备

输出设备用于将存放在内存中由计算机处理的结果转变为人们所能接受的信息形式。常用的输出设备有显示器、打印机、绘图仪等。

1）显示器

显示器是微型计算机不可缺少的输出设备。用于显示输出程序的运行结果。常见的主要有CRT显示器、液晶（LCD）显示器、LED显示器和等离子显示器（PDP）等几大类。其中，CRT显示器已逐渐被淘汰。LCD显示器的特点是轻薄、省电、辐射小，其外观如图1.23所示。近年来LCD显示器发展最快，各种技术指标大幅提高，分辨率很高，是当前台式机和笔记本电脑的基本配置。显示器通常尺寸为19英寸、22英寸或24英寸等。目前显示器的品牌主要有三星、飞利浦、优派、明基、华硕、宏基等。

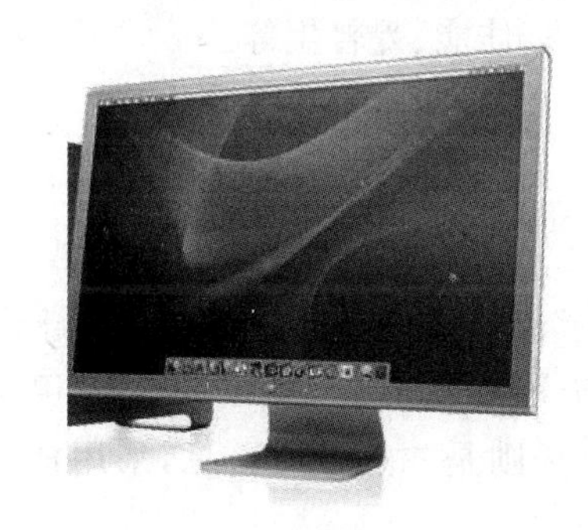

图1.23 LCD显示器

2）打印机

打印机是计算机的基本输出设备。打印机的种类很多，如标签打印机、票据打印机、各种便携式打印机等。目前常见的有点阵打印机、喷墨打印机和激光打印机三种。

（1）点阵打印机

点阵打印机又称针式打印机。打印头上的针排成一列，打印头在纸上平行移动，这类打印机主要耗材为色带，价格便宜但噪声大、速度慢、打印质量粗糙，已逐渐被淘汰。

（2）喷墨打印机

喷墨打印机利用喷墨管将墨水喷射到打印纸上，实现字符和图形输出。喷墨打印机机速度快，质量好、噪声也小，但喷墨打印机的价格较高。主要耗材为墨盒，费用较高。

（3）激光打印机

激光打印机可以分为黑白激光和彩色激光打印机两大类。黑白激光打印机速度快、噪声小，主要耗材为硒鼓，价格贵但耐用。从单页的打印成本等方面综合考量，黑白激光打印机具有绝对优势是商务办公的首选。彩色激光打印机目前上处高端价格，耗材也比较昂贵。

对于激光打印机主要技术指标主要有打印速度、打印分辨率和硒鼓寿命。目前,市场上的品牌主要有佳能、惠普、三星、爱普生等。

(4) 3D打印机

3D打印技术是一种以数字模型文件为基础,运用粉末状金属或塑料等可粘合材料,通过逐层打印的方式来构造物体的技术。其外观如图1.24所示。目前的3D打印技术能够实现600dpi分辨率,每层厚度0.01毫米,色彩深度高达24位。如今人们把这一技术用来制造服装、建筑模型、汽车、巧克力甜品等。3D打印技术的魅力在于它不需要在工厂操作,也无须机械或模具,能够直接从计算机图形数据中生成任何形状的零件,从而缩短产品的研制周期,提高效率和降低成本。目前,3D打印技术尚未成熟,材料特定,造价高昂,打印出来的东西还都处于模型阶段,但3D打印技术将会进入我们未来的生活。

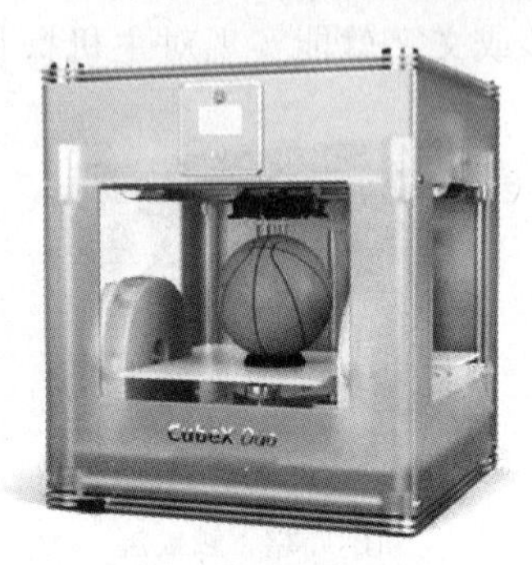

图1.24 3D打印机

3) 绘图仪

绘图仪是将计算机的输出信息绘制成图形的输出设备,可输出各类工程设计图纸的设备。一般可分为两类,即笔式绘图仪和非笔式绘图仪。笔式绘图仪又分为平板式绘图仪、滚轴式绘图仪和转筒式绘图仪。目前生产绘图仪厂家主要有惠普、佳能、爱普生等。

1.4 计算机中的数制与编码

人类在改造自然的劳动中产生了计数的需求,进而出现了计数制。生活中人们常用十进制,简单方便。但实际上存在着各种进制,例如我国古法"天干地支"记年中60年为一甲子,即为六十进制;一年的12个月是十二进制,再如鞋、袜、筷子则是二进制。可见,采用什么数制取决于人们解决问题的实际需要。

1.4.1 进位计数制

数制又称为计数制,是指用一组固定符号和一套统一规则来表示数值大小的方法。通常数制又可分为非进位计数制和进位计数制两大类。非进位计数制,例如罗马数字。这里我们要研究的是进位计数制。

1. 进位计数制

所谓进位计数制是指按照进位的原则进行计数的方法。进位计数制有三个要素:基数、数位和位权。

(1) 基数。是指进位计数制中所使用数码的个数,记作R。

例如,在十进制中有10个不同数码:0,1,2,3,4,5,6,7,8,9,基数为10,记作$R=10$。在二进制中只有0和1两个数码,基数为2,记作$R=2$。

(2) 数位。是指数码在一个数中所处的位置,记作i。对于一个数$a_{n-1}a_{n-2}\cdots a_2a_1a_0$.

$a_{-1}a_{-2}\cdots a_{-m}$，其中，$a_i(i=n-1,\cdots 1,0,-1,\cdots -m)$。

例如，在十进制数中常讲的个位、十位、百位、千位…，即 $i=0$、1、2、3…，十分位、百分位、千分位…，即 $i=-1$、-2、-3…。数位以小数点为基准进行确定。

(3) 位权。每个数位上的数字所表示的数值大小等于该数字乘以一个与数字所在位置有关的常数，这个常数就是位权。位权的大小等于以基数 R 为底、数位序号 i 为指数的整数次幂的值。记作 R^i。

例如，对于一个数 123，若将其视为十进制数时，1 所在位的位权是 10^2，2 所在位的位权是 10^1，3 所在位的位权是 10^0；若将其视为八进制数时，1 所在位的位权是 8^2，2 所在位的位权是 8^1，3 所在位的位权是 8^0。

(4) 位权展开式。进位计数制中，对于任意数制的数都可以采用其位权展开式来表示。根据位权的定义，某位数的数值大小等于该数位的数码乘以位权。因此，对于任意一个 R 进制数 S，都可以表示为按其位权展开的多项式之和：

$$(S)_R=a_{n-1}\times R^{n-1}+\cdots+a_1\times R^1+a_0\times R^0+a_{-1}\times R^{-1}\cdots+a_{-m}\times R^{-m}$$

2. 数制的表示方法

(1) 下标表示法。例如，$(2345)_{10}$、$(1010)_2$、$(367)_8$、$(2AB)_{16}$。

(2) 后缀表示法。例如，2345D、1010B、367Q、2ABH。

3. 常用的进位计数制

1) 十进制(Decimal)

十进制数制，基数 $R=10$，有 0、1、2、3、4、5、6、7、8、9 十个基本数码。各位的位权 R^i 是以 10 为底的幂(即 10^i)。例如 $(123.45)_{10}$ 或 123.45D。其特点是"逢十进一"，位权展开式如下：

$$(123.45)_{10}=1\times 10^2+2\times 10^1+3\times 10^0+4\times 10^{-1}+5\times 10^{-2}$$

2) 二进制(Binary)

二进制数制，基数 $R=2$，有 0、1 两个基本数码。各位的位权 R^i 是以 2 为底的幂(即 2^i)。例如 $(1010)_2$ 或 1010B。其特点是"逢二进一"，位权展开式如下：

$$(1010.101)_2=1\times 2^3+0\times 2^2+1\times 2^1+0\times 2^0+1\times 2^{-1}+0\times 2^{-2}+1\times 2^{-3}$$

3) 八进制(Octal)

八进制数制，基数 $R=8$，有 0、1、2、3、4、5、6、7 八个基本数码，各位的位权 R^i 是以 8 为底的幂(即 8^i)。例如 $(367.45)_8$ 或 367.45Q。其特点是"逢八进一"，位权展开式如下：

$$(367.45)_8=3\times 8^2+6\times 8^1+7\times 8^0+4\times 8^{-1}+5\times 8^{-2}$$

4) 十六进制(Hexadecimal)

十六进制数制，基数 $R=16$，有 0、1、2、3、4、5、6、7、8、9、A、B、C、D、E、F 十六个基本数码，其中 A～F 分别对应十进制数 10～15。各位的位权 R^i 是以 16 为底的幂(即 16^i)。例如 $(2AB.9F)_{16}$ 或 2AB.9FH。其特点是"逢十六进一"，位权展开式如下：

$$(2AB.9F)_{16}=2\times 16^2+10\times 16^1+11\times 16^0+9\times 16^{-1}+15\times 16^{-2}$$

1.4.2 计算机的二进制

自然界的信息纷繁复杂，表现形式多样，例如文字、图形、图像、声音等。各种信息均以数据形式输入计算机,然而计算机在其设计诞生之初就采用二进制数来表示、存储和处理数据。

1. 计算机与二进制

计算机之所以要采用二进制是由二进制自身的特性所决定的。其优点主要体现在以下几个方面。

(1) 物理可行。有两种稳定状态的物理器件容易实现,例如电压的高低、开关的开闭、晶体管的导通与截止等,这恰好可用二进制的“0”和“1”来表示。

(2) 运算简单。二进制加法和乘法规则各有 3 条。所以简化了运算器等物理器件的设计,进而有利于提高运算速度。

(3) 可靠性高。二进制只有 0 和 1 两个数码,数码少电信号状态分明,传输和处理时不易出错,抗干扰能力强,可靠性高。

(4) 逻辑适合。二进制的“1”和“0”正好与逻辑值“真”和“假”相对应,因此采用二进制进行逻辑判断简单方便很适合。

(5) 转换方便。计算机使用二进制,人们习惯于使用十进制。而二进制与十进制间的转换简单方便,有利于人机信息交互。

2. 二进制的算术运算

(1) 二进制加法的运算规则:0+0=0;0+1=1;1+0=1;1+1=0(进位为 1)。

(2) 二进制减法的运算规则:0-0=0;1-0=1;1-1=0;0-1=1(有借位时,借 1 当 2)。

(3) 二进制乘法的运算规则:0×0=0;0×1=0;1×0=0;1×1=1。

(4) 二进制除法的运算规则:0÷1=0; 1÷1=1 ;而 0÷0 和 1÷0 均无意义。

例 1.1 计算 $(10010011)_2+(01010010)_2$ 和 $(10010010)_2-(01010011)_2$ 的值。

```
  1 0 0 1 0 0 1 1    ←被加数          1 0 0 1 0 0 1 0    ←被减数
+ 0 1 0 1 0 0 1 0    ←加数          - 0 1 0 1 0 0 1 1    ←减数
-----------------                   -----------------
  1 1 1 0 0 1 0 1    ←和              0 0 1 1 1 1 1 1    ←差
```

例 1.2 计算 $(1101)_2\times(1010)_2$ 和 $(10111011)_2\div(1011)_2$ 的值。

```
       1 1 0 1   ←被乘数
   ×   1 0 1 0   ←乘数
   -----------
       0 0 0 0
     1 1 0 1
   0 0 0 0
 1 1 0 1
 ---------------
 1 0 0 0 0 0 1 0 ←积
```

```
                 1 0 0 0 1 ←商
      1011 ) 1 0 1 1 1 0 1 1 ←被除数
             1 0 1 1
             ---------------
        ↑            1 0 1 1
      除数           1 0 1 1
             ---------------
                           0 ←余数
```

3. 二进制的逻辑运算

计算机使用的是逻辑电路,它利用逻辑规则进行各种逻辑判断,因此,逻辑运算是计算机运算的重要组成部分。逻辑代数又称布尔代数,事件之间的逻辑关系通过逻辑变量和逻辑运算来表示。

(1) 逻辑变量

具有相互对立的两种变量值的变量称为逻辑变量。例如“真”和“假”、“是”和“非”、“有”

和"无"等。

（2）逻辑运算

是逻辑代数的研究内容，是一种研究因果关系的运算。其运算结果不表示数值的大小，而是表示一种二元逻辑值：真(True)或假(False)。逻辑运算是按位进行，各位之间互相独立，位与位之间不存在进位和借位的关系。

计算机中的逻辑运算以二进制数为基础，二进制数码"1"和"0"分别表示成逻辑变量的"真"和"假"。常用的二进制逻辑运算包括"或"、"与"、"非"、"异或"。

（1）逻辑"或"运算

逻辑"或"又称逻辑加，常用符号"+"或"∪"表示。

逻辑关系：一真为真，全假为假。

逻辑运算规则：0+0=0；0+1=1；1+0=1；1+1=1。

例 1.3　设 $X=11001011$，$Y=10100110$，求 $X\cup Y=?$

解：

$$\begin{array}{r} 1\,1\,0\,0\,1\,0\,1\,1 \\ \cup)\ 1\,0\,1\,0\,0\,1\,1\,0 \\ \hline 1\,1\,1\,0\,1\,1\,1\,1 \end{array}$$

所以，$X\cup Y=11101111$。

（2）逻辑"与"运算

逻辑"与"又称逻辑乘，常用符号"×"、"∩"表示。

逻辑关系：一假为假，全真为真。

逻辑运算规则：0×0=0；0×1=0；1×0=0；1×1=1。

例 1.4　设 $X=11001011$，$Y=10100110$，求 $X\cap Y=?$

解：

$$\begin{array}{r} 1\,1\,0\,0\,1\,0\,1\,1 \\ \cap)\ 1\,0\,1\,0\,0\,1\,1\,0 \\ \hline 1\,0\,0\,0\,0\,0\,1\,0 \end{array}$$

所以，$X\cap Y=10000010$。

（3）逻辑"非"运算

逻辑"非"又称逻辑反，常用符号"!"或在逻辑变量上方加一条横线"－"来表示。即 A 的非运算可以表示为 $\bar{A}$。

逻辑关系是：非真则假；非假则真。

逻辑运算规则：$\bar{0}=1$；$\bar{1}=0$

例 1.5　设 $A=11001011$，求 $\bar{A}=?$

解：

$$\bar{A}=00110100$$

（4）逻辑"异或"运算

逻辑异或常用"⊕"来表示。

逻辑关系是：相异为真；相同为假。

逻辑运算规则：$0\oplus0=0$；$0\oplus1=1$；$1\oplus0=1$；$1\oplus1=0$。

例 1.6　设 $X=10010101$，$Y=00001111$，求 $X\oplus Y=?$

解：

$$
\begin{array}{r}
10010101 \\
\oplus\ 00001111 \\
\hline
10011010
\end{array}
$$

所以，$X \oplus Y = 10011010$。

1.4.3 数制转换

1. R 进制(非十进制)数转换为十进制数

转换方法：将需要转换的 R 进制数按权展开，然后将展开式求和即可。

例 1.7 分别将$(11010)_2$、$(1011.101)_2$、$(234.4)_8$、$(2FE.8)_{16}$转换成十进制数。

$(11010)_2 = 1\times2^4 + 1\times2^3 + 0\times2^2 + 1\times2^1 + 0\times2^0 = (26)_{10}$

$(1011.101)_2 = 1\times2^3 + 0\times2^2 + 1\times2^1 + 1\times2^0 + 1\times2^{-1} + 0\times2^{-2} + 1\times2^{-3} = (11.625)_{10}$

$(234.4)_8 = 2\times8^2 + 3\times8^1 + 4\times8^0 + 4\times8^{-1} = (156.5)_{10}$

$(2FE.8)_{16} = 2\times16^2 + F\times16^1 + E\times16^0 + 8\times16^{-1}$

$\qquad = 2\times16^2 + 15\times16^1 + 14\times16^0 + 8\times16^{-1} = (766.5)_{10}$

2. 十进制数转换为 R 进制(非十进制)

转换方法：十进制数的整数部分和小数部分分别采用不同的方法转换成 R 进制，然后在将两部分相加即可，方法如下。

(1) 整数部分的转换，“除基取余”法。

将十进制的整数部分除基数 R 取其余数，商数继续除基数 R 取余数，直到商数为 0 为止，所求得的余数按得出的顺序，倒序排列后，就得到进制整数部分转换成的 R 进制数，这种方法叫做除基取余法。

(2) 小数部分转换，“乘基取整”法。

将十进制的小数部分乘以基数 R，取出整数部分，剩下的小数部分继续乘以基数 R 并取出整数部分，直到小数部分为 0 为止。若有限位内结果值不能变为 0，则计算到规定精度为止，所求的整数部分按取出顺序，正序排序。

(3) 如果十进制数包含整数和小数两部分，以小数点作为分界，组合完成转换。

例 1.8 把十进制数 29.3125 转换成二进制数。

除数	被除数/商	取余	
2	29		
2	14	……1	↑ 最低位
2	7	……0	
2	3	……1	
2	1	……1	
	0	……1	最高位

运算	取整	
0.3125		
× 2		
0.6250	0	最高位
× 2		
1.2500	1	
× 2		
0.5000	0	
× 2		
1.0000	1	↓ 最低位

所以计算结果为$(29)_{10} = (11101)_2$ 所以计算结果为$(0.3125)_{10} = (0.0101)_2$

综上所述，如果将十进制数 29.3125 转换成二进制数，只需要将上例中整数部分和小数部分组合在一起即可，其计算结果为$(29.3125)_{10} = (11101.0101)_2$

例 1.9　把十进制数 132.525 转换成八进制数(小数部分保留 2 位数字)。

除法	取余		乘法	取整	
8 | 132			0.525		
8 | 16	……4	↑最低位	× 8 = 4.200	4	↓最高位
8 | 2	……0		× 8 = 1.600	1	最低位
0	……2	最高位			

所以,计算结果为$(132.525)_{10}=(204.41)_8$

3. *R* 进制数之间的转换

R 进制之间的转换一般都是利用十进制作为中介进行转换。但是由于二进制、八进制、十六进制之间存在着特殊的关系,即 $2^3=8$,$2^4=16$。也就是说,3 位二进制数可以对应一位八进制数,4 位二进制数可以对应一位十六进制数,这样使得转换更为简单。

1) 二进制转换到八进制(“三位一组”法)

转换方法:将二进制数以小数点为界,整数部分从右向左 3 位一组,小数部分从左向右 3 位一组,最后不足 3 位的补零。

例 1.10　将二进制数$(10100101.01011101)_2$转换成八进制数。

010　100　101　.　010　111　010

2　4　5　.　2　7　2

所以

$$(10100101.01011101)_2=(245.272)_8$$

2) 二进制转换到十六进制(“四位一组”法)

转换方法:同二进制到八进制相似,只是 4 位一组,最后不足 4 位的补零。

例 1.11　将二进制$(1111111000111.100101011)_2$转换成十六进制数。

0001　1111　1100　0111　.　1001　0101　1000

1　F　C　7　.　9　5　8

所以

$$(1111111000111.100101011)_2=(1FC7.958)_{16}$$

3) 八进制转换成二进制(“一分为三”法)

转换方法:将八进制数以小数点为界,整数部分和小数部分的数字符号分别用足 3 位的二进制数表示即可。

例 1.12　将八进制数$(234.5)_8$转换成二进制数。

2　3　4　.　5

010　011　100　.　101

所以

$$(234.5)_8=(010011100.101)_2$$

4) 十六进制转换成二进制(“一分为四”法)

转换方法:将十六进制数以小数点为界,整数部分和小数部分的数字符号分别用足 4 位的二进制数表示即可。

例 1.13 将十六进制$(45FCD.AB2)_{16}$转换成二进制数。

4 5 F C D . A B 2

0100 0101 1111 1100 1101 . 1010 1011 0010

所以

$$(45FCD.AB2)_{16}=(01000101111111001101.101010110010)_2$$

5）八进制与十六进制之间的转换

转换方法：这两种进制之间的转换一般借助于二进制数完成。

例 1.14 将八进制数$(324)_8$转换成十六进制数；$(BA2D)_{16}$转换成八进制数。

$(324)_8=(011\ 010\ 100)_2=(0\ \ 1101\ \ 0100)_2=(D4)_{16}$

$(BA2D)_{16}=(1011\ 1010\ 0010\ 1101)_2=(1\ 011\ 101\ 000\ 101\ 101)_2=(135055)_8$

十进制与二进制、八进制和十六进制之间的对照表如表 1.4 所示。

表 1.4 常用进位制数的对照表

十进制	二进制	八进制	十六进制	十进制	二进制	八进制	十六进制
0	0000	0	0	8	1000	10	8
1	0001	1	1	9	1001	11	9
2	0010	2	2	10	1010	12	A
3	0011	3	3	11	1011	13	B
4	0100	4	4	12	1100	14	C
5	0101	5	5	13	1101	15	D
6	0110	6	6	14	1110	16	E
7	0111	7	7	15	1111	17	F

1.4.4 计算机中的编码

信息是自然界中客观存在的具体反映，而数据则是这些多样信息的表现形式。无论自然界的信息以什么样的数据形式存在，其最终都要转化成二进制的形式为计算机所接受。这个转化过程需要通过计算机编码来实现。计算机中的编码主要分为数值数据编码和非数值数据编码。

1. 数值数据编码

生活中的数据是由正负符号、小数点和数码构成，而在计算机中这些符号都要以二进制的符号 0 和 1 编码表示。为了表示正数和负数，通常将数的最高位定义为符号位，用“0”表示“正”，“1”表示“负”，其余位表示数值，称为数值位。

计算机中符号化了的数称之为机器数，机器数有原码、反码和补码三种表示形式。

(1) 原码。机器数的最高位表示符号位，正数的符号位为“0”，负数的符号位为“1”，其余为数值的绝对值部分。把真正表示数字大小并按照书写规则表示的原值称作真值。

例 1.15 求＋38、＋0、－38、－0 的真值、原码。

数　据	真　值	原　码	数　据	真　值	原　码
＋38	＋00100110	00100110	＋0	＋00000000	00000000
－38	－00100110	10100110	－0	－00000000	10000000

(2) 反码。正数的反码与原码相同,负数的反码符号位为1,其余位由原码按位取反得到。

例1.16　求＋38、＋0、－38、－0的原码、反码。

数　据	原　码	反　码	数　据	原　码	反　码
＋38	00100110	00100110	＋0	00000000	00000000
－38	10100110	11011001	－0	10000000	11111111

(3) 补码。正数的原码、反码和补码是一样的。负数的补码是在反码的最低位加1得到。

例1.17　求＋38、＋0、－38、－0的反码、补码。

数　据	反　码	补　码	数　据	反　码	补　码
＋38	00100110	00100110	＋0	00000000	00000000
－38	11011001	11011010	－0	11111111	00000000

2. 西文字符编码

计算机中,对于数值型数据可以方便地将其转换为二进制数据进行存储和处理。但实际上还存在着大量的非数值型数据,例如西文字符和中文字符等字符数据。

西文字符主要包括英文字母、数字、标点符号及特殊字符等。将这些西文字符转换成二进制代码就需要进行字符编码。字符编码的方式有很多种,目前世界通用的是ASCII码(American Standard Code for Information Interchange,美国信息交换标准代码)。

ASCII码是用一个字节,即8位二进制数表示一个对应的西文字符。ASCII码有7位版和8位版两种。7位版的ASCII码为标准ASCII码。标准ASCII码每个字符用7位二进制数表示,最高位为0,因此ASCII码是由2^7＝128个字符组成的字符集,其中包括34个通用控制符,10个数码,52个大、小写英文字母和32个专用字符。7位标准ASCII编码,如表1.5所示。

表1.5　标准ASCII码表

低四位	高三位							
	000	001	010	011	100	101	110	111
0000	NUL_0	DLE_{16}	SP_{32}	0_{48}	$@_{64}$	P_{80}	$`_{96}$	p_{112}
0001	SOH_1	DC1	!	1	A	Q	a	q
0010	STX_2	DC2	“	2	B	R	b	r

续表

低四位	高三位							
	000	**001**	**010**	**011**	**100**	**101**	**110**	**111**
0011	ETX$_{3}$	DC3	#	3	C	S	c	s
0100	EOT$_{4}$	DC4	$	4	D	T	d	t
0101	ENQ$_{5}$	NAK	%	5	E	U	e	u
0110	ACK$_{6}$	SYN	&	6	F	V	f	v
0111	BEL$_{7}$	ETB	,	7	G	W	g	w
1000	BS$_{8}$	CAN	(	8	H	X	h	x
1001	HT$_{9}$	EM	)	9	I	Y	i	y
1010	LF$_{10}$	SUB	*	:	J	Z	j	z
1011	VT$_{11}$	ESC	+	;	K	[	k	{
1100	FF$_{12}$	FS	‘	<	L	\	l	|
1101	CR$_{13}$	GS	—	=	M	]	m	}
1110	SO$_{14}$	RS	.	>	N	↑	n	～
1111	SI$_{15}$	US$_{31}$	/$_{47}$	?$_{63}$	O$_{79}$	↓$_{95}$	O$_{111}$	DEL$_{127}$

目前,很多国家在 7 位标准 ASCII 码的基础上将其最高位置“1”,扩充成为 8 位扩展 ASCII 码。增加的 128 个字符编码用于各国自己国家语言文字及特殊符号的编码。

3. 汉字编码

用计算机处理汉字时也需要对汉字进行编码。汉字较西文字符比字形复杂,字数繁多,常用汉字近 7000 个,因此编码相对复杂。计算机处理汉字的基本方法是,首先将汉字以输入码的形式输入计算机,然后再将输入码转换成汉字机内码的形式进行存储,最后将汉字机内码转换成字形码显示输出。计算机对汉字的处理过程实际上是各种汉字编码间的转换过程。通常汉字编码主要有输入码、机内码、交换码(国标码)、字形码等。

1) 汉字输入码

汉字输入码是汉字输入计算机时所使用的编码,也称外码。常用输入码有以下几类:

(1) 数字编码。是用数字串代表一个汉字的输入方法,常用的是国标区位码。

国标区位码将国家标准局公布的 6763 个一、二级汉字分成 94 个区,每个区分 94 位,实际上是把汉字表示成类似 ASCII 码表的一个二维表。“区码”和“位码”各用两个十进制数字表示,因此,输入一个汉字需要按键四次。例如,“啊”字位于第 16 区 1 位,区位码为 1601。数字编码的特点是一字一码无重码,但难记忆。

(2) 字音编码。是以读音来编码的方法。例如,全拼、双拼等。

(3) 字形编码。是以汉字形状确定编码方法。例如五笔字型、郑码等。

(4) 音形编码。是以汉字的读音和字形相结合形成的编码。例如智能 ABC、自然码等。

2）汉字机内码

汉字机内码是汉字在计算机内部进行存储和处理而设置的编码。汉字输入计算机后转换为机内码，然后才能在计算机内传输和处理。现在我国的汉字信息系统一般都采用与ASCII码相容的8位码方案，用两个8位码字符构成一个汉字机内码。另外汉字字符必须和英文字符能相互区别开，以免造成混淆。英文字符的机内代码是7位ASCII码，最高位为“0”。汉字机内代码中两个字节的最高位均为“1”。即将国家标准GB 2312—1980中规定的汉字国标码的每个字节的最高位置“1”，即为内码。除最高位外，其余14位可表示2^{14}＝16 384个可区别的码。

3）汉字交换码

国家标准局颁布的《信息交换用汉字编码字符集基本集》（GB 2312—1980），规定的在不同汉字信息管理系统间进行汉字交换时使用的编码，叫做汉字交换码，也称汉字国标码。在交换码中，表示一个汉字的两个字节的最高位仍为“0”，这是和机内码的差别。同一汉字的国标码与机内码的区分仅在最高位。例如，一个汉字的国标码为3473H（00110100 01110011B），则该汉字的机内码是B4F3H（10110100 11110011B）。

4）汉字字形码

汉字字形码是表示汉字字形的字模数据，用于汉字的显示输出。汉字字形码指的就是这个汉字字形点阵的代码。常用的字模点阵规格有简易型汉字的16×16点阵，提高型汉字的24×24点阵、32×32点阵、48×48点阵等。字模点阵的点阵数越大，字形质量越高，占用存储空间也越大，一个点用1b表示，以16×16点阵为例，共需256b即32个字节。因此，字模点阵只能用来构成“字库”，而不能用于机内存储。字库中存储了每个汉字的点阵代码，当显示输出时才检索字库，输出字模点阵得到字形。

1.5 本章小结

本章主要讲授了计算机概述、系统构成、微型计算机的硬件组成和计算机中的数制与编码这4个小节的内容。这4个方面的知识是计算机初学者需要掌握的基本知识。

计算机是指由电子器件组成的具有逻辑判断和记忆功能的电子设备。其特点是速度快，精度高，能记忆，会判断且自动执行。它产生于第二次世界大战初期，发展通常分为4个阶段，从不同角度考量其分类各有不同，计算机的应用更是前景广阔。

根据冯·诺依曼提出的计算机的体系结构理论，计算机的硬件系统主要由控制器、运算器、存储器、输入和输出设备五部分组成。通过理解指令和程序的基本概念，理解计算机“存储程序”和“控制程序”的工作原理。

在计算机的发展历程中，微型计算机是计算机发展史上的又一个里程碑。微型计算机的硬件系统结构应该遵循冯·诺依曼机的基本思想，其硬件系统一般由主机和外部设备构成。主要掌握主要部件主板、CPU、内存以及各种输入/输出设备的基本性能和参数。

进位计数制是人们日常生活中计数的常用方法，其特点是逢R进一，并采用位权表示。本章中介绍了包括十进制、二进制、八进制、十六进制4种常用的进制。计算机中采用的是二进制，其中二进制的算术运算、逻辑运算以及各进制之间的转换方法是需要学习和掌握的重点内容。

习题 1

1. 计算机的发展经历了哪几个阶段？各阶段的主要特征是什么？
2. 完整计算机系统由哪几部分组成？
3. 计算机硬件系统由哪几个部分组成？请分别说明各部件的作用。
4. 简述计算机的主要应用。
5. 在计算机中为什么采用二进制？
6. 计算机辅助系统由哪些？各有何特点？
7. 指令和程序有什么区别？试述计算机执行指令的过程。
8. 计算机有哪些性能指标？
9. 什么是存储器？试比较 ROM 和 RAM 两种存储器的异同。
10. 计算机语言分为几类？各有何特点？
11. 将下列十进制数转换为二进制数。

    10=(　　)　　17=(　　)　　256.25=(　　)　　525.5=(　　)

12. 将下列二进制数转换为十进制数。

    1110=(　　)　　10101=(　　)　　11.101=(　　)　　1011.1=(　　)

第2章 计算机操作系统

本章学习目标

- 了解操作系统的基本概念、功能、种类以及常用的操作系统。
- 熟练掌握 Windows 7 的基本概念和基本操作。
- 熟练掌握 Windows 7 的文件管理和系统设置。
- 掌握 Windows 7 常用附件的使用。

操作系统是整个计算机系统的管理与指挥机构，就像人脑的“神经中枢”一样，管理着计算机的所有资源。人们借助操作系统才能方便灵活地使用计算机，而 Windows 7 则是微软公司开发的新一版图形用户界面的操作系统，是目前主流的微机操作系统。

本章首先介绍了操作系统的基本概述，然后着重介绍了当前流行的 Windows 7 操作系统，最后简要介绍了 Linux 操作系统。

2.1 操作系统概述

整个计算机系统由硬件和软件两大部分组成。操作系统是对计算机硬件功能的首次扩充，其他所有软件的运行都依靠操作系统的支持。操作系统是计算机软件的核心程序，是计算机系统中必不可少的系统软件。

2.1.1 操作系统的概念

所谓操作系统（Operating System）是一组控制和管理计算机软硬件资源，合理地组织计算机工作流程，控制程序执行，并向用户提供各种服务功能，方便用户简单高效地使用计算机系统的程序集合。简言之，操作系统就是用户和计算机之间的接口，其作用一是管理系统的各种资源，二是提供良好的操作界面。

2.1.2 操作系统的功能

操作系统的主要任务是有效管理系统资源，提供方便的用户接口。操作系统通常都有进程管理、存储管理、文件管理、设备管理和用户接口这五个基本功能模块。

1. 进程管理

所谓进程是一个具有一定独立功能的程序在一个数据集合上的一次动态执行过程。简言之，进程就是正在执行的程序。进程是计算机分配资源的基本单位。进程管理的功能主要包括进程创建、进程执行、进程通信、进程调度、进程撤销等。

2. 存储管理

存储管理是指对内存进行管理，负责内存的分配、保护及扩充。计算机的程序运行和数据处理都要通过内存来进行，所以对内存进行有效的管理是提高程序执行效率和保证计算机系统性能的基础。存储管理的功能主要包括存储分配、地址变换、存储保护和存储扩充。

3. 设备管理

设备管理是指对计算机外部设备的管理，是操作系统中用户和外部设备之间的接口。设备管理技术包括中断、输入/输出缓存、通道技术和设备虚拟化技术等。设备管理的功能主要是设备分配与管理、进行设备I/O调度、分配设备缓冲区、设备中断处理等。

4. 文件管理

文件管理是指系统中负责存储和管理外存中的文件信息的那部分软件。文件管理是操作系统中用户和外存设备之间的接口。文件管理的功能主要是文件存储空间管理、文件等操作管理、文件目录管理、文件保护等。

5. 用户接口

用户接口是指操作系统向用户提供简单、友好的用户界面，使用户无须了解更专业的知识就能灵活地使用计算机。通常操作系统提供给用户两种接口方式，即命令接口和程序接口。目前，命令接口多以图形界面的形式提供给用户，而程序接口则在编程时使用。

2.1.3 操作系统的分类

操作系统的分类方法有很多种，很难进行严格意义上的分类。从操作系统的发展过程来看，早期的操作系统可以分为批处理操作系统、分时操作系统、实时操作系统三种基本类型。随着计算机应用的日益广泛又出现了嵌入式操作系统、网络操作系统、分布式操作系统。

1. 批处理操作系统

批处理操作系统(Batch Processing Operating System)是指采用批量处理的作业方式的操作系统。其工作方式是：由系统操作员将用户的许多作业组成一批作业输入计算机，在系统中形成一个自动且连续的作业流，然后启动操作系统，系统将依次自动执行每个作业，最后由操作员将作业结果交给用户。

2. 分时操作系统

分时操作系统(Time Sharing Operating System)是指允许多个用户同时使用一台计算机进行计算的操作系统。其工作方式是:一台主机连接若干终端用户,用户交互地向系统提出请求,系统将CPU的时间分成若干时间片,采用时间片轮转方式处理用户请求,并通过终端向用户显示结果。

3. 实时操作系统

实时操作系统(Real Time Operating System)是指使计算机能及时响应外部事件的请求,在规定时间内完成处理,并控制所有实时设备和实时任务协调一致运行的操作系统。典型的实时系统有过程控制系统、信息查询系统和事务处理系统三种。

4. 嵌入式操作系统

嵌入式操作系统(Embedded Operating System)是指运行在嵌入式环境中,对整个系统及所操作的各种部件装置等资源进行统一协调、管理和控制的系统软件。嵌入式操作系统在制造工业、过程控制、航空航天等方面广泛应用。例如家电产品中的智能功能就是嵌入式系统的典型应用。常见的嵌入式操作系统有 Plam、Symbian、Windows Mobile、嵌入式 Linux 等。

5. 网络操作系统

网络操作系统(Web Operating System)是指基于计算机网络,能够控制计算机在网络中传送信息和共享资源,并能为网络用户提供各种服务的操作系统。网络操作系统主要有两种模式,即客户端/服务器(Client/Server)模式和对等(Peer-to-Peer)模式。常见的网络操作系统有 UNIX、Netware 和 Windows Server 2003。

6. 分布式操作系统

分布式操作系统(Distributed Operating System)是指大量的计算机通过网络连接在一起所组成的系统。其特点:一是系统中任意两台计算机无主次之分均可交换信息,集各分散结点资源为一体使系统资源充分共享。二是一个程序可在多台计算机上同时运行,使系统运算能力增强。三是系统中有多个 CPU,当某个 CPU 发生故障时不会影响整个系统工作,从而提高系统的可靠性。

2.1.4 常用操作系统简介

操作系统的产生和发展是伴随着计算机系统的发展而发展的。自1971年第一台微型计算机诞生以来,操作系统便随之应运而生。1976年,美国 Digital Research 公司研制开发了8位的 CP/M 操作系统,该系统允许用户通过键盘对系统进行控制和管理,实现硬盘文件的自动存取。1981年,IBM 成功地开发了第一台个人计算机,其所配的操作系统是微软公司的 MS-DOS。IBM-PC 机的出现将操作系统带入了发展的新纪元。

1. MS-DOS操作系统

MS-DOS操作系统是微软公司在1981年为IBM-PC微型计算机开发的一款基于命令行方式的单用户单任务操作系统。它一共经历了7个版本的不断改进和完善。但MS-DOS有明显的弱点,例如MS-DOS最初是为16位微处理器开发的,因此它能使用的内存空间很小,不能满足用户高效率的需求,而且DOS系统的操作命令均是英文字符构成,难于记忆。因此20世纪90年代后DOS逐渐被Windows所取代。

2. Mac-OS操作系统

20世纪80年代,第一款图形界面的交互式操作系统,苹果公司的Mac-OS(Macintosh)出现,并取得巨大成功。但它不兼容Intel的X86微处理芯片的计算机,因此失去很大市场。直到现在,苹果公司的Mac-OS仍然公认为是最好的GUI(图形用户接口)方式的操作系统。

3. Windows操作系统

微软公司成立于1975年,继MS-DOS操作系统后,Windows操作系统是微软公司开发的基于图形化用户界面(GUI)的单用户多任务操作系统。Windows支持多线程、多任务与多处理,32位线性寻址的内存管理方式。同时具有良好的硬件支持,可以即插即用很多不同品牌、不同型号的多媒体设备。现在大多数计算机上都在运行Windows系列的操作系统。Windows系列操作系统的发展如表2.1所示。

表2.1 Windows操作系统发展

版　本	推出时间	特　点
Windows 1.0	1985年11月	引入图形界面,对操作系统的发展具有划时代意义
Windows 2.0	1987年12月	诸多缺陷,Windows 1.0和2.0并未成功
Windows 3.0	1990年5月	人性化的图形界面和内存管理,开启操作系统新境界
Windows 3.2	1994年5月	Windows 3.2的中文版发布
Windows 95	1995年8月	独立于DOS运行,引入“即插即用”技术,支持因特网
Windows NT	1996年8月	网络操作系统,安全稳定易维护且可移植性好
Windows 98	1998年6月	增强多媒体功能,支持浏览因特网,捆绑了IE5
Windows 2000	2000年12月	NT改进版,美化了用户界面,又增强了网络功能
Windows XP	2001年10月	32位操作系统,安全稳定,是Windows一款优秀版本
Windows Server 2003	2003年4月	基于服务器的操作系统
Windows Vista	2005年7月	带有许多新特性和技术,但对配置要求高,市场反应平淡
Windows 7	2009年7月	界面华丽、操作便捷、功能强大是革新版本
Windows 8	2012年10月	提供更佳的屏幕触控技术,主要应用于平板电脑

4. UNIX 操作系统

UNIX 是一个多任务用户的分时操作系统，一般用于大型机、小型机等较大规模的计算机中，1969 年，美国贝尔实验室的 Ken Thompson 和 Dennis M. Ritchie 在分时系统的基础上设计了 UNIX 操作系统，用高级语言 C 全部重新编写，取得巨大成功。UNIX 操作系统也随之成为所有网络操作系统的标准。UNIX 提供可编程的命令语言，具有输入、输出缓存技术，还提供许多程序包。UNIX 操作系统中有一系列的通信工具和协议，因此，它的网络通信功能强、可移植性好，因特网的 TCP/IP 协议就是在 UNIX 下研发的。UNIX 成为现代操作系统发展的一个里程碑，它的出现标志着操作系统已经基本发展成熟。

5. Linux 操作系统

Linux 操作系统来源于 UNIX。1991 年芬兰赫尔辛基大学学生 Linus Torvalds 基于 UNIX 的精简版本 Minix 编写的实验性的操作系统，并将 Linux 的源代码发布在互联网上。由于没有商业目的，全球的计算机爱好者都对其进行积极的修改和完善，使得 Linux 在短短的几年内风靡全球，逐渐成为了 Windows 操作系统的主要竞争对手。在 Linux 的基础上，我国在 1999 年自主研发了红旗 Linux 操作系统并已经应用。红旗 Linux 为我国自主知识产权的操作系统奠定了基础。

2.2 Windows 7 操作系统

Windows 7 是微软公司 2009 年推出的新一代操作系统。它是继 Windows XP 之后 Windows 系列操作系统的又一次全面创新，使其在个性化、功能性、安全性、可操作性等方面给用户带来全新体验。

2.2.1 Windows 7 简介

1. Windows 7 的新特性

Windows 7 作为 Windows Vista 的升级版，更新了大约近 50 万行的代码，约占 Windows Vista 代码总量的 10%，这些代码极大地改善了 Windows 7 的性能。并且 Windows 7 在界面和基本操作方面都做了适度的调整，更便于用户使用。相对于旧版本，Windows 7 的新特征主要表现在：

1）改进的任务栏和窗口处理新方法

Windows 7 做了许多方便用户的设计，在任务栏中新增如缩略图预览、跳跃列表、快速最大化、窗口半屏显示等新功能。还增添了如鼠标晃动、桌面透视、鼠标拖曳等多窗口处理操作。使 Windows 7 成为最易用的操作系统。

2）Aero 特效和人性化设置

Windows 7 的 Aero 特效使得视觉效果更华丽，用户体验更直观高级。全新的幻灯片墙纸设置、丰富的桌面小工具、系统故障快速修复等功能。使 Windows 7 成为最个性化的操作系统。

3) 快速搜索和文件库

Windows 7 中可以在多个位置中搜索,搜索结果按类别分组显示,其中包括本地、网络和互联网搜索功能。Windows 7 新增了"文件库"设计,使得不同位置存放的同一类文件归类显示,方便用户。

4) 速度更快且能耗更低

Windows 7 大幅缩减了启动时间,加快了操作响应,与 Vista 相比有很大的进步。资源消耗较低,不仅执行效率更胜一筹,笔记本电脑的电池续航能力也大幅增加。可以称为迄今为止最节能的操作系统。

5) 节约成本并提高安全性

Windows 7 简化了系统升级。Windows 7 改进了安全和功能合法性,优化了安全控制策略。把数据保护和管理扩展到外围设备,如 BitLocker To Go、系统高级备份等。

2. Windows 7 的版本

Windows 7 操作系统根据用户应用需求的不同,提供了不同的版本。

(1) Windows 7 简易版:Windows 7 Starter。

(2) Windows 7 家庭普通版:Windows 7 Home Basic。

(3) Windows 7 家庭高级版:Windows 7 Home Premium。

(4) Windows 7 专业版:Windows 7 Professional。

(5) Windows 7 企业版:Windows 7 Enterprise。

(6) Windows 7 旗舰版:Windows 7 Ultimate。

Windows 7 简易版是为低配置的个人电脑,主要是上网笔记本提供的。家庭版主要偏重于多媒体娱乐功能。专业版和企业版则包括了更高的安全性并着重满足企业的需求。旗舰版拥有 Windows 7 家庭高级版和专业版的所有功能,当然对硬件的要求也相对较高。

3. Windows 7 的安装

1) 安装 Windows 7 所需的硬件配置

2009 年微软在发布 Windows 7 操作系统时,官方同时公布了运行 Windows 7 系统时所需的硬件配置。根据硬件性能提供两种配置需求,如表 2.2 所示。

表 2.2 安装 Windows 7 系统的硬件要求

硬件设置	最低要求	推荐配置
中央处理器	至少 1GHz 的 32 位或 64 位处理器	2GHz 以上的 32 位或 64 位处理器
内存	1GB 以上	2GB 以上
显示卡	至少有 64MB 显存并兼容 DirectX9(支持 DirectX 9 才可开启 Areo 效果)	128MB 以上显存并兼容 DirectX 9 与 WDDM 1.1 或更高版本
硬盘	至少 16GB 可用空间(NTFS 格式)	容量 80GB 可用空间 40GB 以上
光驱	DVD 光驱	
其他	微软兼容的键盘和鼠标	

2）安装 Windows 7 系统

安装安装 Windows 7 的方法很多，最常用的是用安装光盘启动安装。首先，将 BIOS 设置为光驱启动，然后将 Windows 7 系统安装盘放入光驱，启动并运行。安装光盘会自动运行安装程序，用户只要按照安装提示操作完成即可。

2.2.2　Windows 7 的启动与退出

1. Windows 7 的启动

（1）首先打开外设电源，然后打开主机电源。计算机开机自检。

（2）通过自检后，引导启动操作系统，进入 Windows 7 的用户登录界面，如图 2.1 所示。

图 2.1　Windows 7 登录界面

（3）单击要登录的用户名，输入用户密码，然后按 Enter 键，即回车或者单击文本框右侧的按钮即可加载个人设置完成启动，进入 Windows 7 系统桌面，如图 2.2 所示。

图 2.2　Windows 7 桌面

2. Windows 7 的退出

计算机在关机前一定要先退出正在运行的应用程序，然后正确退出 Windows 7 操作系统，否则，盲目断电可能会破坏一些未保存的文件和正在运行的程序，造成数据的丢失。

1）关机

在桌面最左下角，单击“开始”按钮，选择“关机”命令，如图 2.3 所示，即可退出 Windows 7 系统。正常退出时，Windows 7 系统会自动保存应用程序的处理结果，实现计算机的安全关机。之后用户再关闭显示器等其他外设的电源即可。如果计算机突遇系统“死机”、“黑屏”等特殊情况时，需要持续按住机箱电源几秒钟(一般 8 秒)之后主机会自动断电，强制关机。

2）其他

单击“关机”按钮右侧三角▶按钮，弹出“关机选项”菜单，如图 2.3 所示，选择相应的选项也可完成不同程度上的系统退出。

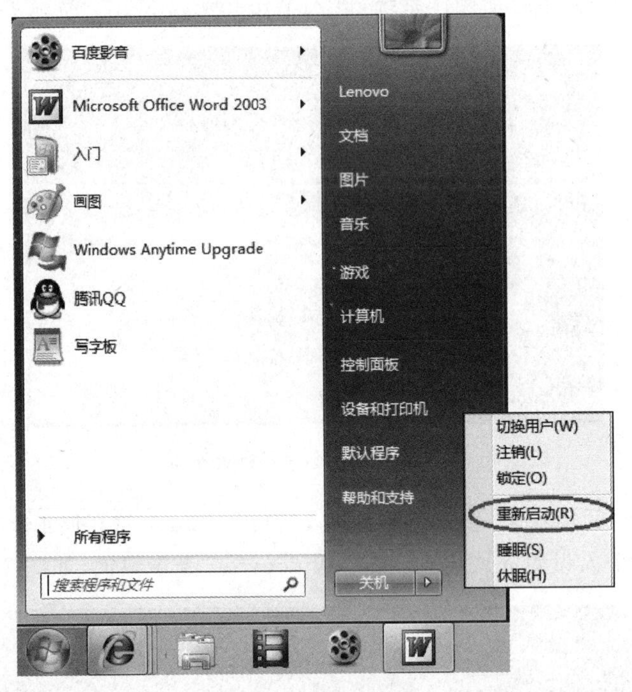

图 2.3 “开始”菜单

(1) 重新启动。是指先关闭计算机，然后再让其自动开机。多用于更新系统设置时。

(2) 切换用户。可使其他用户快速登录并使用计算机。

(3) 注销。将关闭当前用户账户。系统会保存个人信息，回到“用户登录”界面。

(4) 锁定。用户离开但程序还在进行(如下载)，选择“锁定”命令后回到“用户登录”界面。

(5) 休眠/睡眠。进入了一种低耗能状态。

2.2.3 Windows 7 的桌面

启动 Windows 7 登录系统后，呈现在用户屏幕上的是 Windows 7 操作系统的桌面，初始化的 Windows 7 桌面清新、简洁。桌面主要有桌面背景、桌面图标和任务栏 3 部分组成。

1. 桌面图标

桌面图标通常分为应用程序图标、文件夹图标、快捷方式图标等。初装 Windows 7 系统时，默认的系统桌面上只有“回收站”图标，如图 2.4 所示。其他图标可通过右击，在弹出的快捷菜单中选择“个性化”命令，然后单击“更改桌面图标”超链接，选择用户需要显示的图标。桌面上的图标种类和数量并不固定，用户可在日常的使用过程中根据自己的需要合理安排。

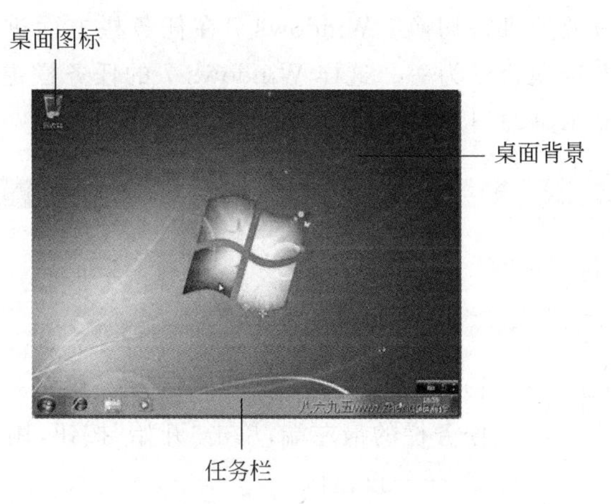

图 2.4 Windows 7 初始桌面

2. 桌面背景

Windows 7 提供了两种不同的用户界面主题，一类是基于普通家庭版的“基本主题”；另一类是基于旗舰版的具有半透明效果的“Aero 主题”。Aero 界面是 Windows 7 下的一种全新图形界面，其特点是透明的玻璃图案中带有精致的窗口动画和新窗口颜色，视觉效果更华丽。Windows 7 所提供的“Aero 主题”的效果需要有合适的显卡，并且其显卡支持 WDDM 模式，才能显示 Aero 图形。“Aero 主题”背景设置步骤如下：

(1) 在桌面空白处右击，在打开的快捷菜单中选择“个性化”命令，打开“个性化”窗口，如图 2.5 所示。

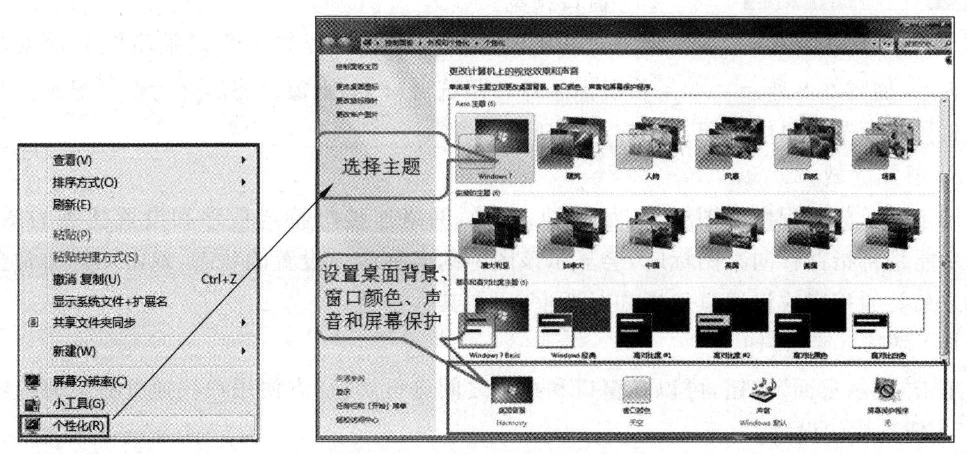

图 2.5 “个性化”窗口

(2) 在“个性化”窗口中选择“我的主题”或者“Aero 主题”中的一个主题。

(3) 关闭“个性化”窗口,即可完成 Aero 特效的设置工作。

普通版本的用户可以仍然使用 Windows 7 提供的传统“Windows 经典主题”界面。

3. 任务栏

任务栏是桌面底部的水平条形区域,如图 2.6 所示。任务栏的主要功能是利用它可以在多个任务窗口之间方便地进行切换。Windows 7 在任务栏方面进行了较大的调整,将原来的快速启动栏和任务选项合二为一。这样 Windows 7 的任务栏主要由“开始”按钮、任务按钮区、通知区域和“显示桌面”按钮组成。

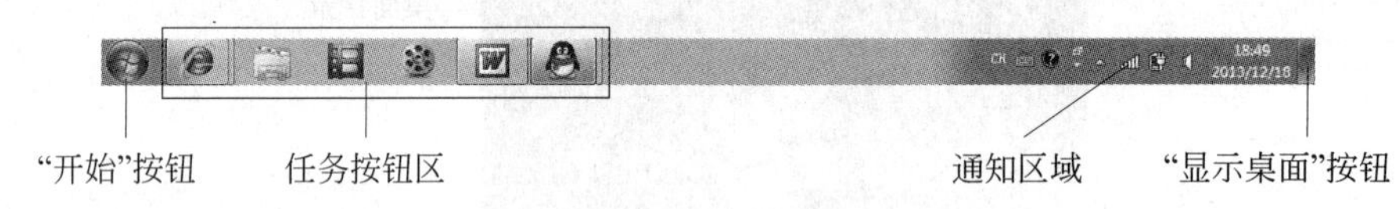

图 2.6 任务栏

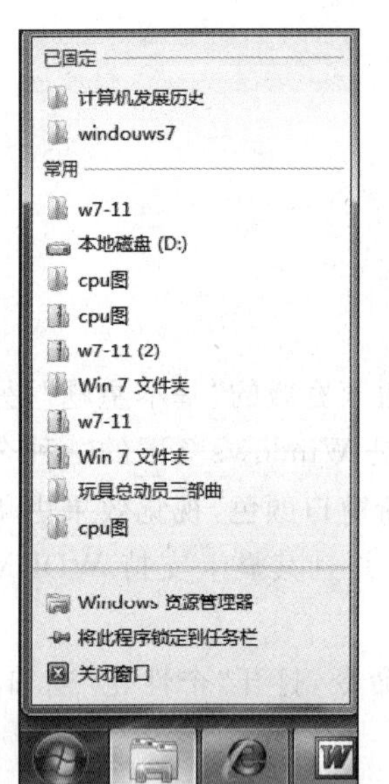

图 2.7 跳转列表菜单

1) “开始”按钮

任务栏的最左端,单击“开始”按钮,用于打开“开始”菜单。

2) 任务按钮区

主要用于显示正在运行的应用程序或文件。方便用户在多个应用程序的任务窗口间切换。Windows 7 还新增加了一些实用功能。

(1) 分组管理。

任务按钮的形态可以区分任务的当前状态。任务按钮是否合并显示,可以在“任务栏和「开始」菜单属性”对话框中进行自定义。

(2) 跳转列表。

选定当前任务图标,单击右键弹出跳转列表菜单,如图 2.7 所示。跳转列表为每个应用程序提供快捷打开方式。全新的跳转列表功能可以打开经常被访问的应用程序或文件。

(3) 窗口预览。

正在使用的文件或程序在任务栏上都以缩略图的预览窗口形式表示,如图 2.8 所示。如果将鼠标悬停在预览窗口上,则窗口将展开为全屏显示。甚至可以直接从预览窗口中关闭当前应用窗口。

3) 通知区域

用于显示应用程序的图标,例如时钟、音量、网络连接等特定程序和设置状态的图标。主要功能是将指针移向某图标时,会显示该图标的名称或该设置的状态,双击图标通常会打开与之相关的程序或设置显示通知对话框,通知某些信息。

4) “显示桌面”按钮

单击“显示桌面”按钮,可以在窗口和桌面之间进行切换,方便用户快速查看桌面内容。

5) 任务栏的设置

Windows 7 的任务栏预览功能更加简单和直观,用户在任务栏空白处单击右键,在打开

图 2.8 窗口预览功能

的快捷菜单中选择“属性”命令，打开“任务栏和「开始」菜单属性”对话框，如图 2.9 所示。用户可通过任务栏的各个属性选项，对其相关功能进行自定义调整。

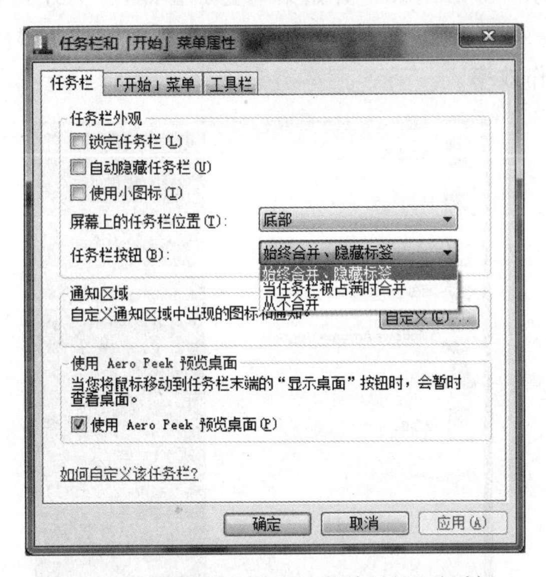

图 2.9 “任务栏和「开始」菜单属性”对话框

(1) 任务栏外观设置

包括对任务栏的大小、位置、是否隐藏、是否用小图标以及任务栏上按钮的显示方式。

对于任务栏的大小、位置的调整可以直接通过鼠标拖曳方法进行改变；排列按钮也只需将要调整位置的按钮拖动到任务栏其他位置即可。

(2) 任务栏通知区域图标设置

初始时，“系统通知区”已经有一些图标，安装新程序时，有时会自动将此程序的图标添加到通知区域。用户可以根据自己的个性需要决定哪些图标可见或隐藏。

也可以使用鼠标拖曳的方法显示或隐藏图标。单击通知区域旁边的向上箭头，然后将要隐藏的图标拖动到“溢出区”即可，如图 2.10 所示。

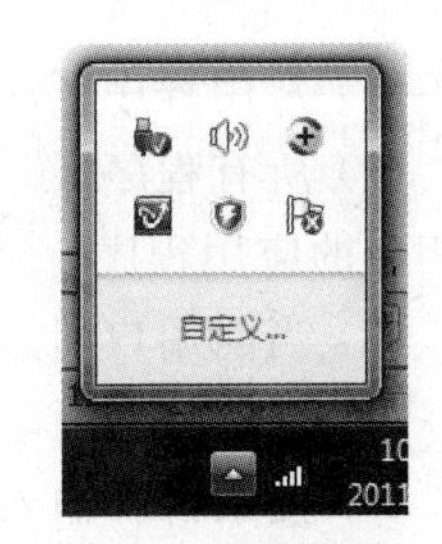

图 2.10 “溢出区”

(3) 任务栏窗口预览(Aero Peek)功能设置

如选择“使用 Aero Peek 预览桌面”,则指向“显示桌面”按钮,即可查看桌面内容。主要功能是当鼠标停留在该按钮上时,按钮变亮,可以看到桌面上的所有东西,快捷地浏览桌面的情况,而鼠标离开后即恢复原状。当点击按钮后,所有打开的窗口全部最小化、清晰地显示整个桌面,而当鼠标再次点击按钮,所有最小化窗口全部复原,桌面立即恢复原状。

4. 开始菜单

在 Windows 7 操作系统中几乎所有的操作都可以通过“开始”菜单完成,“开始”按钮是用来运行 Windows 7 应用程序的入口,它提供了一个选项列表,包含了计算机中所有安装程序的快捷方式。因此,“开始”菜单在 Windows 7 操作系统中有着非常重要的作用。

1)“开始”菜单组成

Windows 7 系统桌面的最左下端,用鼠标单击任务栏最左端的“开始”按钮,则弹出“开始”菜单,如图 2.11 所示。Windows 7 开始菜单更加智能,分为左窗格和右窗格两个部分,其左窗格显示常用程序列表,右窗格为系统自带功能,这种布局使得用户能更方便地访问经常使用的程序,提高工作效率。

图 2.11 “开始”菜单

(1) 常用程序区。列出了常用程序的列表,通过它可快速启动常用的程序。

(2) 所有程序区。集合了计算机中所有的程序,用户可以从“所有程序”菜单中单击启动相应的应用程序。

(3) 当前用户图标区。显示当前登录用户账户的图标,单击它还可以设置用户账户。

(4) 系统控制区。列出了“开始”菜单中最常用选项,单击可以快速打开对应窗口。

(5) 搜索区。输入搜索内容,可以快速在计算机中查找程序和文件。

其中,“所有程序”选项是最常用的菜单项之一,利用它可以打开 Windows 7 自带的应用程序和安装在计算机中的各种应用程序。

用户除可以用鼠标单击选择"开始"菜单外，还可以通过键盘来启动"开始"菜单，方法是：按 Ctrl+Esc 键来启动"开始"菜单。

2) "开始"菜单使用

通过"开始"菜单，用户可以快速启动其他应用程序，查找文件及获得帮助等针对计算机操作的大部分功能。

3) 自定义"开始"菜单

右击"开始"按钮，在打开的菜单中选择"属性"命令，在打开的"任务栏和「开始」菜单属性"对话框中选择"「开始」菜单"选项卡，单击"自定义"按钮，对于开始菜单的外观和内容，用户可自行组织和定义。根据自己的需要删除及添加菜单项、决定其数目及显示方式，如图 2.12 所示。

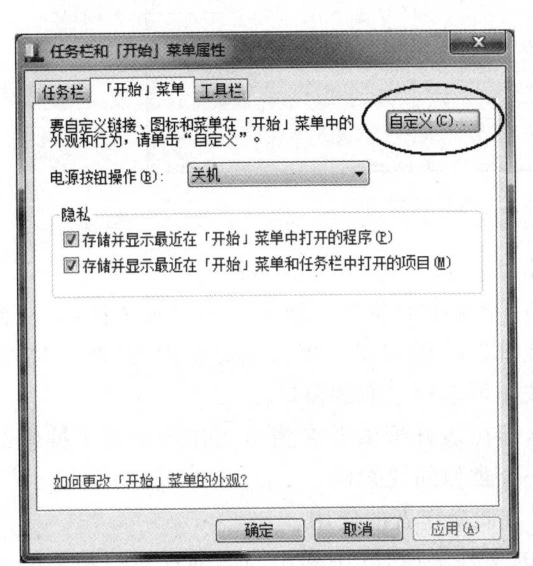

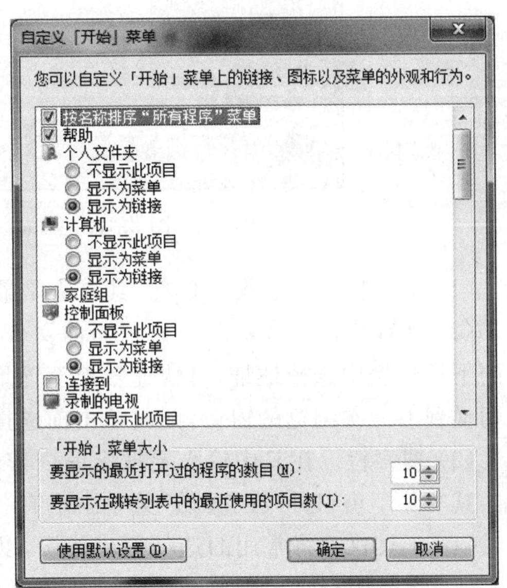

图 2.12 "任务栏和「开始」菜单属性"和"自定义「开始」菜单"对话框

2.2.4 Windows 7 的基本操作

Windows 本身就是一个基于窗口的操作系统，窗口为用户提供一个开放式的操作界面，所谓"视窗操作系统"也源于此。对于 Windows 7 的基本操作将从窗口、菜单以及对话框 3 个方面来介绍，让大家更全面地了解 Windows 家族的这次华丽转身。

1. 窗口

当系统启动一个应用程序或打开一个文件时，就在屏幕上开辟一个矩形区域以显示相关信息，这个矩形区域就称为窗口。

1) 窗口的组成

Windows 7 有多种窗口，以一个典型的窗口，Windows 资源管理器窗口为例，如图 2.13 所示。其组成包括标题栏、地址栏、搜索栏、菜单栏、工具栏、导航区、工作区、状态栏等。

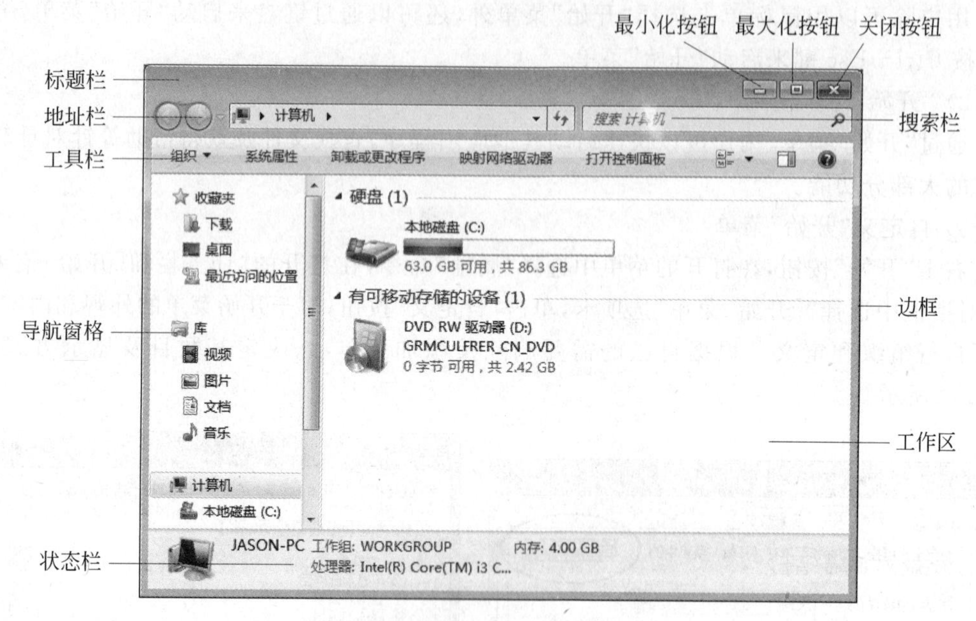

图 2.13　Windows 资源管理器窗口

(1) 标题栏。位于窗口顶部,其右边是最大化、最小化和关闭按钮。

(2) 地址栏。一般情况下显示当前文件在系统中的位置。地址栏中单击▸按钮,从弹出的下拉列表中选择地址,可快速转换至该地址对应的窗口。单击地址左侧的"返回"按钮可切换到上一次浏览的窗口,此时单击前进按钮可返回之前的窗口。

(3) 搜索栏。在其中输入要搜索的内容,即可展开搜索并在窗口工作区中显示搜索结果。其实除了窗口外,在"开始"菜单中也有一个类似的搜索栏。

(4) 工具栏。将常用的选项制成按钮,以方便操作者的使用。

(5) 导航窗格。用于方便管理计算机中的文件资源,其中列出与当前计算机相关的文件和文件夹,一般包括"库"、"收藏夹"、"计算机"和"网格"4 个部分,单击每个选项前面的▸按钮,可展开显示其中的内容。

(6) 窗口工作区。用于显示和操作对象。

(7) 状态栏。常用于显示计算机的配置信息和当前选择对象的工作状态,如在"计算机"窗口的状态栏中,显示了当前计算机的名称、CPU 与内存等硬件信息。

(8) 菜单栏。Windows 7 系统默认时,窗口没有显示菜单栏,用户可以根据自己的要求设定,方法是在计算机窗口中选择"组织"→"布局"→"菜单栏"命令,则可在工具栏上方显示菜单栏。

2) 窗口的基本操作

窗口是 Windows 7 操作系统的基础,运行一个程序或打开一个文件,都会在桌面上打开一个与之相对应的窗口。对于窗口的基本操作主要有以下几个:

(1) 打开窗口

在要打开的对象的图标上单击右键,在弹出的快捷菜单中选择"打开"命令,鼠标双击选中对象,即可打开对象窗体。

(2) 移动窗口

移动窗口,可将鼠标指针移动到窗口的标题栏处,然后按住鼠标左键并进行拖动,即可将窗口移动到所需位置。

(3) 调整窗口

调整窗体的大小可以通过单击窗口右上角的"最大化"按钮、"最小化"按钮、"还原"按钮来完成。

当窗口处于非最大化或非最小化的状态时,如要改变窗口的大小,可以将鼠标光标移动到窗口的四边或四角处进行拖动,当鼠标指针变为双向箭头时,按下鼠标左键并拖动,就可以调整窗口的大小。

(4) 切换窗口

在 Windows 7 操作系统中,无论打开多少个窗口,当前操作窗口只能有一个。只有将窗口切换成当前窗口,才能对其进行编辑,切换窗口主要有如下几种方式:

① 单击窗口可见部分。当需要切换的窗口显示在桌面中,并且可以看见其部分窗口时,单击该窗口的任意位置即可将其切换为当前窗口。

② 单击任务按钮。任务栏中单击某个窗口对应任务按钮,可将该窗口切换为当前窗口。

③ 按 Alt+Tab 组合键。在打开的任务切换栏中将显示所有已打开的窗口缩略图,按住 Alt 键不放,每按 Tab 键一下则向右选择一个窗口的缩略图,释放按键即可切换到所需窗口,如图 2.14 所示。

图 2.14 使用 Alt+Tab 组合键切换窗口

(5) 关闭窗口

关闭窗口的方法,通常有如下几种:

① 单击"关闭"按钮。

② 按 Alt+F4 组合键。

③ 在窗口的标题栏上单击右键,在弹出的快捷菜单中选择"关闭"命令。

④ 在任务栏中的任务按钮上单击右键,在弹出的快捷菜单中选择"关闭"命令。

⑤ 如果一个窗口长时间未响应,则同时按 Ctrl+Alt+Del 组合键,打开"Windows 任务管理器"窗口,选择"应用程序"选项卡,选中"未响应"程序,然后单击"结束任务"按钮。

(6) 排列窗口

桌面上所有打开的窗口,可以采取层叠、堆叠和并排三种方式进行排列。排列窗口的方法是在任务栏的空白处单击右键,弹出如图 2.15 所示的快捷菜单,用户可以按照自己的需要从中选择排列方式。

2. 菜单

菜单是一组操作命令的集合,用户可以从中选择相应的命令来执行。它是一种操作向导,通过简单的鼠标单击即可完成各种操作。

1) 菜单类型

一般地,Windows 7 系统中主要有 4 种形式的菜单。

(1) 开始菜单

单击桌面左下端"开始"按钮,弹出"开始"菜单,它包含了 Windows 7 操作系统几乎所有的操作和全部的应用程序。

(a)

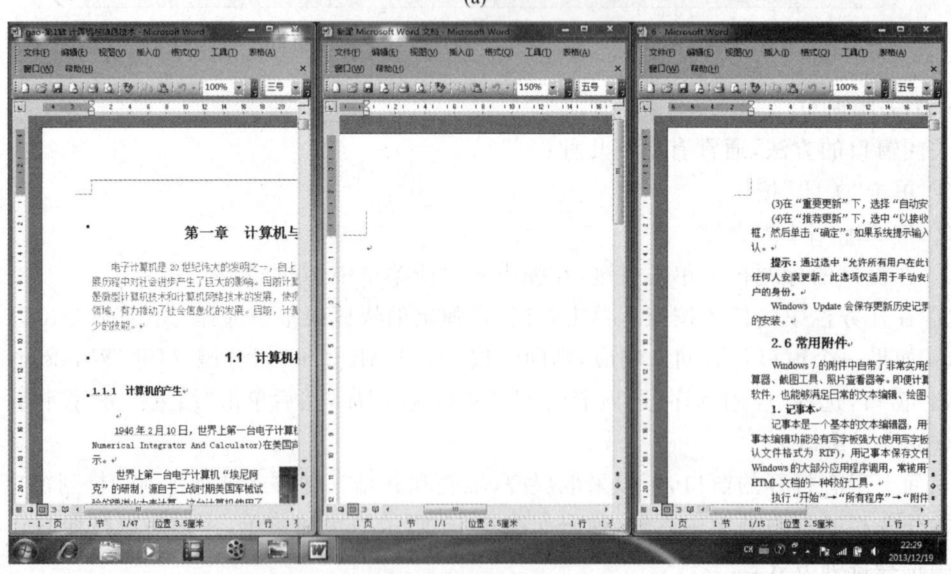

(b)

图 2.15 3 种排列窗口的方式

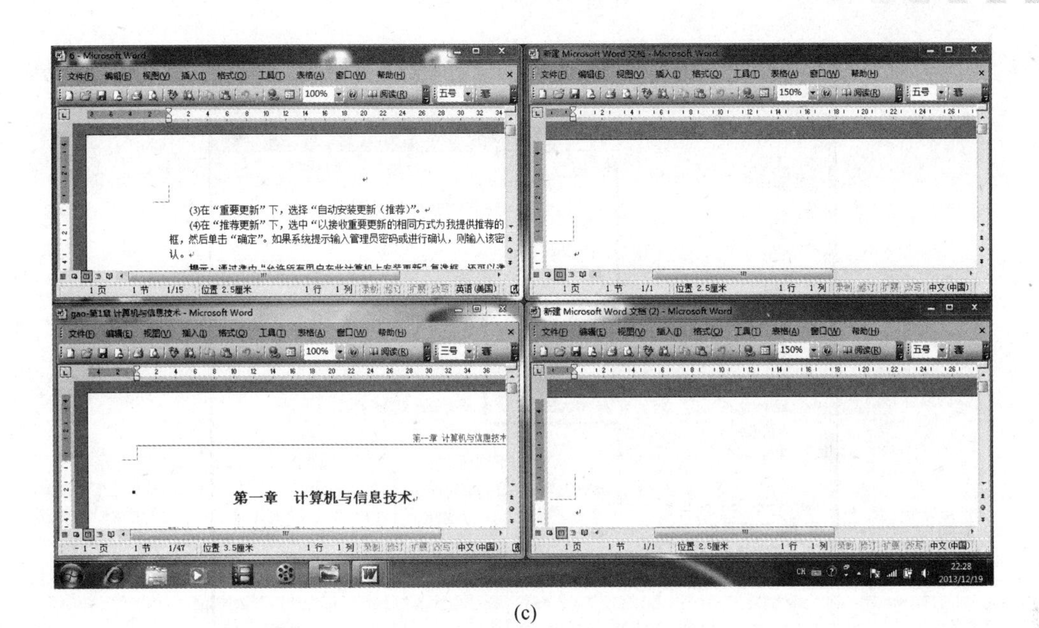

(c)

图 2.15 （续）

(2) 控制菜单

包含窗体的操作命令，所有窗口都有控制菜单，如图 2.16 所示。

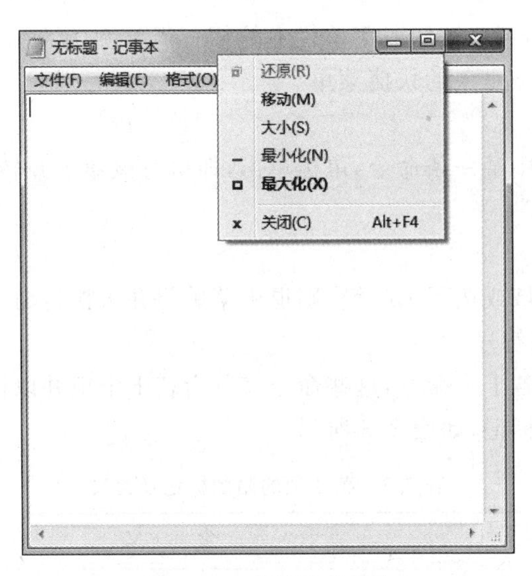

图 2.16 应用程序菜单

(3) 应用程序菜单

每个应用程序窗口所特有的菜单，应用程序菜单位于窗口标题栏下，Windows 7 系统默认时不显示菜单栏，用户需自己设定，也称其为下拉菜单，如图 2.17 所示。

(4) 快捷菜单

快捷菜单也称右键菜单，用于快速执行某些常用命令，其方法是选定目标对象上单击右键，然后在弹出的菜单中选择所需要执行的命令，即可快速执行操作或打开相应的对话框。

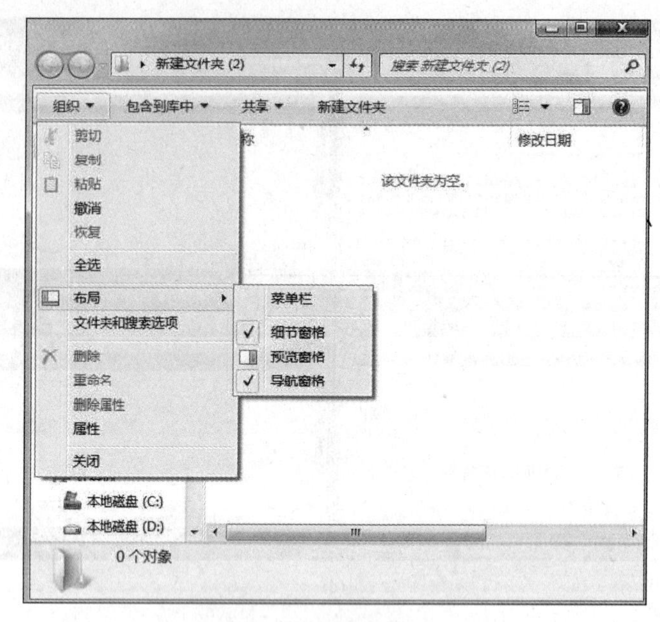

图 2.17　控制菜单

2）菜单的操作

（1）打开菜单

控制菜单图标、开始菜单按钮或菜单栏中的某一菜单项，鼠标单击可以引导出相应的菜单，而右击对象，则引导该对象的快捷菜单。

（2）执行菜单命令

在打开的菜单中选中某一条命令，鼠标单击，即执行该命令并转入该命令的执行过程或进入相应的应用程序。

（3）关闭菜单

单击菜单项以外区域或按下 Esc 键，则退出菜单但并未执行命令。

3）菜单命令的常用符号

一个菜单通常包括若干个命令，这些命令又分为若干个组并以横线隔开，Windows 7 的菜单命令有一些约定的标记，如表 2.3 所示。

表 2.3　菜单项的附加标记及含义

表示方法	含　义
高亮显示条	表示当前选定的命令
变灰	当前不能使用的菜单项
前有√	复选标记，表示已将该命令选择并应用。再选择一次表示取消选中
前有⊙	单选标记，用于切换选择程序的不同状态。每次只能选择其中一项
后带…	选择这样的命令会打开对话框，输入进一步的信息，才能执行命令
后有 ▷	下级菜单箭头，表示该菜单项有级联菜单

续表

表示方法	含　义
组合键	在菜单命令的后面有带下画线的单个字母，打开菜单后按该键可以执行此命令
快捷键	可以直接按键执行的命令，可以是单个的按键，如 F4、Ctrl+C、Alt+F4

3. 对话框

在 Windows 7 的菜单命令中，选择带省略号的命令后在屏幕上弹出一个特殊的窗口，在该窗口中列出了命令所需要的各种参数、参数的可选项、项目以及提示信息，这种窗口就是对话框，如图 2.18 所示。Windows 7 对话框中常用的控件有如下几种。

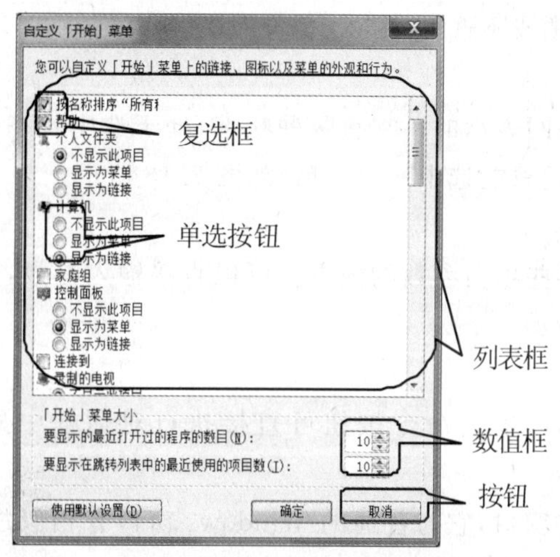

图 2.18　“开始”菜单对话框

1）选项卡

复杂对话框中，有限的空间内不能显示出所有的内容。根据不同的主题设置多个选项卡，每个选项卡代表一个主题，如图 2.19 所示。

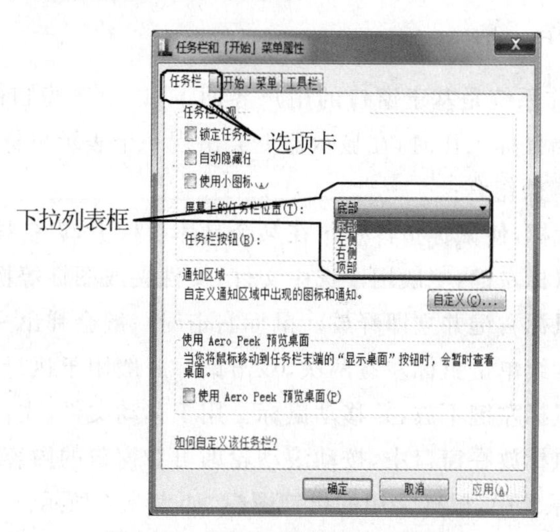

图 2.19　“开始”菜单属性对话框

2）文本框

提供用户输入信息所在的位置，即输入框。

3）列表框

在一个区域中显示多个选项，这些选项叫做条目，用户根据需要单击某个条目选中即可，如图 2.18 所示。

4）下拉式列表框

由一个列表框和一个向下箭头按钮组成。单击右端向下箭头按钮，将打开显示多个选项的列表框，单击选中即可，如图 2.19 所示。

5）复选框

复选框是用一个空心的方框表示。它有两种状态，处于选中状态和非选中状态。复选框可以一次选择一项、多项或不选，如图 2.18 所示。

6）单选按钮

单选按钮是用一个圆圈表示的。它有两种状态，处于选中状态和非选中状态。在这一组选项中，必须选择一个且只能选中一个选项，如图 2.18 所示。

7）数值框

数值框是用户设置某些项目参数的地方。可以直接输入参数，也可以单击微调按钮改变参数大小，如图 2.18 所示。

8）命令按钮

选择参数设置完成后，单击命令按钮可直接执行对话框中显示的命令，如图 2.18 所示。

对话框是一种特殊的窗口，它与普通的 Windows 窗口有相似之处，但是它比一般的窗口更加简洁直观。对话框的大小不可以改变，但同一般窗口一样可以通过拖动标题栏来改变对话框的位置。

2.2.5 鼠标键盘的应用

1. 鼠标的基本操作

Windows 系列操作系统是基于窗口的用户界面，所以对于窗口的操作，鼠标是一种极其重要的输入设备。当鼠标工作时，在显示器上会出现一个表示鼠标当前位置的图标，称为鼠标指针。鼠标的基本操作有：

(1) 指向。移动鼠标，使鼠标指针定位在某个具体目标上，以备操作。

(2) 单击。单击鼠标左键，一般用于选中文件、文件夹或图标等操作对象。

(3) 右击。按下鼠标右键并立即释放。鼠标右击时一般会弹出一个快捷菜单。

(4) 双击。快速连续单击鼠标左键两次，双击鼠标一般用于执行文件或打开文件夹。

(5) 拖动。按下鼠标左键不放，并移动鼠标。用于移动文件、文件夹或文本等。

(6) 滚动轮。将鼠标放在窗口中，按动滚动轮即可对窗口的内容上下移动。

Windows 7 操作系统中，鼠标常用的指针图标，如表 2.4 所示。

表 2.4　Windows 7 常见鼠标指针图标

指针符号	指　针　名	指针符号	指　针　名
	标准选择指针	↕	调整垂直大小指针
?	求助指针	↔	调整水平大小指针
	后台操作指针	⤡ ⤢	对角线调整指针
	系统忙指针	✥	移动指针
I	文字选择指针		链接指针
⊘	当前操作无效指针	+	精度选择指针

2. 键盘的基本操作

键盘是一种基本的输入设备。通过键盘可以实现 Windows 7 操作系统提供的操作功能,利用键盘的快捷键可以大大提高工作效率。常用的快捷键如表 2.5 所示。

表 2.5　Windows 7 常用快捷键

快　捷　键	说　　明	快　捷　键	说　　明
F1	打开帮助	Ctrl+C	复制
F2	重命名文件(夹)	Ctrl+X	剪切
F3	搜索文件或文件夹	Ctrl+V	粘贴
F5	刷新当前窗口	Ctrl+Z	撤销
Delete	删除	Ctrl+A	选定全部内容
Shift+Delete	永久删除所选项	Ctrl+Esc	打开开始菜单
Alt+Tab	在打开项目间切换	Ctrl+Alt+Delete	打开任务管理器
Alt+Esc	以项目打开顺序切换	Alt+F4	退出当前程序

2.2.6　Windows 7 的帮助系统

Windows 系列的操作系统提供一种综合的联机帮助的理念。通过帮助,用户可以方便、快捷地找到问题的答案,从而更好地学习和使用计算机。在 Windows 7 中可以通过存储在计算机中的帮助系统提供十分全面的帮助信息,学会使用 Windows 7 的帮助是学习和掌握 Windows 7 的一种捷径。

单击 Windows 7 任务栏上的"开始"按钮,在显示的开始菜单中选择"帮助和支持"选项,打开帮助窗口。Windows 7 的帮助窗口打开后,可使用索引和搜索得到用户所需要的帮助主题,方法较为简单,在搜索框中输入所需查找内容即可。许多 Windows 7 对话框窗口右上角有一个带有小问号的按钮。在对话框窗口单击该小问号按钮,使之处于凹下状态,此时鼠标指针将变为?状态。将鼠标指针移动到一个项目上(可以是图标、按钮、标签或输入框等),然后单击即可得到相应的帮助信息。

2.3 Windows 7 的文件管理

文件是计算机中信息的存在形式,文件夹是为了更好地管理文件而设计。文件与文件夹的操作是 Windows 7 操作系统的核心操作。Windows 7 具有很强的文件组织和管理能力,借助于 Windows 7 用户可以方便地对文件进行管理和控制。本节主要介绍对文件和文件夹的常用操作。

2.3.1 文件与文件夹的概念

1. 文件

文件是保存在存储介质上的一组相关信息的集合,通常包括程序和文档。文件是操作系统用来存储和管理信息的基本单位,可以用来存放各种信息。

任何文件都有文件名,文件名是存取文件的依据。Windows 系统的文件名通常由主文件名和扩展名两部分组成,它们之间以点号"."分割。

其格式是:＜主文件名＞.＜扩展名＞

(1) 主文件名是文件的标识,不可缺少。Windows 7 系统支持长文件名,最多可达 255 个字符,可以使用英文字母、数字、汉字和一些特殊符号,且可以包含空格和多个点号,但不能出现以下字符:\、/、:、*、?、"、〈、〉、|,不区分英文大小写。

(2) 扩展名主要用于表示文件的类型,是可选的。若有多个点号,以最后一个点号后的字符作为扩展名;扩展名通常不超过 3 个字符。

(3) 通配符。当查找文件或文件夹时,可以使用通配符"*"和"?"。其中,星号"*"代表任意多个字符,问号"?"代表一个任意字符。

例如:

① *.txt 表示所有扩展名为 txt 的文件。

② A?.* 表示主文件名由两个字符组成,且第一个字符是"A"或"a"的文件。

2. 文件类型

根据文件存储内容的不同,把文件分成各种不同的类型。不同的类型通常用文件的扩展名来表示。Windows 7 中常用文件类型及其扩展名,如表 2.6 所示。

表 2.6 文件类型及对应的扩展名

文件类型	扩展名	文件类型	扩展名
系统文件	.sys	声音文件	.wav
可执行程序文件	.exe 或.com	位图文件	.bmp
纯文本文件	.txt	Word 文档文件	.doc
系统配置文件	.ini	Excel 文件	.xls
Web 页文件	.htm 或.html	帮助文件	.hlp
动态链接库文件	.dll	数据库文件	.dbf

3. 文件属性

文件除了文件名之外，还有文件大小、占用空间、所有者信息等，这些信息统称为文件的属性信息。在 Windows 7 中，选定一个文件，右击，选择快捷菜单中的“属性”命令，就可以打开文件的属性窗口。在文件的属性窗口，可以查看文件的类型、描述信息、位置、大小、占用空间、创建、修改、访问时间等信息，还可以查看和设置文件的只读、隐藏和存档等属性。

4. 文件夹

文件夹是 Windows 中保存文件的基本单元，利用文件夹系统可将不同类型、不同用途、不同时间的文件归类保存。文件夹也可以理解为存放文件的容器，便于用户使用和管理文件。

2.3.2　资源管理器

Windows 7 中“计算机”与“Windows 资源管理器”都是 Windows 7 系统提供的用于管理文件和文件夹的工具，两者的功能类似，其原因是它们调用的都是同一个应用程序 Explorer. exe。这里以“Windows 资源管理器”为例介绍。

1. 资源管理器窗口

Windows 资源管理器是 Windows 7 系统提供给用户的一个强大的资源管理工具。通过它可以管理硬盘，映射网络驱动器，外围驱动器，查看控制面板，并浏览网页等。

1）启动

（1）选择“开始”→“所有程序”→“附件”→“Windows 资源管理器”命令。

（2）右击任务栏上的“开始”按钮，在弹出的快捷菜单中选择“打开 Windows 资源管理器”命令，都可打开如图 2.20 所示的“Windows 资源管理器”窗口。

“Windows 资源管理器”窗口打开后，即可使用它来浏览计算机中的文件信息和硬件信息。“Windows 资源管理器”窗口被分成左右两个窗格。左边是列表窗口，可以以目录树的形式显示计算机中的驱动器和文件夹，这样用户可以清楚地看出各个文件夹之间或文件夹和驱动器之间的层次关系；右面是选项内容窗口，显示当前选中的选项里面的内容。

2）收藏夹

收藏夹收录了用户可能要经常访问的位置。Windows 7 系统默认情况下，收藏夹中建立了三个快捷方式：“下载”、“桌面”和“最近访问的位置”。

（1）“下载”指向的是从因特网下载时默认存档的位置。

（2）“桌面”指向桌面的快捷方式。

（3）“最近访问的位置”中记录了最近访问过的文件或文件夹所在的位置。当用户拖动一个文件夹到收藏夹中时，表示在收藏夹中建立起快捷方式。

3）库

库是 Windows 7 引入的一项新功能，库是一个特殊的文件夹，其目的是快速地访问用户重要的资源，其实现方式有点类似于应用程序或文件夹的“快捷方式”。库的优势在于：可以将分散在硬盘各个分区的资源统一进行管理，无须在多个资源管理器窗口来回切换。

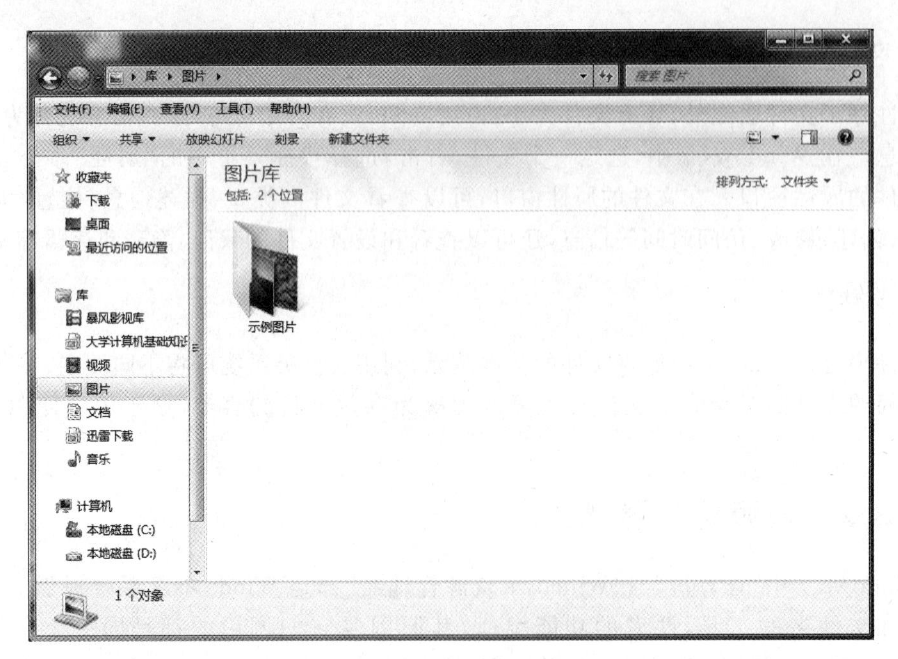

图 2.20 “Windows 资源管理器”窗口

在 Windows 7 中,系统默认情况下,库中存在 4 个子库,分别是:视频库、图片库、文档库和音乐库,其分别链向当前用户下的“我的视频”、“我的图片”、“我的文档”和“我的音乐”这 4 个文件夹。当用户在 Windows 7 提供的应用程序中保存创建的文件时,默认的位置是“文档库”所对应的文件夹,从 Internet 下载的视频、图片、网页、歌曲等也会默认分别存放到相应的这 4 个子库中。

用户也可在库中建立“链接”链向磁盘上的文件夹,具体做法是:在目标文件夹上右击,在弹出的快捷菜单中选择“包含到库中”命令,在其子菜单中选择希望加到的字库即可。通过访问这个库,用户可以快速地找到其所需的文件或文件夹。

4) 文件夹标识

如果需要使用的文件或文件夹包含在一个主文件夹中,那么必须将其主文件夹打开,然后将所要的文件夹打开。

文件夹图标前面有▸标记,则表示该文件夹下面还包括子文件夹,可以直接通过单击这一标记来展开这一文件夹。

如果文件夹图标前面有▷标记,则表示该文件夹下面的子文件夹已经展开。如果一次打开的文件夹太多,资源管理器窗口中会显得特别杂乱,所以使用后的文件夹最好单击文件夹前面或上面的三角箭头标记将其折叠。

5) 快捷方式

在图 2.20 窗口中,可以看到有些图标的左下角有一个小箭头,这样的图标代表快捷方式,通过它可以快速启动它所对应的应用程序。

2. 显示方式

在“Windows 资源管理器”中,可以使用两种方法重新选择项目图标的显示方式。

(1) 选择“Windows 资源管理器”窗口菜单栏上的“查看”菜单，显示查看下拉式菜单。根据个人的习惯和需要，在“查看”菜单中可以将项目图标的排列方式选择为超大图标、大图标、中等图标、小图标、列表、详细信息、平铺和内容 8 种方式之一。

(2) 使用“查看”选项按钮，选择文件列表窗口中的项目图标显示方式。单击工具栏中的“查看”按钮，提示“更改您的视图”，显示列表菜单。如图 2.21 所示，在现实的查看方式列表菜单中，可以根据需要选择项目图标的显示方式。

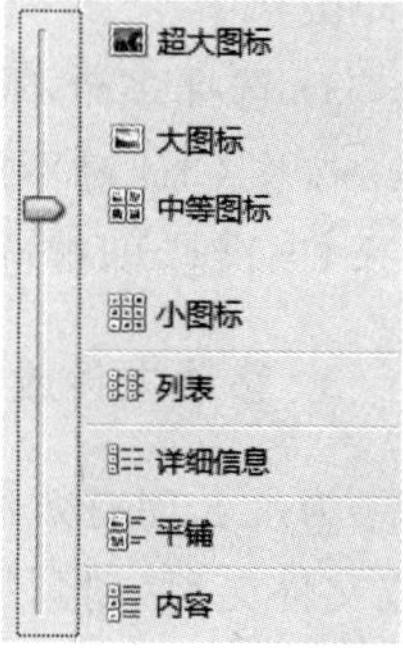

超大图标
大图标
中等图标
小图标
列表
详细信息
平铺
内容

图 2.21　显示方式

3. 排列图标

同“计算机”窗口一样，在“Windows 资源管理器”窗口中，选择“查看”→“排列方式”命令，显示“排列图标”选项的级联菜单，可以根据需要改变图标的排列方式。

2.3.3　文件与文件夹的操作

在 Windows 7 中，常用的文件和文件夹管理操作包括新建、选定、移动、复制、删除等。

1. 新建文件夹

在 Windows 7 中，用户可以创建自己的文件夹。创建文件夹的方法如下：

1) 在桌面创建文件夹

在桌面空白处右击，在打开的快捷菜单中选择“新建”→“文件夹”命令，在桌面上将新建一个名为“新建文件夹”的文件夹。此时新建文件夹的名字为“新建文件夹”，其文字处于选中状态，用户可以根据需要输入新的文件夹名，输入后按 Enter 键或单击，完成文件夹的创建并命名。

2) 通过“计算机”或“Windows 资源管理器”创建文件夹

打开“计算机”(或“Windows 资源管理器”)窗口，选择创建文件夹的位置。如：要在 D 盘上新建一个文件夹，双击 D 盘将其打开，然后执行“文件”→“新建”→“文件夹”命令；或在 D 盘文件列表窗口的空白处右击，在打开的快捷菜单中选择“新建”→“文件夹”命令，创建并命名文件夹。

2. 选定文件或文件夹

在 Windows 7 中，对文件或文件夹所进行管理操作都有一个前提，就是要先选定要操作的文件或文件夹对象，因此，文件或文件夹的选定操作是其他文件操作的基础。

1) 选择一个文件或文件夹

直接单击要选定的文件或文件夹。

2) 选择多个连续文件或文件夹

(1) 按住 Shift 键选择多个连续文件。单击第一个要选择文件的图标，然后按住 Shift 键，单击最后一个要选择文件，则多个连续的文件对象一起被选中。

(2) 使用鼠标框选多个连续的文件。在第一个或最后一个要选择的文件外侧按住鼠标左键，然后拖动出一个虚线框，将所要选择的文件或文件夹框住，松开鼠标，所需文件或文件夹即被选中。

3）选择多个不连续文件或文件夹

按住 Ctrl 键不放，依次点击要选择的文件或文件夹。将需要选择的文件全部选中后，松开 Ctrl 键，即被选中。

3. 移动文件或文件夹

为了合理有效地管理文件，经常需要调整某些文件或文件夹的位置，将其从一个磁盘(或文件夹)移动到另一个磁盘(或文件夹)。常用的移动文件或文件夹的方法：

1）使用“剪贴板”

选中需要移动的文件或文件夹，选择菜单栏中的“编辑”→“剪切”命令，将选中的文件或文件夹剪切到剪贴板上。然后打开目标文件夹，执行菜单栏中的“编辑”→“粘贴”命令，将所剪切的文件或文件夹移动到打开的文件夹中。

2）用鼠标左键

按下 Shift 键同时按住鼠标左键拖动所要移动的文件或文件夹到要移动到的目标处，松开鼠标即可。

3）用鼠标右键

按住鼠标右键拖动所要移动的文件或文件夹到要移动到的目标处，松开鼠标，显示如图 2.22 所示快捷菜单。选择快捷菜单中的“移动到当前位置”命令即可。

复制到当前位置(C)
移动到当前位置(M)
在当前位置创建快捷方式(S)
取消

图 2.22　快捷菜单

4）使用菜单选项移动文件或文件夹

选择要移动的文件或文件夹，执行菜单栏上的“编辑”→“移动到文件夹”命令，弹出如图 2.23 所示的“移动项目”对话框，在该对话框中打开目标文件夹，单击“移动”按钮即可。

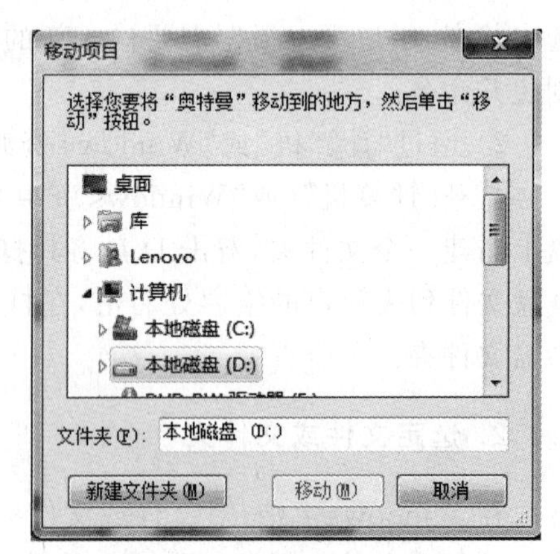

图 2.23　“移动项目”对话框

4. 复制文件或文件夹

对于一些重要的文件有时为了避免其数据丢失，要将一个文件从一个磁盘(或文件夹)复制到另一个磁盘(或文件夹)中，以作为备份。同移动文件类似，常用的复制方法：

1）使用“剪贴板”

选中需要复制的文件或文件夹，执行菜单栏上的“编辑”→“复制”命令，将选中的文件或文件夹复制到剪贴板上，然后将其目标文件夹打开，执行菜单栏上的“编辑”→“粘贴”命令，将所复制的文件或文件夹复制到打开的文件夹中。

2）用鼠标左键

按下 Ctrl 键同时按住鼠标左键拖动所要复制文件或文件夹到目标位置，松开鼠标即可。

3）用鼠标右键

按住鼠标右键拖动所要复制的文件或文件夹到目标位置，松开鼠标，选择快捷菜单中的“复制到当前位置”命令即可。

4）使用菜单选项复制文件或文件夹

选定要复制的文件或文件夹，执行菜单栏上的“编辑”→“复制到文件夹”命令，在弹出的“复制项目”对话框中打开目标文件夹，单击“复制”按钮即可。

5. 删除文件或文件夹

在 Windows 7 中，一些无用的文件或文件夹应及时删除，以提高磁盘空间的利用率。常用的删除方法：

1）使用菜单栏删除

选定要删除的文件或文件夹，在“Windows 资源管理器”或“计算机”窗口的菜单栏中执行“文件”→“删除”命令即可。

2）使用键盘删除

选定要删除的文件或文件夹，按下键盘上的 Delete 键即可。

3）直接拖入回收站

选定要删除的文件或文件夹，在回收站图标可见的情况下，直接拖动到回收站即可。

4）使用快捷菜单删除文件或文件夹

选定要删除的文件或文件夹，在其上右击，在弹出的快捷菜单中选择“删除”命令即可。

5）彻底删除文件或文件夹

以上删除方式都是将被删除的对象放入回收站，需要时还可以还原。而彻底删除是将被删除的对象直接删除而不放入回收站，因此，无法还原。其方法是：选中将要删除的文件或文件夹，按下键盘组合键 Shift＋Delete，单击“是”按钮即可。

6. 恢复被删除文件或文件夹

在管理文件或文件夹时，难免会有错误操作等各种情况的发生，借助于“回收站”可以将被删除的文件或文件夹恢复。其步骤如下：

(1) 在“Windows 资源管理器”左窗格中选中“回收站”文件夹，被删除的文件或文件夹将显示在右窗口。

(2) 选择要恢复的文件或文件，在文件菜单或快捷菜单中选中“还原”命令，即可完成恢复操作。

7. 重命名文件或文件夹

在 Windows 7 对文件或文件夹的管理中，常用的重命名方法：

1）使用文件菜单

选择需重命名的文件或文件夹，选择菜单栏中“文件”→“重命名”命令，所选文件或文件夹被选中，在文本框中输入新名称，按下 Enter 键或单击文件列表其他位置即可。

2）使用快捷菜单

在需要重命名的文件或文件夹上右击，在弹出的快捷菜单中选择“重命名”命令，在文件名的文本框中输入新名称，然后按下 Enter 键即可。

3) 两次单击鼠标

单击需要重命名的文件或文件夹，然后再次单击此文件或文件夹的名称，此时所选文件被选中，在一个文本框中输入新名称，然后按下 Enter 键即可。

8. 更改文件或文件夹属性

Windows 7 系统中，在文件或文件夹上右击，在打开的快捷菜单中选择“属性”命令，弹出如图 2.24 的“Win 7 文件夹属性”对话框。该对话框提供了该对象的属性信息，如文件类型、大小、创建时间、文件的属性等。

(1) “只读”属性。文件只能允许读操作，即只能运行不能被修改或删除。

(2) “隐藏”属性。设置为隐藏属性的文件的文件名不在窗口中显示。

例如：使用“属性”对话框可以设置未知类型文件的打开方式。在选择的文件上右击，选择“属性”选项，在弹出的对话框中单击“更改”按钮，在“打开方式”对话框中选择打开此文件的应用程序。

例如：Windows 7 系统默认情况下，Windows 资源管理器不显示系统文件和隐藏文件。如果需要显示隐藏文件，可以执行菜单栏“工具”→“文件夹选项”命令，在弹出的“文件夹选项”对话框中的“查看”选项卡的“高级设置”列表框中，选中“隐藏文件和文件夹”中的“显示所有文件和文件夹”复选框，如图 2.25 所示。

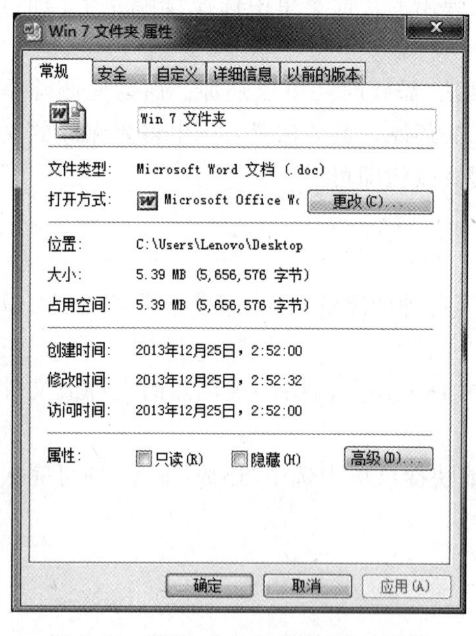

图 2.24 “Win 7 文件夹属性”对话框

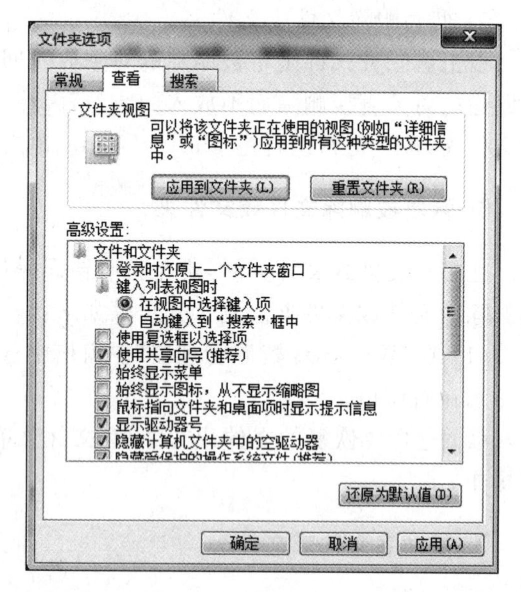

图 2.25 “查看”选项卡

2.3.4 搜索文件或文件夹

在实际操作中，搜索文件与文件夹是常用的操作。Windows 7 操作系统为用户提供了强大的搜索功能，常用方法如下：

1. 使用“开始”菜单的搜索框

单击“开始”按钮，在“开始”菜单中的“搜索程序和文件”文本框中输入想要查找的信息。

例如：想要查找所有 Word 文件，在搜索的文本框中输入“*. doc”，输入后与所输入文本相匹配的项都会显示在开始菜单上，如图 2.26 所示。

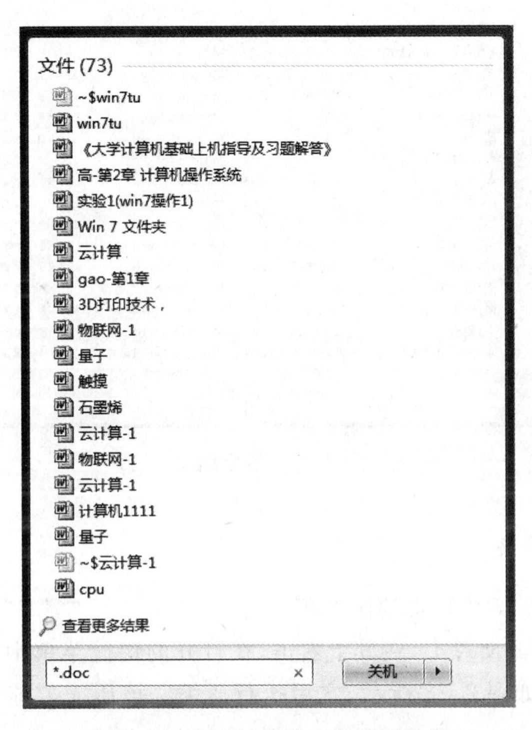

图 2.26　“开始”菜单上的搜索结果

2. 使用文件夹或库中的搜索框

若已知所需文件或文件夹位于某个特定的文件夹或库中，可使用位于每个文件夹或库窗口顶部的“搜索”文本框进行搜索。

例如：要在 D 盘中查找所有 Word 文件。首先打开 D 盘窗口，在其窗口的顶部的“搜索”文本框中输入“*. doc”，则开始搜索，搜索结果如图 2.27 所示。

如果用户想要基于一个或多个属性来搜索文件，则搜索是可在文件夹或库的“搜索”文本框中使用“搜索筛选器”指定属性，从而更加快速地查找指定的文件或文件夹。

例如：在上例中按照“修改日期”来查找符合条件的文件，需单击 “搜索”文本框，搜索筛选器，选择“修改日期”，进行关于日期的设置。

2.3.5　压缩与解压缩文件或文件夹

为了节省磁盘空间，用户可以对一些文件或文件夹进行压缩，压缩文件节省存储空间，提高传输速度，以实现不同用户之间的共享。解压缩文件或文件夹就是从压缩文件中提取文件或文件夹。Windows 7 操作系统置入了压缩文件程序。

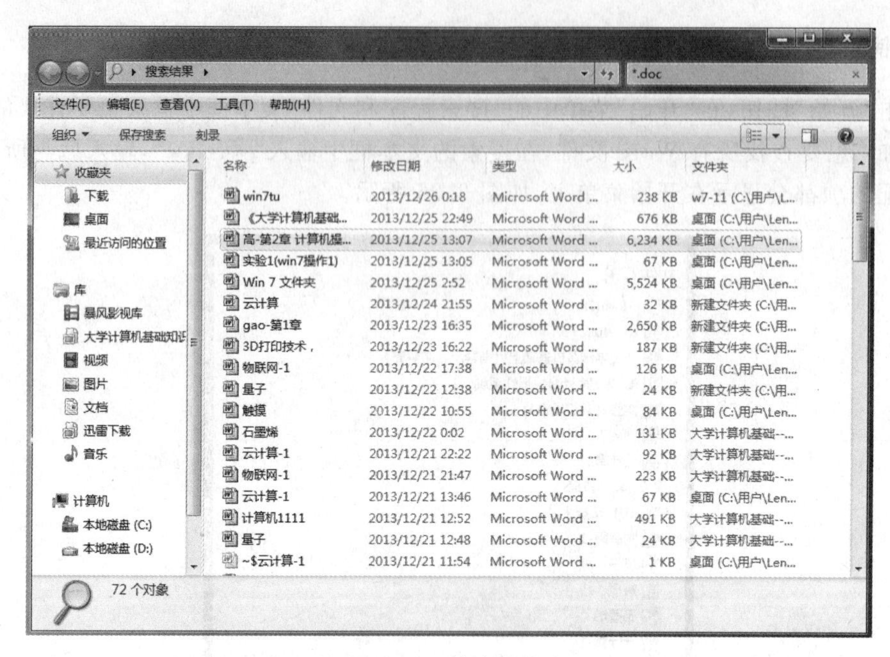

图 2.27　搜索结果

1. 压缩文件或文件夹

1）利用 Windows 7 系统自带的压缩程序

确定待压缩的文件或文件夹，在其上右击，在打开的快捷菜单中选择"发送到"→"压缩(zipped)文件夹"命令，如图 2.28 所示，之后执行压缩。该压缩方式生成的压缩文件，扩展名为.ZIP。

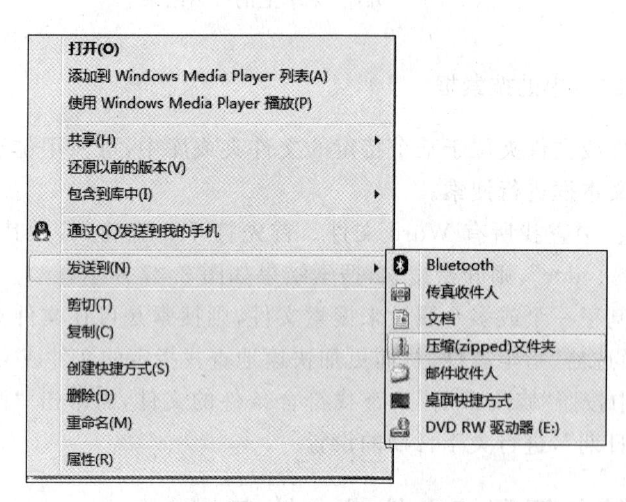

图 2.28　zipped 缩压方式

2）利用 WinRAR 压缩

如果系统安装了 WinRAR，则选择要压缩的文件或文件夹，如这里选择"模板"文件夹，在该文件夹上右击，在弹出的快捷菜单中选择"添加到'模板.rar'"命令，之后执行压缩。该压缩方式生成的压缩文件，扩展名为.RAR。

3）向压缩文件夹添加文件或文件夹

压缩文件创建后，可直接向其中添加新的文件或文件夹。其方法是：将待添加的文件或文件夹放到压缩文件夹所在的目录下，选择要添加的文件或文件夹，按住鼠标左键，将其拖至压缩文件，放开鼠标，弹出“正在压缩”对话框，执行压缩后，文件自动加入到压缩文件中，双击查看即可。

2. 解压缩文件或文件夹

1）利用 Windows 7 系统自带的压缩程序对文件或文件夹进行解压缩

在要解压的文件上右击，从弹出的快捷菜单中选择“全部提取”选项，弹出“提取压缩(zipped)文件夹”对话框，如图 2.29 所示，在该对话框的“选择一个目标并提取文件”部分设置解压缩文件或文件夹的存放位置，单击“提取”按钮即可。

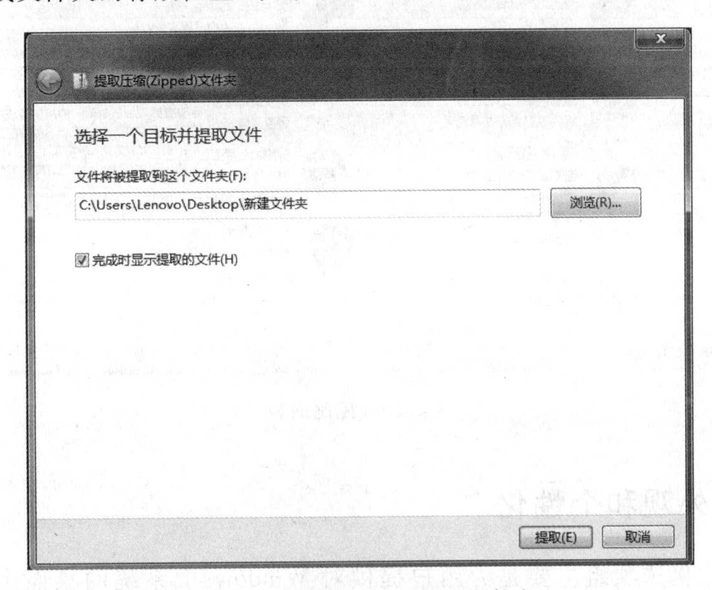

图 2.29　提取压缩(zipped)文件夹

2）利用 WinRAR 压缩程序对文件或文件夹进行解压缩

如果系统安装了 WinRAR，则选择要解压缩的文件或文件夹，如这里选择“模板.rar”，在该文件上右击，在弹出的快捷菜单中选择“解压到当前文件夹”选项即可。

2.4 Windows 7 系统设置

控制面板是用户对计算机系统进行配置和管理的重要工具。使用控制面板用户可以对 Windows 7 的系统进行个性化设置、多用户管理、添加或删除程序、查看硬件设备、进行网络配置等操作。

启动控制面板的方法有很多，常用的有以下几种：

(1) 单击“开始”按钮，在弹出的“开始”菜单选择“控制面板”选项，如图 2.30 所示。

(2) 打开“计算机”窗口,在工具栏中单击“打开控制面板”按钮,即可打开。

(3) 打开“计算机”窗口,在地址栏中输入控制面板,按 Enter 键,即可打开。

(4) 在“开始”菜单的“运行”窗口,输入 Control 命令,按 Enter 键,即可打开。

控制面板中为图标的显示提供三种查看方式:类别、大图标和小图标,如图 2.30 所示右上角的查看方式,单击“类别”下拉菜单,即可选择。通常选择“类别”形式,它把相关的项目组合成一组,并且分 8 组呈现简洁明了。

图 2.30 控制面板

2.4.1 外观和个性化

外观与个性化选项组主要是为用户提供对 Windows 7 系统的桌面个性化设置、显示设置、桌面小工具设置、任务栏和开始菜单的属性设置、文件夹的设置以及字体设置等。

1. 设置主题

主题决定着整个桌面的显示风格,Windows 7 系统为用户提供了多个主题。选择“控制面板”→“外观和个性化”→“个性化”选项,打开“个性化”窗口,如图 2.31 所示。在该窗口中部,主题区域提供了多个主题选择,如 Aero 主题提供了 7 个不同的主题,用户可以根据个人喜好选择一个主题。主题是一整套显示方案,更改主题后,之前所有设置如桌面背景、窗口颜色等元素都将改变。当然,在应用了一个主题后也可以单独更改其他元素,如桌面背景、颜色、声音和屏保等。内容更改完成后,在“我的主题”中“未保存的主题”选项上右击,选择“保存主题”命令,打开“将主题另存为”对话框,输入主题名称,单击“确定”按钮,即可保存设置。

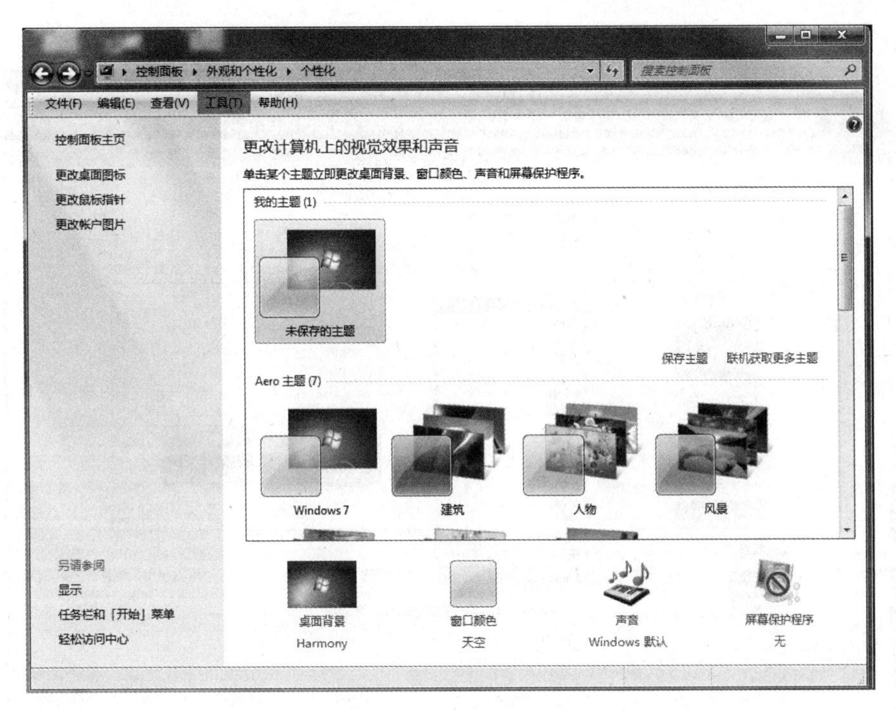

图 2.31　“个性化”窗口

2. 设置桌面背景

单击“个性化”窗口下方“桌面背景”选项，选择想要当作背景的图案，单击“保存修改”按钮即可。如果不想选择 Windows 7 提供的背景图片，可单击“浏览”按钮，在文件系统或网络中搜索用户所需的图片文件作为背景。Windows 7 系统中，可以选择一张图片作为桌面背景，用户也可选择多个喜欢的图片创建一个幻灯片作为桌面背景。如图 2.32 所示，选中多个图片，激活该窗体下方的“更改图片时间间隔”下拉菜单，自定义间隔时间，单击“保存修改”按钮即可。幻灯片作为桌面背景是 Windows 7 系统的又一个亮点。

单击窗体下方“图片位置”下拉列表项，还可为背景选择“居中”“填充”“适应”“拉伸”“平铺”五种显示方式。

3. 设置颜色和外观

Windows Aero 界面是一种增强型界面，可提供很多新功能，例如，透明窗口边框、动态预览、更平滑的窗口拖曳、关闭和打开窗口的动态效果等。作为安装过程的一部分，Windows 7 会运行性能测试，并检查计算机是否可以满足 Windows Aero 的基本要求。在兼容系统中，Windows 7 默认对窗口和对话框使用 Aero 界面。

单击“个性化”窗口下方的“窗口颜色”选项，打开“窗口颜色和外观”设置窗口，如图 2.33 所示。可对 Aero 颜色方案、窗口透明度和颜色浓度三个方面的外观选项进行优化设置；若选择窗口下部的“高级外观设置”链接，则打开如图 2.34 所示的“窗口颜色和外观”对话框，在“项目”下拉列表框中，可以进一步对桌面、菜单、窗体、标题按钮等进行设置。

图 2.32 “桌面背景”窗口

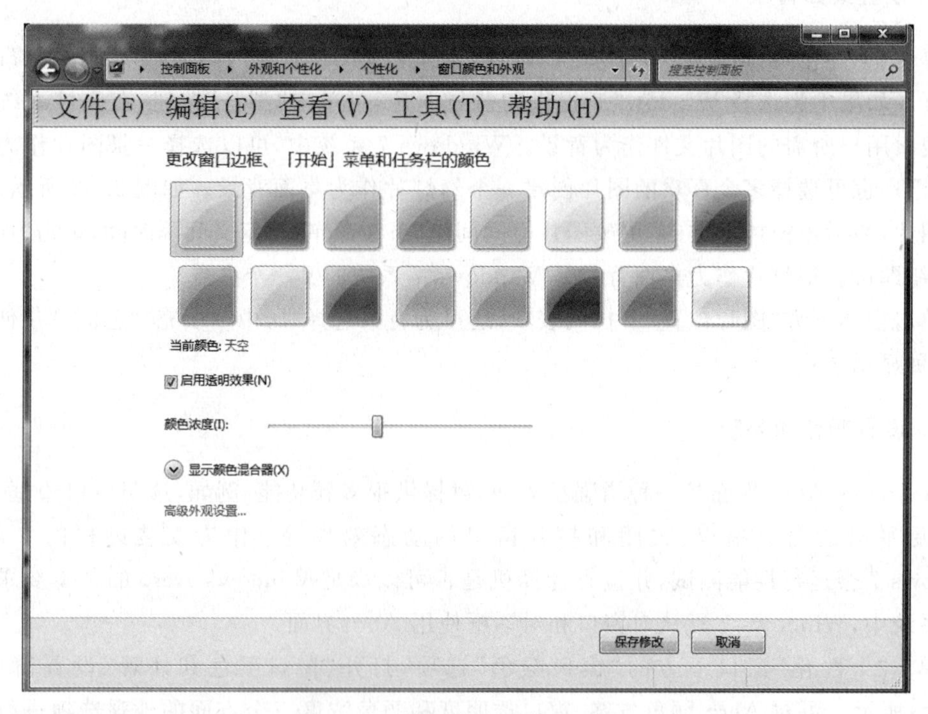

图 2.33 “窗口颜色和外观”窗口

图 2.34 "窗口颜色和外观"对话框

4. 设置屏幕保护

屏幕保护程序可以在用户暂时不对计算机进行任何操作时将显示屏幕屏蔽掉，从而节省能源并保护显示器。屏幕保护程序启动后，只需移动鼠标或按任意键，即可退出屏保程序。Windows 7 提供了多种屏幕保护程序，还可以使用计算机内保存的照片作为屏保程序。单击"个性化"窗口下方"屏幕保护程序"链接，打开"屏幕保护程序设置"对话框，单击"屏幕保护程序"下拉列表框，在其中选择所需，然后在"等待"数值框中输入启动屏幕保护程序的时间，单击"预览"按钮，可预览设效果。如选择"在恢复时显示登录屏幕"复选框后，屏幕进入屏幕保护程序后，需要输入密码，才能退出屏保程序，这样可以保护计算机数据的安全。设置完成后单击"确定"按钮即可生效。

5. 设置桌面图标

Windows 7 系统安装完成后，默认情况下，只有"回收站"图标显示在桌面上。为了使用方便，用户可以添加一些常用图标到桌面上。在"个性化"窗口左上部选择"更改桌面图标"链接，弹出"桌面图标设置"对话框。该对话框中的每个默认图标都有复选框，选中复选框可以显示图标，取消选中复选框可以隐藏图标，选择后单击"确定"按钮即可。

提示：在桌面空白处右击，在弹出的快捷菜单中选择"查看"→"显示桌面图标"命令，可将桌面的图标全部隐藏；再次执行该命令，又可以将桌面的图标全部显示出来。

6. 显示设置

屏幕分辨率指组成显示内容的像素总数。一般分辨率越高，屏幕上显示的像素越多，画面越清晰。选择“控制面板”→“外观和个性化”→“显示”→“调整屏幕分辨率”命令,如图 2.35 所示,打开“屏幕分辨率”窗口,单击“分辨率”下拉列表框,即可调整分辨率。

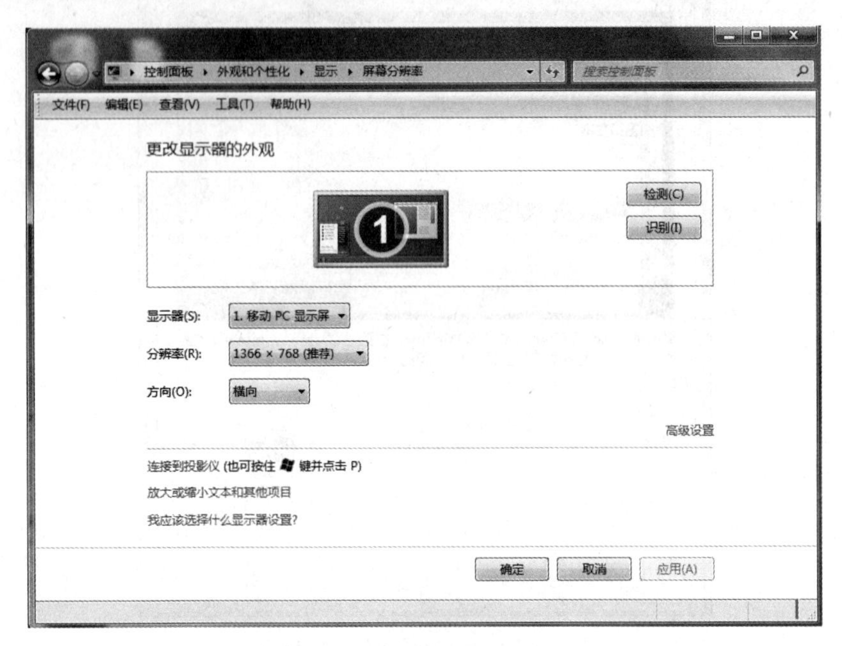

图 2.35 “屏幕分辨率”窗口

颜色质量指可同时在屏幕上显示的颜色数量,颜色质量在很大程度上取决于屏幕分辨率设置。在“屏幕分辨率”窗口选择“高级设置”选项,打开“视频适配器”对话框,在“监视器”选项卡中使用“颜色”下拉列表,即可选择颜色质量。

刷新频率是指屏幕上的内容重绘的速率。在“视频适配器”对话框,使用“屏幕刷新频率”下拉列表,即可选刷新频率。

7. 桌面小工具

Windows 7 为用户提供了一些桌面小工具程序,如“时钟”“日历”“天气”等。选择“控制面板”→“外观和个性化”→“桌面小工具”命令,打开“桌面小工具”窗口,如图 2.36 所示。双击选中小工具,即可将其添加到桌面。添加后,还可对其进行个性化设置。

例如,双击“时钟”将其添加到桌面后,在“时钟”上右击,其中“前端显示”会使“时钟”显示在其他打开窗口的前端;“不透明度”可以对透明度进行选择;选择“选项”则打开“时钟”对话框。单击该对话框中的左、右箭头可以更改时钟的显示样式;在“时钟名称”文本框中可以输入显示在时钟上的名称;“显示秒针”复选框,可以在时钟上显示秒针。设置完,单击“确定”按钮,即可显示效果。添加的小工具可以拖放到桌面任意位置,如果不再需要,可将光标移到小工具右侧出现的按钮上,单击退出即可。

2.4.2 时钟、语言和区域设置

1. 设置系统日期和时间

选择“控制面板”→“时钟、语言和区域”→“日期和时间”选项,打开“日期和时间”对话

图 2.36 “桌面小工具”窗口

框，如图 2.37 所示。在该对话框中设置日期和时间后，单击“确定”按钮即可。设置后，当单击任务栏的时间后将显示设置效果。

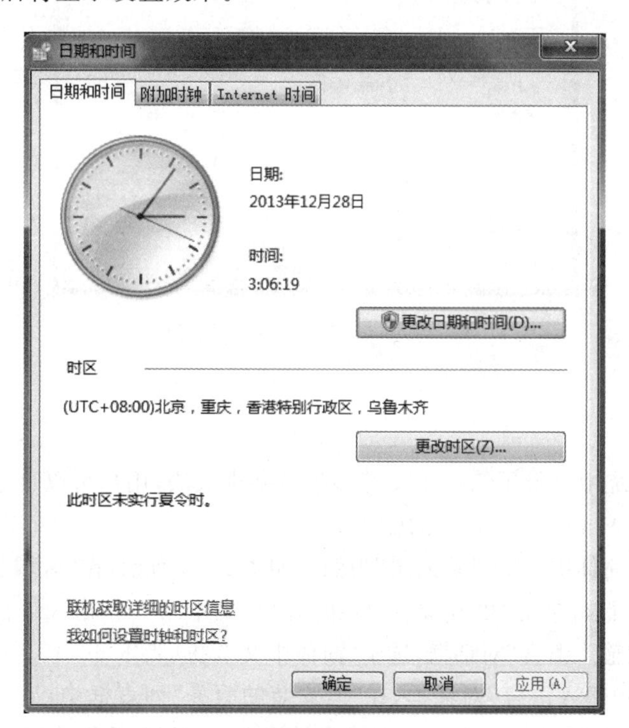

图 2.37 “日期和时间”对话框

2. 设置时区

在“日期和时间”对话框，单击“时区”区域中的“更改时区”按钮，打开“时区设置”对话框，在“时区”下拉列表框中，可选择所需时区。

3. 设置日期、时间或数字格式

选择"控制面板"→"时钟、语言和区域"→"区域和语言"选项,打开"区域和语言"对话框,在"格式"选项卡中可以根据需要来更改日期和时间格式,如图2.38所示。单击"其他设置"按钮,打开"自定义格式"对话框,可进一步对数字、货币、时间、日期等格式进行设置。

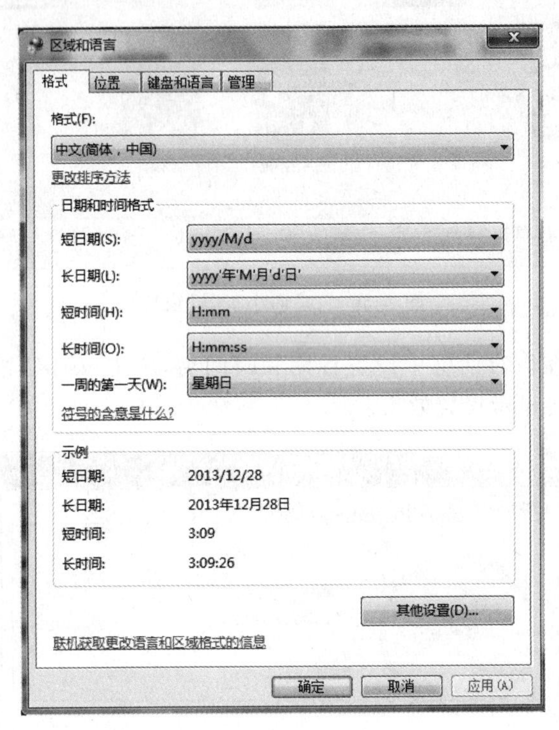

图2.38 "区域和语言"对话框

4. 设置输入法

Windows 7系统中自带了简体中文等多种汉字输入法,用户可以自定义选择显示哪种。

1) 添加/删除Windows 7自带的输入法

例如:以添加"简体中文全拼输入法"为例。如图2.38所示,在"区域和语言"对话框中选择"键盘和语言"选项卡,单击"更改键盘"按钮,弹出"文本服务和输入语言"对话框,单击"添加"按钮,弹出"添加输入语言"对话框,选中"简体中文全拼(版本6.0)"复选框,单击"确定"按钮,返回"文本服务和输入语言"对话框,在"已安装的服务"列表框中,显示已添加的输入法。同样,在这两个对话框中,也可对Windows 7自带输入法进行删除操作,如图2.39所示。

2) 语言栏设置

单击"语言栏"选项卡,在"文本服务和输入语言"对话框中可以设置输入法状态栏,如图2.40所示。

3) 切换输入法

用户可以添加中英文等多种输入法,各种输入法之间的切换可以使用"输入法列表"菜单切换输入法。单击任务栏右端的"输入法"按钮,将显示安装的所有"输入法列表"菜单,单

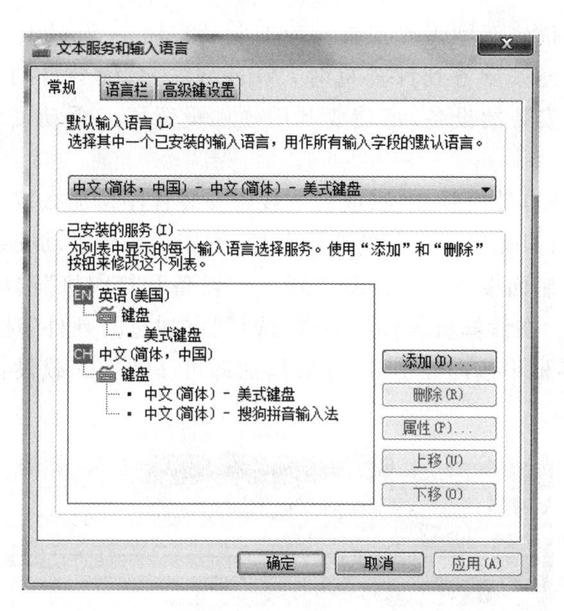

图 2.39　“文本服务和输入语言”对话框

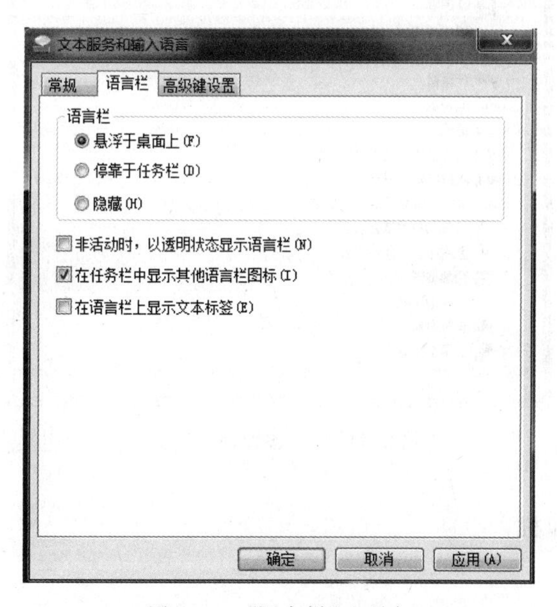

图 2.40　“语言栏”选项卡

击“输入法列表”菜单中需要切换到的输入法,即可。使用“输入法热键”: 如果在“输入法区域设置”对话框中设置了切换输入法的热键,使用这一热键即可切换输入法。例如,通常的热键设置: 中英文切换为 Ctrl+Shift 键,也可用 Ctrl+Space 键。

2.4.3　硬件和声音设置

1. 添加/卸载硬件

当前计算机的硬件大多是即插即用型设备,直接连接即可使用。对于非即插即用的硬件,例如打印机、扫描仪等则需要安置相应的驱动程序。Windows 7 系统将大量设备驱动程序集成。通常当连接设备到计算机时,Windows 7 系统会自动完成对驱动程序的安装。如遇到需要手动安装的设备,那就要利用硬件设置了。手动安装驱动程序通常有两种方式:

(1) 如果硬件设备自带安装光盘(或可下载到安装程序),那么按向导安装即可。

(2) 如果硬件设备只提供了设备的驱动程序,则用户需要手动安装驱动程序。

方法是:选择“控制面板”→“硬件和声音”→“设备和打印机”选项,打开“设备管理器”窗口,如图 2.41 所示。在计算机名称上右击,选择“添加过时硬件”选项,在弹出的“欢迎使用添加硬件向导”对话框中按向导引导,完成添加即可。如需卸载设备,在其上选中,右击,选择“卸载”选项即可。

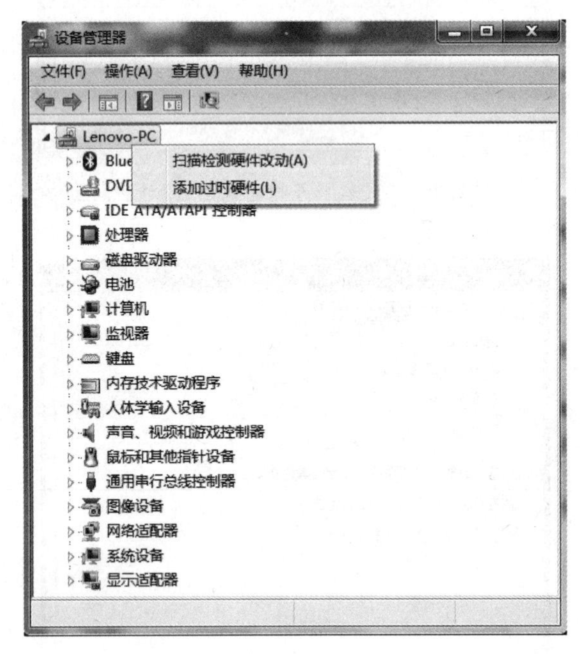

图 2.41 “设备管理器”窗口

2. 添加/删除打印机

1) 添加打印机

在“控制面板”→单击“硬件和声音”→打开“设备和打印机”→“添加打印机”对话框。以添加本地打印机为例选择“添加本地打印机”→然后选择打印机端口→单击“下一步”按钮→在弹出对话框中选择厂商和型号(例如选择 Canon 的 inkjet mp750 series)→单击“下一步”按钮→输入打印机名→单击“下一步”开始安装→单击“完成”即可。安装完成后,会在“设备和打印机”窗口中显示已安装好的打印机,如图 2.42 所示。

2) 删除打印机

在“设备和打印机”窗口→选中要删除的打印机图标→单击右键→选择“删除设备”命令即可将所选打印机删除。窗口如图 2.42 所示。

图 2.42 “设备和打印机”窗口

2.4.4 用户账户设置

Windows 7 系统支持多用户使用，每个用户只需建立一个独立的账户，即可按自己需要个性设置。每个用户用自己的账号登录 Windows 7 系统，并且多用户间的系统设置是相互独立的。在 Windows 7 中，系统提供了 3 种不同类型的账户，分别是管理员账户、标准账户和来宾账户。其中：管理员账户操作权限最高，具有完全访问权，可做任何需要的修改；标准账户可执行管理员账户下几乎所有操作，但只能更改不影响其他用户或计算机安全的设置；来宾账户临时用户权限最低，只能进行最基本的操作不能对系统进行修改。

1. 创建新账户

选择“控制面板”→“用户账户和家庭安全”→“添加或删除用户账户”选项，打开“管理账户”窗口，单击“创建一个新账户”链接，打开“创建新账户”窗口，输入要创建用户账户的名称，单击“创建账户”按钮，即完成一个新账户的创建，如图 2.43 所示。

2. 设置账户

在“管理账户”窗口单击“账户名”(user 账户)，弹出 “更改账户”窗口，可进行更改账户名称、创建密码、更改图片、删除账户等个性操作，如图 2.44 所示。

图 2.43 “管理账户”窗口

图 2.44 “更改账户”窗口

3. 设置家长控制

为了能让家长方便地控制孩子使用计算机,Windows 7 提供了“家长控制”功能,使用“家长控制”功能,可以对指定账户的使用时间及使用程序进行限定,可以对孩子玩的游戏的类型进行限定。

2.4.5 程序设置

1. 添加/删除 Windows 组件

Windows 7 系统提供了很多可供选择的组件，用户可以根据实际需要添加到系统中，也可以从系统中删除。选择“控制面板”→“程序”→“打开或关闭 Windows 功能”命令即打开“Windows 功能”窗口。组件列表框中列出了 Windows 7 系统所包含的组件名称。凡是被选中的复选框表示该组件已经被安装到系统中；未被选中的复选框，表示尚未安装的组件。用鼠标单击复选框中的“√”即可完成相应组件的安装和删除，如图 2.45 所示。

图 2.45 “Windows 功能”窗口

2. 卸载程序

Windows 7 系统提供了用户对应用程序的添加和删除。选择“控制面板”→“程序”→“卸载程序”命令，即打开卸载程序窗口。组件列表框中列出了 Windows 7 系统所包含的全部的应用程序。用户可以根据自己的需要，选中任意一个应用程序，即可激活“卸载/更改”按钮，单击“卸载/更改”按钮，完成相应的卸载或者更改操作即可，如图 2.46 所示。

2.4.6 安全设置

1. BitLocker To Go

在 Windows 7 中，提供了对 USB 移动存储设备(如移动硬盘)驱动器的加密支持，以便在这些数据丢失或被盗时帮助保护它们。BitLocker To Go 的操作非常简单，当您需要加密 U 盘时，只需要右击 U 盘盘符，在弹出的快捷菜单中选择“启用 BitLocker”命令，随后在弹出来的对话框内输入密码即可。

图 2.46 "卸载程序"窗口

2. 备份和还原

在 Windows 7 中,可以备份整个系统或仅备份具体的文件,甚至还可以从许多高级备份选项中进行选择,例如将文件备份到某个网络位置或将系统备份到 DVD。选择好备份文件存放位置后,即可选择进行备份的内容。确认文件无误后,单击"更改计划"按钮,让系统定期帮你备份。单击"保存设置并运行备份"按钮即可。

2.5 Windows 7 常用附件

Windows 7 为广大的用户提供了多种实用的附件工具,例如记事本、写字板、画图、计算器、截图工具、照片查看器等。这些小工具虽然程序不大,但方便实用。

2.5.1 记事本

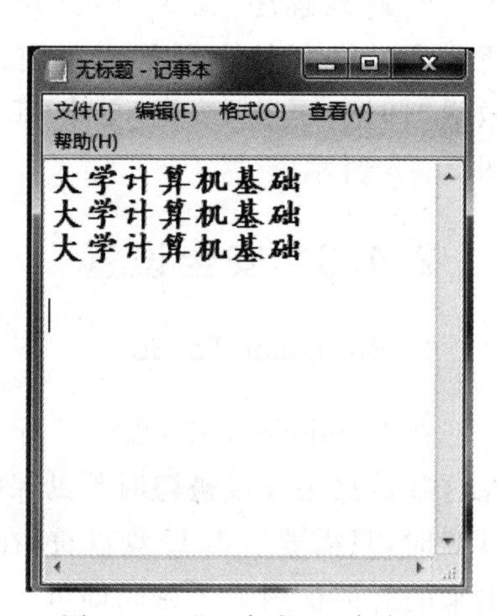

图 2.47 "记事本"程序窗口

记事本是 Windows 7 系统中自带的一个文本编辑器,用来创建和编辑无任何格式的文本文件。它小巧方便,功能灵活,使用简单。选择"开始"→"所有程序"→"附件"→"记事本"命令,如图 2.47 所示。打开"记事本"程序窗口,即可进行文本编辑。

记事本用于纯文本文件的编辑,默认文件格式为

TXT。记事本可以被 Windows 7 的大部分应用程序调用,常被用于编辑各种高级语言程序文件,并成为创建网页 HTML 文档的一种较好工具。因此,记事本最实用的功能就是可以保存无格式文件,可以把记事本编辑过的文件保存为 HTML、Java、ASP 等任意格式的文件,使用灵活方便。

2.5.2　写字板

写字板是 Windows 7 系统中自带的一个文字处理程序,它比记事本的功能更强大些,它不仅可以进行一般的文字处理,还可以进行编辑和排版等。选择"开始"→"所有程序"→"附件"→"写字板"命令,打开"写字板"窗口,如图 2.48 所示。

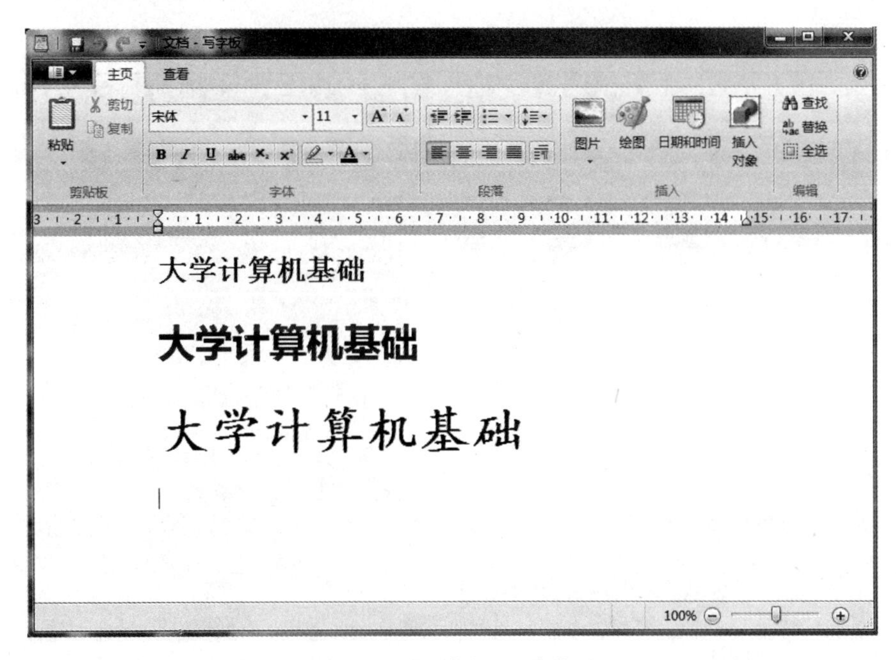

图 2.48　"写字板"程序窗口

"写字板"打开之后,只需在文本编辑区输入文本内容即可。在每行结尾不需要按 Enter 键就可以自动换行。另起一段时,按下 Enter 键即可开始新的段落。在写字板中,用户不仅可以对文本进行创建、删除、移动、复制、保存及打印等基本操作,还可以对文本进行简单的编辑,例如字体格式、段落格式的设置等。Windows 7 系统的写字板还增强了图片处理的功能,用户不仅可以插入已有图片,还可以编辑插入自己绘制的图片。

2.5.3　连接到投影仪

Windows 7 可以使用户简单便捷地将计算机连接到投影仪,以在大屏幕上进行演示。首先确保投影仪已打开,然后将显示器电缆从投影仪插入到计算机上的视频端口,因投影仪使用 VGA 或 DVI 电缆,必须将该电缆插入计算机上的匹配视频端口。虽然某些计算机具有两种类型的视频端口,但大多数便携式计算机只有一种类型的视频端口。也可以使用

USB 电缆将某些投影仪连接到计算机上的 USB 端口。选择"开始"→"所有程序"→"附件"→"连接到投影仪"命令,弹出用于选择桌面显示方式的四个选项,选择相应选项即可。也可以通过"附件"中的"连接到网络投影仪"来通过网络连接到某些投影仪,从而可以通过网络进行演示。当然,这需要投影仪具有网络功能。

2.5.4 画图

画图是 Windows 7 系统自带的一个绘图工具,使用它用户可以手工绘制图片,也可以对来自扫描仪或数码相机的图片进行编辑和修饰操作,并在编辑结束后用不同的图形文件格式保存。选择"开始"→"所有程序"→"附件"→"画图"命令,打开"画图"程序窗口,如图 2.49 所示。

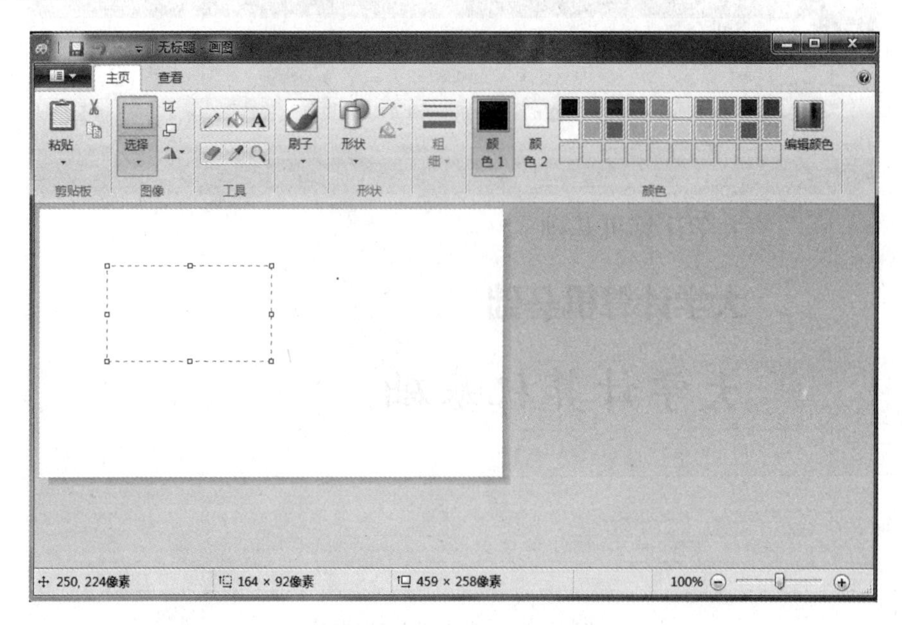

图 2.49 "画图"程序窗口

"画图"窗口主要由标题栏、菜单栏、工具栏、绘图区、调色板和状态栏等组成。使用"画图"程序提供的绘图工具可以方便地对图片进行编辑处理,例如对图片进行调整大小、添加文字、剪裁、缩放、移动、旋转等操作。通过"画图"程序的剪切和粘贴等操作,可将用户创作的图片添加到 Word 文档及许多其他类型的文档中。

2.5.5 截图工具

Windows 7 自带的截图工具用于帮助用户截取屏幕上的图像,并且可以对截取的图像进行编辑。选择"开始"→"所有程序"→"附件"→"截图工具"命令,打开"截图工具"程序窗口,单击"新建"按钮右侧的向下箭头按钮,弹出"截图方式"菜单,截图工具提供了"矩形截图"、"窗口截图"、"任意格式截图"、"全屏幕截图"四种截图方式,可以截取屏幕上的任何对象,如图片、网页等。截图效果如图 2.50 所示。

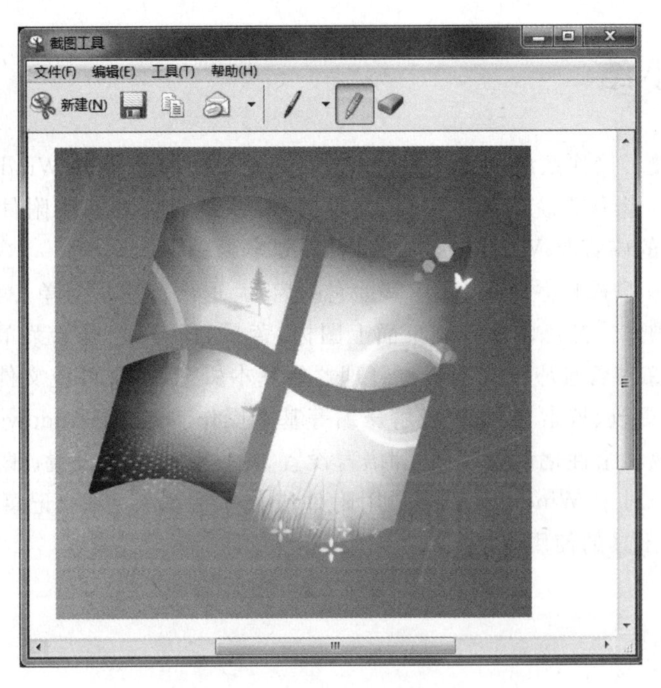

图 2.50 “截图工具”程序窗口

2.5.6 计算器

Windows 7 中计算器的使用与现实计算器的使用方法相同，使用鼠标单击操作界面中相应按钮即可。选择“开始”→“所有程序”→“附件”→“计算器”命令，打开“计算器”程序窗口。计算器程序默认的打开模式为标准型。

Windows 7 计算器程序除了具有标准型模式外，还具有科学型、程序员和统计信息模式，同时附带单位转换、日期计算等多种功能。另外，无论在哪种模式下单击“查看”，在弹出的下拉菜单中还可选择单位转换、日期计算等功能，如图 2.51 所示。

图 2.51 计算器

2.6 本章小结

本章主要讲授了操作系统的基本概念,着重讲授了当前流行的 Windows 7 操作系统。主要对 Windows 7 操作系统的基本操作、文件管理、系统设置和常用附件这 4 个方面进行介绍,这 4 个方面的内容是 Windows 7 初学者需要掌握的基本知识。

对于 Windows 7 操作系统,主要应掌握它的启动、退出、窗口、菜单、对话框以及键盘鼠标的使用等基本操作。熟练掌握系统桌面上图标、背景、任务栏、开始菜单的各项功能。对于 Windows 7 的文件管理应该掌握资源管理器的基本概念,对文件或文件夹的新建、选定、复制、删除、恢复、更改、搜索、压缩以及解压缩等基本操作。对于 Windows 7 的系统设置应该掌握常用的外观和个性化设置、时间和语言设置、硬件和声音的设置、账户设置、程序设置以及安全设置等。对于 Windows 7 的常用附件应该掌握如写字板、记事本、画图、截图工具、计算器等常用工具的使用。

习题 2

1. 简述什么是操作系统。常见的操作系统由哪些?
2. Windows 7 操作系统有哪些特点?
3. Windows 7 资源管理器有哪些重要作用?资源管理器窗口由哪几部分组成?
4. Windows 7 系统下“Aero 主题”的含义是什么?
5. 怎样在 Windows 7 创建一个新文件?
6. 如何在 Windows 7 中复制一个自定义的文件夹,并把它的快捷方式移到桌面上?
7. Windows 7 中的“库”有什么作用?
8. 如何查找 C 盘上所有扩展名为.DOC 的文件?
9. 在 Windows 7 中运行应用程序有哪几种途径?
10. 为什么要用屏幕保护程序?
11. Windows 7 中有哪些常用的小工具?举例说明。
12. Linux 操作系统的特点是什么?

第3章 办公自动化技术

本章学习目标

- 掌握 Word 2010 文档编辑排版与插入对象的基本操作。
- 掌握 Word 2010 长文档操作方法。
- 掌握 Excel 2010 的工作表编辑与图表创建方法。
- 掌握 Excel 2010 的工作表数据处理方法。
- 掌握 PowerPoint 2010 演示文稿的格式化和修饰及演示文稿的放映等操作

Office 是一套由微软公司开发的办公软件，是微软影响力最广泛的产品之一，它和 Windows 操作系统一起被称为微软双雄。2010 版软件共有 6 个版本，分别是初级版、家庭及学生版、家庭及商业版、标准版、专业版和专业高级版。它适用于文字编辑、表格处理、幻灯片制作以及数据库管理等。Office 2010 有很多新增功能，它既可以通过计算机使用，又可以通过 Web 使用。Office 2010 采用了新界面主题，界面更加简洁明快，可以让用户更加方便、自由地表达想法、解决问题以及与他人联系。

3.1 字处理软件 Word 2010

Word 是 Office 组件中被用户使用最为广泛的应用软件，它的主要功能是进行文字的处理。Word 2010 的最大变化是改进了用于创建专业品质文档的功能，提供了更加简单的方法来让用户与他人协同合作，使用户几乎从任何位置都能访问自己的文件。Word 2010 新增了全新的导航搜索窗口、生动的文档视觉效果应用、更加安全的文档恢复功能、简单便捷的截图等功能。

3.1.1 工作界面

Word 2010 的工作界面即工作窗口包含了功能区、工作区。Word 2010 摒弃了 Word 2003 版的菜单栏、工具栏的形式，采用了选项卡、功能组的方式。视图模式的视觉效果更加生动。

1. Word 2010 窗口组成

启动 Word 2010 应用程序之后，系统会默认创建一个文件名为“文档 1”的窗口，如

图 3.1 所示。

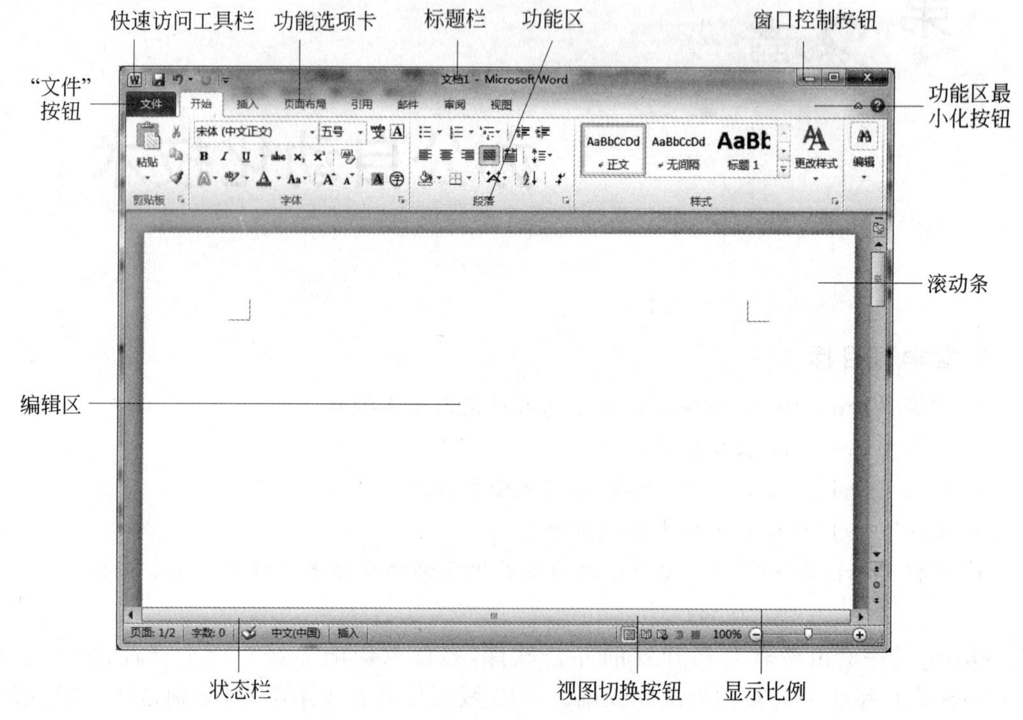

图 3.1 Word 2010 工作界面

1）标题栏

显示正在编辑的文档的文件名及所使用的应用程序名称。例如：文档 1-Microsoft Word。其中，文档 1 是文件名；Microsoft Word 是应用程序名。

2）快速访问工具栏

处于窗口左上角，包括最常用命令，例如"保存"、"撤销"和"恢复"等。快速访问工具栏的末尾是一个下拉菜单，允许用户根据自己的需要添加其他经常使用的命令。

3）窗口控制按钮

用于控制窗口大小和关闭，分别为"最小化"、"最大化/向下还原"、"关闭"按钮。

4）"文件"按钮

单击此按钮可以查找对文档本身而非对文档内容进行操作的命令，例如"新建"、"打开"、"另存为"、"打印"和"关闭"。

单击"文件"按钮后，会看到 Microsoft Office Backstage 视图。用户可通过该视图对文件执行整体操作。

5）功能区

包括处理文档时需要用到的命令。功能区取代了低版本的菜单和工具栏。功能区中的每个选项卡都有不同的按钮和命令，这些按钮和命令按照不同功能被编排到不同的组中。例如，"开始"选项卡中包含"剪贴板""字体""段落""样式""编辑"五个组。

某些组的右下角有一个向右下方的小箭头，单击这个按钮，将会弹出一个带有更多命令的对话框或任务窗格。例如，在 Word 2010 的"开始"选项卡中单击"字体"组右下角的

箭头 ，则会弹出“字体”对话框。

为了拥有更大的可视阅读空间，用户可以通过右击功能区空白的地方，然后选择“功能区最小化”，或者单击右上角的向上箭头 ，就可以迅速地将功能区收起来。功能区最小化之后，用户只能看到选项卡。

若要在功能区处于最小化状态时使用它，用户可以单击要使用的选项卡，然后再单击要使用的选项或命令。操作执行之后，功能区又重新回到最小化状态。如果想还原功能区，可以单击右上角的向下箭头按钮 。

用户也可以通过双击功能区中的选项卡，来实现展开或收起功能区。

6）编辑区

显示正在编辑的文档的内容。

7）滚动条

拖动滚动条可以更改正在编辑的文档的显示位置。

8）状态栏

显示正在编辑的文档的相关信息。

9）视图切换按钮

可用于更改正在编辑的文档的显示模式。

10）显示比例

可用于更改正在编辑的文档的显示比例设置。

2. Word 2010 视图模式

在 Word 2010 中提供了多种视图方式供用户从不同角度阅读处理文档。视图方式包括“页面视图”“阅读版式视图”“Web 版式视图”“大纲视图”和“草稿视图”五种视图模式。用户可以在“视图”选项卡的“文档视图”组中选择需要的视图方式，也可以通过单击视图切换按钮实现视图切换。

1）页面视图

页面视图可以查看文档的打印外观，包括页眉、页脚、图形对象等元素，是最接近打印结果的显示方式。

2）阅读版式视图

“文件”按钮、功能区等窗口元素被隐藏起来。以阅读版式方式查看文档，用户可以利用最大的空间来阅读或批注文档。

3）Web 版式视图

以网页的方式显示文档，Web 版式视图适用于发送电子邮件和创建网页。

4）大纲视图

“大纲视图”主要用于设置文档和显示标题的层级结构，并可以方便地折叠和展开各种层级的文档。大纲视图广泛用于长文档的快速浏览和设置。

5）草稿视图

“草稿视图”取消了页面边距、分栏、页眉页脚和图片等元素，仅显示标题和正文，是最节省计算机系统硬件资源的视图方式。

3.1.2 文档操作

文档操作包括启动、关闭、新建、打开、保存等操作，是文档管理级的操作。

1. Word 2010 启动与退出

1）启动 Word 2010

用户可以通过以下方式启动 Word 2010。

(1) 选择"开始"→"所有程序"→Microsoft Office→Microsoft Word 2010 命令，即可启动 Word。

(2) 双击桌面上的 Word 2010 快捷方式图标。

(3) 双击已存在的文档。在打开已存在文档的同时，启动 Microsoft Word 2010。

(4) 在"运行"中输入 winword，启动 Microsoft Word 2010。

2）退出 Word 2010

用户可以通过以下几种方式退出 Word 2010 应用程序。

(1) 单击 Word 2010 窗口的"关闭"按钮。

(2) 单击"文件"按钮，然后在左侧的导航栏中单击"退出"按钮。

(3) 双击标题栏左侧的控制菜单按钮W。

(4) 使用快捷键 Alt+F4。

2. 新建文档

"文件"按钮取代了 Microsoft Office 早期版本中的"Office 按钮"和"文件"菜单。单击"文件"按钮时，用户会看到许多与单击 Microsoft Office 早期版本中的"Office 按钮"或"文件"菜单时相同的基本命令。这些基本命令包括"打开""保存"和"打印"以及其他一些命令。

1）新建空白文档

新建空白文档有两种方法：

(1) 默认情况下，启动 Word 2010 应用程序的同时会自动新建一个空白文档。

(2) 在启动 Word 2010 应用程序的情况下，单击"文件"按钮，在左侧导航栏单击"新建"按钮，然后双击空白文档或单击"创建"按钮。

2）根据模板创建文档

如果要创建特定类型的文档，如商务计划或简历，用户可以从模板开始以节省时间。Word 2010 中内置了多种文档模板，如博客文章模板、书法字帖模板等。除此之外，Office.com 网站还提供了报表、贺卡、证书、奖状等模板。要下载 http://www.Office.com 提供的模板，用户必须连接到 Internet。

在 Word 2010 中使用模板创建文档的步骤如下：

(1) 在 Word 2010 文档窗口下，单击"文件"按钮，然后在左侧的导航栏中单击"新建"按钮。

(2) 在可用模板下，单击"样本模板"以选择计算机上的可用模板；或者在 Office.com

模板下选择一种模板。

(3) 单击“创建”按钮。

3. 保存文档

用户编辑完成后的文档应保存到磁盘上,以便下次再用。

1) 保存新建文档

(1) 在“快速访问工具栏”上,单击“保存”按钮或者按 Ctrl+S 键,此时会弹出“另存为”对话框,如图 3.2 所示。

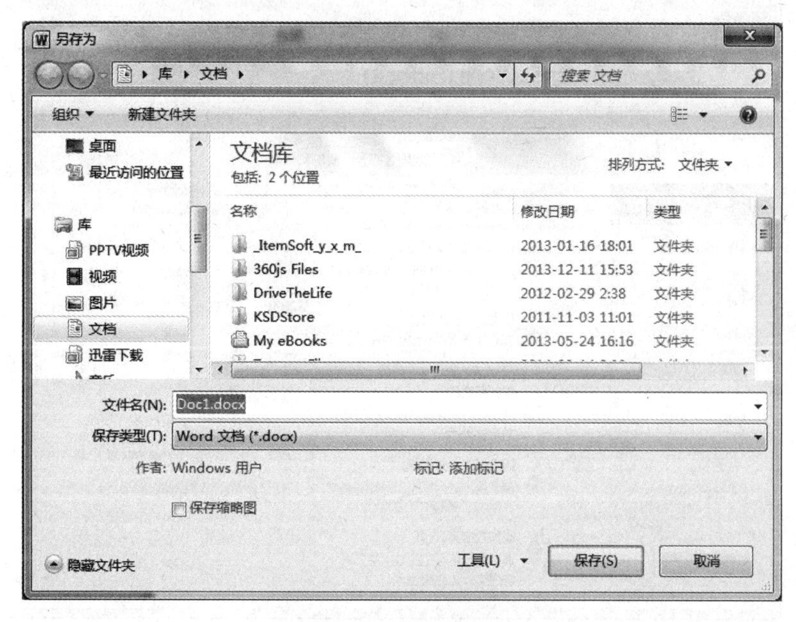

图 3.2 “另存为”对话框

(2) 在左侧的目录中选择文件的存储位置,在“文件名”下拉列表框中,为文档输入一个名称。

(3) 在“保存类型”下拉列表框中,可以选择文档的保存类型,如 Word 文档、PDF、XPS 文档等,单击“保存”按钮。

Word 2010 默认保存类型为 Word 文档(文件扩展名为.docx);如果想将文件保存为可以在早期版本的 Word 中打开的格式,可以在“保存类型”下拉列表框中选择“Word 97-2003 文档”(文件扩展名为.doc),但是依赖于 Word 2010 中新功能的格式和布局在早期版本 Word 中可能无法使用。此外,Office 2010 不支持将文件保存为 Microsoft Office 95 及更早版本。也可将文档存储为 PDF 格式或 XPS 格式文件。

2) 保存已存在的文档

在“快速访问工具栏”上,单击“保存”按钮或者按 Ctrl+S 键,会将文档的最新状态保存到文档原来所在位置上。

如果不想覆盖原始文档,则需要单击“文件”按钮,然后在左侧导航栏中选择“另存为”命令。此时会弹出“另存为”对话框,如图 3.2 所示。然后用户需要设置文件的存储位置、文件名、保存类型等。

4. 保护文档

对于一些重要的文档,可以设置打开密码和修改密码,从而防止别人查看或修改文档。

1) 打开“加密”对话框

打开需要设置密码的文档,单击“文件”按钮,在左侧导航栏中选择“信息”选项卡;然后在窗口右侧单击“保护文档”按钮,在弹出的列表中选择“用密码进行加密”选项,如图 3.3 所示。

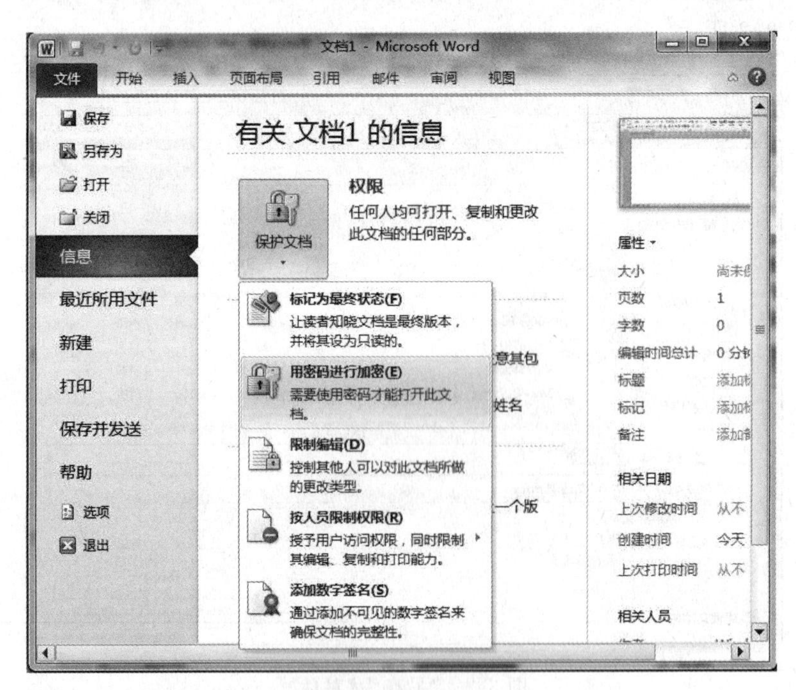

图 3.3 保护文档

2)给文档加密

在弹出的“加密文档”对话框的“密码”文本框中输入密码,然后单击“确定”按钮。在弹出的“确认密码”对话框的“重新输入密码”文本框中再次输入密码,单击“确定”按钮即可。

当用户为文档添加密码后,在下一次打开文档时,就必须输入密码才能打开,用户还可以在保存文档时,单击“工具”按钮,在弹出的列表中选择“常规选项”选项,然后在“常规选项”对话框中对其进行密码设置。

5. 打开文档

在 Word 2010 中打开文档是指将保存在磁盘上的文档文件、其他版本的文档或其他软件创建的其他文档显示在窗口中。

打开 Word 2010 文档有三种方法:

1) 直接打开

找到要打开文件的磁盘,双击,即可打开文件。

2）在“文件”左侧导航栏中打开

在 Word 2010 窗口下，单击“文件”按钮，在左侧导航栏中单击“打开”按钮，即会弹出“打开”对话框，如图 3.4 所示。浏览文件的存储位置，选择文件，然后单击“打开”按钮。

图 3.4 “打开”对话框

单击“打开”按钮后的下拉三角按钮，用户可以从中选择文档的打开方式。例如，“以只读方式打开”、“以副本方式打开”等。

3）在“最近所用文件”中打开

单击“文件”按钮，然后在左侧导航栏中单击“最近所用文件”选项卡。用户可以从“最近使用的文档”一栏中，单击所要打开文档的文件名，即会打开文档。

若用 Word 2010 打开由早期版本 Word 创建的文档，文档会在“兼容模式”下打开。同时在标题栏上文件名后显示“[兼容模式]”。若要在早期版本的 Word 中打开 Word 2010 文档，则需要安装 Office 兼容包以及其他必需的 Office 更新。

6. 文本选定

在对文本操作之前，首先要选择文本。

（1）任意数量文本。将鼠标指针定位到文本开始处，然后按住鼠标左键同时拖动鼠标直至文本结尾。

（2）一个词。在单词的任意位置双击。

（3）一句。按住 Ctrl 键，然后在欲选择的句子中单击，即会选择一句。

（4）一行：将鼠标指针移至文档左侧空白区，当指针变成↗时，单击鼠标左键，即会选中箭头所指的一行。

（5）一段。在段落中的任意位置击三次；或者将鼠标指针移至文档左侧空白区，当指针变成↗时，双击鼠标左键，即会选中箭头所指的一段。

（6）多段。将鼠标指针移至文档左侧空白区，当指针变成↗，同时将箭头指向欲选段落的第一行，然后按下鼠标左键，同时拖动鼠标直至欲选段落的最后一行；或者，首先将光标定位欲选段落的开始，然后按下 Shift 键，再点击欲选段落的结尾。

(7) 连续文本。将光标放置欲选文本的开头，按下鼠标左键的同时，拖动鼠标至欲选文本的结尾处；或者将光标放置欲选文本的开头，按下 Shift 键的同时，光标放置欲选取文本的结尾。

(8) 不连续文本。按下 Ctrl 键的同时，按下鼠标左键，拖动选取文本。

(9) 矩形文本。按下 Alt 键，同时按下鼠标左键拖动。

(10) 整篇文章。利用组合键 Ctrl＋A，或者在文档左侧空白处，连续单击鼠标左键三下。

7. 复制与移动

复制文本与移动文本的区别是，复制的文本在原来的位置仍然存在，而移动文本则在原来的位置消失，从原始位置移到目标位置。

(1) 鼠标拖曳。选中要复制的文本，按下 Ctrl 键的同时按住鼠标左键拖动鼠标，直至目标位置。对于要移动的文本，选中文本后直接拖到目标位置即可。

(2) “开始”选项卡。选中要复制的文本，单击“开始”选项卡，在“剪贴板”分组中，单击“复制”按钮；若要移动文本，则需在“剪贴板”分组中单击“剪切”按钮。然后，将光标定位至目标位置，再在“开始”选项卡的“剪贴板”分组中，单击“粘贴”命令。

(3) 快捷菜单。选中要复制的文本，右击，在弹出的快捷菜单中选择“复制”命令；若要移动文本，则选择“剪切”命令。然后，光标定位到目标位置，右击，在弹出的快捷菜单中选择“粘贴”命令。

(4) 组合键。选中要复制的文本，按组合键 Ctrl＋C 实现复制功能；按组合键 Ctrl＋X 键实现剪切功能。光标定位至目标位置，按组合键 Ctrl＋V 实现粘贴功能。

8. 查找与替换

在长文档中查找某个字符或用新的字符替换已有的字符时，用人工来完成不仅费时费力，还难免有遗漏。用户可利用 Word 2010 提供的查找和替换功能，在文档中快速查找或替换特定的字符。

1) 查找

(1) 在“开始”选项卡的“编辑”组中，单击“查找”按钮或者按 Ctrl＋F 键打开“导航”窗格。

(2) 在“搜索框”中，输入想要查找的文本。

若要搜索表格、图形、注释、脚注/尾注或公式，则单击放大镜后面的箭头 ▼，选择查找对象，然后单击放大镜按钮。

Word 2010 增加了导航窗格的功能。导航窗格包含三个选项卡，分别是“浏览您的文档中的标题”“浏览您的文档中的页面”“浏览您当前搜索的结果”。用户可以在导航窗格中按标题、页面或通过搜索文本或对象来进行导航。

导航窗格显示与取消可以通过在“视图”选项卡的“显示”组中，选中或取消导航窗格复选框来实现。

2）替换

（1）打开“查找与替换”对话框。单击“开始”选项卡“编辑”组中的“替换”按钮，弹出“查找和替换”对话框，如图 3.5 所示。也可以单击“导航窗格”放大镜后面的箭头 ▼，从中选择“替换”命令，也会弹出“查找和替换”对话框。

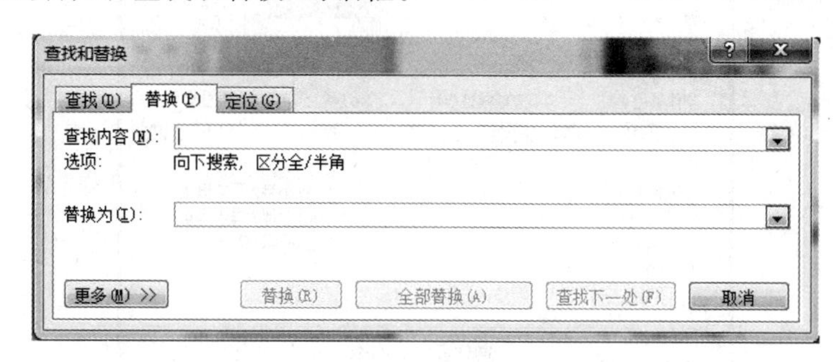

图 3.5　“查找和替换”对话框

（2）输入查找内容。在“查找内容”文本框中输入要查找的内容，在“替换为”文本框中输入要替换的内容，然后单击“全部替换”按钮。

如果查找的文本或替换的文本具有格式，用户可以通过单击“查找和替换”对话框中的“更多”按钮，然后在展开的对话框中单击“格式”按钮，即可为查找或替换文本设置字体、字号或字体颜色等格式。

3.1.3　文档格式编辑

在编辑文档的过程中，为了使文档达到更美观规范的效果，用户需要对文档的字体、段落格式进行一些调整，例如设置字体、字号、颜色等。

1. 字符格式

字符格式包括设置字体、字号、颜色、大小写等。

1）通过功能区设置

“开始”选项卡“字体”组可对字符的字形、字号、颜色、边框、底纹等格式进行设置。用户可以将鼠标指向“字体”组中某一命令，过会即可看到该按钮的功能。

2）通过“字体”对话框设置

单击“开始”选项卡“字体”组的右下角的 按钮，或者在要设置格式的字符上右击，然后在弹出的快捷菜单中选择“字体”命令，打开“字体”对话框，如图 3.6 所示。

“字体”对话框的“字体”选项卡中，用户可以设置字体、字形、字号、字体颜色等。“字体”对话框的“高级”选项卡中，如图 3.7 所示，用户可以设置字符间距等。

3）通过浮动工具栏设置

浮动工具栏是 Word 2010 新增的一项功能。当用户选择要设置格式的字符后，如果用户将鼠标指针移到被选中文字的右侧位置，将会出现一个半透明状态的浮动工具栏。该工具栏中包含了常用的设置文字格式的命令，如设置字体、字号、颜色、居中对齐等命令。将鼠标指针移动到浮动工具栏上将使这些命令完全显示，进而可以方便地设置文字格式，如图 3.8 所示。

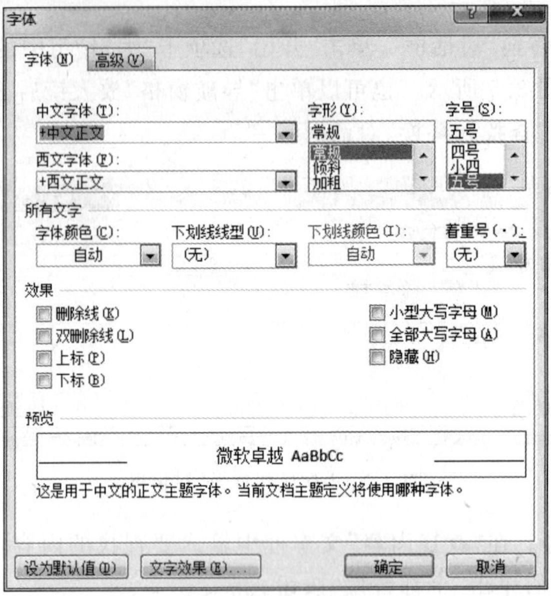

字体

字体(N) 高级(V)

中文字体(T): +中文正文

字形(Y): 常规 常规 倾斜 加粗

字号(S): 五号 四号 小四 五号

西文字体(F): +西文正文

所有文字

字体颜色(C): 自动

下划线线型(U): (无)

下划线颜色(I): 自动

着重号(·): (无)

效果

删除线(K)

双删除线(L)

上标(P)

下标(B)

小型大写字母(M)

全部大写字母(A)

隐藏(H)

预览

微软卓越 AaBbCc

这是用于中文的正文主题字体。当前文档主题定义将使用哪种字体。

设为默认值(D) 文字效果(E)... 确定 取消

图 3.6 “字体”对话框

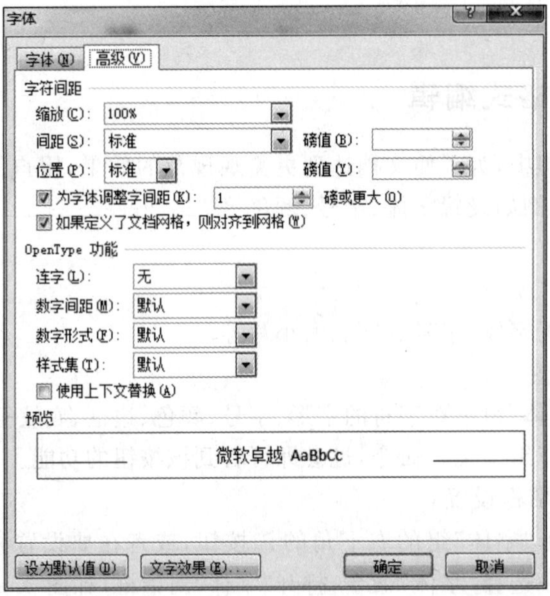

字体

字体(N) 高级(V)

字符间距

缩放(C): 100%

间距(S): 标准 磅值(B):

位置(P): 标准 磅值(Y):

为字体调整字间距(K): 1 磅或更大(O)

如果定义了文档网格,则对齐到网格(W)

OpenType 功能

连字(L): 无

数字间距(M): 默认

数字形式(F): 默认

样式集(T): 默认

使用上下文替换(A)

预览

微软卓越 AaBbCc

设为默认值(D) 文字效果(E)... 确定 取消

图 3.7 “高级”选项卡

若不需要浮动工具栏功能,可以将其关闭。单击“文件”按钮,然后在左侧导航栏中单击“选项”按钮。在打开的“Word 选项”对话框中,取消“常规”选项卡中的“选择时显示浮动工具栏”复选框,并单击“确定”按钮即可。

2. 段落格式

用户可以对段落进行格式设置,例如段落对齐方式、缩进、行距、边框和底纹等。在

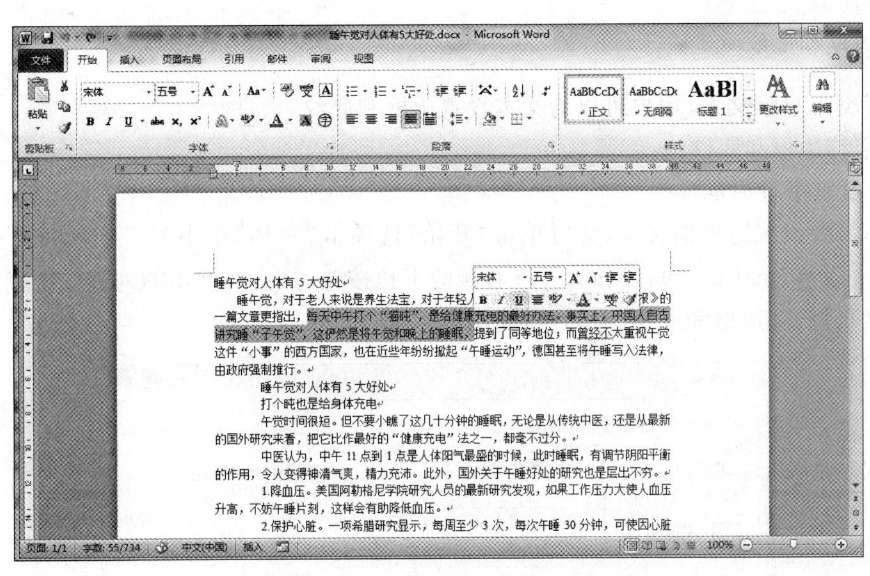

图 3.8　浮动工具栏

Word 2010 中提供了 5 种对齐方式，分别为左对齐、右对齐、居中对齐、两端对齐、分散对齐。Word 2010 中包含 4 种段落缩进方式，分别为首行缩进、悬挂缩进、左缩进、右缩进。用户可以通过“段落”对话框设置段落格式。单击“开始”选项卡“段落”组右下角的 按钮。或者在选中的段落上右击，在弹出的快捷菜单中选择“段落”选项也会弹出“段落”对话框，如图 3.9 所示。

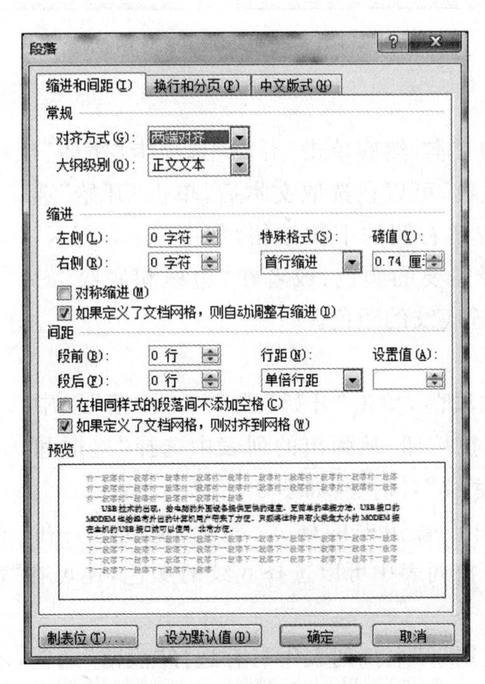

图 3.9　“段落”对话框

3. 边框和底纹

为了突出显示文本,用户可以为文本设置边框和底纹。

1) 字符边框和底纹

(1) 设置字符边框

选择需要设置边框的文本,然后单击“开始”选项卡“字体”组中的“字符边框”按钮A;或者单击“段落”组中的“边框”按钮右侧的下拉按钮,然后在弹出的列表中选择“边框和底纹”选项,打开“边框和底纹”对话框,如图 3.10 所示。

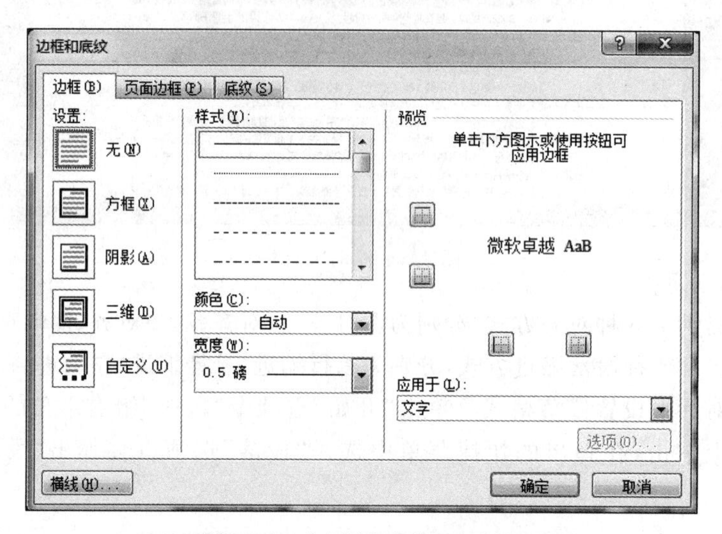

图 3.10 “边框和底纹”对话框

(2) 设置字符底纹

选择需要设置底纹的文本,然后单击“开始”选项卡“字体”组中的“字符底纹”按钮A。如果要设置其他颜色的底纹,可以在选取文本后,单击“开始”选项卡“段落”组中“底纹”按钮右侧的下拉按钮,如图 3.11 所示,然后从弹出的列表中选择需要的颜色;或者在“边框和底纹”对话框“底纹”选项卡中,设置底纹的颜色。

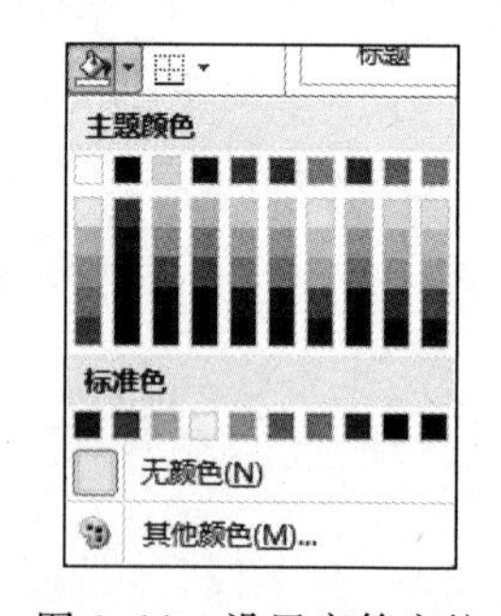

图 3.11 设置字符底纹

2) 段落边框和底纹

选择需要设置边框的段落,单击“开始”选项卡“段落”组中“边框”按钮右侧的下拉按钮,从弹出的列表中选择“边框和底纹”命令,打开“边框和底纹”对话框,如图 3.10 所示。

在“边框”选项卡中可设置边框的样式、颜色、宽度等。在“底纹”选项卡的“填充”下拉列表中可以选择底纹的颜色,还可在“图案”栏中设置底纹的图案样式及颜色。

值得注意的是,在“应用于”下拉列表中只有选择“段落”选项,才会将设置的效果应用在所选段落上。

4. 制表位

要将文本按列纵向对齐，可使用 Space 键和 Tab 键实现如图 3.12 所示效果。使用 Space 键时，文字纵向对齐会产生偏差；使用 Tab 键时，可以通过制表位使文字“左对齐”“居中对齐”“右对齐”“小数点对齐”和“竖线对齐”。设置制表位有两种方法。

产品名称	型号	价格
松下彩电	TC43P18G	7888.60 元
东芝 50 寸背投	PDP50	7199.67 元
康佳新品纯平	P22967S	2099.10 元

图 3.12 文本按列纵向对齐

(1) 使用“制表位”对话框。单击“开始”选项卡“段落”组右下角的按钮，在打开的“段落”对话框中，如图 3.9 所示，单击“制表位”按钮，打开“制表位”对话框，如图 3.13 所示。其中，“制表位位置”用于输入制表位的位置；“对齐方式”用于选择制表位的类型；“前导符”用于填充制表位左侧的空白区域。设置完成后，单击“设置”按钮，即可在制表位列表处看到所设的制表位。如果要取消制表位的设置，可在“制表位”对话框中单击“清除”或“全部清除”按钮。

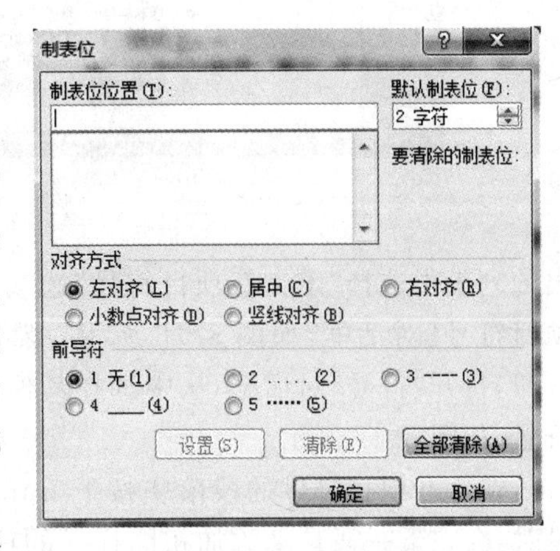

图 3.13 “制表位”对话框

(2) 使用标尺。单击水平标尺最左端的“制表位”按钮，选定文本在制表位处的对齐方式，然后单击标尺，相应位置就出现了这种类型的制表位标记，如图 3.14 所示。如果要取消制表位的设置，用鼠标垂直拖动制表位即可将其删除。

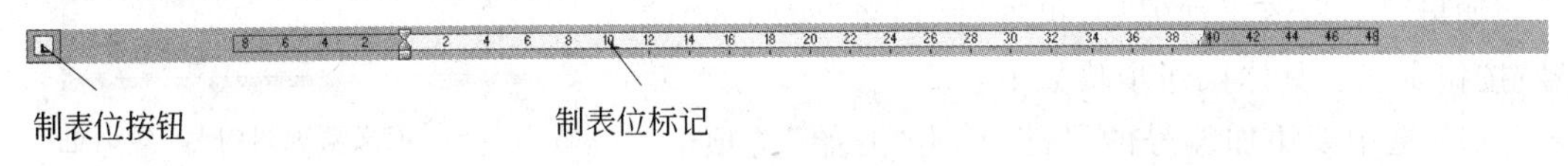

图 3.14 标尺

5. 符号与编号

在文档中，项目符号的作用是把一系列重要的项目或论点与正文分开，使文档条理清晰。

1) 添加项目符号

(1) 添加 Word 2010 预设符号。选中需要添加项目符号的段落，单击“开始”选项卡，然后，在“段落”组中单击“项目符号”下拉按钮，在弹出的列表中选择需要的项目符号即可。在鼠标指向某一项目符号时，可以在文档中预览项目符号的效果，如图 3.15 所示。

(2) 添加用户自定义符号。如果用户在使用项目符号时需要用到其他符号，那么在弹

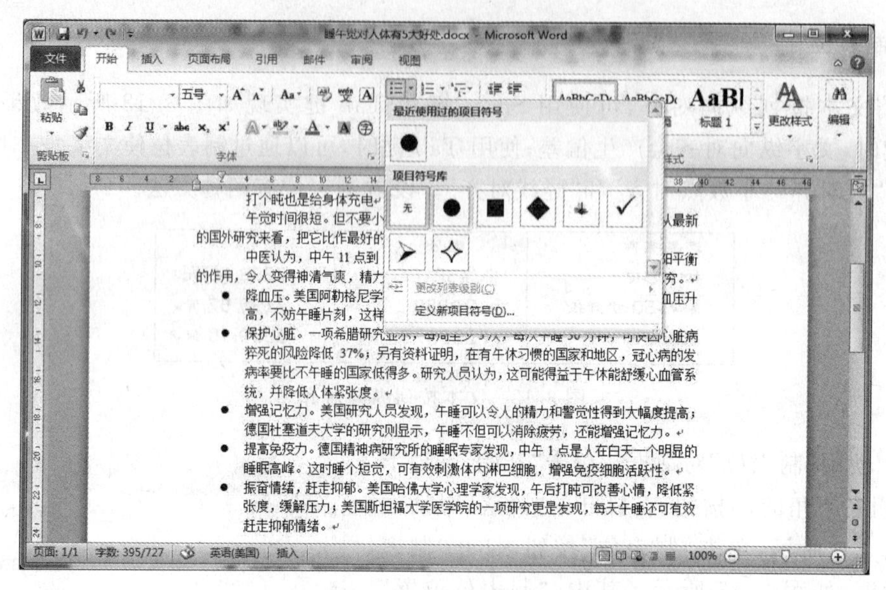

图 3.15　添加项目符号

出的列表中选择“定义新项目符号”选项，打开“定义新项目符号”对话框，如图 3.16 所示。然后单击“符号”按钮，打开“符号”对话框，从中选择其他符号作为项目符号，如图 3.17 所示。

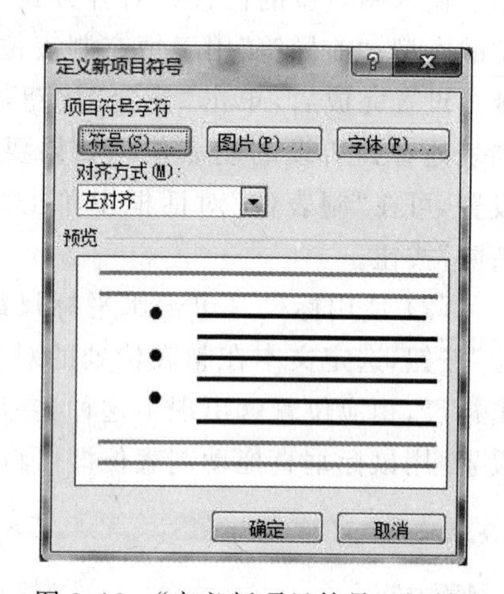

图 3.16　“定义新项目符号”对话框

在含有项目符号的段落中按下 Enter 键换到下一段时，会在下一段自动添加相同样式的项目符号，此时若直接按下 Backspace 键或再次按下 Enter 键，可取消自动添加项目符号。

2) 添加编号

如果要对段落添加编号，可通过“段落”组中的“编号”按钮实现。具体操作步骤如下：

(1) 选中要添加编号的段落，单击“开始”选项卡，然后在“段落”组中单击“编号”按钮 ☰ ▾ 右侧的下拉按钮。

(2) 在弹出的列表中将鼠标指针指向需要的编号样式，可在文档中预览效果，对其单击，即可应用到所选段落。

默认情况下，在以“一”“①”“a.”等编号开始的段落中，按下 Enter 键换到下一段时，下一段会自动产生连续的编号。在刚出现下一个编号时，按下 Ctrl＋Z 组合键或再次按下 Enter 键，可结束自动产生编号的状态。

有时，设置段落的编号后，发现编号并不是从“1”开始的。原因是在此段落之前，已经有其他段落设置编号了，那么此次设置的编号就继续上一列表继续向下编号。如果要更改编号的起始值，其操作步骤如下：

(1) 在第一个要修改编号的位置右击，然后在弹出的快捷菜单中选择“设置编号值”

命令。

(2) 弹出“起始编号”对话框，选择“开始新列表”单选按钮，在“值设置为”数值框中设置编号起始值，然后单击“确定”按钮。

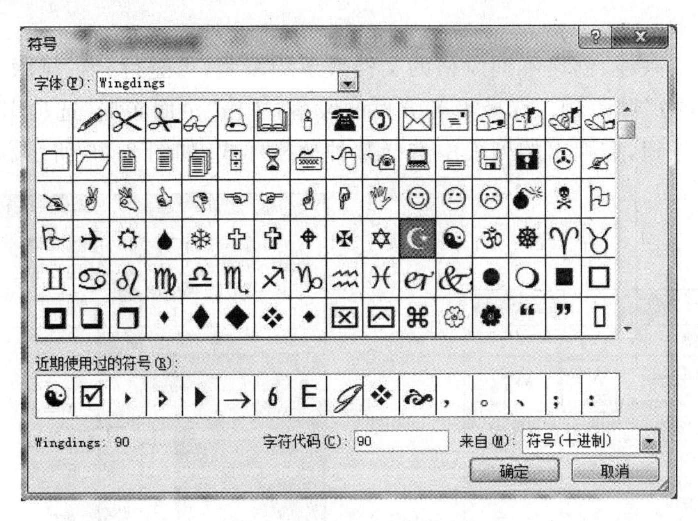

图 3.17　“符号”对话框

6. 首字下沉

首字下沉是一种段落修饰，是将段落中的第一个文字设置为不同的字体、字号，该类格式在报刊、杂志中比较常见，目的是醒目，提醒读者注意，如图 3.18 所示。设置首字下沉的具体操作步骤如下：

(1) 将光标定位到需要设置首字下沉的段落。单击“插入”选项卡，在“文本”组中单击“首字下沉”按钮，在弹出的下拉列表中选择所需类型，“下沉”或是“悬挂”。

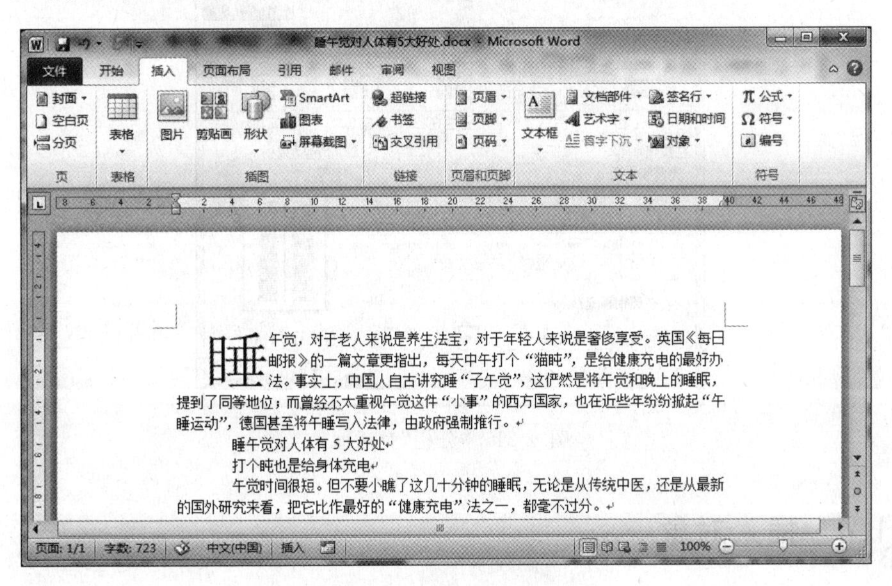

图 3.18　首字下沉效果

(2) 若是需要更详细的设置,则在弹出的下拉列表中选择“首字下沉选项”命令。然后在打开的“首字下沉”对话框中进行设置,如图3.19所示。

7. 分栏

为了提高阅读兴趣、创建不同风格的文档或节约纸张,可进行分栏排版。

(1) 打开“分栏”对话框。选择需要分栏的段落,单击“页面布局”选项卡,在“页面设置”组中单击“分栏”按钮,在弹出的列表中选择某种分栏样式,如图3.20所示。

图3.19 “首字下沉”对话框

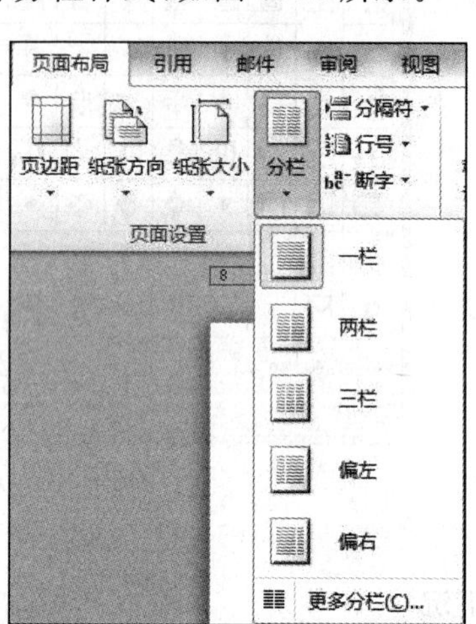

图3.20 分栏

(2) 设置分栏。若在弹出的列表中选择“更多分栏”命令,会弹出“分栏”对话框,在其中可以设置栏数,以及每一栏的宽度和间距等,选择“分隔线”复选框,则可在栏间显示一条直线,如图3.21所示。

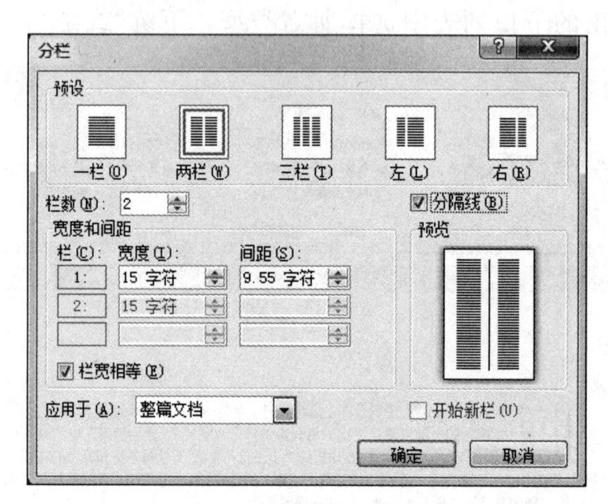

图3.21 “分栏”对话框

3.1.4 插入对象

在办公文件中常常要插入一些表格,如通讯录、职工情况表等。用户可以根据需要创建和编辑不同的表格，并对其进行计算和排序。此外，Word 2010 还拥有强大的图形处理功能。使用图文混排的方式，能让内容更丰富多彩。

1. 表格

表格可以将各种复杂的信息简明、概要地表达出来。Word 2010 具有强大和便捷的表格制作、编辑功能，不仅可以快速创建各种各样的表格，还可以很方便地修改表格。

1）创建表格

Word 2010 中的表格分为两类：规则表格和不规则表格。规则表格就是每行上列的数目相同，每列上行的数目相同的表格。不规则表格就是每行上列的数目不同，或是每列上行的数目不同的表格。用户可以利用快速插入表格和自定义表格的方法创建规则表格。

（1）快速插入表格

① 将光标定位到需要插入表格的位置，单击“插入”选项卡。然后单击“表格”组中的“表格”按钮。

② 在弹出的列表中，用户可以看到一个 10×8 的虚拟表格。用户移动鼠标以选择表格的行列数，选中的区域以橙色显示。此时单击鼠标左键，可在文档光标处插入表格。

（2）插入自定义表格

如果需要创建一个超过 10 行或 8 列的表格，则用户可以使用“插入表格”命令来实现。

① 将光标定位到需要插入表格的位置，单击“插入”选项卡，然后单击“表格”组中的“表格”按钮。

② 在弹出的列表中选择“插入表格”命令，然后在打开的“插入表格”对话框输入行数、列数，单击“确定”按钮，如图 3.22 所示。

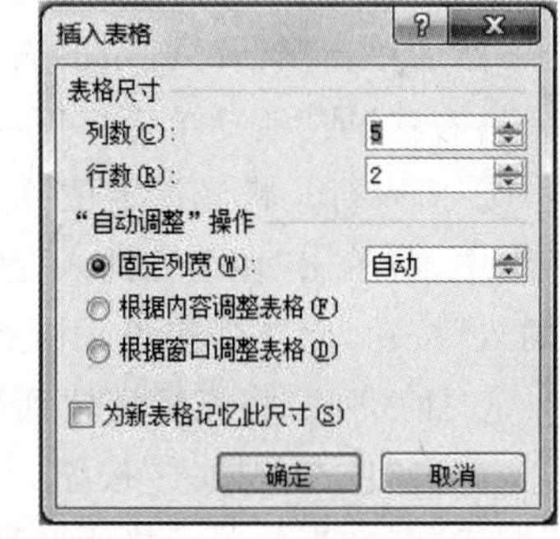

图 3.22 “插入表格”对话框

（3）绘制表格

如果想要在文档中创建一个不规则的表格，那么就需要手动绘制表格。具体操作步骤如下：

① 将光标定位到需要插入表格的位置。

② 单击“插入”选项卡，单击“表格”组中的“表格”按钮。

③ 从弹出的列表中选择“绘制表格”命令，随即鼠标指针就会变成笔的形状。

④ 按下鼠标左键，向对角线方向拖动鼠标，即会出现一个虚线框。

⑤ 释放鼠标左键，即可画出表格的边框。

⑥ 移动鼠标至表格的左边框线处，按下鼠标左键，向右拖动鼠标，即可画出表格的一条横线。类似地，用户可以在表格中绘制竖线、斜线。

（4）插入表格库中的表格

用户还可以基于 Word 2010 中提供的表格样式创建表格。具体操作步骤如下：

① 将光标定位到需要插入表格的位置。

② 单击“插入”选项卡，在“表格”组中单击“表格”按钮。

③ 在弹出的列表中选择“快速表格”命令，在弹出的下一级列表中选择用户需要的表格样式。

2）表格操作

(1）选取表格对象

在对表格进行操作之前，首先要进行选定。

① 选择一个单元格。将鼠标指针移至欲选单元格的左边框处，当光标变成黑色箭头时，按下鼠标左键，即可选中单个单元格。

② 选择连续单元格。将鼠标指针移至起始单元格的左边框处，当光标变成黑色箭头时，按下鼠标左键，并拖动鼠标至终止位置，即可选中连续的单元格。

③ 选择不连续单元格。选中第一个单元格后，按住 Ctrl 键不放，再选取其他单元格即可。

④ 选择行。将鼠标移至欲选取行的左侧，当光标变成时，单击即可选中该行。

⑤ 选中多行。将鼠标移至某行左侧，当光标变成时，按住鼠标左键同时向上或向下拖动鼠标，即可选取多行。

⑥ 选取列。将鼠标移至欲选取列的上方，当光标变成时，单击即可选取该列。

⑦ 选中多行。将鼠标移至某列上方，当光标变成时，按住鼠标左键同时向左或向右拖动鼠标，即可选取多列。

⑧ 选取整个表格。将鼠标指向表格时，表格的左上角会出现标志，右下角会出现标志，单击任意一个标志，都可选中整个表格。

(2）在表格中插入

将光标定位在表格中的某一单元格中时，功能区中显示与表格相关的选项卡，即“表格工具/设计”、“表格工具/布局”选项卡。

① 插入一个单元格。将光标定位到需要插入单元格的位置；单击“表格工具/布局”选项卡，然后单击“行和列”组的右下角按钮；在弹出的“插入单元格”对话框中，选择“活动单元格右移”或“活动单元格下移”。

② 插入行。将光标定位到某一单元格，然后单击“表格工具/布局”选项卡。在“行和列”组中，若单击“在上方插入”按钮，则在当前单元格所在行的上方插入一行；若单击“在下方插入”按钮，则在当前单元格所在行的下方插入一行。

③ 插入列。将光标定位到某一单元格，单击“表格工具/布局”选项卡。在“行和列”组中，若单击“在左侧插入”按钮，则在当前单元格所在列的左侧插入一列；若单击“在右侧插入”按钮，则在当前单元格所在列的右侧插入一列。

(3）在表格中删除

① 删除单元格。将光标定位到某一单元格中，单击“表格工具/布局”选项卡；然后在“行和列”组中，单击“删除”按钮，在弹出的列表中选择“删除单元格”命令；在打开的“删除单元格”对话框中，选择“右侧单元格左移”或“下方单元格上移”即可。

② 删除行、列、表格。将光标定位在欲删除行/列的某一个单元格中，单击“表格工具/布局”选项卡；然后在“行和列”组中，单击“删除”按钮，在弹出的列表中选择“删除行”或“删除列”命令，即会删除光标所在的行或列。若选择“删除表格”命令，即会删除整个表格。

(4）拆分与合并单元格

① 拆分单元格。将光标定位在欲拆分的单元格中，单击“表格工具/布局”选项卡，在“合并”组中选择“拆分单元格”命令；然后在弹出的“拆分单元格”对话框中进行设置。

② 合并单元格。选中需要合并的单元格，单击“表格工具/布局”选项卡，然后在“合并”组中选择“合并单元格”命令。

(5) 调整行高和列宽

① 手动调整行高和列宽。将鼠标指针移至行/列边框附近，当指针变成÷或◂‖▸时，按下鼠标左键并拖动。表格中会出现虚线，当虚线到达满意位置时释放鼠标左键。

② 精确调整行高和列宽。将光标定位到需要调整的行/列的某个单元格内，单击“表格工具/布局”选项卡，在“单元格大小”组中输入“高度”或“宽度”，然后按 Enter 键。

3) 表格格式

文档中的表格可以定义版式、对齐方式等，使之与文档混编。

(1) 表格与单元格文本对齐方式

① 表格对齐方式。将光标定位到表格的某一个单元格中，单击“表格工具/布局”选项卡，然后单击“单元格大小”组的右下角按钮。在弹出的“表格属性”对话框中，单击“表格”选项卡，在对齐方式区域可以设置表格的对齐方式，如图 3.23 所示。

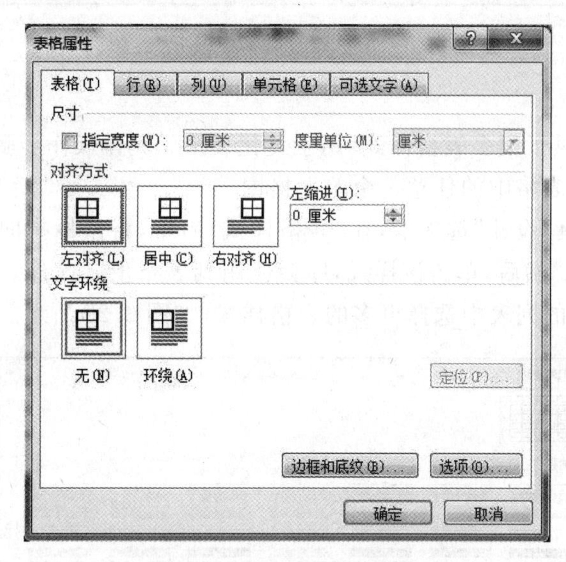

图 3.23 “表格属性”对话框

② 单元格对齐方式。选中需要设置对齐方式的单元格，单击“表格工具/布局”选项卡。在“对齐方式”组中，有 9 种单元格的对齐方式。用户将鼠标指向某一种，随即就会看到这种对齐方式的名称。单击需要的一种即可。

(2) 边框与底纹

Word 2010 文档中的表格一般设置有边框，而为表格中的某些单元格添加底纹，更会突出显示其中的内容。

① 选中要设置边框或底纹的表格或单元格。

② 单击“表格工具/设计”选项卡，然后在“表格样式”组中，单击“边框”下拉按钮，在弹出的列表中选择“边框和底纹”命令，即会弹出“边框和底纹”对话框。在“边框”选项卡中可以设置边框的样式、颜色、宽度等。其中，预览区域有 8 个按钮，单击这些按钮，可以添加或删除对应位置的边框，最终设置的效果可以在预览区域中看到。在“底纹”选项卡中，“填充”

下拉列表中可以设置底纹，如图 3.24 所示。

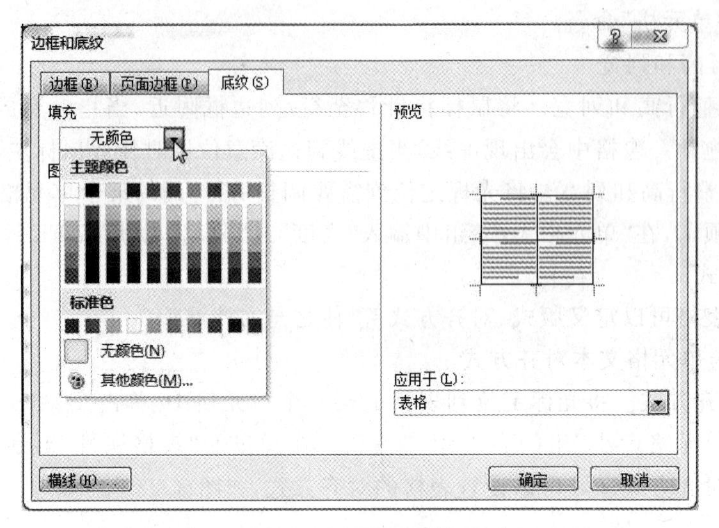

图 3.24 “底纹”选项卡

(3) 表格样式

Word 2010 中提供了很多表格样式，用于美化表格。具体操作步骤如下：

① 将光标定位在表格中的任意一个单元格内。

② 单击“表格工具/设计”选项卡，在“表格样式”组中，将鼠标指向某一种样式上时，即可在文档中预览效果。然后，单击该样式，即会应用到表格上。此外，单击“表格样式”组中的按钮，还可在弹出的列表中选择更多的表格样式，如图 3.25 所示。

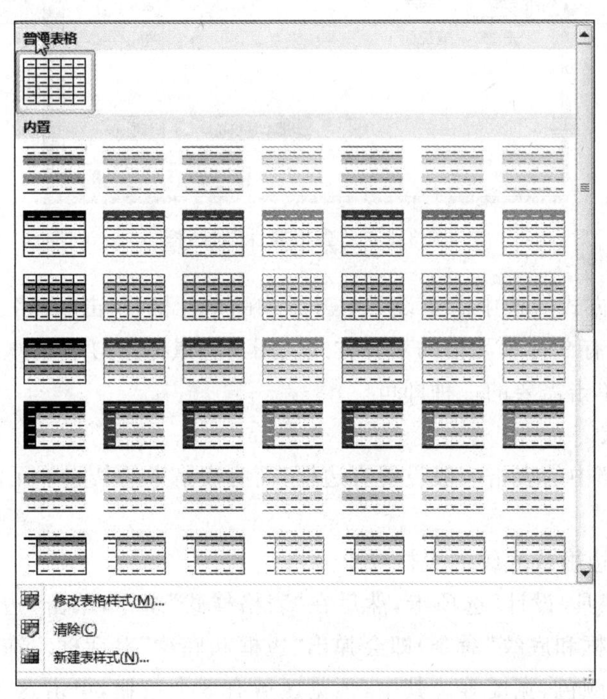

图 3.25 表格样式下拉列表

若 Word 2010 中提供的表格样式不能满足用户要求，则可以从弹出的列表中选择“修改表格样式”或是“新建表格样式”选项。

4）表格数据处理

Word 2010 支持对表格中的数据进行计算、排序等操作。以表 3.1 学时统计表为例，计算总计值（总计＝理论教学学时＋实践教学学时），并按“总计”值进行降序排列。其中，前 3 列原始数据需要用户输入，第 4 列总计的计算用 Word 2010 提供的计算功能完成。

表 3.1 学时统计表

学　　年	理论教学学时	实践教学学时	总　　计
第一学年	586	124	
第二学年	642	156	
第三学年	602	182	
第四学年	568	186	

（1）计算表格中的数据

① 将光标定位在结果单元格，单击“表格工具/布局”选项卡，在“数据”组中，单击“公式”按钮，此时会弹出“公式”对话框，如图 3.26 所示。默认的函数是“＝SUM(LEFT)”，SUM 是求和函数，LEFT 是求和范围，即所求范围为光标左侧单元格的数值之和。在“编号格式”下拉列表框中可以设置数据的显示格式。

② 单击“确定”按钮，即可得到计算结果，如图 3.28 所示。若公式中要用其他函数，则保留公式前导符“＝”号，然后单击“粘贴函数”下拉列表框，从弹出的下拉列表中选择所要用的函数。

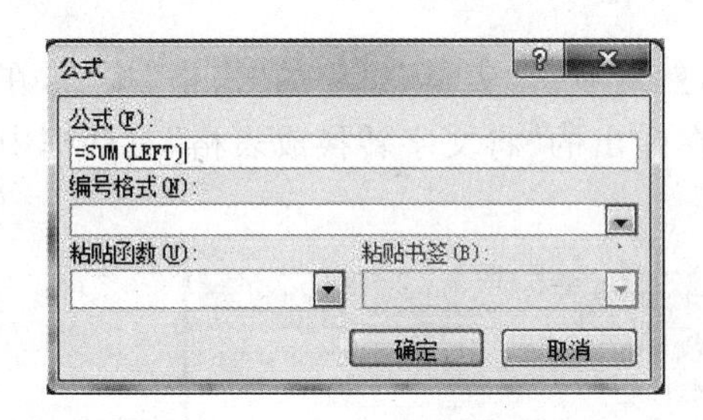

图 3.26 “公式”对话框

学年	理论教学学时	实践教学学时	总计
第一学年	586	124	710
第二学年	642	156	
第三学年	602	182	
第四学年	568	186	

图 3.27 计算结果

（2）对表格中的数据排序

将光标定位在表格中任意一单元格中，单击“表格工具/布局”选项卡，在“数据”组中，单击“排序”按钮，在弹出的“排序”对话框中输入参数，设置主要关键字和排序方式，如图 3.28 所示。

如，在“主要关键字”下拉列表框中选择“总计”，选择“降序”单选按钮，排序后的结果如图 3.29 所示。

5）文本与表格的转换

文本与表格的转换是将表格的内容提取出来，或是将文档中的一段内容转换到表格中。

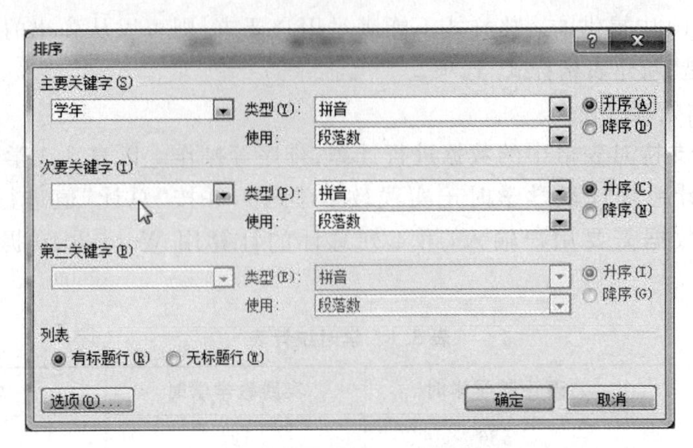

图 3.28 “排序”对话框

学年	理论教学学时	实践教学学时	总计
第二学年	642	156	798
第三学年	602	182	784
第四学年	568	186	754
第一学年	586	124	710

图 3.29 排序结果

(1) 表格转换文本

① 将光标放置在表格的任意一单元格中,单击“表格工具/布局”选项卡,在“数据”组中单击“表格转换成文本”按钮,随即会弹出“表格转换成文本”对话框,如图 3.30 所示。

② 在“表格转换成文本”对话框中,选择分隔符。若选择“制表符”单选按钮,则表格内容转换后,每行各单元格的内容之间用制表符作为间隔。

(2) 文本转换表格

选取要转换成表格的文本;单击“插入”选项卡,然后单击“表格”组中的“表格”按钮,在弹出的列表中选择“文本转换成表格”命令。然后,在弹出的“将文字转换成表格”对话框中进行设置,如图 3.31 所示。

图 3.30 “表格转换成文本”对话框

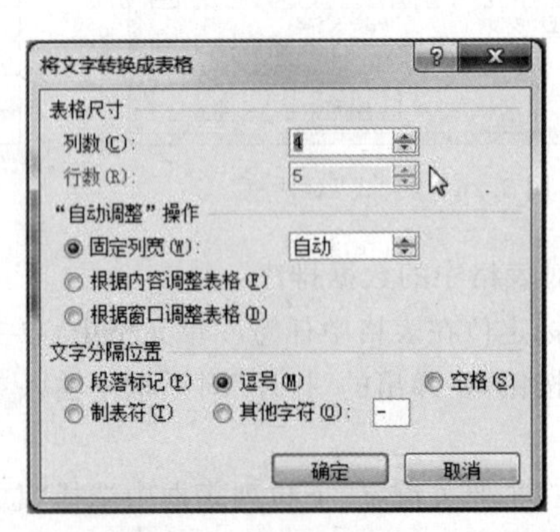

图 3.31 “将文字转换成表格”对话框

2. 图形

1) 插入图片

(1) 插入图形文件

将光标放置到需要插入图片的位置,然后单击“插入”选项卡,在“插图”组中,单击“图片”按钮。

然后,在弹出的“插入图片”对话框中,选择要插入的图片,然后单击“插入”按钮,如图 3.32 所示。

图 3.32 “插入图片”对话框

(2) 使用“屏幕截图”功能插入图片

借助 Word 2010 的“屏幕截图”功能,用户可以方便地将已经打开,并且未处于最小化状态的窗口截图并插入到当前文档中。注意,“屏幕截图”功能只能应用于文件扩展名为.docx的 Word 文档中,在文件扩展名为.doc 的兼容 Word 文档中是无法实现的。

将准备插入到文档中的窗口处于非最小化状态,打开文档窗口,单击“插入”选项卡,在“插图”组中单击“屏幕截图”按钮,打开“可用视窗”面板,单击需要插入截图的窗口即可。

如果用户仅仅需要将特定窗口的一部分作为截图插入到 Word 2010 文档中,则可以只保留该特定窗口为非最小化状态,然后在“可用视窗”面板选择“屏幕剪辑”命令。进入屏幕裁剪状态后,拖动鼠标选择需要的部分窗口即可将其截图插入到当前文档中。

2) 图片格式

(1) 调整图片大小

选择需要调整的图片,将鼠标光标移至边框上的控制点,随即鼠标光标会变成双向箭头的形式,此时按下鼠标左键同时拖动鼠标,即可调整图片的大小。

若要精确调整图片的大小,有以下方法:

① 单击需要调整的图片,在功能区中即会出现“图片工具/格式”选项卡。在此选项卡的“大小”组中,可以设置图片宽度和高度。

② 右击需要调整的图片,在弹出的快捷菜单中,用户可以看到两个数值框,在其中输入数值,即可调整图片的高度和宽度。

③ 右键需要调整的图片,在弹出的快捷菜单中选择“大小和位置”命令,随即会弹出“布局”对话框,如图 3.33 所示。在“大小”选项卡中用户可以设置图片的大小。

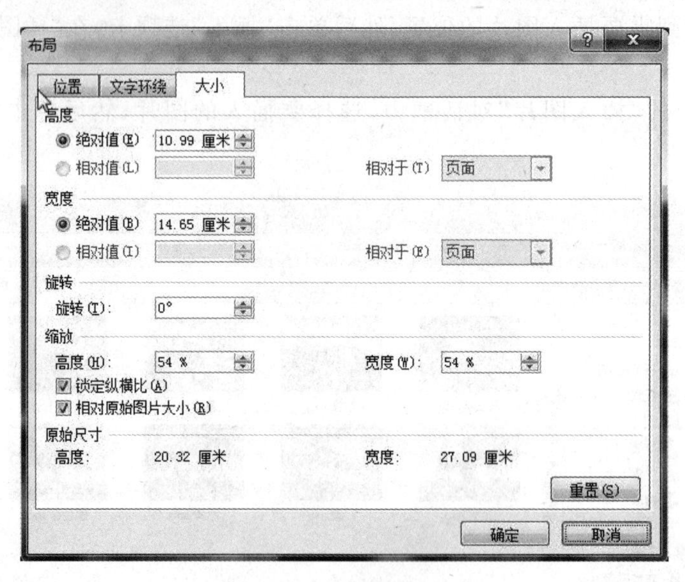

图 3.33 “布局”对话框

(2) 文本环绕

为了使图片和文字更好地融合,需要设置周围文本与图片的环绕方式。具体操作步骤如下:

双击图片进入“图片工具/格式”选项卡,在“排列”组中单击“位置”按钮,在弹出的下拉列表中可以设置图片的环绕方式。

“文字环绕”有 10 种环绕方式可供选择,将鼠标指针指向某一种环绕方式,用户就可预览效果。然后单击该环绕方式确认即可。

若还希望在文档中设置更丰富的文字环绕方式,可单击“排列”组的“自动换行”按钮,然后从弹出的列表中选择合适的文字环绕方式,如图 3.34 所示。

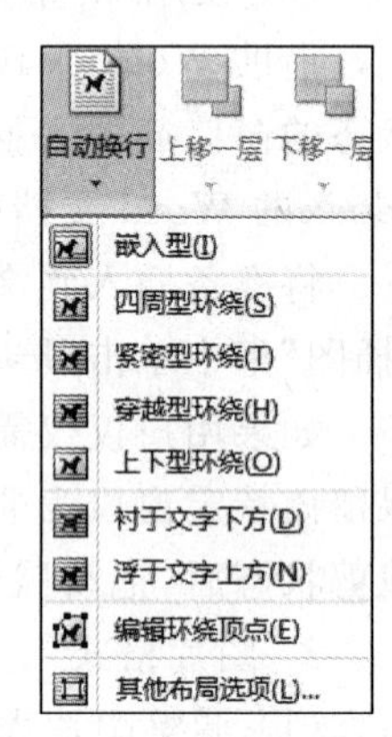

图 3.34 文字环绕

(3) 图片调整

有时由于某种原因,图片的亮度或是对比度不够,导致打印出来的效果不好。用户可以通过调整图片的亮度和对比度或是重新着色来改善图片效果。

① 调整亮度。双击图片进入“图片工具/格式”选项卡,在“调整”组单击“更正”按钮,可以在弹出列表的“亮度和对比度”栏中设置图片的亮度和对比度。用户也可以从弹出的列表中选择“图片更正选项”命令,即可打开“设置图片格式”对话框。在“图片更正”项中调整图片亮度和对比度。

② 重新着色。双击图片进入“图片工具/格式”选项卡,在“调整”组中单击“颜色”按钮。然后从弹出的下拉列表中的“重新着色”栏中进行设置。

(4) 制作边缘发光效果

为图片制作边缘发光效果,可以产生光晕的感觉,还可以模糊图片的边缘,使图片与文档更好地结合。Word 2010 提供了大量的边缘发光类型,为图片制作边缘发光效果的步骤如下:双击图片进入"图片工具/格式"选项卡,在"图片样式"组中单击"图片效果"按钮。在弹出的列表中选择"发光"命令,在弹出的列表中选择所需的发光样式即可。

若在弹出的列表中选择"柔化边缘"命令,然后在弹出的列表中选择一种柔化效果即可。

(5) 图片对齐

当文档中有多张图片时,可以利用对齐操作使文档效果显得更工整。具体操作步骤如下:

① 将插入的图片设置为浮动状态(除嵌入型),选择要设置的多张图片。

② 单击"图片工具/格式"选项卡,从"排列"组中单击"对齐"按钮,然后在弹出的列表中设置对齐方式。

(6) 旋转

为了达到文档的排版效果或是为了让文档看起来更美观,需要将图片设置一个特定的角度。其操作方法如下:选择要旋转的图片,单击"图片工具/格式"选项卡,从"排列"组中单击"旋转"按钮,在弹出的下拉列表中选择旋转方式。如选择"水平翻转"命令,图片旋转前后效果如图 3.35 所示。

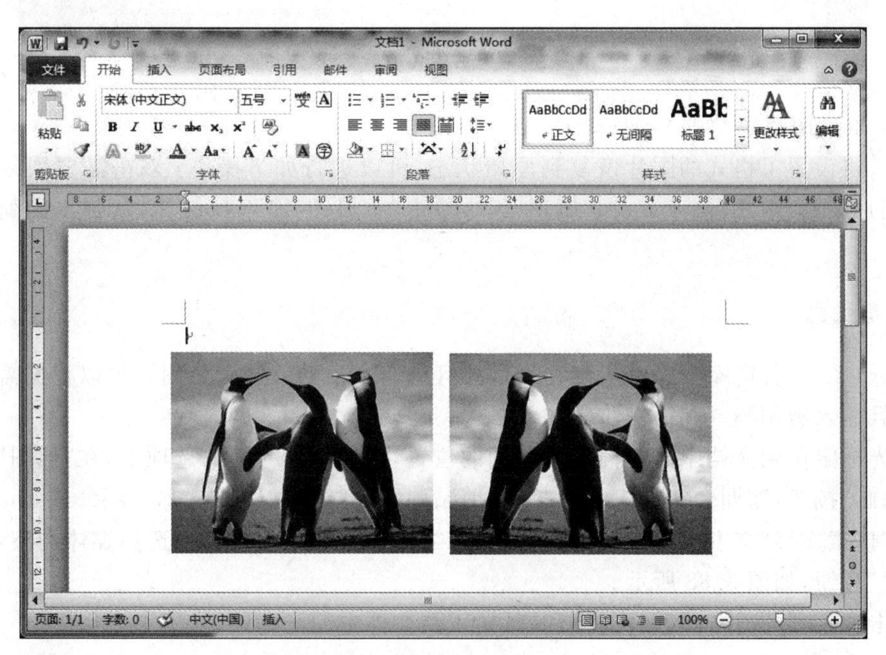

图 3.35 图片旋转前后效果

(7) 裁剪

对于插入到文档中的图片,如果需要只保留其中的一部分,用户可以利用裁剪功能将多余的部分去掉。其操作步骤如下:

① 双击需要裁剪的图片切换到"图片工具/格式"选项卡,在"大小"组中单击"裁剪"下拉按钮,在弹出的下拉列表中选择裁剪方式。

② 若选择“裁剪”命令,则图片周围 8 个控制点处出现粗线框,将鼠标光标移至线框处同时拖动鼠标即可裁剪图片。

③ 若需要将图片裁剪成特定形状,用户可以从弹出的列表中选择“裁剪为形状”命令,如从形状中选择“心形”,图片裁剪后效果如图 3.36 所示。

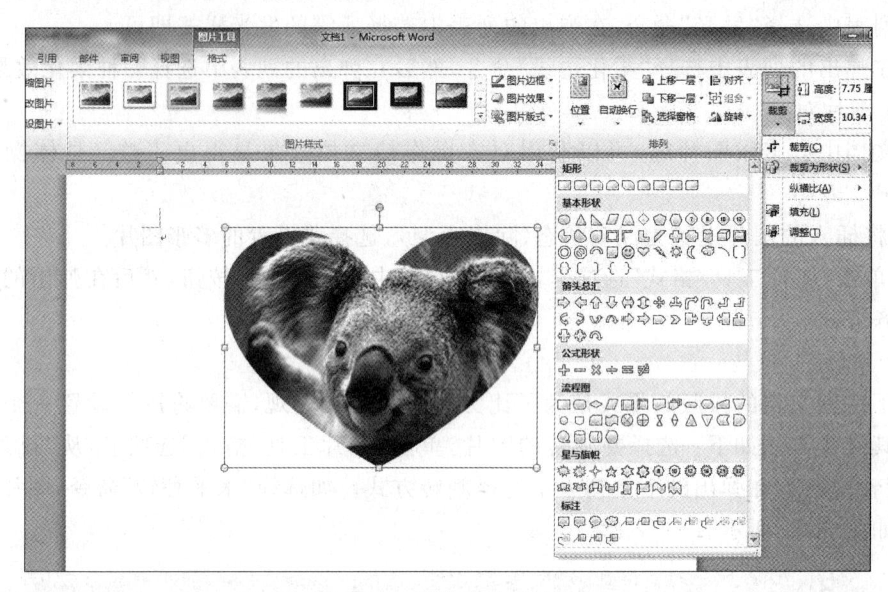

图 3.36 图片裁剪后效果

(8) 重设图片

若要将设置了格式的图片恢复到原始状态,可以进行如下操作:双击需要恢复的图片进入“图片工具/格式”选项卡,在“调整”组中单击“重设图片”下拉按钮,从弹出的列表中选择方式。

3. 剪贴画

Word 2010 剪辑库中提供了多种类型并且内容丰富的剪贴画。用户可以根据需要快速找到并且插入剪贴画。其操作步骤如下:

将光标定位到文档中需要插入剪贴画的位置,然后单击“插入”选项卡,在“插图”组中单击“剪贴画”按钮,随即会在文档右侧打开“剪贴画”任务窗格,如图 3.37 所示。

在“搜索文字”文本框中输入搜索内容,在“结果类型”下拉列表中选择媒体类型,然后单击“搜索”按钮,如图 3.38 所示。

单击搜索到的剪贴画,即可将剪贴画插入到文档中的光标处。

4. 自选图形

Word 2010 中提供了很多图形,包括线条、矩形、基本形状、箭头总汇等。绘制图形分为两种方式:在文档中直接绘制图形和在画布中绘制图形。两者的区别是在画布中的所有图形作为一个整体,可以一起移动。而在文档中的图形只有组合在一起,才可以一起移动。

1) 绘制自选图形

① 在文档中直接绘制图形。单击“插入”选项卡,在“插图”组中单击“形状”按钮,在弹

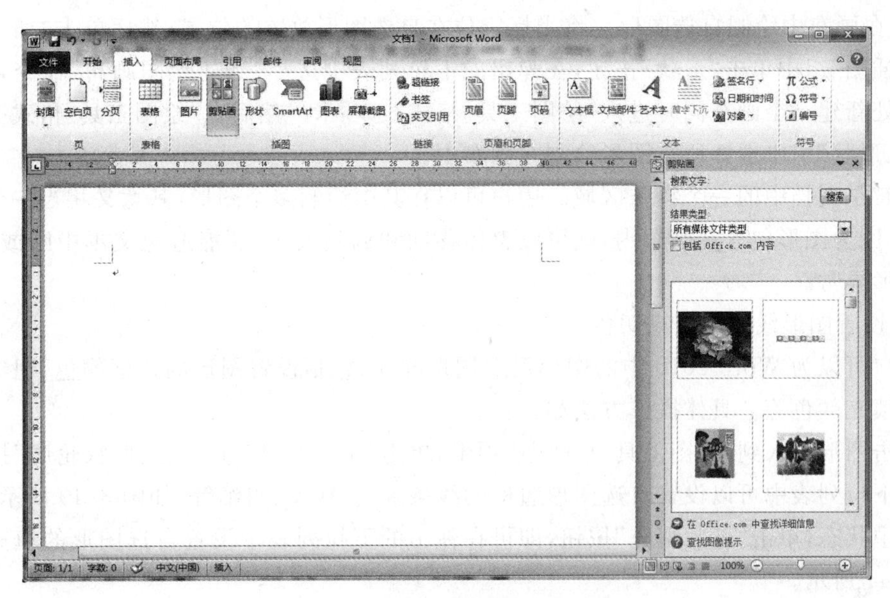

图 3.37 打开"剪贴画"任务窗格

出的下拉列表中选择所要绘制的图形，如图 3.39 所示。选择某种图形后，光标随即变成十字形式，此时按住鼠标左键同时拖动鼠标即可在文档中绘制所选图形。

图 3.38 剪贴画搜索设置

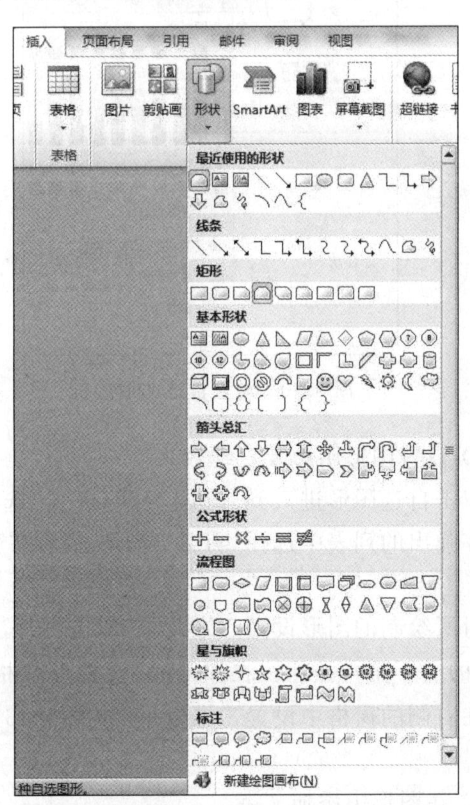

图 3.39 绘制自选图形

② 在画布中绘制自选图形。将光标定位在自选图形放置的位置,然后单击“插入”选项卡,在“插图”组中单击“形状”按钮,在弹出的下拉列表中选择“新建绘图画布”命令,随即会在光标处新建一个画布同时进入“绘图工具/格式”选项卡。然后在“绘图工具/格式”选项卡的“插入形状”组中选择所需图形绘制在画布中。

画布是文档中的一个特殊区域。用户可以在其中绘制多个图形,其意义相当一个“图形容器”。因为图形包含在画布内,就可以整体移动和调整大小,还能避免文本中断或分页时出现图形异常。

2) 设置图形线条和填充颜色

用户可以为 Word 2010 中的图形设置图形样式,包括设置图形的边框颜色、粗细、设置图形的填充颜色等。具体操作方法如下:

双击图形进入到“绘图工具/格式”选项卡,单击“形式样式”组中的“形状轮廓”按钮;在弹出的下拉列表中可以设置自选图形边框的线条颜色、线型、粗细等,如图 3.40 所示。保持图形选中状态,单击“形状填充”按钮,即可在弹出的下拉列表中设置自选图形的填充颜色,如图 3.41 所示。

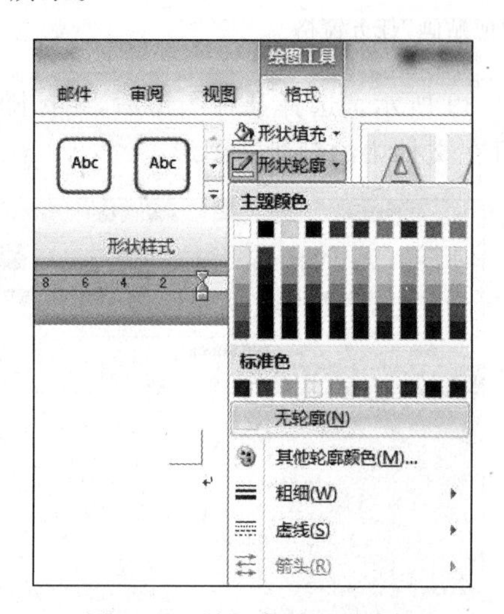

图 3.40 设置自选图形边框

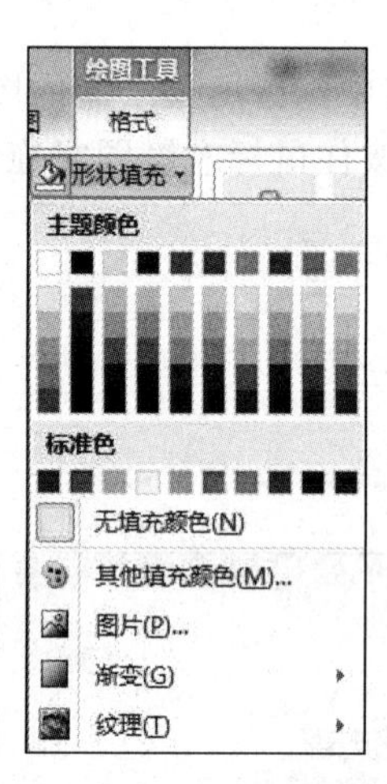

图 3.41 图形填充颜色

3) 设置图形阴影及三维效果

双击自选图形进入到“绘图工具/格式”选项卡,单击“形状样式”组中的“形状效果”按钮。在弹出的列表中选择“阴影”命令,然后在弹出的列表中选择阴影样式即可,如图 3.42 所示。

对所绘制的图形设置三维效果,双击图片进入到“绘图工具/格式”选项卡,单击“形状样式”组的右下角按钮。在弹出的“设置形状格式”对话框中单击左侧的“三维格式”选项,然后在右侧的窗格中设置三维效果,如图 3.43 所示。最后单击“关闭”按钮,返回文中查看效果。

4) 在图形中添加文字

有时由于需要,用户需要在图形中添加文字并且设置文字格式。如流程图中,需要在图形中输入相关文字。选择需要添加文字的图形,可以直接在图形中输入文字;或者在图形上

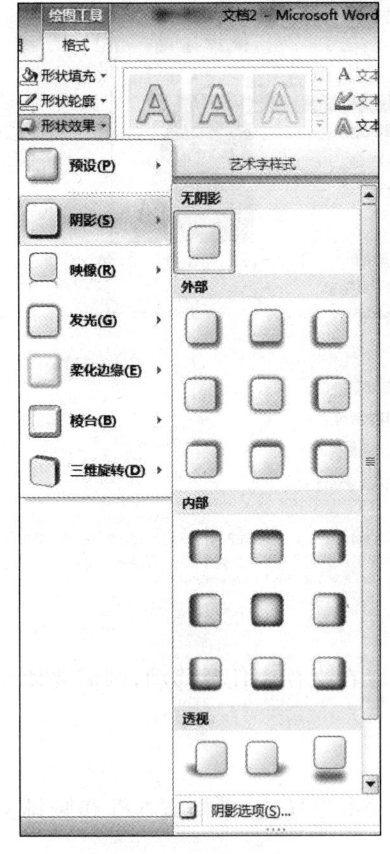

图 3.42　设置图形阴影

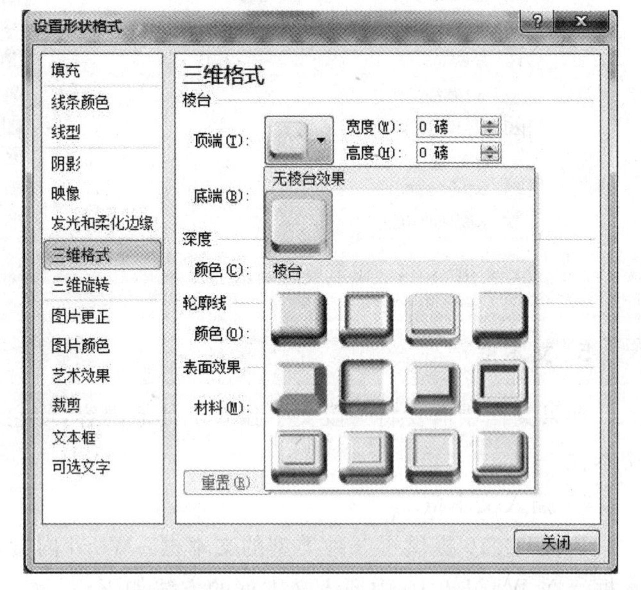

图 3.43　设置图形三维效果

右击，在弹出的快捷菜单中选择“添加文字”命令。

5）设置图形叠放次序

多张图片叠加在一起的时候，会出现后插入的图片遮挡先插入的图片的情况。绘制图形也是一样，后面的图形位于顶层，遮挡了下面的图片或文字。用户可以利用 Word 2010 叠放次序功能调整图形之间的层次关系，具体操作方法为：选择要设置图形；右击，在弹出的快捷菜单中选择“置于顶层”或“置于底层”命令。然后在弹出的子菜单中选择图形适合的放置层次，如图 3.44 所示。

除此之外，用户还可以在功能区设置图形的叠放次序，方法为：双击需要设置叠放次序的图形，进入到“图形工具/格式”选项卡，在“排列”组中，单击“上移一层”或“下移一层”右侧的下拉按钮，然后在弹出的列表中设置即可。

6）组合多个图形

用户可以将多个图形利用 Word 2010 中组合的方法，将它们组合成一个整体。成为一个整体的图形可以一起移动。具体操作方法为：按住 Ctrl 键不放，依次单击需要组合的对象，然后右击其中一个对象，在弹出的快捷菜单中选择“组合”命令，随即在弹出的子菜单中选择“组合”命令，如图 3.45 所示。或者在选择需要组合的对象后，单击“图形工具/格式”选项卡，在“排列”组中单击“组合”按钮，然后在弹出的下拉列表中选择“组合”命令。

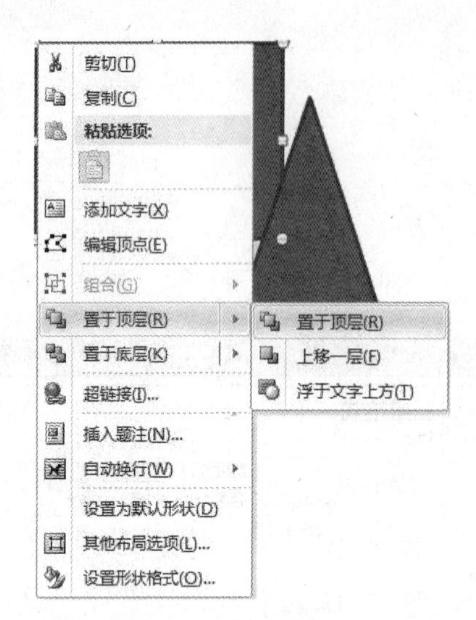

图 3.44　图形叠放层次

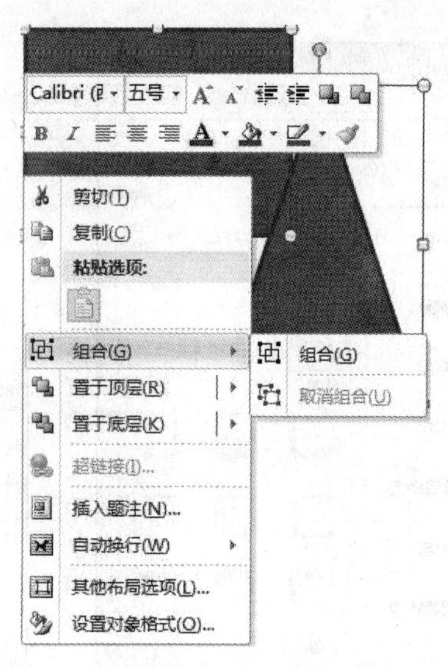

图 3.45　组合图形

5. 文本框

如果文档中需要将一段文字独立于其他内容,使它可以在文档中任意移动,则需要使用文本框。

1) 插入文本框

Word 2010 提供了 3 种类型的文本框:Word 内置的文本框样式、横排文本框和竖排文本框。在 Word 2010 中插入文本框的方法如下:

单击“插入”选项卡,在“文本”组中单击“文本框”按钮。若在弹出的下拉列表的“内置”下面选择某种文本框样式,则在文档中插入此种文本框样式。若选择“绘制文本框”或是“绘制竖排文本框”命令,则鼠标光标变成十字形状,此时拖动鼠标,即可在文档中插入文本框,如图 3.46 所示。

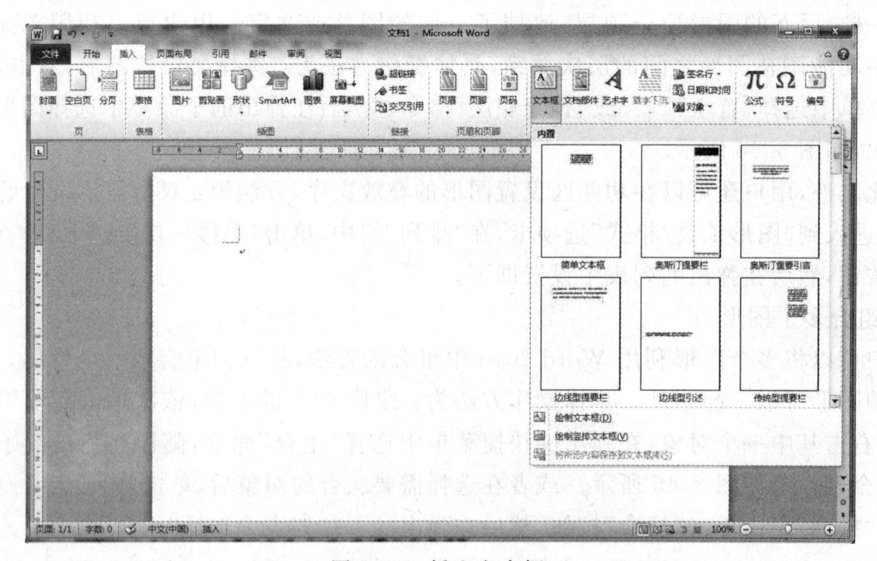

图 3.46　插入文本框

2）调整文本框大小

用户有时需要调整文本框大小以适应输入的内容。具体操作方法：选择文本框，单击“图形工具/格式”选项卡，在“大小”组中数值框中输入数值，可以精确调整文本框大小。或者单击文本框，在文本框周围出现8个控制点，将鼠标光标移到控制点附近，鼠标即变成双向箭头的形式，此时按下鼠标左键拖动鼠标，即可调整大小。

3）设置文本框样式

选择要设置样式的文本框，单击“绘图工具/格式”选项卡，在“形状样式”组中用户可以设置文本框的样式。若单击“形状填充”按钮，可以设置文本框的颜色填充、纹理填充和渐变填充等；若单击“形状轮廓”按钮，可以设置文本框的边框颜色以及线条粗细等；若单击“形状效果”按钮，可以设置文本框的发光效果、阴影效果等。

4）设置环绕方式

插入的文本框和文档中的文字有时会出现重叠的情况，此时需要用户调整文本框和周围文字的位置。双击文本框边框进入到“绘图工具/格式”选项卡，在“排列”组中单击“自动换行”按钮，然后在弹出的列表中选择合适的方式即可。

6. 艺术字

Office中的艺术字结合了文本和图形的特点，能够使文本具有图形的某些属性，如设置旋转、三维、映像等效果，在Word、Excel、PowerPoint等Office组件中都可以使用艺术字功能。

1）插入艺术字

为了达到醒目的外观效果，往往将标题或宣传语等以艺术字的方式出现。具体操作方法如下：

① 将光标定位到需要插入艺术字的位置，单击“插入”选项卡，在“文本”组中单击“艺术字”按钮，然后在弹出的下拉列表中选择需要的艺术字样式，如图3.47所示。

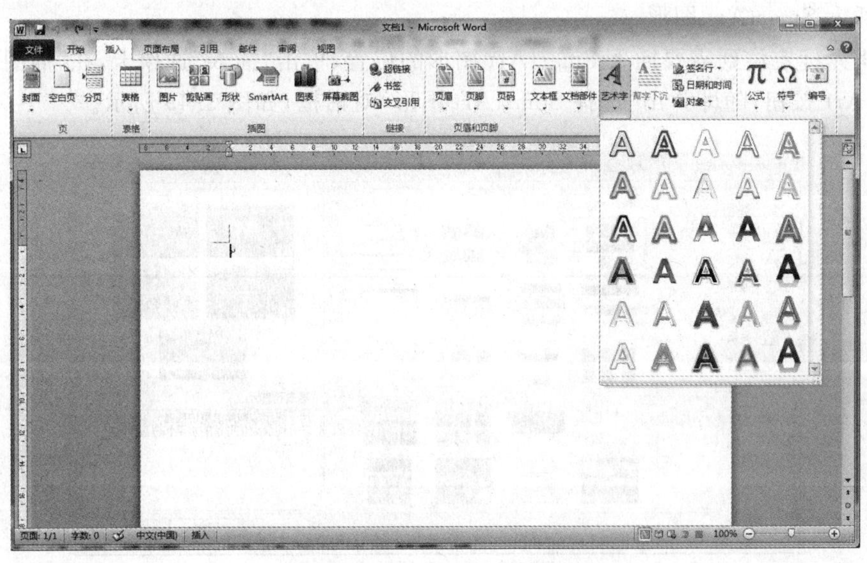

图3.47　插入艺术字

② 文档中出现一个艺术字文本框，占位符“请在此放置您的文字”为选中状态，此时用户直接输入艺术字内容即可，如图 3.48 所示。

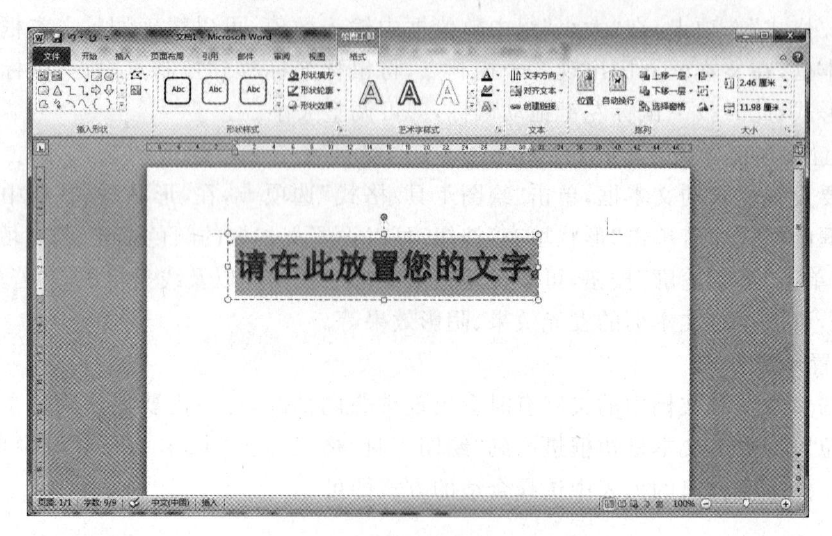

图 3.48 输入艺术字内容

2）设置艺术字样式

选择需要编辑的艺术字，单击“绘图工具/格式”选项卡，在“艺术字样式”组用户可以设置艺术字的样式颜色、轮廓样式、阴影等。

7. SmartArt 图形

Word 2010 提供了多种多样的 SmartArt 图形。SmartArt 图形是信息和观点的视觉表示形式。可以快速、轻松、有效地传达信息。使用 SmartArt 图形可将基本的要点句文本转换为引人入胜的视觉画面，以更好地阐释用户的观点。

1）插入 SmartArt 图形

① 将光标定位到需要插入 SmartArt 图形的位置，单击“插入”选项卡，在“插图”组中单击 SmartArt 按钮，随即弹出“选择 SmartArt 图形”对话框，如图 3.49 所示。

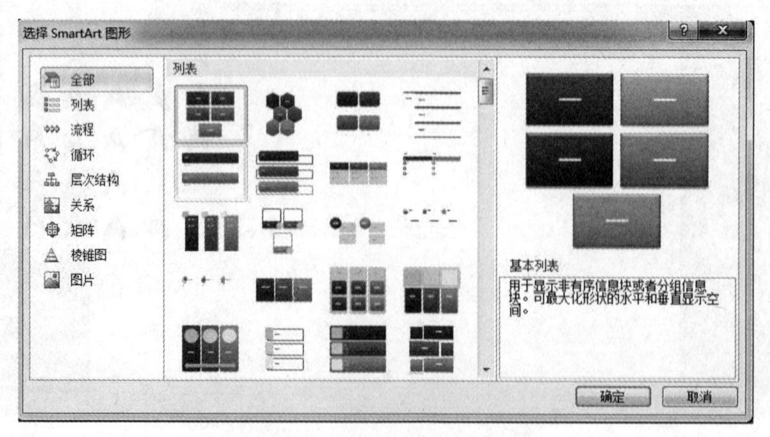

图 3.49 插入 SmartArt 图形

② 在左侧一栏中选择图形类型，然后在右侧一栏中选择具体的图形布局，选择好后单击“确定”按钮。

2）编辑 SmartArt 图形

单击需要编辑的 SmartArt 图形，功能区中增加显示“SmartArt 工具/设计”和“SmartArt 工具/格式”两个选项卡。用户可以通过这两个选项卡，对 SmartArt 图形进行编辑。

“SmartArt 工具/设计”选项卡如图 3.50 所示，包括四组，各组的功能如下：

① 在“创建图形”组中，单击“添加形状”按钮，可在 SmartArt 图形中添加形状；单击“升级”或“降级”按钮，可调整形状的级别；单击“从右向左”按钮，可更改 SmartArt 图形的布局方向。

② 在“布局”组中，可对 SmartArt 图形重新选择布局样式。

③ 在“SmartArt 样式”组中，可对 SmartArt 图形设置颜色，以及应用内置样式。

④ 在“重设”组中，单击“重设图形”按钮，将取消对 SmartArt 图形的相关操作，恢复插入时的状态。

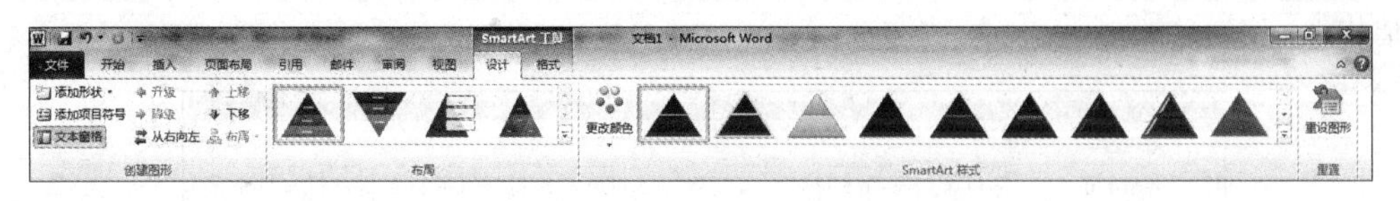

图 3.50　“SmartArt 工具/设计”选项卡

“SmartArt 工具/格式”选项卡如图 3.51 所示，包括五组，各组功能如下：

① 在“形状”组中，可对单个形状调整大小，设置个性化形状。

② 在“形状样式”组中，可对形状应用内置样式，以及对 SmartArt 图形或形状设置填充效果、轮廓样式等格式。

③ 在“艺术字样式”组中，可对选中的文本设置艺术字样式、填充效果等格式。

④ 在“排列”组中，可对 SmartArt 图形或形状设置环绕方式及旋转方式等。

⑤ 在“大小”组中，可对 SmartArt 图形或形状设置大小。

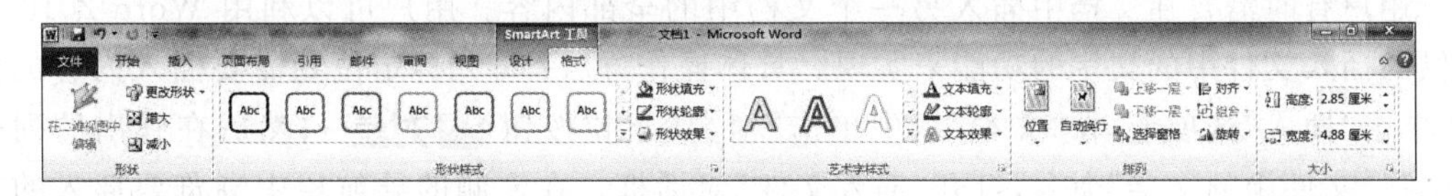

图 3.51　“SmartArt 工具/格式”选项卡

8. 特殊字符

在输入文档内容过程中，除了输入普通的文本之外，还可输入一些特殊字符。具体操作方法：将光标定位到需要插入特殊字符的位置；单击“插入”选项卡，在“符号”组中单击“符号”按钮Ω，在弹出的下拉列表中选择所需符号。若没有符合用户要求的，还可以在弹出的下拉列表中选择“其他符号”命令，然后在弹出的“符号”对话框中查找所要插入的符号即可。

9. 公式

若需要在文档中输入公式,用户可以使用 Word 2010 中提供的数学符号库构造自己的公式。具体操作方法如下:

将光标定位到需要插入公式的位置,然后单击“插入”选项卡,在“符号”组中单击 π 按钮,在文档中光标处打开公式文本框,占位符“在此处输入公式”为选中状态,可以直接输入公式内容。同时用户可观察到功能区中增加了“公式工具/设计”选项卡,用户可以从中选择公式中所需内容。

“公式工具/设计”选项卡,包括三组,各组功能如下:

(1)“工具”组。单击“公式”按钮,打开 Word 2010 内置的一些经典公式。用户选定后,直接将所选公式置入文档中。

(2)“符号”组。是 Word 2010 提供的各类符号。还可以通过单击按钮,在弹出的列表中更换符号的类别,如图 3.52 所示。

(3)“结构”组。提供了公式中可能会用到的一些特定结构,如分式、开方、积分等公式的结构。

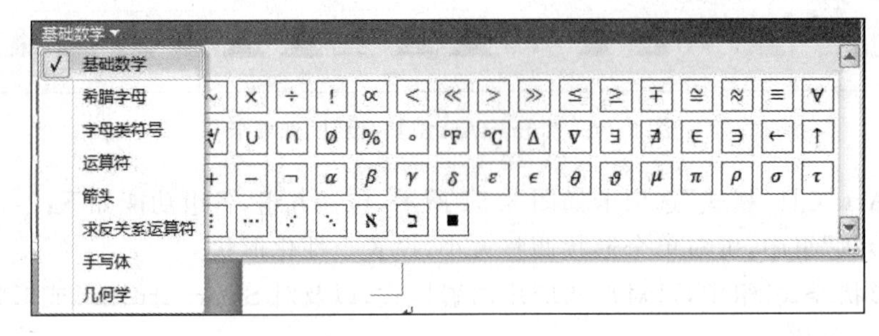

图 3.52 公式符号类别

10. 插入文件

用户有时需要在文档中插入另一个文档中的全部内容。用户可以利用 Word 2010 中提供的插入文件中的文字的功能来实现。具体操作方法:将光标定位到需要插入内容的位置;单击“插入”选项卡,在“文本”组中单击“对象”下拉按钮 对象 ▾;然后在弹出的列表中选择“文件中的文字”命令,打开“插入文件”对话框。在左侧的导航栏中浏览要插入的文件的存储位置,然后选中该文件,单击“插入”按钮,即可将所选文件中的内容全部插入到当前文档中。

3.1.5 页面设置与文档打印

在建立新的文档时,Word 已经自动设置默认的页边距、纸型、纸张方向等页面属性。但是在打印之前,用户还可以根据需要对页面属性重新设置。

1. 页眉和页脚

页眉与页脚不属于文档的文本内容,它们用来显示标题、页码、日期等信息。

1) 插入页眉和页脚

页眉是每个页面的顶部区域,通常显示书名、章节等信息。页脚是每个页面的底部区域,通常显示文档的页码信息。插入页眉、页脚的具体方法如下:

(1) 单击"插入"选项卡,在"页眉和页脚"组中单击"页眉"按钮,在弹出的下拉列表中选择页眉样式。

(2) 所选样式的页眉将添加到页面顶端,同时文档自动进入页眉编辑区,用户在此输入页眉内容。

(3) 单击"页眉和页脚工具/设计"选项卡,在"导航"组中单击"转至页脚"按钮,转至当前页的页脚,然后输入页脚内容。

(4) 单击"关闭"组中的"关闭页眉和页脚"按钮,即退出页眉和页脚的编辑状态。

此外,用户还可以利用 Word 2010 中的自动图文集功能将固定文档组成元素方便快捷地插入到页眉、页脚中。如在页脚中插入"第×页,共×页":进入页脚的编辑状态;单击"页眉和页脚工具/设计"选项卡,然后在"插入"组中单击"文档部件"按钮;再从弹出的下拉列表中选择"自动图文集"选项;最后在下一级列表中选择"第×页,共×页"选项。

2) 设置奇偶页不同的页眉和页脚

(1) 双击页眉或页脚,进入页眉或页脚编辑状态,单击"页眉和页脚工具/设计"选项卡,在"选项"组中选中"奇偶页不同"复选框。

(2) 页眉、页脚的左侧会显示相关提示信息,此时可分别对奇数页和偶数页设置不同样式的页眉/页脚和编辑相应的内容。

3) 删除页眉和页脚

单击"插入"选项卡,在"页眉和页脚"组中单击"页眉"按钮,在弹出的列表中选择"删除页眉"命令。

若要删除页脚,则单击"插入"选项卡,在"页眉和页脚"组中单击"页脚"按钮,在弹出的列表中选择"删除页脚"命令。

4) 插入页码

单击"插入"选项卡,在"页眉和页脚"组中单击"页码"按钮,在弹出的下拉列表中选择页码插入的位置。

选择好后,即可在每页中指定的位置上按顺序添加页码,并且自动进入页面页脚编辑状态。

5) 设置页码格式

在文档中插入页码后,单击"插入"选项卡,在"页眉和页脚"组中单击"页码"按钮,在弹出的下拉列表中选择"设置页码格式"命令,如图 3.53 所示。

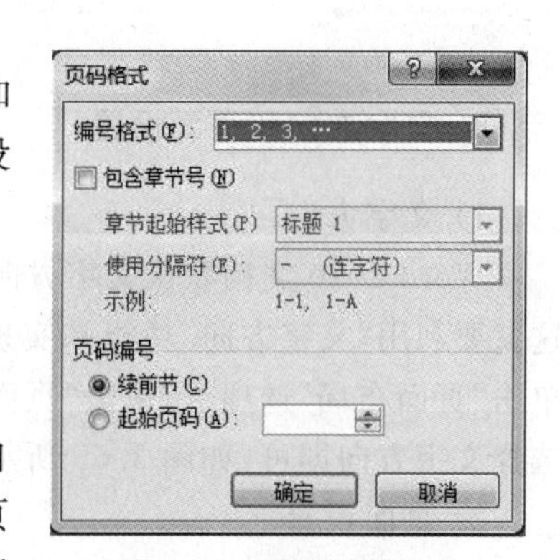

图 3.53 设置页码格式

2. 文档分页设置

1) 插入分页符

当用户在文档中输入的文本超过一页时,文档将会自动添加新的页面以供用户输入。而有时在文档不满一页时就需要停止文档的输入,另起一页进行输入,这就需要对文档手动设置分页。

(1) 将光标定位到需要分页的位置。

(2) 单击"插入"选项卡,在"页"组中单击"分页"按钮。或者,单击"页面布局"选项卡,在"页面设置"组中单击"分隔符"按钮,在弹出的下拉列表中选择"分页符"命令。

2) 插入分节符

用户可以使用分节符改变文档中一个或多个页面的版式或格式。分节符用于在部分文档中实现版式或格式更改。用户可以更改单个节的下列元素:页边距、纸张大小或方向、打印机纸张来源、页面边框、页面上文本的垂直对齐方式、页眉和页脚、列、页码编号、行号、脚注和尾注编号。插入分节符的具体方法:

(1) 单击"页面布局"选项卡,在"页面设置"组中单击"分隔符"按钮。

(2) 在弹出的下拉列表中选择要使用的分节符类型。

3) 分节符类型

(1) 下一页。插入一个分节符,并在下一页上开始新节。此类分节符对于在文档中开始新的一章尤其有用。

(2) 连续。插入一个分节符,新节从同一页开始。连续分节符对于在页上更改格式(如不同数量的列)很有用。

(3) 奇数页或偶数页。插入一个分节符,新节从下一个奇数页或偶数页开始。如果希望文档各章始终从奇数页或偶数页开始,请使用"奇数页"或"偶数页"分节符选项。

4) 断开各节间链接

添加分节符时,Word 2010 自动继续使用上一节中的页眉和页脚。若要在某一节使用不同的页眉和页脚,用户需要断开各节之间链接。

(1) 单击"插入"选项卡,在"页眉和页脚"组中,单击"页眉"或"页脚"按钮。

(2) 选择"编辑页眉"或"编辑页脚"命令。

(3) 单击"页眉和页脚工具/设计"选项卡,在"导航"组中,单击"链接到前一条页眉",并将其关闭,如图 3.54 所示。

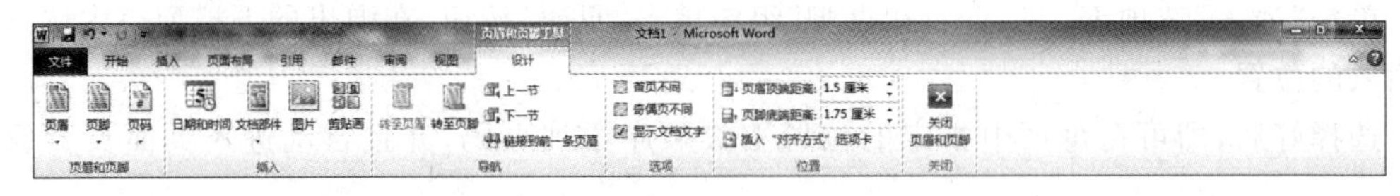

图 3.54 "页眉和页脚工具/设计"选项卡

3. 文字方向和页面设置

1) 文字方向

Word 2010 文档默认文字方向是横向的,但有些情况下需要将横向的文档设置为纵向,这就要利用"文字方向"功能来实现了。具体操作步骤为:选定需要修改文字方向的文本,单击"页面布局"选项卡,单击"页面设置"组中的"文字方向"按钮,然后在弹出的下拉列表中选择文字方向即可,如图 3.55 所示。

2) 页面设置

对于一些特殊情况和用户的一些特殊要求,必须对页面设置进行调整,如页边距、纸张大小、页面方向等，以适应文档的编辑需要。这些设置可在“页面布局”选项卡的“页面设置”组中实现。用户还可以单击“页面设置”组右下角的 按钮，即会弹出“页面设置”对话框，用户可以在此进行更详细的设置，如图 3.56 所示。

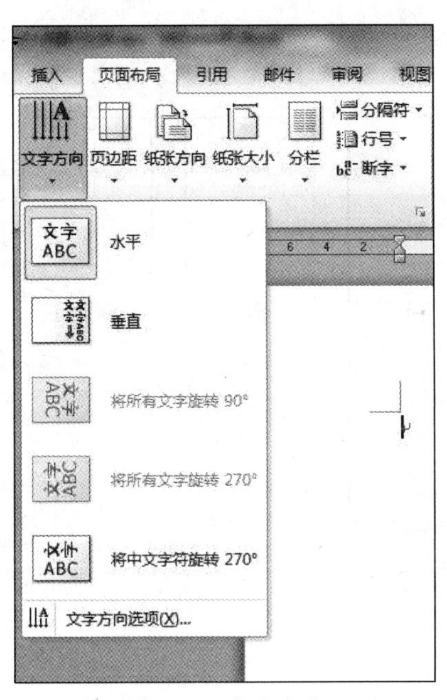

图 3.55 文字方向

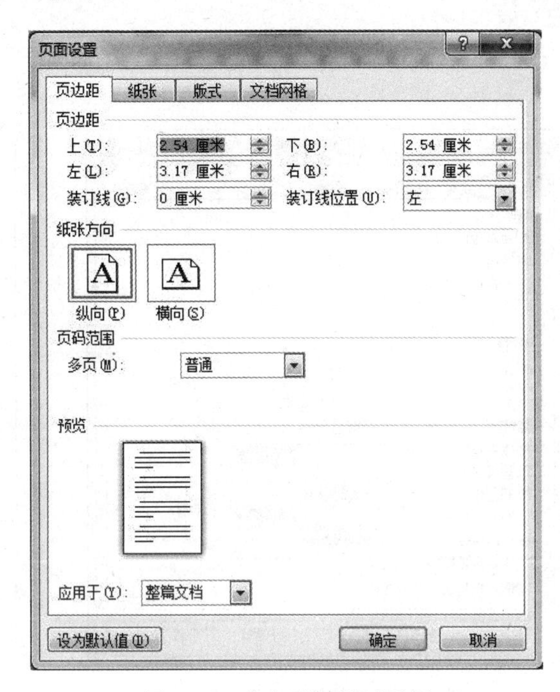

图 3.56 “页面设置”对话框

4. 页面背景

1) 背景颜色

为了使文档更加美观，可以为文档背景填充颜色，其中包括单色填充、渐变色填充以及图案填充等。具体操作方法：单击“页面布局”选项卡，在“页面背景”组中单击“页面颜色”按钮，在弹出的下拉列表中选择所需颜色。若在弹出的下拉列表中选择“填充效果”命令，用户还可以在弹出的“填充效果”对话框中设置其他的填充效果，如渐变、纹理、图案和图片 4 种填充效果，如图 3.57 所示。

2) 水印

在打印一些重要文件时给文档加上水印，例如“绝密”“保密”的字样，可以让获得文件的人都知道该文档的重要性。Word 2010 具有添加文字和图片两种类型水印的功能。

单击“页面布局”选项卡，单击“水印”按钮，在弹出的下拉列表中“机密”一栏下是 Word 2010 提供的水印样式，如图 3.58 所示。

用户也可以在弹出的下拉列表中选择“自定义水印”命令，在弹出的“水印”对话框中设置符合自己需要的文字水印或是图片水印，如图 3.59 所示。

3) 页面边框

除了可以设置页面背景之外，还可以设置页面边框。单击“页面布局”选项卡，在“页面背景”组中单击“页面边框”按钮，在弹出的“边框和底纹”对话框的“页面边框”选项卡中可以设置边框样式、颜色以及线条宽度或者用 Word 2010 提供的艺术型修饰页面边框，如图 3.60 所示。

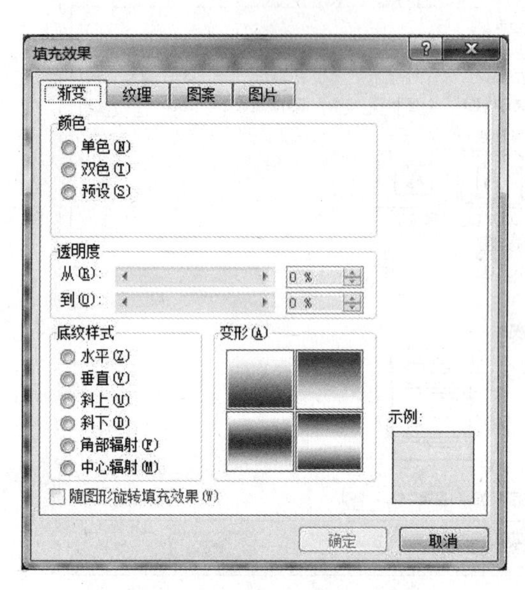

图 3.57 “填充效果”对话框

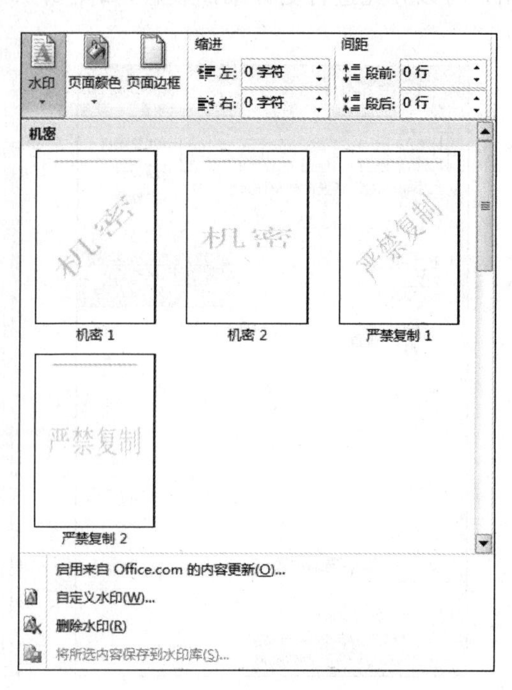

图 3.58 设置水印

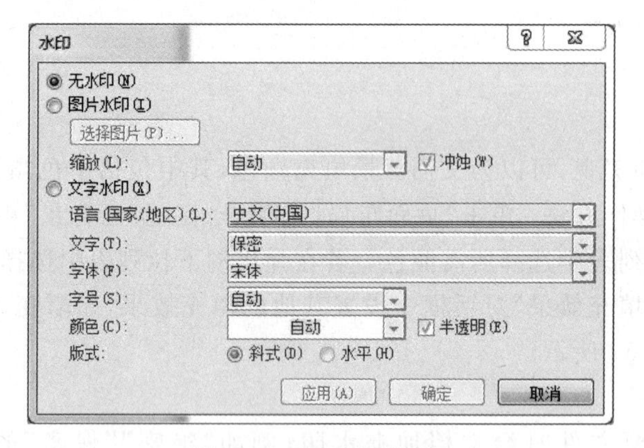

图 3.59 “水印”对话框

5. 打印文档

当用户编辑好一篇 Word 文档后，需要将其打印出来，而打印文档之前，还需要对打印进行一些设置，如设置页面方向、大小、页数等。

设置文档打印选项的具体步骤：

(1) 打开一篇需要打印的 Word 文档，单击“文件”按钮，在左侧导航栏中单击“打印”选项，在右侧将显示打印选项和预览，如图 3.61 所示。

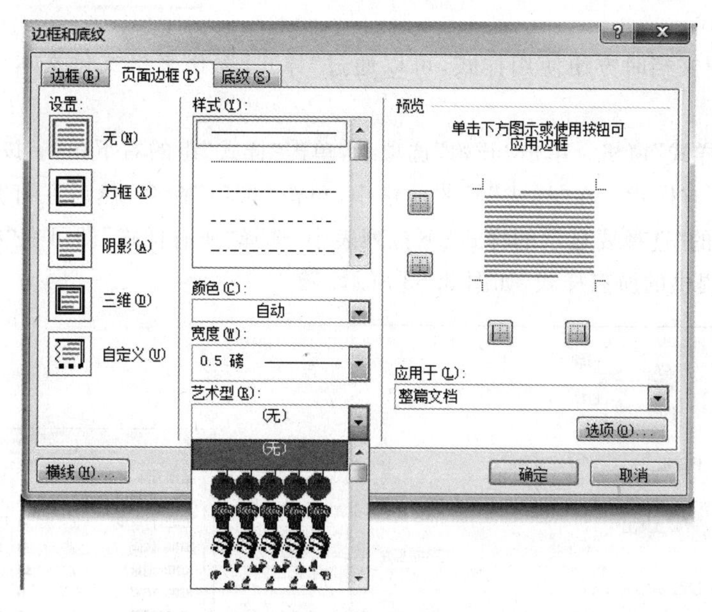

图 3.60　设置页面边框

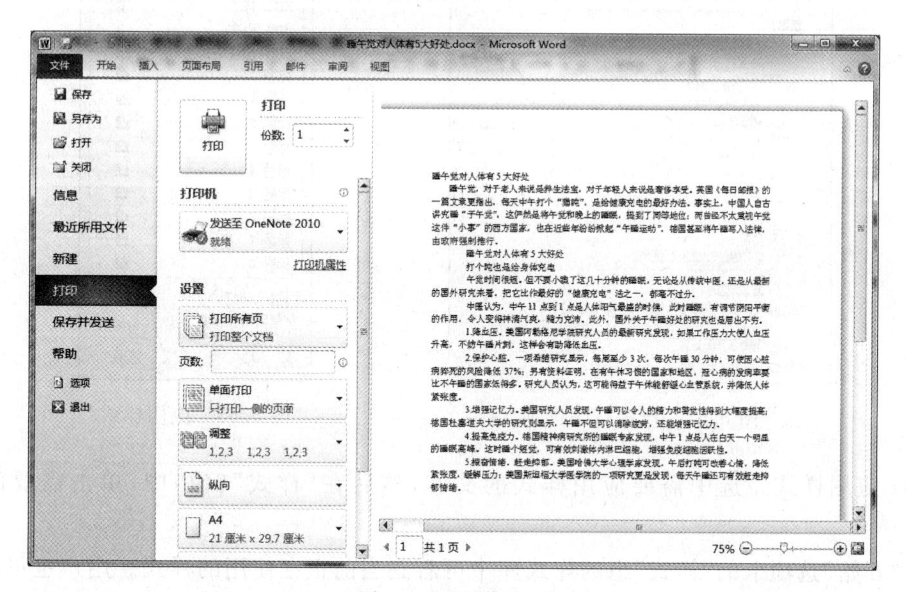

图 3.61　预览页面

(2) 用户可以设置打印份数、打印的页数以及纸张大小等，如图 3.62 所示。

(3) 设置完成后，单击“打印”按钮即可进行打印。

3.1.6　长文档操作

1. 样式

样式是指存储在 Word 2010 中的段落或字符的一组格式化命令，集合了字体、段落等相关格式。运用样式可快速为文本对象设置统一的格式，从而提高文档的排版效率。

1）应用样式

为了在编辑文档时方便使用样式，可以通过“样式”窗格来格式化文本，具体操作步骤如下：

（1）打开“样式”窗格。单击“开始”选项卡，单击“样式”组的右下角 按钮。

（2）显示所有样式。在“样式”任务窗格中，单击“选项”命令，然后在打开的“样式窗格选项”对话框中的“选择要显示的样式”下拉列表中，选择“所有样式”即可在“样式”窗格中看到 Word 2010 提供的所有样式，如图 3.63 所示。

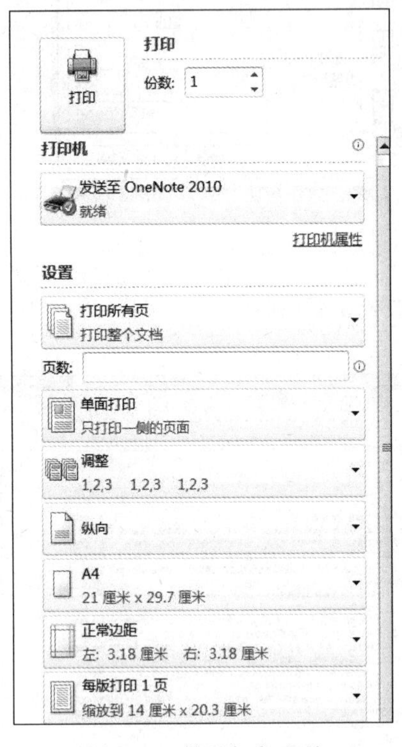

图 3.62 设置打印选项

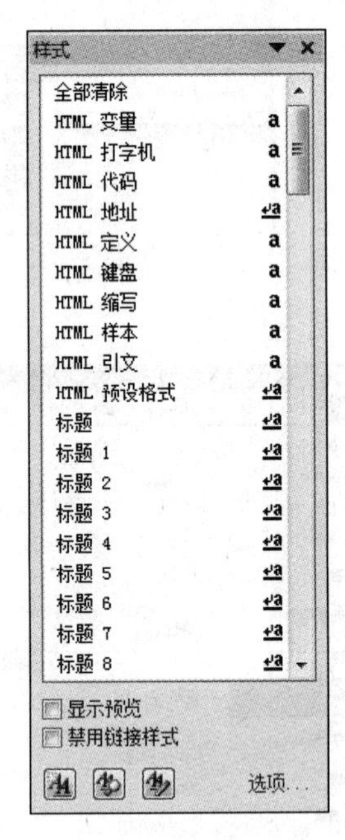

图 3.63 应用样式

（3）应用样式。选中需要应用样式的文本，然后在“样式”窗格中，单击需要的样式即可。

在“开始”选项卡的“样式”组的样式库中可看到当前正在使用的样式。用户也可以在选中要应用样式的文本后，通过单击样式库中的样式来格式化文本。

2）修改样式

用户可以通过修改样式的方法，对某个不满意的样式进行修改。操作方法如下。

（1）单击“开始”选项卡，在“样式”组中单击右下角 按钮，打开“样式”窗格。

（2）右击需要修改的样式，在弹出的快捷菜单中选择“修改”命令。

（3）在弹出的“修改样式”对话框中设置需要修改的参数，如图 3.64 所示。

3）新建样式

用户可以设计具有个人特色的样式。具体操作步骤：

（1）打开“样式”任务窗格，然后单击左下角的“新建样式”按钮 。

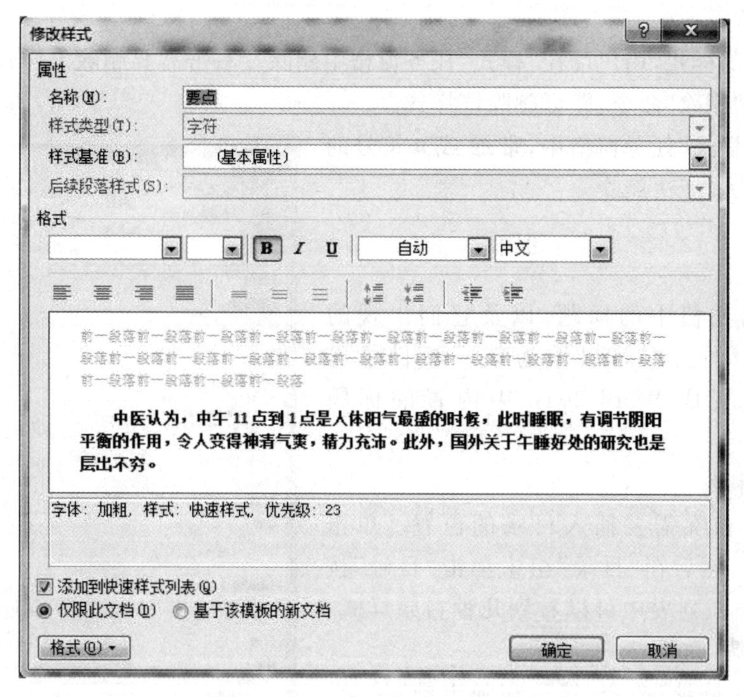

图 3.64 “修改样式”对话框

(2) 设置参数。在弹出的“根据格式设置创建新样式”对话框中，在“属性”一栏下设置样式的名称、样式类型等，在“格式”一栏下为新建样式设置字体、字号等，如图 3.65 所示。

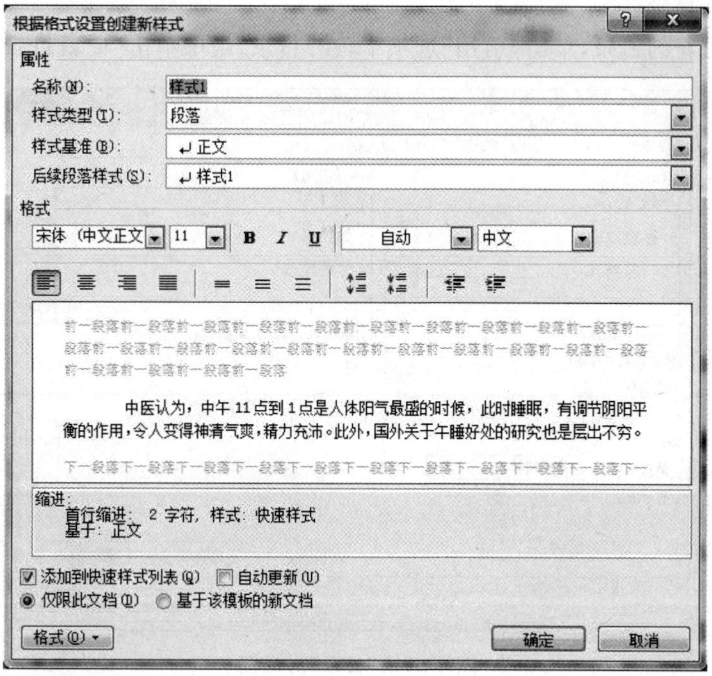

图 3.65 新建样式

4）删除样式

对于多余的样式，用户可在“样式”任务窗格中删除。右击需要删除的样式，在弹出的快捷菜单中选择“删除”命令，即可删除该样式。

但是，在“样式”任务窗格中，带 ¶a 或 a 符号的样式为内置样式，无法删除。

2. 目录

目录列出文档中的标题，以及它们出现的页码。文档中的文本若想作为某一级目录出现，则必须设置成 Word 2010 中内置的标题样式。

1）插入目录

将光标定位在需要插入目录的位置。单击“引用”选项卡，然后在“目录”组中单击“目录”按钮，在弹出的下拉列表中可以看到几种目录样式，默认为 3 级标题，如图 3.66 所示。

选择“插入目录”命令，然后在弹出的“目录”对话框中进行设置，如图 3.67 所示。

2）更新目录

正常情况下，当章、节标题发生变化时，自动生成的目录也会随之更新。如果没有自动更新，则必须手动更新目录。

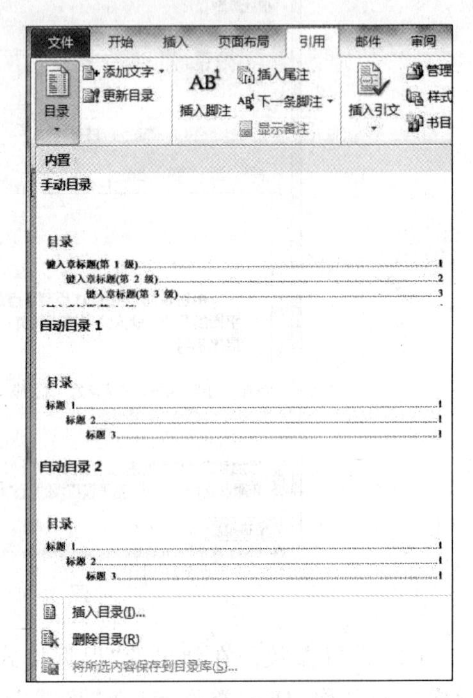

图 3.66　插入目录

选择需要更新的目录，单击“引用”选项卡，在“目录”组中单击“更新目录”按钮。

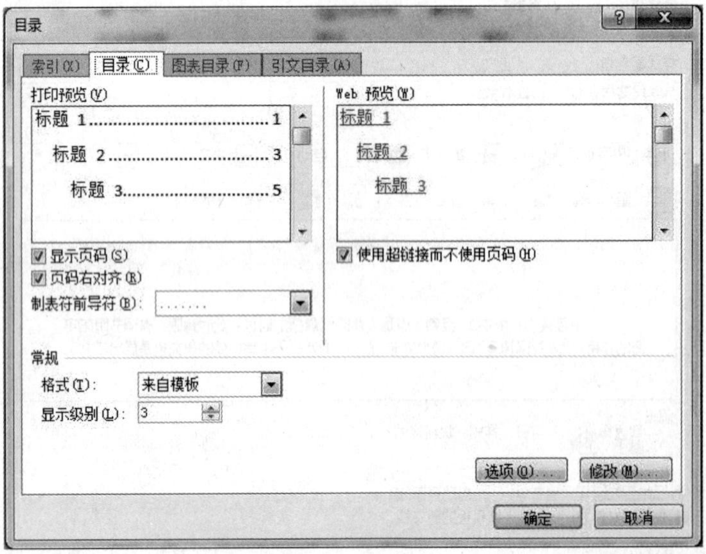

图 3.67　“目录”对话框

在弹出的“更新目录”对话框中选择“更新整个目录”单选按钮，然后单击“确定”按钮即可，如图 3.68 所示。

3）删除目录

选择目录后直接按 Delete 键即可删除目录。或是单击“引用”选项卡，在“目录”组中单击“目录”按钮，然后在弹出的下拉列表中选择“删除目录”命令即可。

3. 脚注与尾注

给一些较生僻的内容添加脚注说明，可以降低文章阅读的难度，从而让读者更易于理解文章表达的含义。脚注出现在文档中当前页的底端，即对哪一页中的内容插入脚注，其脚注内容则显示在哪一页的底端。尾注就是将注释放在文档或章节最末端的标注方法。

（1）插入脚注。将光标定位在需要插入脚注的位置；单击“引用”选项卡，在“脚注”组中单击“插入脚注”按钮，随即进入脚注内容编辑状态，用户输入脚注内容即可。

（2）插入尾注。将光标定位在需要插入尾注的位置；单击“引用”选项卡，在“脚注”组中单击“插入尾注”按钮即可。

单击“脚注”组的右下角 按钮，即会弹出“脚注和尾注”对话框，在此用户可以进行更详尽的设置，如图 3.69 所示。

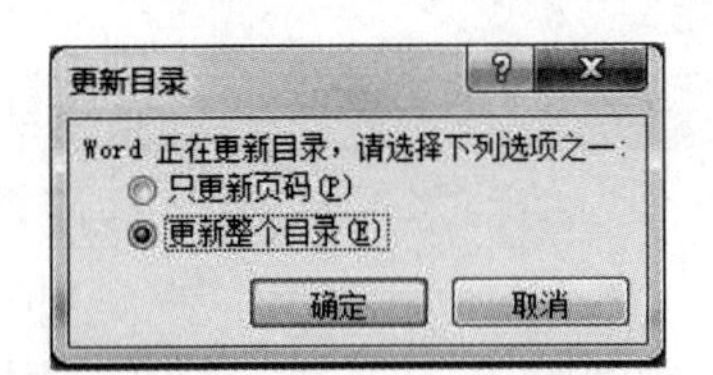

图 3.68 “更新目录”对话框

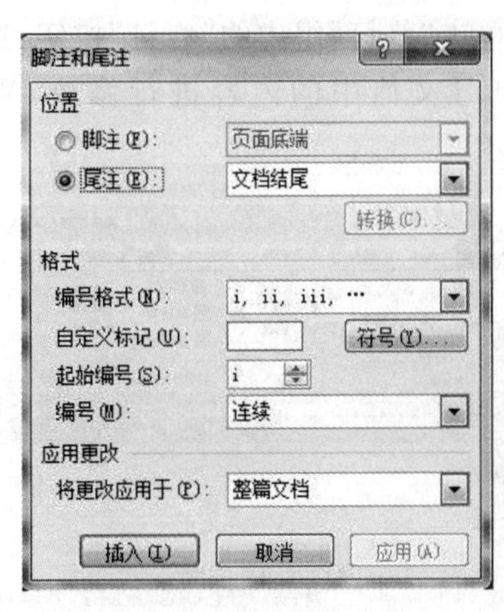

图 3.69 “脚注和尾注”对话框

4. 批注

在审阅文档时，审阅者如果要对文档提出修改意见，可以通过添加批注的形式来进行。

选择要添加批注的文本，单击“审阅”选项卡，在“批注”组中单击“新建批注”按钮。随即进入批注内容的编辑状态，用户在右侧的批注框中输入内容，如图 3.70 所示。然后，单击批注框外侧空白区域，即可结束输入。

5. 修订

当文档处于修订状态下，Word 2010 会标记出用户对文档所做的修改，以便让其他人了解修改了文中的哪些内容。

单击“审阅”选项卡，在“修订”组中单击“显示标记”按钮，在弹出的下拉列表中选择“批

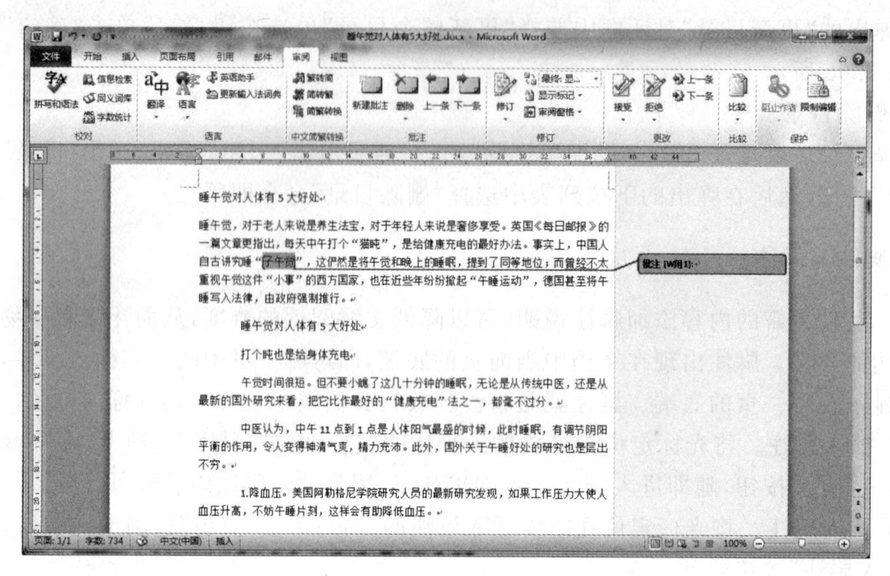

图 3.70　新建批注

注框”命令,然后在下一级列表中选择“在批注框中显示修订”命令。

然后,单击“修订”组中的“修订”按钮,这时文档进入修订状态。

当用户对文档中的内容进行修改,Word 2010 会自动在右侧的批注框中说明,如图 3.71 所示。

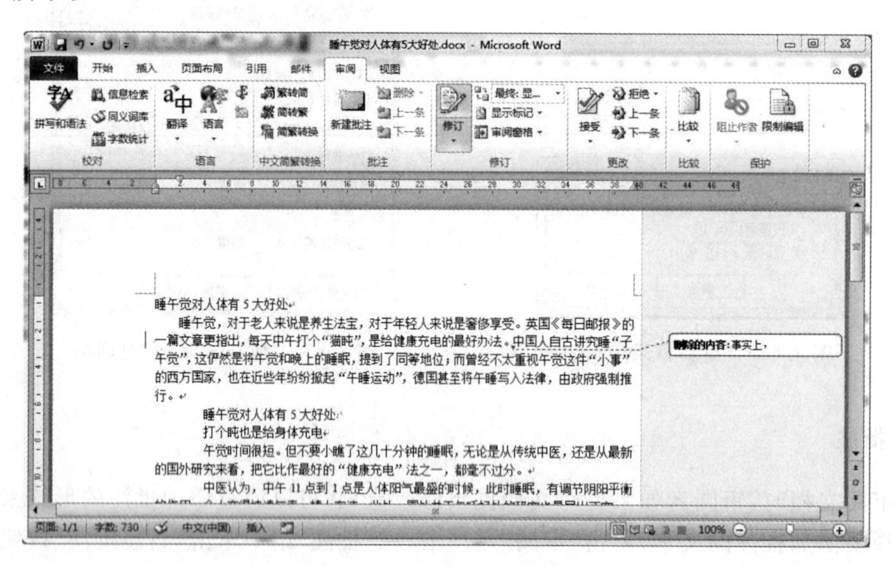

图 3.71　修订状态下编辑文档

6. 插入题注

对于文档中图片、表格的题注,若采用手动输入的方法,手动编号不但容易出错,而且插入图片修改也比较麻烦。对于这种情况,用户可以通过插入题注的方法来解决。添加题注后,不但为制作图表目录奠定了基础,还可以为交叉引用提供定位标记。

将光标定位在需要插入题注的位置，单击“引用”选项卡，然后单击“题注”组中的“插入题注”按钮。再在弹出的“题注”对话框中，从“标签”后的下拉列表中选择一种标签样式，最后单击“确定”按钮，如图 3.72 所示。

如果标签样式中没有适合用户要求的样式，用户可以通过单击“新建标签”按钮，创建需要的标签样式。

7. 交叉引用

交叉引用是指在文档中的某一个位置引用另一个位置的标题、题注等。创建的交叉引用将与被引用部分保持链接关系，如果被引用部分有变化，创建的交叉引用可随之更新。

将光标定位到需要插入交叉引用的位置，单击“插入”选项卡，在“链接”组中单击“交叉引用”按钮，打开“交叉引用”对话框，如图 3.73 所示。

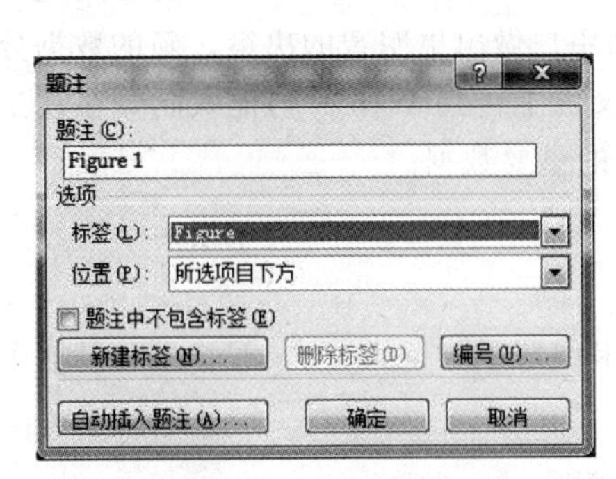

图 3.72 “题注”对话框

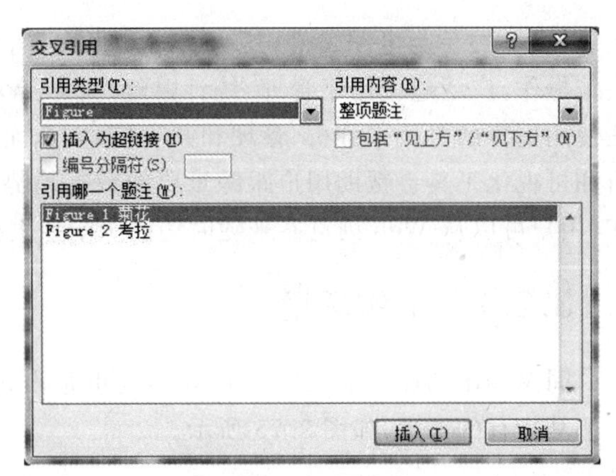

图 3.73 交叉引用

在“引用类型”下拉列表中选择引用内容的类型，在“引用内容”下拉列表中选择引用指定类型中的哪些内容，在“引用哪一个标题”列表框中选择需要引用的项目，然后单击“插入”按钮。

8. 邮件合并

日常生活中，很多时候需要使用 Word 2010 快速生成批量的文档，如学校要向学生发送录取通知书或公司要向客户发送公司活动介绍邮件等，而利用邮件合并功能可以根据收件人列表快速地批量生成信函、电子邮件、信封、标签或目录等文档。操作如下。

新建空白文档，并编辑好文档主体内容。单击“邮件”选项卡，在“开始邮件合并”组中单击“开始邮件合并”按钮，在弹出的列表中选择“邮件合并分步向导”，如图 3.74 所示。

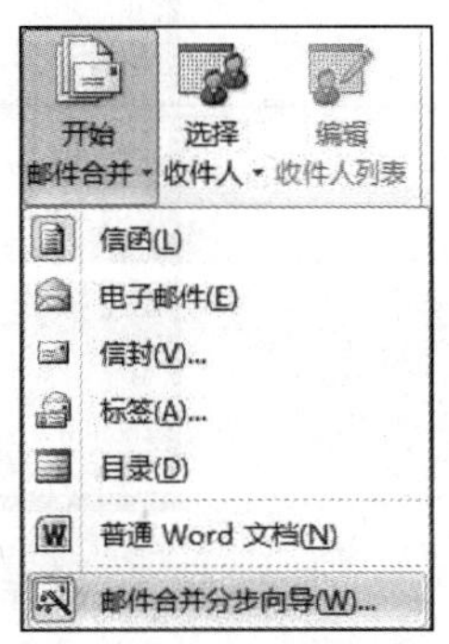

图 3.74 邮件合并分步向导

打开“邮件合并”窗格，在“选择文档类型”栏中选中当前编辑的文档类型单选按钮，如“电子邮件”单选按钮，单击“下一步：正在启动文档”超链接。

保持“使用当前文档”单选按钮的选中状态，单击“下一步：选取收件人”超链接，在“选择收件人”栏中选中“使用现有列表”单选按钮，单击“浏览”超链接，在打开的“选取数据源”对话框中选择需要使用的收件人文件,单击“打开”按钮,再依次单击“确定”按钮确认数据文件。

在“使用现有列表”栏中即显示使用的文件和选用的表格,单击“下一步:撰写电子邮件”超链接进入向导的第4步。

将文本插入点定位到需要插入域的位置,单击“插入合并域”按钮右侧的下拉按钮,在弹出的下拉列表中选择对应的域选项。在需要的位置插入所有的域后,在“邮件合并”窗格中单击“下一步:预览电子邮件”超链接预览结果,再单击“下一步:完成合并”超链接即完成邮件合并操作。

如果计算机中没有存储的收件人文件,还可在合并邮件的过程中创建新的列表。

3.2 Excel 2010 电子表格编辑与处理

Excel 被称为电子表格,其功能非常强大,可以进行各种数据的处理、统计分析和辅助决策操作,广泛地应用于管理、统计财经、金融等众多领域。最新的 Excel 2010 能够用比以往使用更多的方式来分析、管理和共享信息,从而帮助用户做出更明智的决策。新的数据分析和可视化工具会帮助用户跟踪重要的数据趋势,将文件上传到 Web 并与他人同时在线工作,用户可以从 Web 浏览器来随时访问 Excel 表格中的重要数据。

3.2.1 工作环境

同 Word 2010 一样,Excel 的功能区也是由选项卡组成的。除此之外,Excel 还包括了多个其特有的元素,如图 3.75 所示。

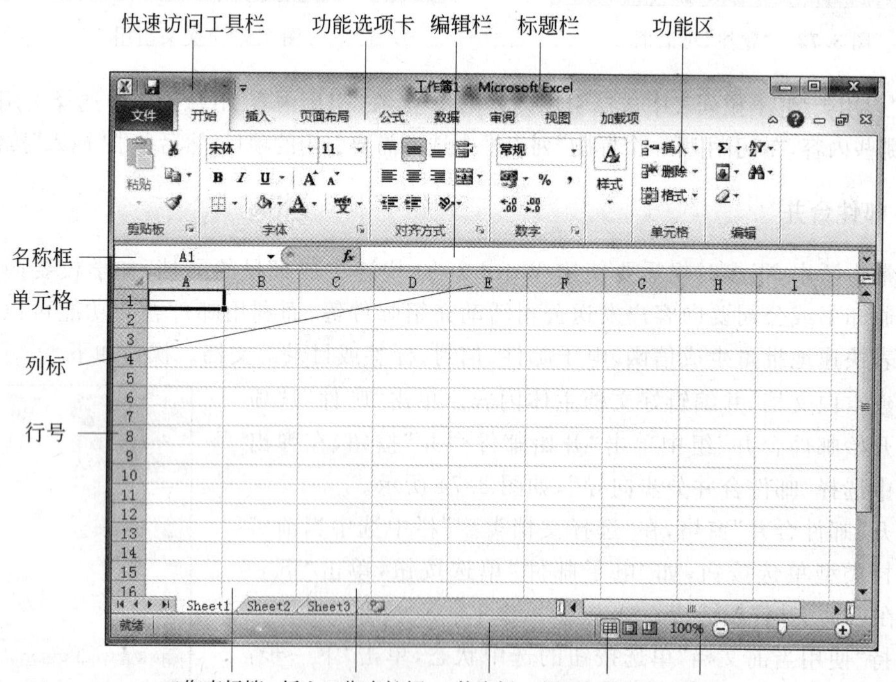

图 3.75 Excel 2010 工作环境

1. 行号和列标

工作表中单元格的地址由列标加行号构成。列标由英文字母 A、B、C…表示，行号由阿拉伯数字 1、2、3…来表示。

2. 单元格

工作表中的矩形小方格称为单元格。单元格的名称由列标＋行号构成。例如，第 C 列第 2 行的单元格名称为 C2。其用于显示和存储用户输入的所有内容以及运算结果。

3. 名称框

名称框用于定义单元格或单元格区域的名称，或者根据名称查找单元格或单元格区域。在默认状态下，显示当前活动单元格的位置。

4. 编辑栏

编辑栏用于输入和修改工作表数据。在工作表中的某个单元格中输入数据时，编辑栏中同时会显示输入内容。若在单元格中输入公式，则在单元格中显示计算结果，而在编辑栏中显示所用公式。

5. 工作表标签

工作表标签位于工作表编辑区的左下方，由工作表标签滚动按钮、工作表标签和“插入工作表”按钮组成。

3.2.2　工作簿与工作表操作

一个 Excel 文件叫做工作簿，它的扩展名为. xlsx；默认包含 3 张工作表，分别为 Sheet1、Sheet2、Sheet3；每张工作表由 65535 行 256 列，共约 1600 多万个单元格组成；每个工作簿可最多由 255 张工作表组成。

1. 创建工作簿

1）新建空白工作簿

(1) 方法 1：当用户启动 Excel 2010 应用程序时，系统默认创建一个新的工作簿。

(2) 方法 2：在打开的 Excel 2010 窗口中创建新的工作簿。

单击“文件”按钮，在左侧的导航栏中单击“新建”按钮。然后，在右侧“可用模板”栏中单击“空白工作簿”按钮，最后单击右下角的“创建”按钮，如图 3.76 所示。

2）使用模板新建工作簿

Excel 为用户提供了多种模板，用户可以利用这些模板创建工作簿。按照模板的来源可以分为两类：一类是 Excel 自带的模板，如样本模板、我的模板等。另一类是从 office. com 下载的模板，如报表、会议议程等。

(1) 单击“文件”按钮，在左侧导航栏中选择“新建”选项卡。

(2) 在“可用模板”栏下或是在“office. com 模板”栏下选择所需的模板。

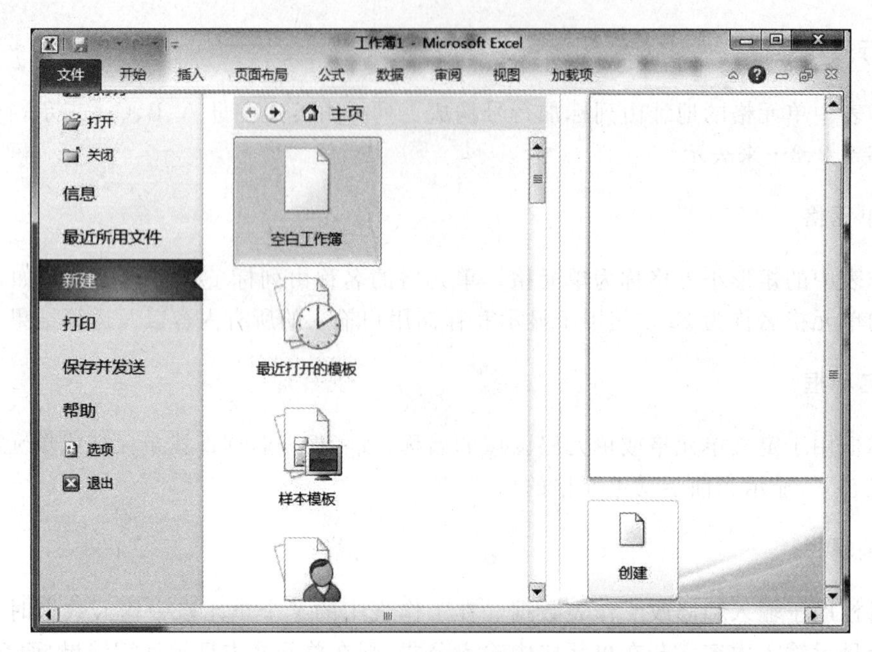

图 3.76 新建工作簿

2. 保存工作簿

1) 保存新工作簿

单击“文件”按钮,在左侧导航栏中选择“保存”命令,然后在弹出的“另存为”对话框中设置文件的保存位置、文件名和保存类型。

2) 保存原有工作簿

保存已存在的工作簿,选择“保存”命令,不会弹出“另存为”对话框,将以原文件名存储在原存储位置上。

若用户需要更改保存的工作簿名或是工作簿的存储位置,则需单击“文件”按钮,在左侧导航栏中选择“另存为”命令。然后在弹出的“另存为”对话框中重新设置文件的保存位置、文件名等参数。

3. 打开工作簿

1) 直接打开工作簿

直接到文件的存储位置,双击文件,在启动 Excel 2010 应用程序的同时打开文件。

2) 通过“打开”命令

在 Excel 2010 窗口下,单击“文件”按钮,在左侧导航栏中选择“打开”命令,即会弹出“打开”对话框,浏览欲打开文件的存储位置,选取文件,单击“打开”按钮。

3) 打开最近使用的文件

用户可以在 Excel 2010 窗口下,快速打开最近使用过的文件。

单击“文件”按钮,然后在左侧导航栏中选择“最近所用文件”命令,在“最近使用的工作簿”一栏下单击要打开的工作簿即可。

4. 关闭工作簿

1) 直接关闭工作簿而不退出 Excel

(1) 单击工作簿右上方的"关闭"按钮。

(2) 单击"文件"按钮,在左侧的导航栏中选择"关闭"命令。

2) 关闭工作簿同时退出 Excel

(1) 单击 Excel 窗口右上方的"关闭"按钮。

(2) 双击自定义快速访问工具栏内的控制菜单图标。

(3) 单击"文件"按钮,在左侧的导航栏中选择"退出"命令。

(4) 右击标题栏,在弹出的快捷菜单中选择"关闭"命令。

(5) 按 Alt+F4 组合键。

5. 工作簿的隐藏与保护

1) 隐藏工作簿

单击"视图"选项卡,在"窗口"组中,单击"隐藏"按钮,即会隐藏当前窗口。

2) 取消隐藏工作簿

单击"视图"选项卡,在"窗口"组中,单击"取消隐藏"按钮,然后在弹出的"取消隐藏"对话框中选择需要显示的工作簿名,单击"确定"按钮。

3) 保护工作簿

为了保证工作簿的安全性,可以对工作簿进行保护,从而防止工作簿数据泄露或被恶意修改。具体操作步骤如下:

(1) 打开"保护工作簿"窗口。单击"审阅"选项卡,单击"更改"组中的"保护工作簿"按钮。

(2) 设定密码。在弹出的"保护结构和窗口"对话框中,选择要保护的工作簿对象,然后在"密码"文本框中输入密码并单击"确定"按钮,如图 3.77 所示。

图 3.77　"保护结构和窗口"对话框

若要保护工作簿的结构,请选中"结构"复选框,则不能插入、删除、隐藏、重命名、复制或移动该工作簿中的工作表。

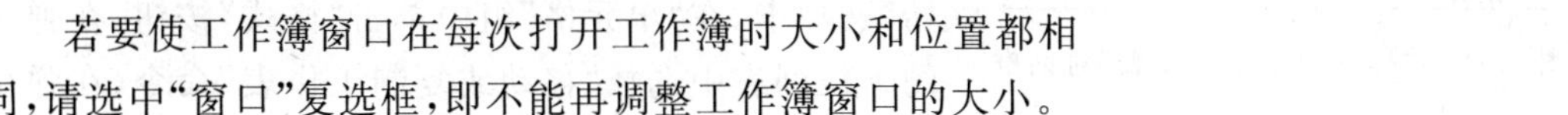

若要使工作簿窗口在每次打开工作簿时大小和位置都相同,请选中"窗口"复选框,即不能再调整工作簿窗口的大小。

若要防止其他用户删除工作簿保护,请在"密码(可选)"框中,输入密码,单击"确定"按钮,然后重新输入密码以进行确认。

(3) 确认。在弹出的"确认密码"对话框中再次输入密码。

4) 取消保护工作簿

单击"更改"组中的"保护工作簿"按钮,在打开的"撤销工作簿保护"对话框中输入保护工作簿时设置的密码并确定。

6. 工作表的基本操作

1) 选择工作表

(1) 选择单个工作表。单击需要选择的工作表标签;或是右击工作表标签,然后从弹出的快捷菜单中选择需要的工作表。

(2) 选择相邻的工作表。先选中第一张工作表标签,然后按住 Shift 键同时单击最后一张工作表标签。

(3) 选择不相邻的工作表。先单击第一张工作表标签,然后按住 Ctrl 键再单击其他工作表标签。

2) 重命名工作表

工作表默认的名称为 Sheet1、Sheet2 等,为了让其他用户大致了解工作表中数据内容,可以将工作表重命名。有以下几种方法:

(1) 双击工作表标签,进入标签编辑状态,此时可以直接输入工作表的新名称,然后按 Enter 键即可。

(2) 在需要重命名的工作表标签上右击,然后在弹出的快捷菜单中选择"重命名"命令,输入工作表的新名称。

(3) 单击"开始"选项卡,在"单元格"组中单击"格式"按钮,然后在弹出的下拉列表中选择"重命名工作表"命令,然后输入工作表的新名称。

3) 移动与复制工作表

实际运用中,为了更好地共享和组织数据,常常需要复制或移动工作表。复制移动既可在工作簿之间又可在工作簿内部进行。

(1) 移动工作表

① 鼠标拖动。单击要移动的工作表标签,按住鼠标左键,拖动鼠标至合适的位置,释放鼠标左键。

图 3.78 "移动或复制工作表"对话框

② 快捷菜单。在需要移动的工作表标签上右击,在弹出的快捷菜单中选择"移动或复制"命令,在弹出的"移动或复制工作表"对话框进行设置。单击"工作簿"下拉列表框,从中选择需要移动的工作表所在的工作簿的名称;然后在"下列选定工作表之前"列表框中选择一项,单击"确定"按钮,如图 3.78 所示。

③ 功能选项卡。选择要移动的工作表,单击"开始"选项卡,在"单元格"组中单击"格式"按钮,在弹出的下拉列表中选择"移动或复制工作表"命令,在弹出的"移动或复制工作表"对话框进行设置。

(2) 复制工作表

① 鼠标拖动。单击要复制的工作表标签,按住 Ctrl 键同时按住鼠标左键,拖动鼠标至合适的位置,释放鼠标左键。

② 快捷菜单。在需要复制的工作表标签上右击,在弹出的快捷菜单中选择"移动或复制"命令,在弹出的"移动或复制工作表"对话框进行设置。与移动工作表不同的是要选中"建立副本"复选框。

③ 功能选项卡。选择要复制的工作表,单击"开始"选项卡,在"单元格"组中单击"格式"按钮,在弹出的下拉列表中选择"移动或复制工作表"命令,在弹出的"移动或复制工作表"对话框进行设置。

4）插入与删除工作表

在默认情况下，一个工作簿中存在3张工作表。而在实际工作中，有时需要更多的工作表来完成用户的工作，就需要重新设置工作表的数量。

（1）插入工作表

① 单击"开始"选项卡，在"单元格"组中单击"插入"下拉按钮，然后在弹出的列表中选择"插入工作表"命令，即可在当前工作表前插入一个新的工作表。

② 右击当前工作表标签，在弹出的快捷菜单中选择"插入"命令，然后在打开的"插入"对话框中选择"工作表"命令，然后单击"确定"按钮。

③ 单击工作表标签右侧的"插入工作表"按钮，即可在其他工作表的后面插入一张新的工作表。

（2）删除工作表

如果想删除整个工作表，只要选中要删除工作表的标签，在"开始"选项卡"单元格"组中单击"删除"按钮，在弹出的下拉菜单中选择"删除工作表"命令即可。删除工作组的操作与之类似。

5）拆分与冻结工作表

当工作表中的数据过多时，为了在有限的窗口能够看到更多的数据，用户可以利用拆分工作表功能，实现对前后数据的核对。另外，通过冻结工作表，可以在滚动工作表时，保持行列标志或其他数据处于可见状态，从而更方便查看工作表中的内容。

（1）拆分工作表

拆分工作表是指将工作表按照水平或垂直方向拆分成独立的窗格，每个窗格中可以独立地显示并滚动到工作表的任意位置。

选择一个单元格，然后单击"视图"选项卡，在"窗口"组中单击"拆分"按钮，即会在活动单元格的左方和上方对工作表进行拆分。

再者，拖动垂直滚动条上方和水平滚动条右侧的小长方块，也可拆分工作表。

另外，用户可通过双击水平/垂直方向上的拆分条或是再次单击"窗口"组中的"拆分"按钮取消拆分工作表。

（2）冻结工作表

单击"视图"选项卡，在"窗口"组单击"冻结窗格"按钮，从弹出的列表中选择冻结窗格的方式，如图3.79所示。

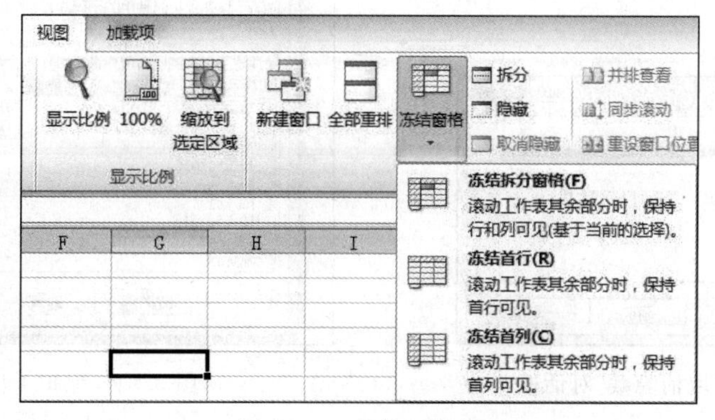

图3.79 冻结工作表

6）隐藏与显示工作表

(1）隐藏工作表

选择需要隐藏的工作表标签，单击“开始”选项卡，在“单元格”组中单击“格式”按钮，在弹出的列表中选择“隐藏或取消隐藏”命令，然后在下一级列表中选择“隐藏工作表”命令，则选中的工作表即被隐藏。

若是选择“隐藏行”或“隐藏列”命令，则隐藏活动单元格所在的行或列。

(2）取消隐藏的工作表

单击“开始”选项卡，在“单元格”组中单击“格式”按钮，在弹出的列表中选择“隐藏或取消隐藏”命令，然后在下一级列表中选择“取消隐藏工作表”命令，在弹出的“取消隐藏”对话框中选择要显示的工作表名称，如图 3.80 所示。

取消隐藏行/列：全选工作表(单击列标与行号交叉处)，在列表中选择“取消隐藏行”或是“取消隐藏列”命令。

7. 工作表的保护

为防止其他用户对工作表中的数据进行修改，可以保护工作表。默认情况下，保护工作表时，该工作表中的所有单元格都会被锁定，用户不能对锁定的单元格进行任何更改。例如，用户不能在锁定的单元格中插入、修改、删除数据或者设置数据格式。但是，可以在保护工作表时指定用户可以更改的元素。具体操作如下：

(1）单击“审阅”选项卡，在“更改”组中单击“保护工作表”按钮。

(2）在“保护工作表”对话框中，根据需要在“允许此工作表的所有用户进行”列表框中勾选相应的复选框，如图 3.81 所示。

(3）在“取消工作表保护时使用的密码”文本框中输入工作表保护密码。

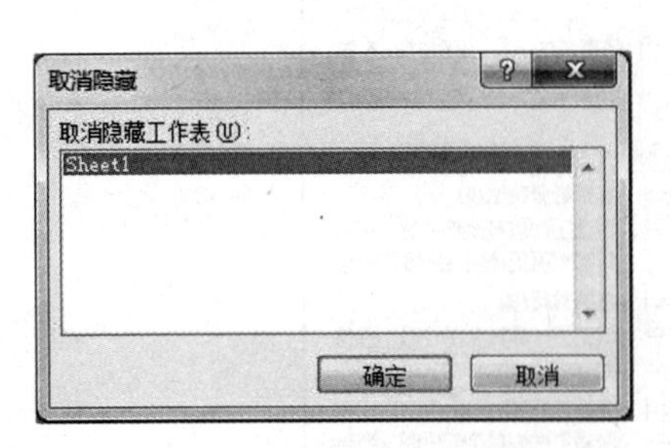

图 3.80 “取消隐藏”对话框

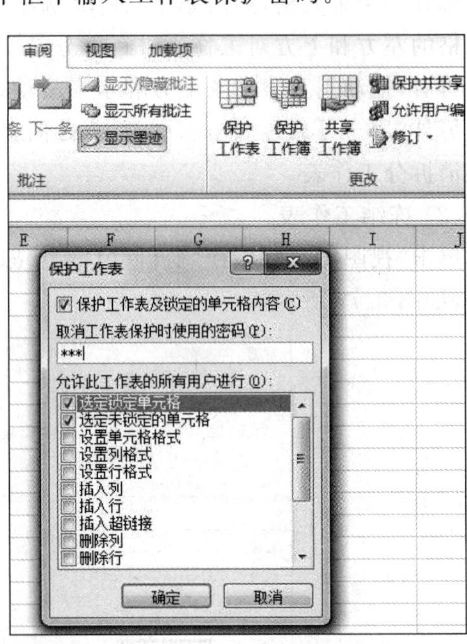

图 3.81 保护工作表

(4) 弹出“确认密码”对话框，在“重新输入密码”文本框中再次输入密码，单击“确定”按钮。

8. 多表操作

有时用户需要对多个工作表进行相同的操作，为了避免重复工作，用户可以进行以下操作：按 Shift 键或 Ctrl 键，选择连续或不连续的多张工作表，然后在其中任意一张工作表中进行操作，则此操作影响所有选中的工作表。

9. 工作窗口的视图控制

同时打开多个工作簿协同工作时，默认情况下 Excel 程序窗口只显示最后一个打开的工作簿，其他工作簿在后台重叠起来。合理安排工作簿的排列方式便于比较和查看数据。

1) 工作簿的多窗口显示

Excel 2010 打开多个工作簿时，这些工作簿在打开后是层叠的，用户可以通过改变窗口的排列方式在 Excel 窗口中显示多个工作簿。

打开多个 Excel 文件，单击“视图”选项卡，在“窗口”组中单击“全部重排”按钮，在弹出的“重排窗口”对话框中选择一种排列方式，如图 3.82 所示。

2) 两个工作簿同时滚动查看

在有些情况下，用户需要对两个工作簿的数据进行比较。用户可以利用 Excel 2010 提供的并排查看功能实现两个工作簿同时滚动。具体操作方法：单击“视图”选项卡，在“窗口”组中单击“并排查看”按钮。然后在弹出的“并排比较”对话框中选择需要并排比较的工作簿名称，如图 3.83 所示。

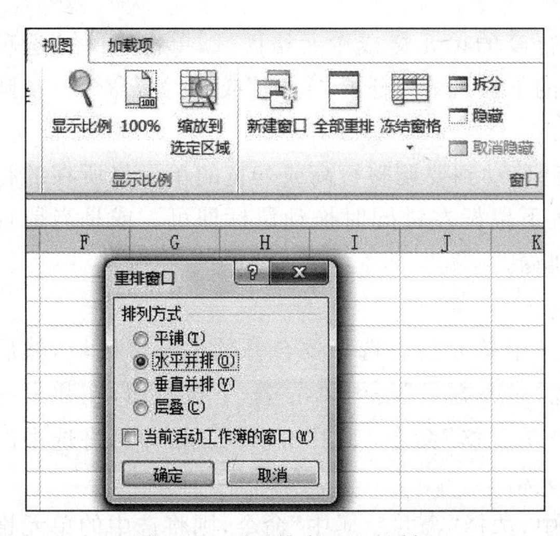

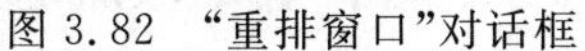
图 3.82　“重排窗口”对话框

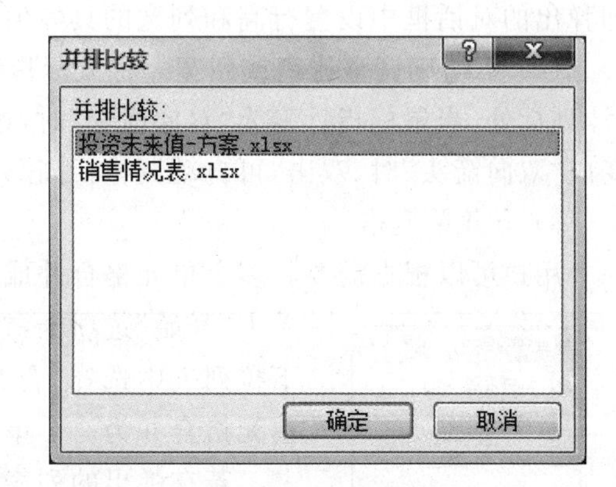

图 3.83　并排查看

处于并排比较的两个工作簿，若在其中一个工作簿中滚动工作表时，另一个工作簿也会一起滚动内容。在“窗口”组单击“同步滚动”按钮，将会取消同步滚动功能。

3.2.3 工作表编辑

数据是表格中的重要构成要素。因此,对于数据输入和修改就显得尤其重要。在输入和修改数据的操作中,用户首先需要掌握选择单元格和单元格区域的方法,以提高工作效率。

1. 单元格操作

在输入和修改数据之前,首先应选择单元格。

1) 选择单元格

(1) 选择单个单元格。直接单击要选取的单元格。

(2) 选择连续的多个单元格。选中需要选择的单元格区域左上角的单元格,按住 Shift 键,再选择需要选择区域的右下角单元格。若选取区域较小,也可以用鼠标拖动的方法,选择欲选区域内的第一个单元格,按住鼠标左键拖动直至区域内最后一个单元格。

(3) 选择一行/列。将鼠标指针移至行号/列标处,单击可选中该行/列。

(4) 选择连续的多行/多列。选中需要选择的起始行/列,按住鼠标左键不放同时拖动鼠标直至需要选择的最后一行/列。

(5) 选择多个不连续的单元格。选中一个单元格,按住 Ctrl 键不放,然后依次单击需要选择的单元格或单元格区域,选完后释放鼠标左键和 Ctrl 键。

(6) 选择不连续的多行/多列。按住 Ctrl 键不放,依次单击需要选择的行号/列标。

2) 调整单元格行高、列宽

当单元格的高度或是宽度不能满足单元格内容显示的需要时,就需要调整单元格的行高或列宽。

(1) 精确调整行高或列宽。选择要修改行高的单元格或单元格区域,单击“开始”选项卡,在“单元格”组中单击“格式”按钮,在弹出的下拉列表中选择“行高”或“列宽”命令。在随即弹出的对话框中设置行高和列宽的具体值。

(2) 不精确调整行高或列宽。将鼠标指针移动到要调整行高或列宽的单元格所在的行号/列标处,当鼠标指针变为“双向箭头”时,按下鼠标左键同时拖动鼠标即可。或是当鼠标变成“双向箭头”时,双击,可自动调整行高/列宽。

3) 合并单元格

用户可以根据需要将多个单元格合并成一个单元格。选择要合并的单元格区域,然后单击“开始”选项卡,在“对齐方式”组中单击下拉按钮,在弹出的下拉列表中选择“合并单元格”命令,如图 3.84 所示,即可将选中的单元格合并为一个单元格。

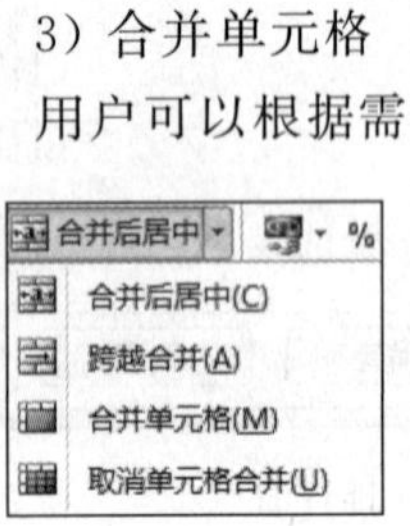

合并后居中(C)
跨越合并(A)
合并单元格(M)
取消单元格合并(U)

图 3.84 合并单元格

若在弹出的列表中,选择“合并后居中”命令,则将选中的单元格合并并将新单元格内容居中。

4) 插入单元格

(1) 插入单个单元格

选择需要插入新单元格所在位置的单元格,单击“开始”选项卡,在“单元格”组中单击

“插入”按钮，即可在活动单元格处插入一个新单元格，原来被选择的单元格向下移动。

此外，也可以在指定需要插入单元格位置之后，单击“开始”选项卡，在“单元格”组中单击“插入”下拉按钮，在弹出的下拉列表中选择“插入单元格”命令。然后在弹出的“插入”对话框中，选择活动单元格的移动方向，如图 3.85 所示。

(2) 插入整行/整列

选中一行/一列，选中的行/列即是新行/列的插入位置，单击“开始”选项卡，在“单元格”组中单击“插入”按钮，即可选中行的上方或是选中列的左侧插入新行/列。

也可以选中任意一个单元格，单击“开始”选项卡，在“单元格”组中单击“插入”下拉按钮，在弹出的下拉列表中选择“插入工作表行/插入工作表列”命令，也能在可选中行的上方或是选中列的左侧插入新行/列。

5) 删除单元格

删除单元格与插入单元格的操作类似，同样可以删除单个单元格、删除整行、删除整列的操作。

选中要删除的单元格，单击“开始”选项卡，在“单元格”组中单击“删除”按钮，即可将选中的单元格删除，下方的单元格将向上移动。

此外，也可以在选择要删除的单元格后，单击“开始”选项卡，在“单元格”组中单击“删除”下拉按钮，在弹出的下拉列表中选择“删除单元格”命令，如图 3.86 所示，然后在弹出的“删除”对话框中选择删除的方式，如图 3.87 所示。

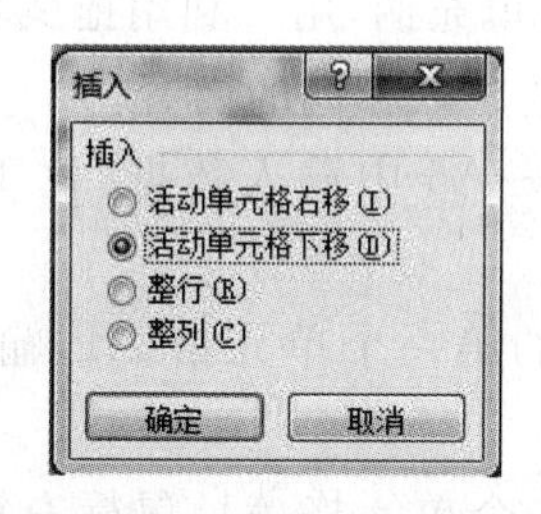

图 3.85　“插入”对话框

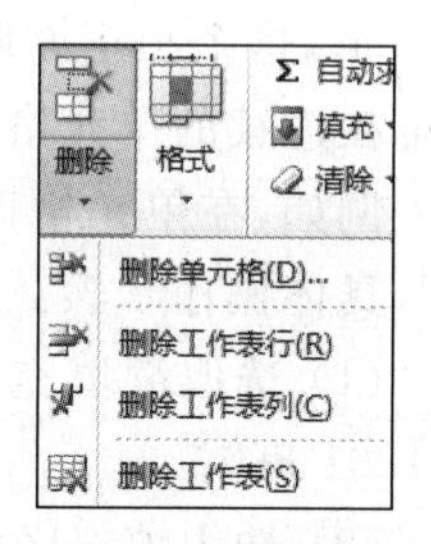

图 3.86　删除单元格

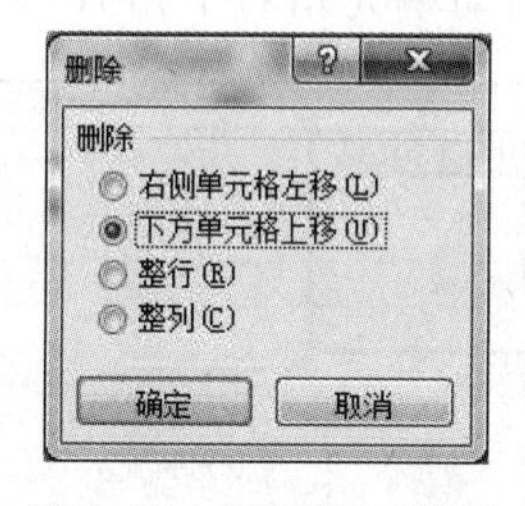

图 3.87　“删除”对话框

若是在弹出的列表中选择“删除工作表行”或“删除工作表列”命令，则删除活动单元格所在的行或列。

2. 输入数据的基本方法

向单元格中输入数据主要有以下两种方法：

(1) 在单元格内输入数据。双击要输入内容的单元格，单元格进入编辑状态，光标在单元格中闪烁，此时可输入数据，完成后按 Enter 键确认。

(2) 在编辑栏内输入数据。选中单元格后，将单元格定位在编辑栏中，然后输入数据，完成后按 Enter 键确认。

Excel 中的数据类型有 3 种：数值、文本和日期时间。

1) 数值型数据

输入的数值包括正数、负数、分数、百分比、小数。数值可以是 0～9、+、—、*、/、^、()、%等组成。如果数字长度超过单元格所能容纳的宽度，Excel 会自动使用科学计数法显示。并且 Excel 将有效数值限制在 15 位,第 15 位后的数字将被转换为 0。数值数据在单元格中的默认格式为右对齐。

在输入分数时,有可能被系统默认为是日期,所以在输入分数前,首先输入“0”,再输入一个空格,然后输入分数。

在输入百分比时,直接输入数字,然后在数字后输入%即可。

在输入小数完成后,用户可以单击“开始”选项卡,通过在“数字”组单击“增加小数位数”按钮或“减少小数位数”按钮来调整小数位数。

2) 文本字符

除数字、公式、日期或逻辑以外,其他字符集都被视为文本。

对于文本,系统默认格式为左对齐。如果需要在单元格内输入回车符来达到换行效果,可以按住 Alt 键同时按 Enter 键。

3) 日期和时间

输入日期时间可用“-”或“/”作为分隔符,如 2013-1-1 或 2010/1/1。输入时间时用冒号“:”分隔,如 8:30。若在单元格中同时输入日期和时间,两者之间用空格隔开。

如果输入的是系统不能识别的日期时间格式,则被视为文本。

3. 输入相同的数据

1) 为连续的单元格输入相同数据

活动单元格右下角有一个小正方形,这个小正方形被称为填充柄,用户利用拖曳填充柄即可在连续的单元格中快速地输入相同的内容。

例如,在单元格区域 A1～A5 中输入数据“化工 1301 班”,具体操作步骤:

(1) 选取欲填充区域内的第一个单元格 A1,输入“化工 1301 班”。

(2) 选中填充区域内第一个单元格 A1,鼠标右键拖动填充柄直至 A5,释放鼠标右键,弹出快捷菜单,如图 3.88 所示。

(3) 在弹出的快捷菜单中,选择“复制单元格”命令,即实现在单元格区域 A1～A5 中输入数据“化工 1301 班”。

图 3.88 利用填充柄输入数据

2) 多个不连续的单元格输入相同的数据

按住 Ctrl 键选择需要输入内容的单元格,然后在最后一个选中的活动单元格中输入内容。最后,按 Ctrl 键同时按 Enter 键确认输入,即可看到在选中的不连续单元格中都输入了相同的数据。

3) 多张工作表输入相同数据

先选定多张工作表,单击某个工作表中的单元格输入数据,数据输入完后按 Enter 键,则选定工作表的对应单元格都被输入了相同的数据。

4) 记忆式输入

在同一列中,只要输入上面曾输入内容的第一个字符,Excel 会自动将符合的数据作为建议显示出来，并将建议部分反白显示，此时用户可按 Enter 键确定或进行修改，如图 3.89 所示。

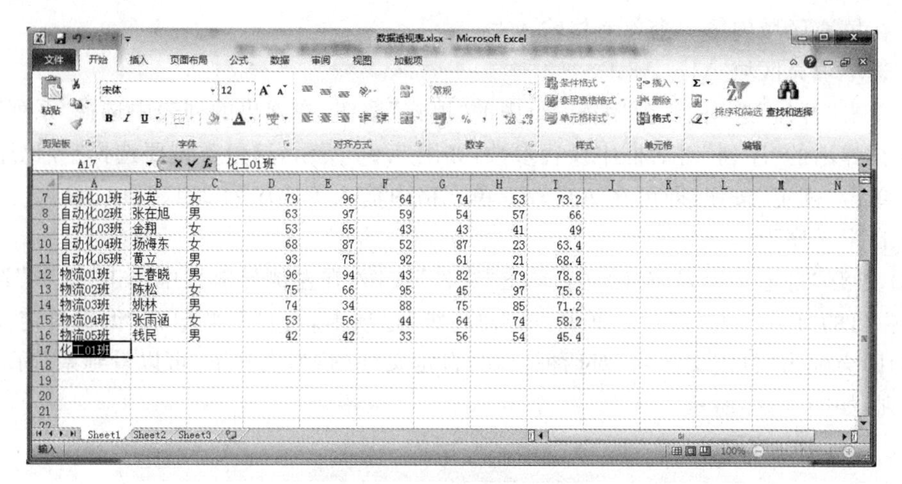

图 3.89 记忆式输入

4. 序列填充

有时需要填充的数据是按一定的序列排序的，称之为一个系列，如星期系列、数字系列、文本系列等。通过序列填充的功能可以节省输入的时间。

1）填充等差序列

例如，在单元格区域 A1～A5 内输入 1、3、5、7、9。有以下方法：

(1) 方法一

在填充区域的前两个单元格中输入数据，然后选择这两个单元格，再拖动填充柄，可以填充等差序列。

(2) 方法二

① 在填充区域内第一个单元格输入 1。

② 选中填充区域 A1～A5。

③ 单击“开始”选项卡“编辑”组中的“填充”按钮，在弹出的列表中选择“系列”命令。

④ 在弹出的“序列”对话框中设置参数，如图 3.90 所示。

⑤ 单击“确定”按钮，即可在单元格区域 A1～A5 内输入等差序列 1、3、5、7、9。

2）填充等比序列

例如，在单元格区域 A1～A5 内输入“2、4、8、16、32”。有以下方法：

(1) 方法一

在单元格中输入具有等比规律的前两个数据，并选中该区域，按住鼠标右键拖动填充柄选择填充区域，然后释放鼠标右键，在弹出的快捷菜单中选择“等比序列”命令。

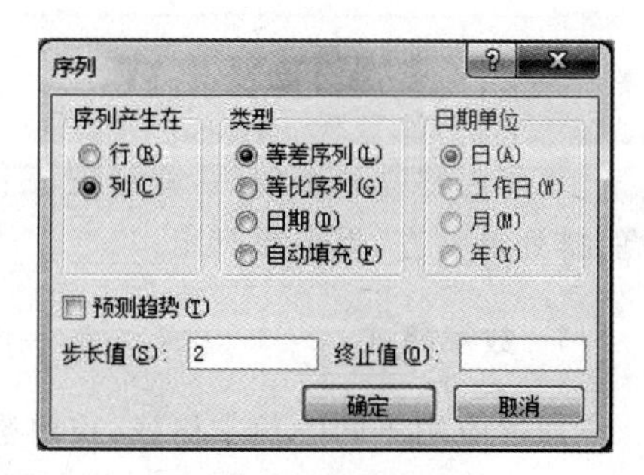

图 3.90 “序列”对话框

此方法若在弹出的快捷菜单中选择“等差序列”命

令,即可实现选取区域等差序列的填充。

(2) 方法二

① 在填充区域内第一个单元格输入 2。

② 选中填充区域 A1～A5。

③ 单击“开始”选项卡,在“编辑”组中的“填充”按钮,在弹出的列表中选择“系列”命令。

④ 在弹出的“序列”对话框中设置参数,如图 3.90 所示,这里类型要选择“等比序列”。

⑤ 单击“确定”按钮,即可在 A1～A5 单元格内输入等比序列 2、4、8、16、32。

3) 自定义序列

(1) 打开“自定义序列”对话框。单击“文件”按钮,在左侧导航栏中单击“选项”选项卡。然后在弹出的“Excel 选项”对话框中,单击“高级”选项卡,再在右侧单击“编辑自定义列表”按钮,随即会弹出“自定义序列”对话框。在“自定义序列”列表框下,可以看到系统预定义的字符序列,如图 3.91 所示。

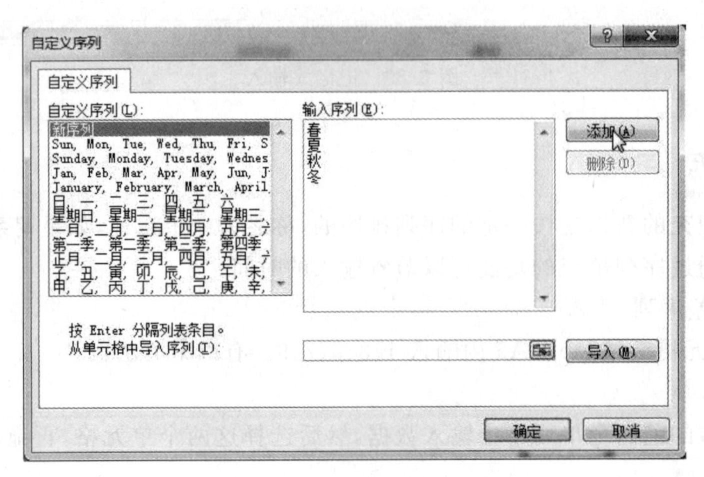

图 3.91 “自定义序列”对话框

(2) 填充系统预定义序列。在工作表中输入序列时,只要在单元格中输入这些序列中的任一项,就可以拖动填充柄完成整个序列的输入。

(3) 创建自定义的序列。可以在“输入序列”列表框内输入序列的内容,每一项占一行,输入完成后,单击“添加”按钮即可创建自己的序列,如图 3.91 所示。也可以直接从工作表导入。方法是先在工作表中输入序列,单击“自定义序列”对话框中折叠按钮,然后从屏幕上划取序列,单击“导入”按钮。

3.2.4 工作表格式

工作表建立和编辑后,就可对工作表中各单元格的数据格式化,使工作表的外观更漂亮,排列更整齐,重点更突出。

1. 数字格式

通过应用不同的数字格式,可将数字显示为百分比、日期、货币等。数字格式并不影响 Excel 用于执行计算的实际单元格数值。

先选取要设置格式的单元格或区域,然后单击"开始"选项卡,在"数字"组中单击右下角 按钮。然后在"设置单元格格式"对话框中,在"数字"选项卡的左侧列表框中选择需要的分类,然后在右侧进行设置,"示例"区将显示设置效果,如图 3.92 所示。

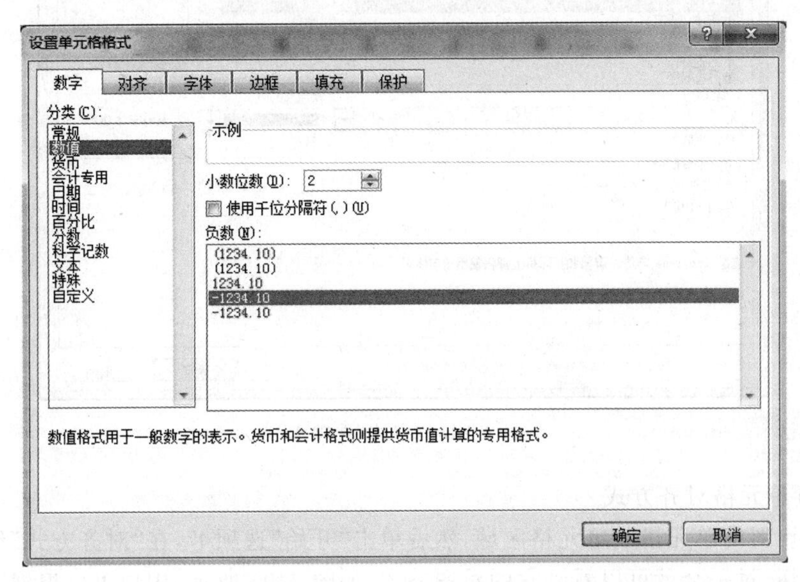

图 3.92 设置数字格式

2. 文本格式

设置文本格式可以使工作表更加美观,也可以使工作表中的某些数据更加醒目、突出,达到一目了然的效果。设置文本格式的内容包括设置文本字体、字形、字号以及其他特殊文本效果。

1) 设置字体、字形、字号、颜色

选中要设置格式的单元格或单元格区域,单击"开始"选项卡,在"字体"组中可以设置字体、字形、字号、颜色。

也可以通过浮动工具栏设置。方法为:选中要设置格式的单元格或单元格区域,右击,将显示浮动工具栏,可以在其中根据需要进行设置,如图 3.93 所示。

C	D	E	F	G	H
	Excel	PowerPoint	总分	平均	
85	55				
56	45				
90	85				
70	45	65			
80	70	70			
55	54	60			
74	83	85			

图 3.93 浮动工具栏

另外还可以通过"设置单元格格式"对话框设置。选定要设置格式的单元格或单元格区域,单击"开始"选项卡,在"数字"组单击右下角 按钮,弹出"设置单元格格式"对话框,在"字体"选项卡下可以设置字体、字形、字号、颜色,如图 3.94 所示。

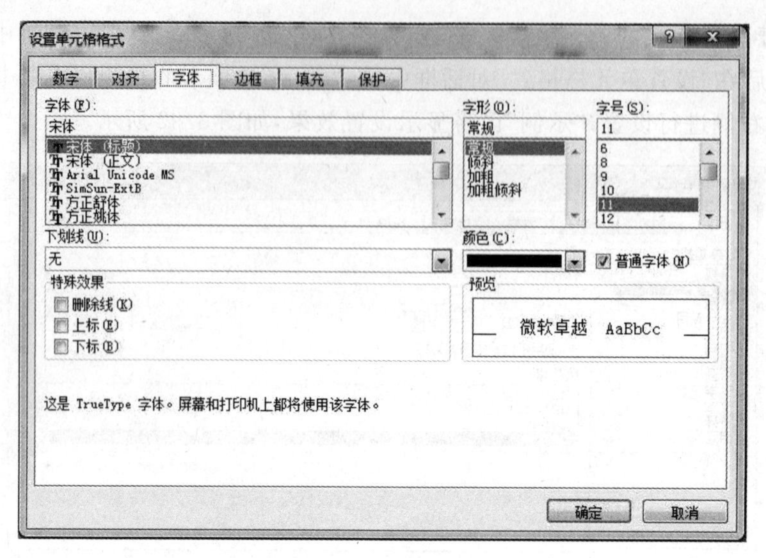

图 3.94 "字体"选项卡

2）设置单元格对齐方式

选择要设置的单元格或单元格区域,然后单击"开始"选项卡,在"对齐方式"组中将鼠标指向某个按钮,过一会就可以看到它的对齐方式,如图 3.95 所示,用户可以根据需要设置相应的对齐效果。

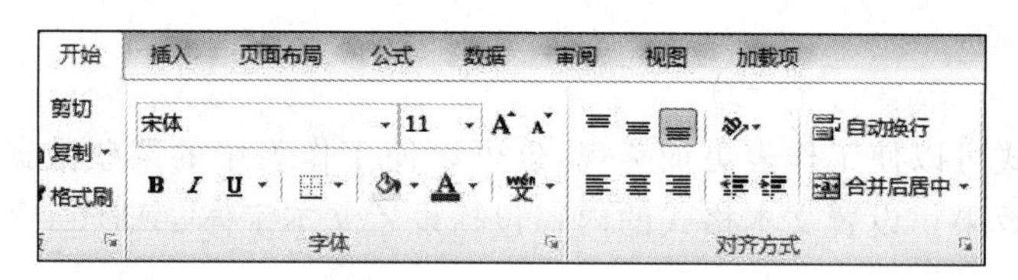

图 3.95 单元格对齐方式

还可以通过"设置单元格格式"对话框的"对齐"选项卡进行设置,如图 3.96 所示。

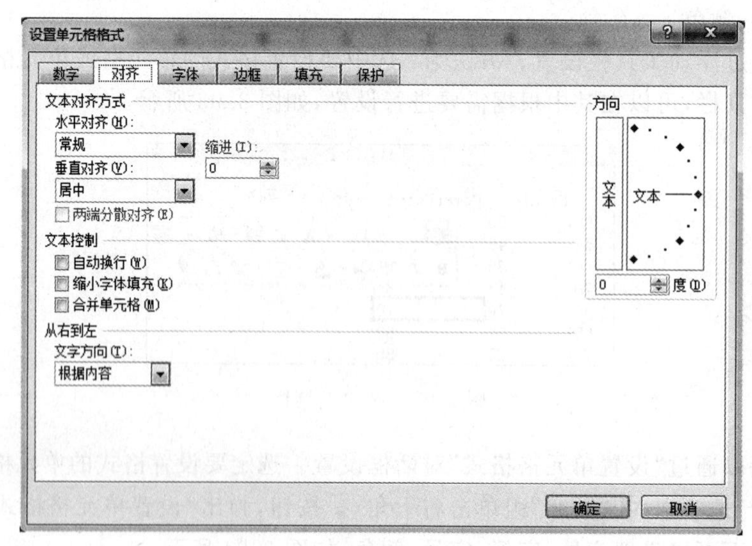

图 3.96 "对齐"选项卡

3）设置单元格边框

在默认情况下，Excel 中看到的网格线在打印文件时是不会显示出来的。用户可以自行添加边框线。

选择需要设置边框的单元格或单元格区域，单击“开始”选项卡，在“字体”组中单击“边框”下拉按钮，在弹出的下拉列表的“边框”一栏中选择所需框线，如图 3.97 所示。

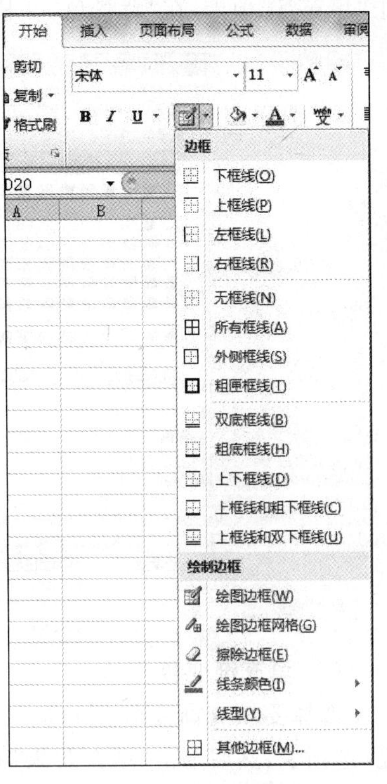

图 3.97 边框

或是在弹出的下拉列表“绘制框线”一栏中选择线型、颜色，然后选择“绘制框线”命令。当光标变成笔的形状时，可以在工作表中随意地绘制框线。

另外，还可以通过“设置单元格格式”对话框的“边框”选项卡进行设置。单击“开始”选项卡，在“字体”组中单击右下角按钮，然后在弹出的“设置单元格格式”对话框中单击“边框”选项卡，如图 3.98 所示。

4）设置填充效果

为工作表填充颜色或图案，可以美化工作表的外观，也可以突出其中的特殊数据。填充工作表包括填充纯色、填充渐变色、填充图案 3 种方式。

(1) 填充纯色

选择要填充颜色的单元格或单元格区域，单击“开始”选项卡，在“字体”组中单击“填充颜色”下拉按钮，在弹出的颜色列表中选择需要的颜色即可。

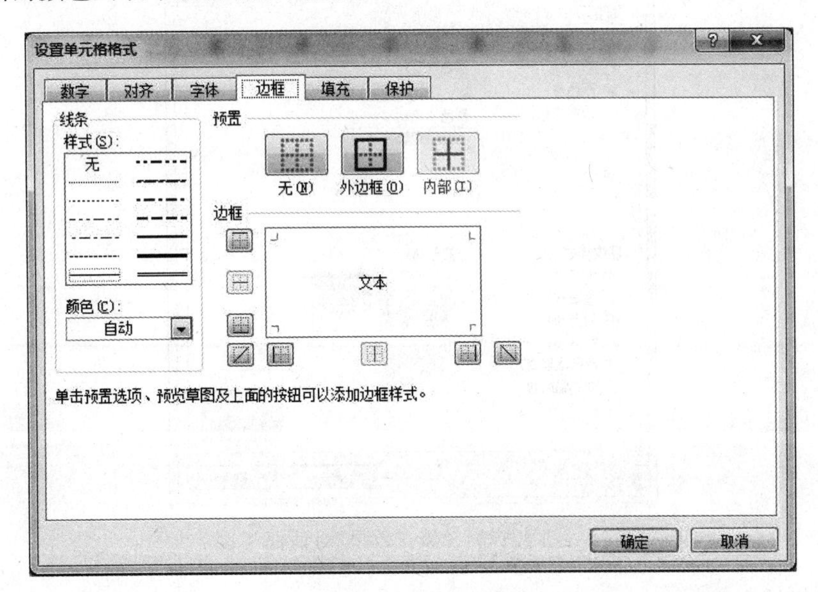

图 3.98 “边框”选项卡

也可以利用“设置单元格格式”对话框设置。选择要填充颜色的单元格或单元格区域，单击“开始”选项卡，然后单击“字体”组右下角的按钮，打开“设置单元格格式”对话框，单击“填充”选项卡，在“背景色”一栏下选择所需颜色，如图 3.99 所示。

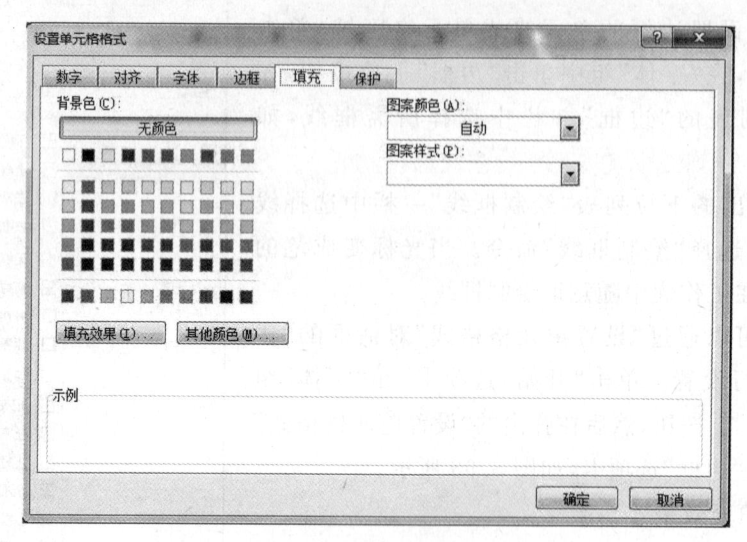

图 3.99 “填充”选项卡

(2) 填充渐变色

选择要填充渐变颜色的单元格或单元格区域，在“设置单元格格式”对话框中单击“填充”选项卡，然后单击“填充效果”按钮，打开“填充效果”对话框，在其中设置渐变颜色的填充，如图 3.100 所示。

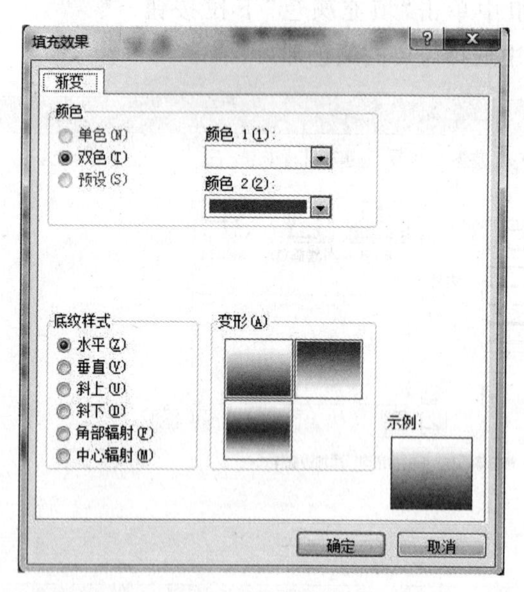

图 3.100 “填充效果”对话框

(3) 图案填充

选择要填充图案的单元格或单元格区域，在“设置单元格格式”对话框中单击“填充”选项卡，在“图案样式”下拉列表选择图案。

3. 单元格样式

如果手动逐一设置单元格的样式会显得过于复杂，可以套用系统自带的样式，快速将选中的单元格进行美化。

选中需要设置样式的单元格，单击“开始”选项卡，在“样式”组中单击“单元格样式”按钮，然后在弹出的列表中选择需要的格式即可，如图 3.101 所示。

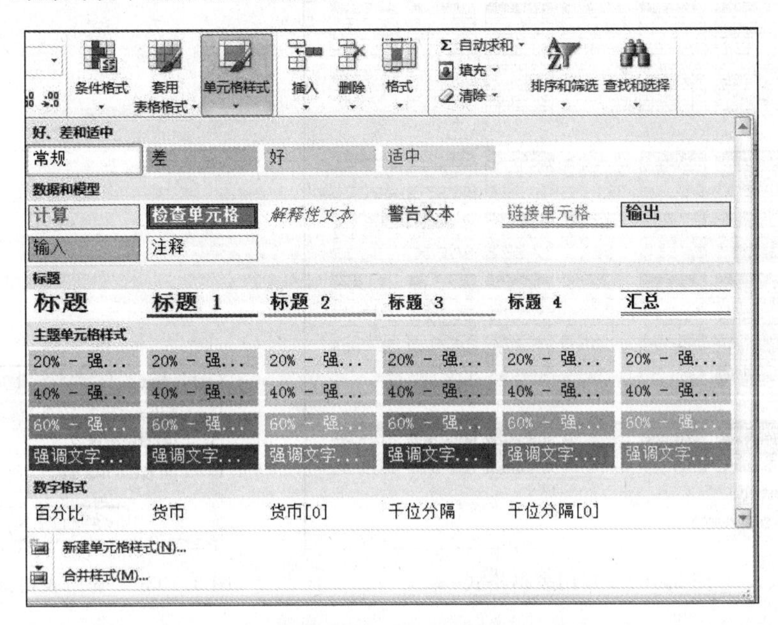

图 3.101　单元格样式

4. 套用表格格式

Excel 系统自带了表格样式，用户可以根据需要套用这些样式。具体操作步骤如下：

(1) 选择要套用表格样式的单元格区域，单击“开始”选项卡，在“样式”组中单击“套用表格格式”按钮，然后在弹出的下拉列表中选择需要的表格样式，如图 3.102 所示。

(2) 在打开的“套用表格式”对话框中设置表数据的来源或者直接单击“确定”按钮，如图 3.103 所示。

若选中“表包含标题”复选框，则表格的标题将套用样式中的标题样式。

(3) 单击“确定”按钮，将套用所选的表格样式。

5. 条件格式

有时用户需要为工作表中满足一定条件的数据设置格式，可以利用 Excel 提供的条件格式功能。条件格式是指当单元格中的数据满足某一个设定的条件时，系统会自动将其以设定的格式显示出来。

例如，将“计算机基础测验成绩表”工作表中，数值＜60 的设为红色、加粗。具体操作步骤如下：

(1) 选取要设置格式的单元格区域,单击"开始"选项卡,然后在"样式"组中单击"条件格式"按钮。

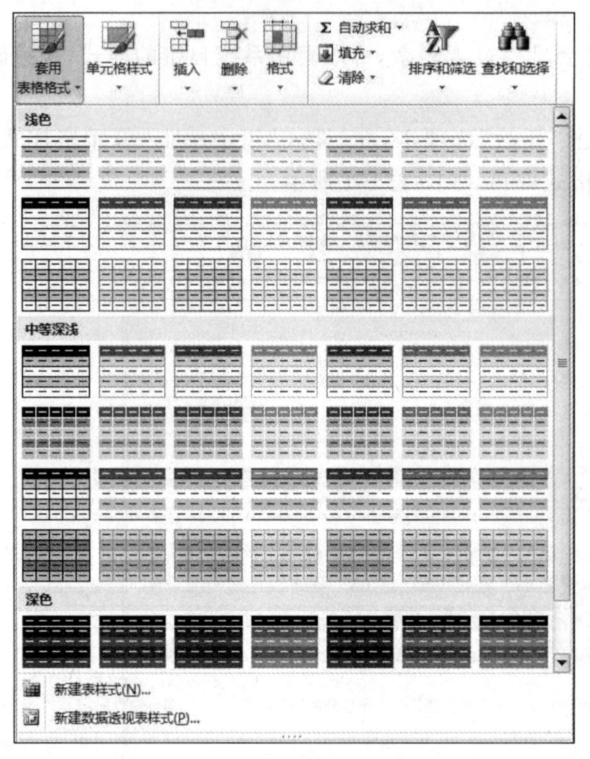

图 3.102 套用表格格式

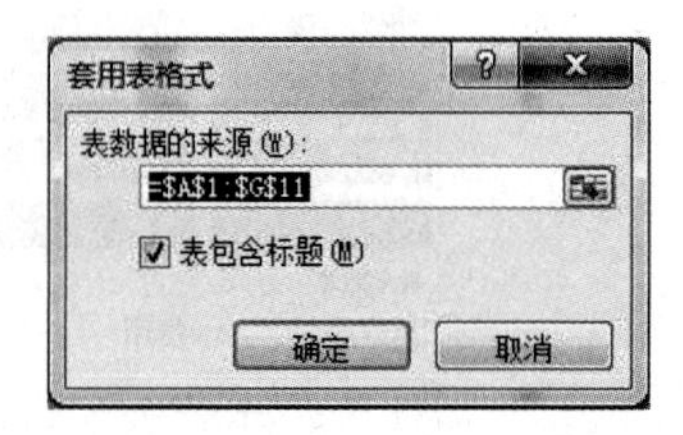

图 3.103 "套用表格式"对话框

(2) 在弹出的列表中,选择"突出显示单元格规则"命令,然后在下一级列表中选择"小于"命令,如图 3.104 所示。

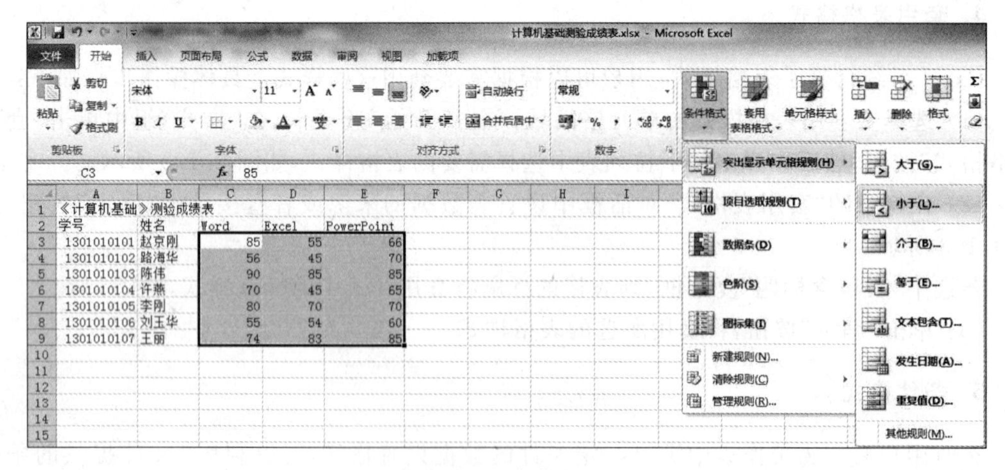

图 3.104 条件格式

(3) 设置参数。单击左侧文本框后的折叠按钮直接在屏幕上划取数值,或者直接在文本框中输入数值,这里直接输入数值 60。单击"设置为"后面的下拉按钮,在弹出的列表中选择“自定义格式”命令，如图 3.105 所示。

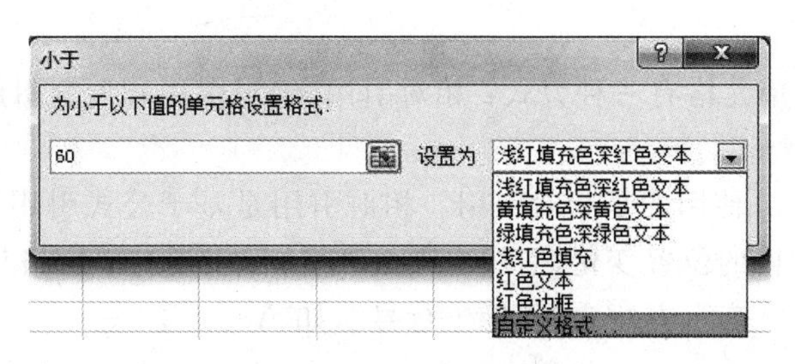

图 3.105 “小于”对话框

在弹出的“设置单元格格式”对话框中，在“字形”列表框中设置“加粗”，在“颜色”下拉列表框中设置“红色”，然后单击“确定”按钮，返回到“小于”对话框。

(4) 单击“确定”按钮，结果如图 3.106 所示。

	A	B	C	D	E
1	《计算机基础》测验成绩表				
2	学号	姓名	Word	Excel	PowerPoint
3	1301010101	赵京刚	85	**55**	66
4	1301010102	路海华	**56**	**45**	70
5	1301010103	陈伟	90	85	85
6	1301010104	许燕	70	**45**	65
7	1301010105	李刚	80	70	70
8	1301010106	刘玉华	**55**	**54**	60
9	1301010107	王丽	74	83	85

图 3.106 设置条件格式效果

另外，若单击“条件格式”按钮后，在弹出的列表中选择“项目选取规则”命令，则可对排名靠前或靠后的数值设置格式；若选择“数据条”“色阶”或“图标集”命令，则可在选取单元格区域中根据各单元格数值的大小设置格式。

其中，若选择“数据条”命令，数据条的长度表示单元格中值的大小，数据条越长，值越大。若选择“色阶”命令，则根据单元格数值的大小设置单元格底纹颜色。若选择“图标集”命令，则根据单元格数值所属范围，应用不同的图标。

除此之外，用户还可以新建规则，单击“条件格式”按钮，然后在弹出的列表中选择“新建规则”命令。在弹出的“新建格式规则”对话框中的“选择规则类型”列表框中，选择一种类型；在“编辑规则说明”区域中设置具体的规则与格式。

3.2.5 公式与函数

在 Excel 2010 中，数据的计算是相当重要的一项功能。对于简单的计算，用户可以自己写出公式来求计算结果；对于复杂的计算，用户可以利用 Excel 2010 提供的函数，只要输入函数的参数，便可直接求出结果。

1. 单元格引用

引用单元格是通过特定的单元格符号来表示工作表上的单元格或单元格区域，指明公式中所使用的数据位置。通过单元格的引用，可以在公式中使用工作表中不同单元格的数据，或者在多个公式中使用同一单元格的数值。还可以引用同一工作簿不同工作表的单元格、不同工作簿的单元格,甚至其他应用程序中的数据。

1) 引用类型

在 Excel 中引用单元格有三种方式:相对引用、绝对引用和混合引用。

(1) 相对引用

默认情况下,Excel 使用的是相对引用。相对引用是基于公式引用单元格的相对位置。如果公式所在的单元格的位置变化,引用也随之改变,但引用的单元格与包含公式的单元格之间的相对位置不变。表示方法为“列标+行号”,如 A5。

(2) 绝对引用

绝对引用指向工作表中固定的单元格,表示方法在行号和列号前加“$”符号,例如,$A$5。在某些操作中,若需要固定引用某个单元格中的内容来进行计算,那么这个单元格的地址就要采用绝对引用,它在公式中始终保持不变。

(3) 混合引用

混合引用指的是在一个单元格地址中,既有绝对地址引用又有相对引用。如果需要在复制公式时只有行或只有列保持不变,那么就要使用混合引用,如 A$3、$K8 等。

用户可以使用快捷键 F4 在相对引用、绝对引用和混合引用表示方式之间进行切换。

此外,不同工作表之间单元格的引用,需要在单元格地址前加工作表名称,中间用“!”分隔。不同工作簿间引用单元格时需要用下面格式:“[工作簿名]工作表名! 单元格地址”。

2) 引用运算符

引用单元格或单元格区域时采用 3 种引用运算符,冒号、逗号和空格。

(1) 冒号

若要引用连续的单元格区域(即一个矩形区),如图 3.107 所示,应使用冒号“:”分隔引用区域中的第一个单元格和最后一个单元格。例如,引用如图 3.107 所示的单元格区域,则应写成 B3:C7。

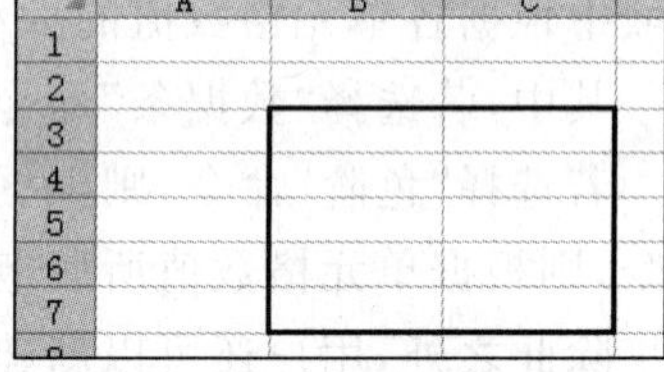

图 3.107 连续单元格

(2) 逗号

若要引用不相交的两个区域,如图 3.108 所示,则使用联合运算符,即逗号“,”。例如,引用如图 3.108 所示的单元格区域,应写成 B2:C5,C8:D11。

(3) 空格

引用两个区域交叉重叠部分的数据,如图 3.109 所示。例如,引用如图 3.109 所示的单元格区域,则应写成 B3:C7 C5:D9。

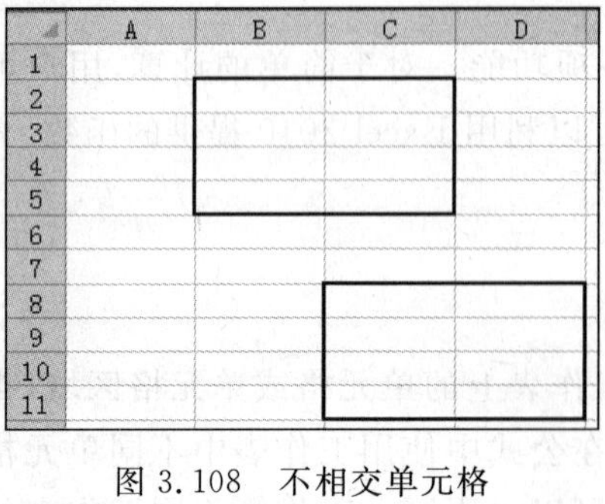

图 3.108 不相交单元格

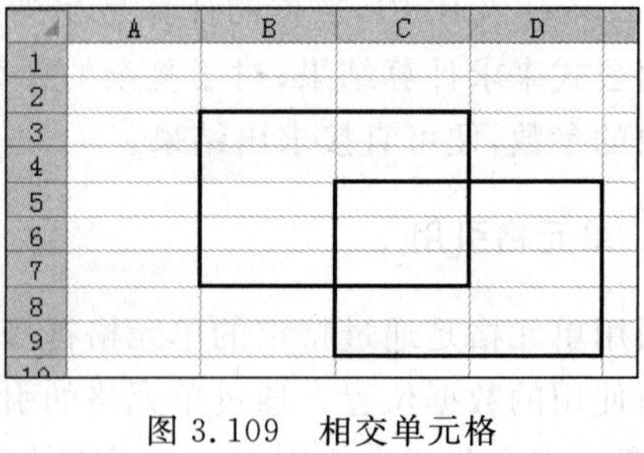

图 3.109 相交单元格

2. 直接输入公式

Excel中的公式是由运算符、单元格地址、常量和函数等元素组成，公式有自己的语法规则，即先输入等号“=”，再依次输入参与计算的参数和运算符。其中，参数可以是常量、函数、引用的单元格或单元格区域等，运算符是数学中常见的加“+”、减“−”、乘“*”和除“/”等。

1）相对引用举例

下面以计算“《计算机基础》测验成绩表”的“总分”列为例，说明公式的创建过程。“《计算机基础》测验成绩表”，如图3.110所示。操作步骤如下：

	A	B	C	D	E	F
1	《计算机基础》测验成绩表					
2	学号	姓名	Word	Excel	PowerPoint	总分
3	1301010101	赵京刚	85	55	66	
4	1301010102	路海华	56	45	70	
5	1301010103	陈伟	90	85	85	
6	1301010104	许燕	70	45	65	
7	1301010105	李刚	80	70	70	
8	1301010106	刘玉华	55	54	60	
9	1301010107	王丽	74	83	85	
10						

图3.110 《计算机基础》测验成绩表

(1) 单击放置总分的单元格F3。

(2) 输入等号“=”(公式前导符)。

(3) 单击C3单元格或者直接输入“C3”。

(4) 输入“+”。

(5) 单击D3单元格或者直接输入“D3”。

(6) 输入“+”。

(7) 单击E3单元格或者直接输入“E3”。

(8) 按Enter键或单击编辑栏“√”按钮确认。如果要取消这次操作，可单击“×”按钮。

(9) 选中F3，用鼠标向下拖动填充柄至F9单元格，即可完成数据的自动计算和填充。

2）绝对引用举例

以图3.111所示的数据为例，计算“所占百分比”列，所占百分比=人数/总计。

	A	B	C
1	某学校师资情况表		
2	职称	人数	所占百分比
3	教授	125	=B3/$B$7
4	副教授	426	
5	讲师	577	
6	助教	269	
7	总计	1397	

图3.111 绝对引用举例

此例中每类职称的人数各不相同，但是总计是不变的。也就是公式中总计部分的数值要固定从B7单元格取数据。为了使填充过程中总计所在的单元格不发生移动，公式需要写成“=B3/$B$7”。

3. 函数的使用

在Excel中提供了几百个预定义的函数供用户使用，可分为11大类型，如数学和三角函数、逻辑函数、统计函数、文本函数、日期和时间函数等。

下面以计算“《计算机基础》测验成绩表”的“总分”列为例，说明函数的使用方法。“《计算机基础》测验成绩表”，如图3.110所示。

前面已经举例，计算总分，可以在 F3 单元格中输入公式“－C3＋D3＋E3”，但是其并不是最好的方法，原因是效率比较低。用户可以利用求和函数 SUM 计算总分。具体操作步骤如下：

(1) 单击要放置总分的单元格 F3。

(2) 插入函数。单击“公式”选项卡，然后在“函数库”组中单击“插入函数”按钮。打开“插入函数”对话框，如图 3.112 所示，同时单元格内自动出现等号。

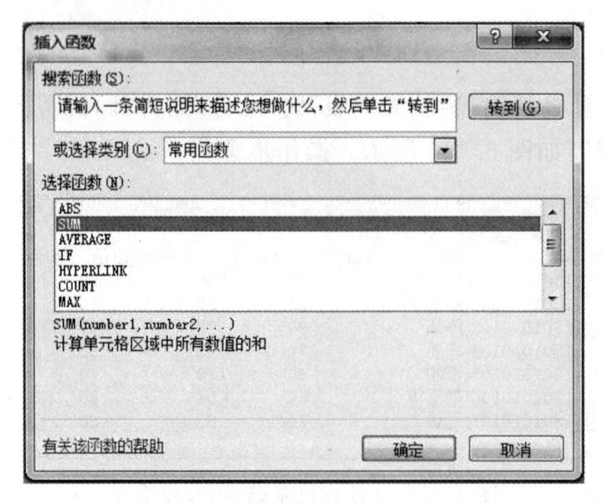

图 3.112 “插入函数”对话框

(3) 选取函数。在“或选择类别”下拉列表框中选择“常用函数”命令，在“选择函数”列表框中选择 SUM 函数。

对话框的下部会给出该函数的简单说明，如果觉得不够详细，可以单击“有关该函数的帮助”链接获取详细信息。

(4) 设置函数参数。单击“确定”按钮后，弹出“函数参数”对话框，在 Number1 中确定要计算的区域，单击“折叠”按钮，直接在屏幕上选取。通常 Excel 会自动查找计算机位置，如果自动选择的区域不正确，用户可以使用鼠标在屏幕上重新选取计算区域。选定的计算区域周围会出现“蚁行线”，如图 3.113 所示。

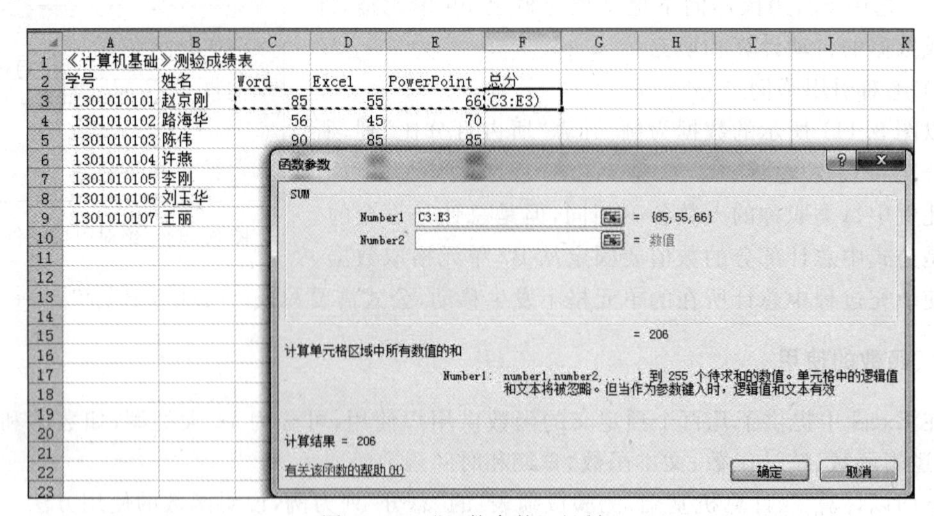

图 3.113 “函数参数”对话框

(5) 如果还有第二组数据,可以单击 Number2 框,再用鼠标指定第二个区域。

(6) 单击“确定”按钮、按 Enter 键或单击编辑栏“√”按钮,完成 F3 单元格的计算。

(7) 选取 F3 单元格,用鼠标向下拖动填充柄至 F9 单元格,即可完成数据的自动计算和填充。

仔细观察 F3～F9 单元格中函数 SUM 中的引用区域,依次变成了 C3:E3～C9:E9。

除了使用“插入函数”按钮之外,用户还可以根据所用的函数,单击“函数库”组中其所属的函数类直接进入相应函数参数设置对话框。

4. 插入图表

将单元格中的数据以各种统计图表的形式显示,使得数据更加直观、易懂。当工作表中的数据源发生变化时,图表中对应项的数据也自动更新。

1) 创建图表

下面以具体的例子来说明图表的创建过程。为如图 3.110 所示的“《计算机基础》测验成绩表”的“姓名”、“Excel”两列数据,建立一个簇状柱形图的图表。具体操作步骤如下:

(1) 选择数据单元格区域。选中“姓名”、“Excel”两列数据。

(2) 选择图表类型。单击“插入”选项卡,在“图表”组选择相应的图表类型。此例中单击“柱形图”按钮。然后在弹出的列表中选择“簇状柱形图”命令。用户将鼠标指向某一个图表之后,过一会即会看到图表的名称。创建的图表效果如图 3.114 所示。

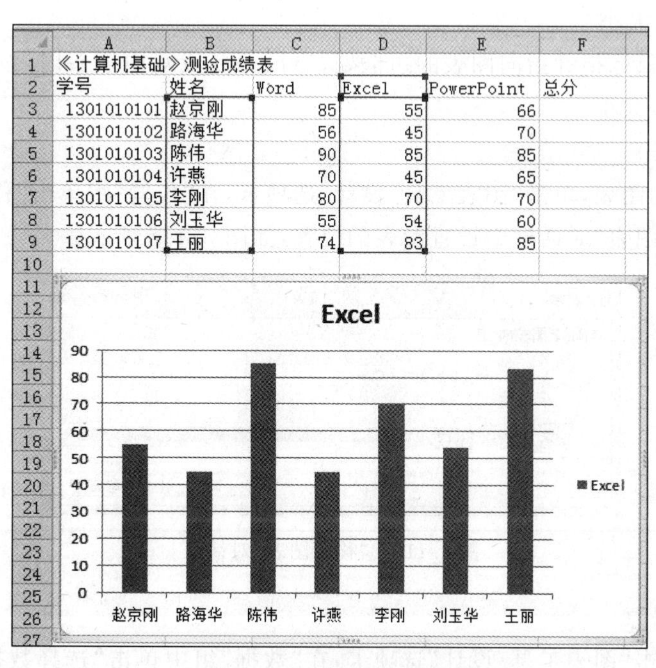

	A	B	C	D	E	F
1	《计算机基础》测验成绩表					
2	学号	姓名	Word	Excel	PowerPoint	总分
3	1301010101	赵京刚	85	55	66	
4	1301010102	路海华	56	45	70	
5	1301010103	陈伟	90	85	85	
6	1301010104	许燕	70	45	65	
7	1301010105	李刚	80	70	70	
8	1301010106	刘玉华	55	54	60	
9	1301010107	王丽	74	83	85	

图 3.114　图表的效果

用户也可以利用“插入图表”对话框创建图表。单击“插入”选项卡,然后单击“图表”组右下角的按钮,即会弹出“插入图表”对话框,如图 3.115 所示。

在左侧的列表框中选择图表类型,在右侧的列表框中选择需要的图表样式即可。

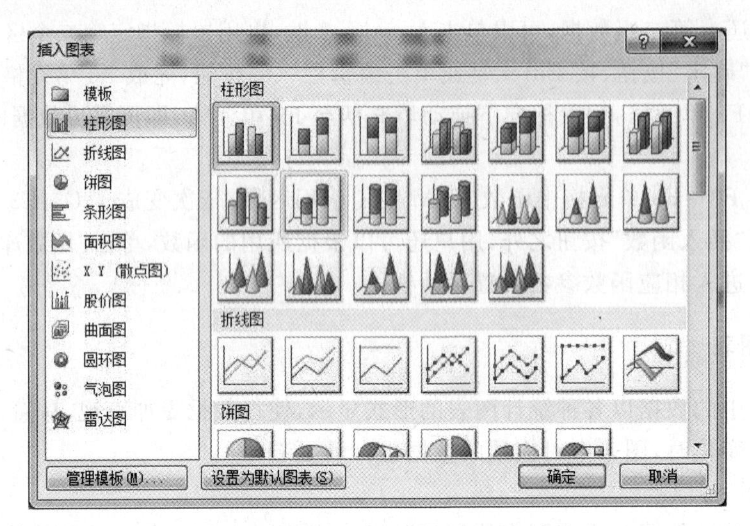

图 3.115 “插入图表”对话框

2）调整图表

（1）调整图表位置

将鼠标指针指向图表，当鼠标指针呈✥形状时，按住鼠标左键并同时拖动鼠标，可调整图表的位置。

（2）调整图表大小

选中图表，将鼠标指针指向图表的边框处，当鼠标变成双向箭头时，按住鼠标左键拖动鼠标即可调整图表大小。

（3）移动图表

选择要移动的图表，单击“图表工具/设计”选项卡，在“位置”组单击“移动图表”命令，然后在弹出的“移动图表”对话框中设置图表的位置，如图 3.116 所示。

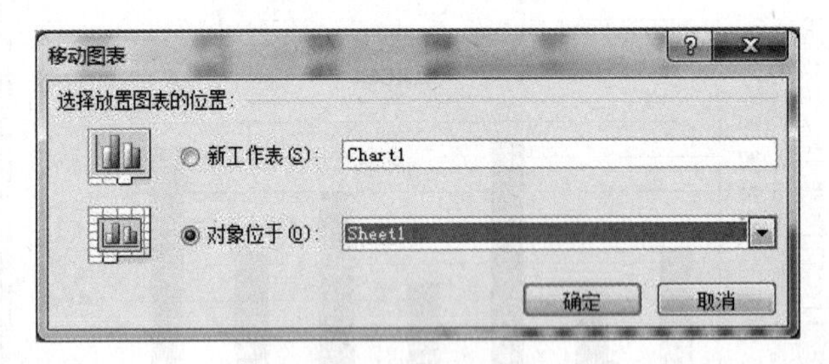

图 3.116 “移动图表”对话框

（4）更改数据源

选择图表，单击“图表工具/设计”选项卡，在“数据”组中单击“选择数据”按钮，弹出“选择数据源”对话框，如图 3.117 所示。

单击“图表数据区域”文本框后的折叠按钮，在工作表中重新选取数据单元格区域。选中的区域周围会出现蚁行线。然后单击“确定”按钮。

或者在图表区上右击，从弹出的快捷菜单中选择“选择数据”命令，也会弹出“选择数据

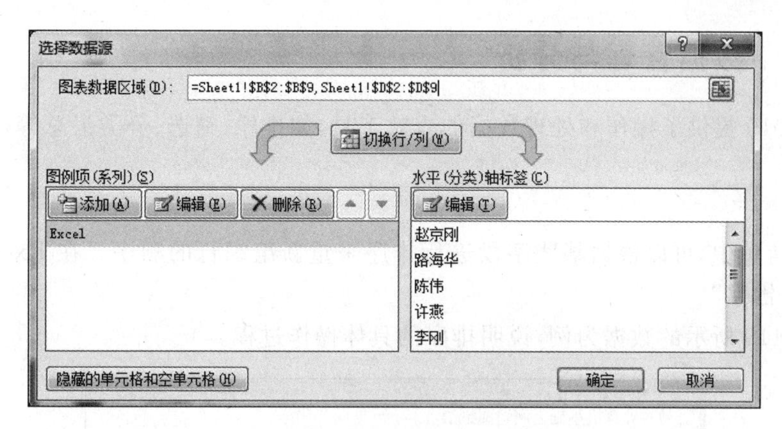

图 3.117 “选择数据源”对话框

源”对话框。

(5) 更改图表类型

选择要修改的图表,单击“插入”选项卡,在“图表”组中重新选择图表类型,即可更改选中图表的类型。

或者选择要修改的图表,单击“图表工具/设计”选项卡,在“类型”组中单击“更改图表类型”按钮,然后在弹出的“更改图表类型”对话框中选择所需图表类型。

(6) 修改图表布局

选择要更改布局的图表,单击“图表工具/布局”选项卡,在“标签”组中用户可以根据需要设置图表各元素的布局,例如图表标题、坐标轴标题、图例等,如图 3.118 所示。

图 3.118 修改图表布局

3) 创建迷你图

迷你图是 Excel 2010 新增的一个功能,它是建立在单元格中的微型图表。通过迷你图不仅可以了解数据的走势,还可以通过添加特殊点来了解某段时间内数据的最大值、最小值等信息。

Excel 2010 提供了 3 种类型的迷你图,分别是折线图、柱形图和盈亏图,用户可根据需要进行选择。插入迷你图的方法如下。

(1) 选中要显示迷你图的单元格,单击“插入”选项卡,在“迷你图”组中选择迷你图类型,这里选择“折线图”命令。

(2) 在“创建迷你图”对话框的“数据范围”文本框中设置迷你图的数据源。

(3) 单击“确定”按钮,即可看到在活动单元格中创建迷你图。

3.2.6 数据管理与分析

Excel 2010 提供了操作和处理数据的有效工具,如排序、筛选、分类汇总等。

1. 排序

在数据清单中,可以根据某些字段进行排序来重新组织行的顺序。在 Excel 中排序的依据称为"关键字"。

以图 3.119 所示的数据为例,说明排序的具体操作过程。

	A	B	C	D	E	F
1	《计算机基础》测验成绩表					
2	学号	姓名	Word	Excel	PowerPoint	总分
3	1301010101	赵京刚	85	55	66	206
4	1301010102	路海华	56	45	70	171
5	1301010103	陈伟	90	85	85	260
6	1301010104	许燕	70	45	65	180
7	1301010105	李刚	80	70	70	220
8	1301010106	刘玉华	55	54	60	169
9	1301010107	王丽	74	83	85	242
10						

图 3.119 《计算机基础》成绩汇总表

1) 单字段排序

例如,对如图 3.119 所示的"《计算机基础》测验成绩表"数据,按总分进行降序排列。具体操作步骤如下:

(1) 方法 1

① 选中排序列中的任意一个单元格,即选中"总分"列中的任意一个单元格。

② 单击"开始"选项卡,然后在"编辑"组中单击"排序和筛选"按钮,再从弹出的下拉列表中选择"降序"命令。

(2) 方法 2

选中排序列中的任意一个单元格,单击"数据"选项卡,然后在"排序和筛选"组中单击"降序"按钮 Z↓A。

2) 多字段排序

对如图 3.119 所示的"《计算机基础》测验成绩表"的数据,按"总分"列降序排序,当总分相同时按 Word 列升序排序。具体操作步骤如下:

(1) 在需要排序的数据清单中选中任意一个单元格,单击"数据"选项卡,然后在"排序和筛选"组中单击"排序"按钮。

(2) 在"排序"对话框中,在"主要关键字"下拉列表中,选择"总分",在"次序"下拉列表中选择"降序"。

(3) 单击"添加条件"按钮。

(4) 在"主要关键字"下拉列表中,选择 Word,在"次序"下拉列表中选择"升序",如图 3.120 所示。

3) 按自定义序列排序

当用户对"职称"(教授、副教授、讲师、助教)进行排序时,无论是按"拼音"还是"笔画"排

图 3.120 设置排序方式

序都不符合要求,这时可以使用自定义序列排序。具体操作步骤如下。

(1) 选中需要排序列的任意一单元格,单击“开始”选项卡,然后在“编辑”组中单击“排序和筛选”按钮。

(2) 在弹出的下拉列表中选择“自定义排序”命令,打开“排序”对话框。

(3) 在“主要关键字”下拉列表中选择“职称”,在“次序”下拉列表中选择“自定义序列”选项,打开“自定义序列”对话框。

(4) 在“输入序列”列表框中输入“教授、副教授、讲师、助教”序列,每输入一项,按 Enter 键换行。

(5) 输入完毕,单击“添加”按钮,将其添加到“自定义序列”列表中,再单击“确定”按钮后,“排序”对话框的“次序”下拉列表中显示自定义的序列,如图 3.121 所示。

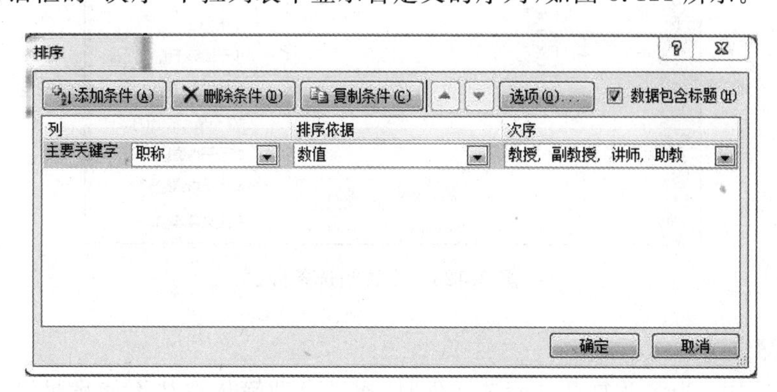

图 3.121 自定义排序设置效果

(6) 单击“确定”按钮,即可按自定义序列排序。

2. 数据筛选

用户可以通过筛选功能将工作表中满足某个条件的数据显示出来,将不满足条件的记录隐藏起来,以便从大量的数据中快速找到需要的数据。

1) 自动筛选

选中数据清单中的任意一个单元格,单击“数据”选项卡,然后在“排列和筛选”组中单击“筛选”按钮。这时数据标题行的右侧出现下拉按钮,如图 3.122 所示。

	A	B	C	D	E	F
1	《计算机基础》测验成绩表					
2	学号	姓名	Word	Excel	PowerPoin	总分
3	1301010101	赵京刚	85	55	66	206
4	1301010102	路海华	56	45	70	171
5	1301010103	陈伟	90	85	85	260
6	1301010104	许燕	70	45	65	180
7	1301010105	李刚	80	70	70	220
8	1301010106	刘玉华	55	54	60	169
9	1301010107	王丽	74	83	85	242
10						

图 3.122 自动筛选

单击标题行字段的下拉按钮,在弹出的下拉列表中选择“数字筛选”选项,在弹出的下一级列表中选择合适的筛选方式,如图 3.123 所示。或者是选择“自定义筛选”命令,自己定义筛选条件。筛选条件的列旁边的筛选箭头变为小斗。

图 3.123 设置筛选条件

2）高级筛选

在实际应用中,当涉及复杂的筛选条件时,通过自动筛选往往不能满足筛选要求,用户可以使用高级筛选功能。

例如,筛选“《计算机基础》测验成绩表”中 Word 成绩大于 80 或 Excel 成绩大于 80 的记录,筛选结果在第 11 行开始显示。

(1) 建立条件区域。条件区域的第 1 行为条件标志行,应为数据清单的各字段名。复制待筛选的字段名至条件区。条件区设置在工作表的空白区域,与数据清单至少相隔一行或一列。

(2) 在条件字段下输入筛选条件。

(3) 要筛选同时满足多个条件的记录,则将各个条件写在条件区域的同一行,各条件之间的逻辑关系为“与”。

(4) 要筛选满足几个条件之一的记录,则将各个条件写在条件区域的不同行,各条件之间逻辑关系为“或”。此例中的筛选条件如图 3.124 所示。

	A	B	C	D	E	F	G	H	I
1	《计算机基础》测验成绩表								
2	学号	姓名	Word	Excel	PowerPoint	总分		Word	Excel
3	1301010101	赵京刚	85	55	66	206		>80	
4	1301010102	路海华	56	45	70	171			>80
5	1301010103	陈伟	90	85	85	260			
6	1301010104	许燕	70	45	65	180			
7	1301010105	李刚	80	70	70	220			
8	1301010106	刘玉华	55	54	60	169			
9	1301010107	王丽	74	83	85	242			
10									

图 3.124　建立高级筛选条件区域

(5) 单击数据清单中任意一个单元格。

(6) 单击“数据”选项卡,然后在“排序和筛选”组中单击“高级”按钮。

(7) 在弹出的“高级筛选”对话框中进行设置,如图 3.125 所示。

图 3.125　高级筛选设置

选择筛选结果的放置位置、条件区域和复制到的位置。

此例中,“方式”下选择“将筛选结果复制到其他位置”单选按钮。因为事先无法确定满足条件的记录有多少条,所以无法精确地选取结果区域。在这里,只需指定筛选结果放置区域左上角的单元格。

(8) 单击“确定”按钮,结果如图 3.126 所示。

	A	B	C	D	E	F	G	H	I
1	《计算机基础》测验成绩表								
2	学号	姓名	Word	Excel	PowerPoint	总分		Word	Excel
3	1301010101	赵京刚	85	55	66	206		>80	
4	1301010102	路海华	56	45	70	171			>80
5	1301010103	陈伟	90	85	85	260			
6	1301010104	许燕	70	45	65	180			
7	1301010105	李刚	80	70	70	220			
8	1301010106	刘玉华	55	54	60	169			
9	1301010107	王丽	74	83	85	242			
10									
11	学号	姓名	Word	Excel	PowerPoint	总分			
12	1301010101	赵京刚	85	55	66	206			
13	1301010103	陈伟	90	85	85	260			
14	1301010107	王丽	74	83	85	242			
15									

图 3.126　高级筛选结果

3. 分类汇总和分级显示

分类汇总是以某一类别为依据,计算该类别相应数据进行汇总。汇总是指对工作表中的某列数据进行求和、求平均值、求最大值等计算。

1) 单个字段分类汇总

在分类汇总之前应先对数据清单按分类列进行排序。

例如,对工作表“学生成绩表”(如图 3.127 所示)进行分类汇总,按班级分类,求各科平均分,汇总结果显示在数据下方。分类字段为“班级”,汇总方式为“平均值”,汇总项为“各科

成绩”,汇总结果显示在数据下方。具体操作步骤如下:

	A	B	C	D	E	F	G	H	I
1	学生成绩表								
2	班级	姓名	性别	英语	计算机	高数	物理	化学	平均
3	化工01班	李新	女	44	56	87	85	95	73.4
4	化工01班	王文辉	男	88	87	77	34	36	64.4
5	化工01班	张磊	女	96	96	54	54	42	68.4
6	化工01班	郝心怡	男	53	65	56	85	53	62.4
7	化工01班	王力	女	72	67	86	75	75	75
8	自动化01班	孙英	女	79	96	64	74	53	73.2
9	自动化01班	张在旭	男	63	97	59	54	57	66
10	自动化01班	金翔	女	53	65	43	43	41	49
11	自动化01班	扬海东	女	68	87	52	87	23	63.4
12	自动化01班	黄立	男	93	75	92	61	21	68.4
13	物流01班	王春晓	男	96	94	43	82	79	78.8
14	物流01班	陈松	女	75	66	95	45	97	75.6
15	物流01班	姚林	男	74	34	88	75	85	71.2
16	物流01班	张雨涵	女	53	56	44	64	74	58.2
17	物流01班	钱民	男	42	42	33	56	54	45.4

图 3.127 学生成绩表

(1) 选中数据清单中的任意一个单元格,按“班级”列进行排序。

(2) 单击“数据”选项卡,在“分级显示”组中单击“分类汇总”按钮。

(3) 在“分类汇总”对话框中进行设置。在“分类字段”下拉列表中选择“班级”,在“汇总方式”下拉列表下选择“平均值”,在“选定汇总项”列表框中勾选“英语”、“计算机”、“高数”、“物理”、“化学”复选框,如图 3.128 所示。

(4) 单击“确定”按钮,结果如图 3.129 所示。

若要取消分类汇总,则在“分类汇总”对话框中单击“全部删除”按钮。

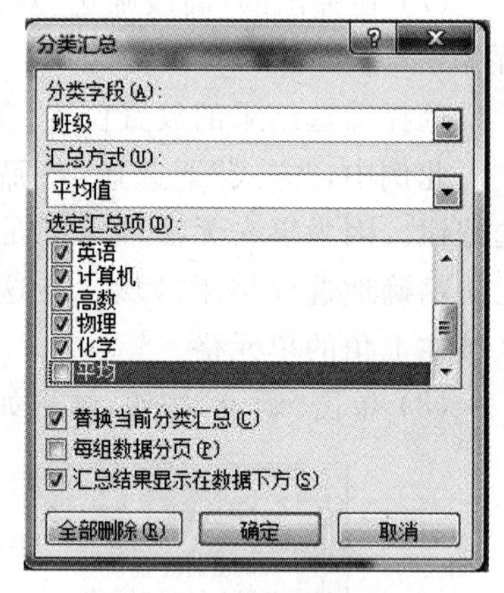

图 3.128 “分类汇总”对话框

	A	B	C	D	E	F	G	H	I
1	学生成绩表								
2	班级	姓名	性别	英语	计算机	高数	物理	化学	平均
3	化工01班	李新	女	44	56	87	85	95	73.4
4	化工01班	王文辉	男	88	87	77	34	36	64.4
5	化工01班	张磊	女	96	96	54	54	42	68.4
6	化工01班	郝心怡	男	53	65	56	85	53	62.4
7	化工01班	王力	女	72	67	86	75	75	75
8	**化工01班 平均值**			70.6	74.2	72	66.6	60.2	
9	自动化01班	孙英	女	79	96	64	74	53	73.2
10	自动化01班	张在旭	男	63	97	59	54	57	66
11	自动化01班	金翔	女	53	65	43	43	41	49
12	自动化01班	扬海东	女	68	87	52	87	23	63.4
13	自动化01班	黄立	男	93	75	92	61	21	68.4
14	**自动化01班 平均值**			71.2	84	62	63.8	39	
15	物流01班	王春晓	男	96	94	43	82	79	78.8
16	物流01班	陈松	女	75	66	95	45	97	75.6
17	物流01班	姚林	男	74	34	88	75	85	71.2
18	物流01班	张雨涵	女	53	56	44	64	74	58.2
19	物流01班	钱民	男	42	42	33	56	54	45.4
20	**物流01班 平均值**			68	58.4	60.6	64.4	77.8	
21	**总计平均值**			69.93333	72.2	64.86667	64.93333	59	

图 3.129 分类汇总结果

2）多个字段分类汇总

为多个字段分类汇总之前，首先应对多个字段进行排序。下面以例子说明多个字段分类汇总的过程。

例如，对“学生成绩表”按班级汇总各科平均分，并汇总各班中男女生的各科平均分。

具体操作步骤如下：

(1) 对“班级”列和“性别”列排序。设置主要关键字为“班级”、次要关键字为“性别”。

(2) 对第 1 个分类字段“班级”进行分类汇总。

(3) 对第 2 个分类字段“性别”进行分类汇总。具体设置如图 3.130 所示。注意取消“替换当前分类”复选框。

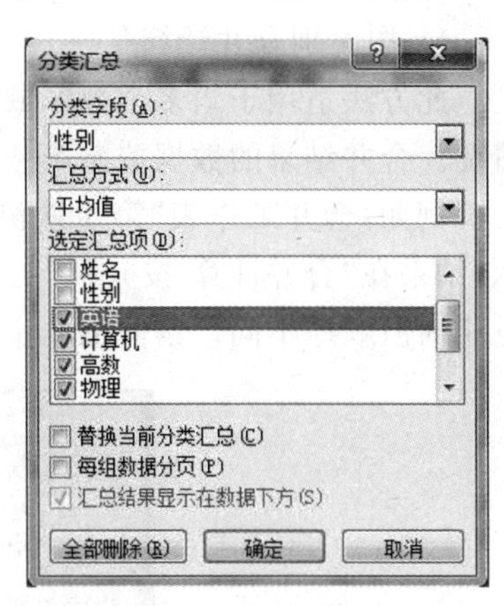

图 3.130　按“性别”分类汇总

(4) 单击“确定”按钮，结果如图 3.131 所示。

	A	B	C	D	E	F	G	H	I
1	学生成绩表								
2	班级	姓名	性别	英语	计算机	高数	物理	化学	平均
3	化工01班	王文辉	男	88	87	77	34	36	64.4
4	化工01班	郝心怡	男	53	65	56	85	53	62.4
5			**男 平均值**	70.5	76	66.5	59.5	44.5	
6	化工01班	李新	女	44	56	87	85	95	73.4
7	化工01班	张磊	女	96	96	54	54	42	68.4
8	化工01班	王力	女	72	67	86	75	75	75
9			**女 平均值**	70.66667	73	75.66667	71.33333	70.66667	
10	**化工01班 平均值**			70.6	74.2	72	66.6	60.2	
11	物流01班	王春晓	男	96	94	43	82	79	78.8
12	物流01班	姚林	男	74	34	88	75	85	71.2
13	物流01班	钱民	男	42	42	33	56	54	45.4
14			**男 平均值**	70.66667	56.66667	54.66667	71	72.66667	
15	物流01班	陈松	女	75	66	95	45	97	75.6
16	物流01班	张雨涵	女	53	56	44	64	74	58.2
17			**女 平均值**	64	61	69.5	54.5	85.5	
18	**物流01班 平均值**			68	58.4	60.6	64.4	77.8	
19	自动化01班	张在旭	男	63	97	59	54	57	66
20	自动化01班	黄立	男	93	75	92	61	21	68.4
21			**男 平均值**	78	86	75.5	57.5	39	
22	自动化01班	孙英	女	79	96	64	74	53	73.2
23	自动化01班	金翔	女	53	65	43	43	41	49
24	自动化01班	扬海东	女	68	87	52	87	23	63.4
25			**女 平均值**	66.66667	82.66667	53	68	39	
26	**自动化01班 平均值**			71.2	84	62	63.8	39	

图 3.131　多个字段分类汇总结果

3）分级显示

为工作表中的数据创建了分类汇总之后，其左侧将出现显示控制图标，通过它们可以显示或隐藏相应的记录。

单击分类汇总左侧的 1 、 2 、 3 图标，可显示相应级别的数据，默认显示全部数据。单击 3 则可显示全部数据，单击 1 ，则可隐藏整个分级显示中的明细数据。单击分类汇总表左侧的 + 将显示该分组中的数据，单击左侧的 - 将隐藏该分组中的数据。

4. 合并计算

若要汇总和报告多个单独工作表中数据的结果，可以将每个单独工作表中的数据合并到一个工作表(或主工作表)中。

具体方法有两种：按类别合并计算和按位置合并计算。

1）按类别合并计算

此方法适用于当多个源区域中的数据以不同的方式排列，但却使用相同的行和列标题情况。合并结果的数据按照第一个数据源表的记录顺序排列的。

例如，合并工作表“第1次测试成绩”和“第2次测试成绩”，如图3.132和图3.133所示，结果在“合并计算-按分别”工作表中显示。注意两个工作表具有相同的列标题，行标题也相同但顺序不同。具体操作步骤如下：

	A	B	C	D	E
1	姓名	Word	Excel	PowerPoint	总分
2	刘玉华	55	54	60	169
3	路海华	56	45	70	171
4	许燕	70	45	65	180
5	赵京刚	85	55	66	206
6	李刚	80	70	70	220
7	王丽	74	83	85	242
8	陈伟	90	85	85	260
9					
10					

图3.132　第1次测试成绩

	A	B	C	D	E
1	姓名	Word	Excel	PowerPoir	总分
2	陈伟	89	85	90	264
3	赵京刚	75	68	89	232
4	李刚	87	75	70	232
5	王丽	69	83	79	231
6	许燕	74	67	65	206
7	路海华	60	60	75	195
8	刘玉华	67	58	55	180
9					
10					

图3.133　第2次测试成绩

(1) 在要显示合并数据的单元格区域中，单击左上方的单元格，即单击单元格A1。

(2) 打开“合并计算”对话框。单击“数据”选项卡，在“数据工具”组中，单击“合并计算”按钮。在弹出的“合并计算”对话框中进行设置，如图3.134所示。

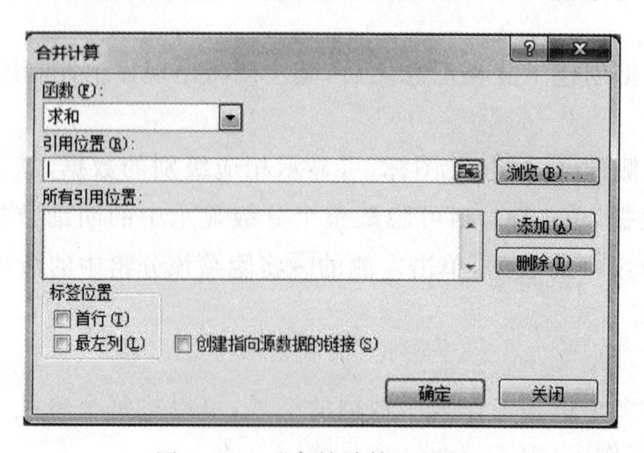

图3.134　“合并计算”对话框

（3）添加引用位置。在“函数”下拉列表框中选择“平均值”。

（4）单击“引用位置”后的折叠按钮，在工作表“第 1 次测试成绩”中选取数据源区域“A1：E8”，然后单击“添加”按钮将引用位置添加到“所有引用位置”列表框中。用同样的方法，将“第 2 次测试成绩”工作表的“A1：E8”单元格添加到“所有引用位置”列表框中。

（5）在“标签位置”中勾选“首行”、“最左列”复选框。设置结果如图 3.135 所示。

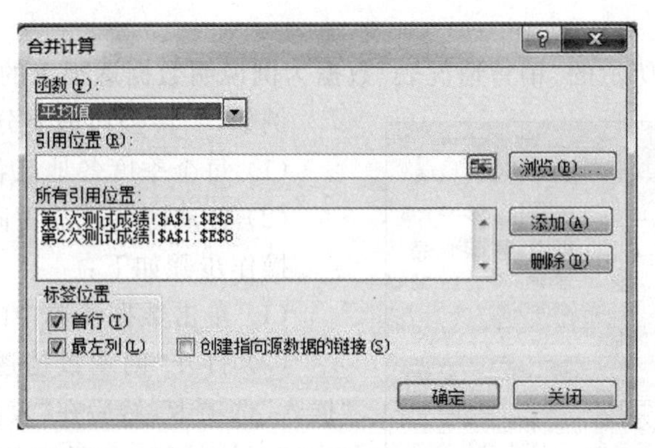

图 3.135 合并计算设置

（6）单击“确定”按钮，即可实现合并计算，结果如图 3.136 所示。

	A	B	C	D	E
1		Word	Excel	PowerPoir	总分
2	刘玉华	61	56	57.5	174.5
3	路海华	58	52.5	72.5	183
4	许燕	72	56	65	193
5	赵京刚	80	61.5	77.5	219
6	李刚	83.5	72.5	70	226
7	王丽	71.5	83	82	236.5
8	陈伟	89.5	85	87.5	262

图 3.136 合并计算结果

2）按位置合并计算

例如，在上例中取消选中“首行”和“最左列”复选框，然后单击“确定”按钮。合并后的结果如图 3.137 所示。

	A	B	C	D	E
1					
2		72	69.5	75	216.5
3		65.5	56.5	79.5	201.5
4		78.5	60	67.5	206
5		77	69	72.5	218.5
6		77	68.5	67.5	213
7		67	71.5	80	218.5
8		78.5	71.5	70	220
9					

图 3.137 按位置合并计算结果

从图中可以发现计算结果并不正确。按位置合并计算的方式，Excel 不关心选取的多个数据区域的行列标题内容是否一致，而只是将数据区域表格相同位置上的数据进行简单合并计算。所以此方法适用于当多个源区域中的数据是按照相同的顺序排列并使用相同的行和列标题的情况。

5. 数据透视表

在 Excel 中,数据透视表在数据分析方面的功能十分强大。数据透视表有机地综合了数据排序、筛选、分类汇总等数据分析的优点,可方便地调整分类汇总的方式,灵活地以多种不同方式展示数据的特征。一张"数据透视表"仅靠鼠标移动字段位置,即可变换出各种类型的报表。

下面以图 3.138 所示的"销售情况表"数据为例说明数据透视表的建立方法。

	A	B	C	D	E
1	地区	季度	产品类别	销售总额	
2	北京	第2季度	生活用品	$55,003	
3	北京	第3季度	生活用品	$54,892	
4	北京	第4季度	生活用品	$56,435	
5	北京	第1季度	生活用品	$55,894	
6	北京	第1季度	饮料	$57,383	
7	北京	第2季度	饮料	$58,552	
8	北京	第3季度	饮料	$56,945	
9	北京	第4季度	饮料	$56,773	
10	北京	第3季度	图书	$193,453	
11	北京	第4季度	图书	$186,383	
12	北京	第1季度	图书	$202,445	
13	北京	第2季度	图书	$182,344	
14	南京	第1季度	饮料	$57,883	
15	南京	第2季度	饮料	$58,432	
16	南京	第3季度	饮料	$57,345	
17	南京	第4季度	饮料	$56,793	
18	南京	第2季度	生活用品	$54,603	
19	南京	第3季度	生活用品	$55,792	
20	南京	第4季度	生活用品	$53,435	

图 3.138 销售情况表

例如,销售公司需要分析如下数据结果:

(1) 每个季度各地区各产品的销售情况。

(2) 各地区各产品占同类产品的销售份额。

操作步骤如下:

(1) 单击数据清单中的任意一个单元格。

(2) 打开"创建数据透视表"对话框。单击"插入"选项卡,然后在"表格"组中单击"数据透视表"下拉按钮,在弹出的列表中选择"数据透视表"选项。随即弹出"创建数据透视表"对话框。

(3) 选择透视数据区域。Excel 会自动选中"选择一个表或区域"单选按钮,并且"表/区域"文本框中自动填入用于创建数据透视表的单元格区域。如果区域不正确可以重新选择。

(4) 数据透视表放置位置。决定数据透视表是放在"新工作表"中还是"现有工作表"中。这里选择"新工作表"。单击"确定"按钮。系统新建一个工作表,并在工作表中创建一个空白数据透视表,同时打开"数据透视表字段列表"窗格。

(5) 选择透视字段。在"选择要添加到报表的字段"列表框中单击"季度"并按住鼠标左键,将它拖到布局部分的"报表筛选"中。也可以右击"季度",然后从弹出的快捷菜单中选择"添加到报表筛选"命令。

(6) 用同样的方法,将"地区"字段拖动到"行标签"下,"产品类别"字段拖动到"列标签"下,"销售总额"字段拖动到布局部分的"数值"中,如图 3.139 所示。

数据透视表通常为包含数字的数据字段使用 SUM(求和)函数,用户也可以通过"值字段设置"对话框更改数据的汇总方式。例如,在布局部分的"数值"中,单击"求和项:销售总额",从弹出的列表中选择"值字段设置"选项。在弹出的"值字段设置"对话框中,设置汇总方式,如图 3.140 所示,如平均值,单击"确定"按钮完成设置。

(7) 修改字段名称。"值字段设置"对话框中,在"自定义名称"后的文本框中输入"销售总额汇总"。也可以选中字段名称所在单元格,直接进行编辑。

从图 3.139 中,可以看到各地区各产品的销售情况。用户还可以在工作表中单击"季

图 3.139 数据透视表字段列表

度"字段,然后从弹出的下拉列表中选择某一个季度,实现显示不同季度各地区各产品的销售情况汇总,如图 3.141 所示。

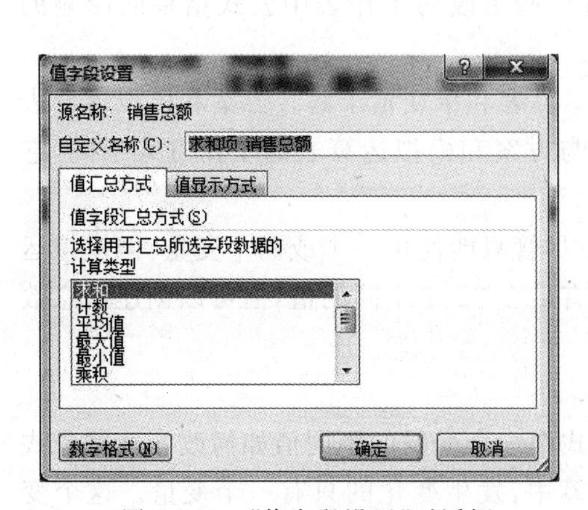

图 3.140 "值字段设置"对话框

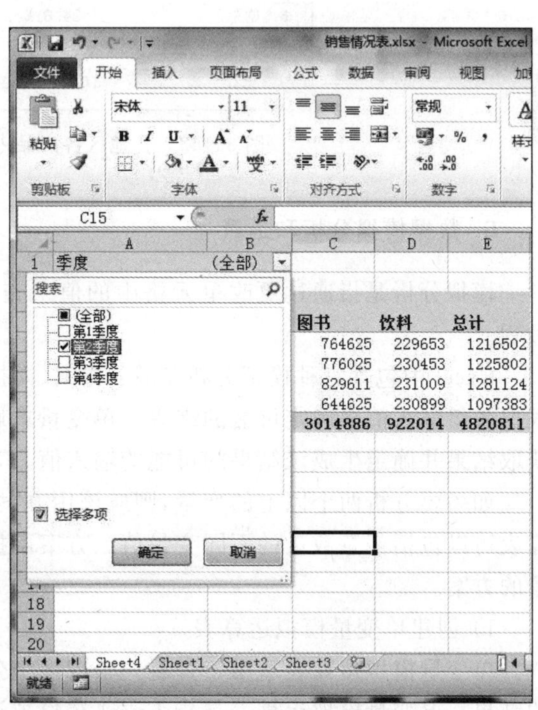

图 3.141 显示不同季度

(8) 设置数值的显示方式。在布局部分的"数值"区域中,单击"销售总额汇总",从弹出的列表中选择"值字段设置"选项。在弹出的"值字段设置"对话框中,选择"值显示方式"选项卡,然后在"值显示方式"下拉列表中选择"列汇总的百分比",如图 3.142 所示,单击"确定"按钮完成设置。

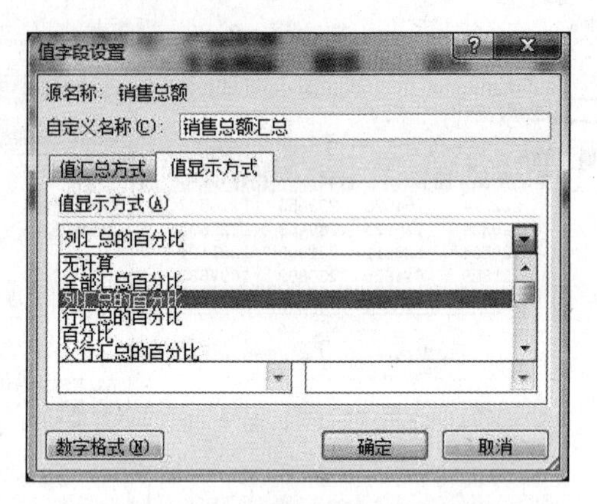

图 3.142 设置数值显示方式

从图 3.143 中,可以看到各地区各产品占同类产品的销售份额。

	A	B	C	D	E
1	季度	(全部)			
2					
3	销售总额汇总	产品类别			
4	地区	生活用品	图书	饮料	总计
5	北京	25.14%	25.36%	24.91%	25.23%
6	南京	24.81%	25.74%	24.99%	25.43%
7	上海	24.95%	27.52%	25.05%	26.57%
8	长沙	25.10%	21.38%	25.04%	22.76%
9	总计	100.00%	100.00%	100.00%	100.00%
10					

图 3.143 各地区各产品占同类产品的销售份额

6. 数据模拟分析和运算

模拟分析是指通过更改单元格中的值来查看这些更改对工作表中公式结果的影响的过程。

Excel 中包含三种模拟分析工具:方案、模拟运算表和单变量求解。方案和模拟运算表根据各组输入值来确定可能的结果。单变量求解与方案和模拟运算表的工作方式不同,它获取结果并确定生成该结果的可能的输入值。

如果要分析两个以上的变量,则应该用方案。尽管只能使用一个或两个变量,但模拟运算表可以包括任意数量的不同变量值。方案可拥有最多 32 个不同的值,但可以创建任意数量的方案。

1) 创建单变量模拟运算表

单变量模拟运算表适用于查看一个或多个公式中一个变量的不同值如何改变这些公式的结果。单变量模拟运算表是指 Excel 在模拟运算中,发生变化的只有一个变量。这个变量的数值可以写在同一列或同一行中。单变量模拟运算表中使用的公式必须仅引用一个输入单元格。这里输入单元格就是其值要被模拟运算表中值所替换的单元格。

下面举例说明创建单变量模拟运算表的基本过程。

以“单变量模拟运算表”的数据为例，如图 3.144 所示，模拟运算当高为不同值时，梯形的面积是多少。如图 3.144 所示 C4 为输入单元格，矩形框框起来的单元格区域 A7：B11 为模拟运算表。

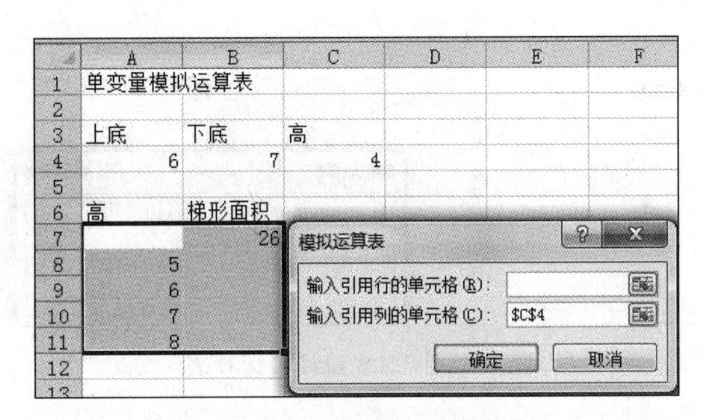

图 3.144 单变量模拟运算表

(1) 在一列或一行中的单元格中，输入要替换输入单元格的值列表(即为高的变化值)，此例为 A7：A11。

(2) 若模拟运算表为列方向的(变量值位于一列中)，则在紧接变量值列右上角的单元格中输入公式。此例所示的单变量模拟运算表是列方向的，公式包含在单元格 B7 中。

如果要查看各个值在其他公式中的影响，在第一个公式右侧的单元格中输入其他公式。

(3) 若模拟运算表为行方向的(变量值位于一行中)，则在紧接变量值行左下角的单元格中输入公式。

如果要查看各个值在其他公式中的影响，则在第一个公式下方的单元格中输入其他公式。

(4) 选取包含需要替换的数值和公式的单元格区域，此例中为 A7：B11。然后，单击“数据”选项卡，再在“数据工具”组中单击“模拟分析”按钮，在弹出的列表中选择“模拟运算表”命令，即会弹出“模拟运算表”对话框，如图 3.144 所示。

(5) 若模拟运算表为列方向，则在“输入引用列的单元格”框中，输入“输入单元格”的单元格引用。此例中，输入单元格为 C4。

若模拟运算表是行方向的，则在“输入引用行的单元格”框中，输入“输入单元格”的单元格引用。

(6) 单击“确定”按钮，结果如图 3.145 所示。其中 B8：B11 显示的是当高为不同值时，梯形的面积值。

	A	B	C
1	单变量模拟运算表		
2			
3	上底	下底	高
4	6	7	4
5			
6	高	梯形面积	
7		26	
8	5	32.5	
9	6	39	
10	7	45.5	
11	8	52	

图 3.145 单变量模拟运算表结果

2) 创建双变量模拟运算表

双变量模拟运算表适用于查看一个公式中两个变量的不同值对该公式结果的影响。双变量模拟运算表使用含有两个输入值列表的公式。该公式必须引用两个不同的输入单元格。

下面举例说明创建双变量模拟运算表的基本过程。

以“双变量模拟运算表”的数据为例，如图 3.146 所示，模拟运算当上底和高的值变化时，梯形的面积是多少。

	A	B	C	D	E	F	G
1	双变量模拟运算表						
2							
3	上底	下底	高				
4	7	9	7				
5							
6							
7	梯形面积				上底		
8		56	8	9	10	11	12
9		5					
10		6					
11	高	7					
12		8					
13		9					
14		10					
15							

模拟运算表
输入引用行的单元格(R): $A$4
输入引用列的单元格(C): $C$4
确定 取消

图 3.146 双变量模拟运算表

(1) 在工作表的一个单元格中，输入引用两个输入单元格的公式。

在此例中，在单元格 A4、B4 和 C4 中输入公式的初始值，单元格 B8 中输入公式=(A4+B4)*C4/2。

(2) 在公式右边的同一行中，输入第一个输入值列表。

在此例中，在 C8：G8 中输入在行输入单元格 A4 中替代的值列表(即上底的变化值)。

(3) 在同一列中，在公式下方输入一个输入值列表。

在此例中，在 B9：B14 中输入在列输入单元格 C4 中替代的值列表(即下底的变化值)。

(4) 选择单元格区域，其中包含公式 (B8)、数值行和列(C8：G8 和 B9：B14)，以及要在其中放入计算值的单元格(C9：G14)。即选择单元格区域 B8：G14。

(5) 单击“数据”选项卡，然后在“数据工具”组中单击“模拟分析”按钮，再单击“模拟运算表”。

(6) 在“输入引用行的单元格”框中，输入由行数值替换的输入单元格的引用。即在“输入引用行的单元格”中输入 A4。

(7) 在“输入引用列的单元格”框中，输入由列数值替换的输入单元格的引用。即在“输入引用列的单元格”中输入 C4。

(8) 单击“确定”按钮，结果如图 3.147 所示。其中 C9：G14 显示的是当上底和高为不

	A	B	C	D	E	F	G
1	双变量模拟运算表						
2							
3	上底	下底	高				
4	7	9	7				
5							
6							
7	梯形面积				上底		
8		56	8	9	10	11	12
9		5	42.5	45	47.5	50	52.5
10		6	51	54	57	60	63
11	高	7	59.5	63	66.5	70	73.5
12		8	68	72	76	80	84
13		9	76.5	81	85.5	90	94.5
14		10	85	90	95	100	105

图 3.147 双变量模拟运算表结果

同值时，梯形的面积值。

3）方案

方案是 Excel 保存在工作表中并可进行自动替换的一组值，可以使用方案来保存工作表模型的输出结果。同时还可以在工作表中创建并保存不同的数值组，然后切换到新方案以查看不同的结果。用户可以为每个方案定义多达 32 个可变单元格，也就是说对一个模型用户可以使用多达 32 个变量来进行模拟分析。

例如，如图 3.148 所示，银行的 4 种基金中哪个投资收益最大。这里就可以使用不同的方案进行假设分析。创建方案的方法如下：

	A	B	C	D
1	投资信息			
2	投资基金	每期投资金额（元）	投资年限（年）	年利率
3	A基金	1800	10	6.75%
4	B基金	1500	15	6.51%
5	C基金	1000	12	7.05%
6	D基金	2000	5	6.98%
7				
8	投资未来值	每期投资金额（元）	投资年限（年）	年利率
9	¥309,031.56	1800	10	6.75%

图 3.148　投资数据

（1）将 B2：D3 单元格区域中的数据复制到 B8：D9 单元格区域中，作为创建方案的可变量。

（2）在 A8 单元格中输入文本“投资未来值”，在 A9 单元格中输入公式“＝FV(D9/12，C9 * 12，－B9，，1)”。

（3）单击“数据”选项卡，然后在“数据工具”组中单击“模拟分析”按钮，再在弹出的列表中选择“方案管理器”。

（4）在打开的“方案管理器”对话框中单击“添加”按钮。

（5）在“添加方案”对话框的“方案名”文本框中输入文本“A 基金”，在“可变单元格”文本框中输入“＄B＄9：＄D＄9”，单击“确定”按钮。

（6）在“方案变量值”对话框的“请输入每个可变单元格的值”栏中确认 A 基金的相关数据，完成后单击“添加”按钮。

（7）在“添加方案”对话框的“方案名”文本框中输入文本“B 基金”，单击“确定”按钮。

（8）在“方案变量值”对话框的相应文本框中输入 B 基金对应的数值，完成后单击“添加”按钮。

（9）用同样方法，添加“C 基金”和“D 基金”的方案名和可变单元格的值，完成后单击“确定”按钮。

（10）返回“方案管理器”对话框，单击“摘要”按钮。

（11）在打开的“方案摘要”对话框中选中“方案摘要”单选按钮，在“结果单元格”文本框中输入“A9”，单击“确定”按钮。

系统自动在当前工作表前插入一个名为“方案摘要”的工作表，如图 3.149 所示，在其中可以看出，“B 基金”方案为最佳方案。

4）单变量求解

如果知道要从公式获得的结果，但不知道公式获得该结果所需的输入值，那么可以使用

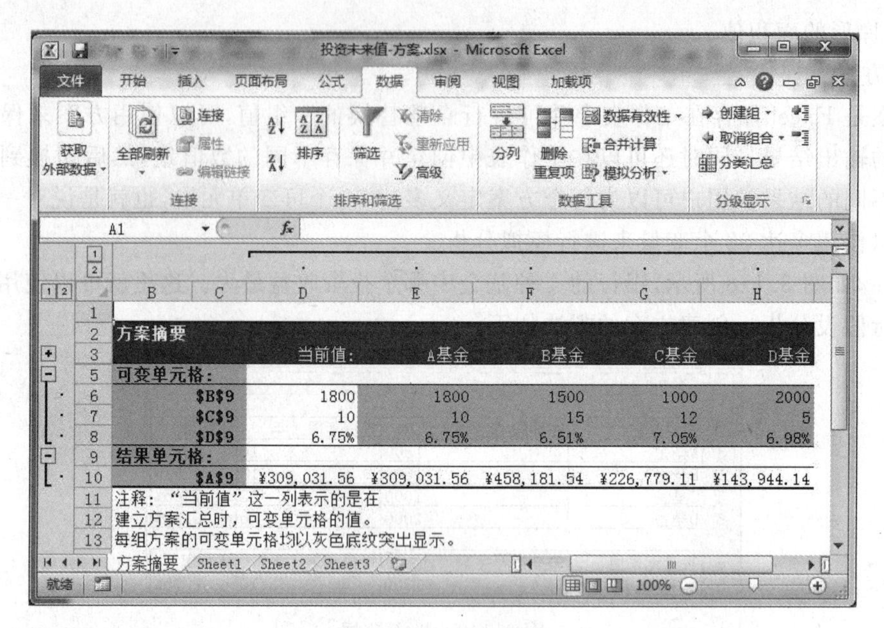

图 3.149 方案摘要

单变量求解功能。例如,贷款额为 300000 时,年利率为 7.0%,预定每月的还款金额为 3000 元,估计多少个月还清贷款,如图 3.150 所示。

	A	B	C	D	E
1	单变量求解				
2					
3	贷款总额	300000			
4	年利率	7.00%			
5	还款期限(月)	120			
6	等额月付款额	¥-3,483.25			
7					
8					
9					

单变量求解
目标单元格(E): $B$6
目标值(V): -3000
可变单元格(C): $B$5
确定 取消

图 3.150 单变量求解

由于需要计算符合目标的还款年限,此例中使用 PMT 函数。PMT 函数可计算月还款金额。在此例中,等额月付款金额为求解的目标。

具体操作步骤如下:

(1) 在单元格 B6 中,输入=PMT(B4/12,B5,B3)。此公式计算还款金额。

在本例中,每月需要还款 3000 元。但是,不用在此输入该金额,因为希望使用单变量求解还款年限,而单变量求解需要以公式开头。

该公式会用 B3 中的值除以 12(因为指定了按月还款,并且 PMT 函数假设利率为年利率)。

此外,在输入公式之后,要暂时得到一个运算结果。所以,暂时先在还款期限中输入 120。具体需要多少个月还清,再通过后面步骤中单变量求解功能求出实际的还款期限。

(2) 单击"数据"选项卡,然后在"数据工具"组中单击"模拟分析",再单击"单变量求解"。

(3) 在"目标单元格"框中,输入对要求解的公式所在单元格的引用。在本例中,此引用为单元格 B6。

(4) 在“目标值”框中，输入所需的公式结果。在本例中，结果为－3000。请注意，此数字为负数，因为它表示还款金额。

(5) 在“可变单元格”框中，输入对要调整的值所在单元格的引用。在本例中，此引用为单元格 B5。

(6) 单击“确定”按钮，结果如图 3.151 所示。

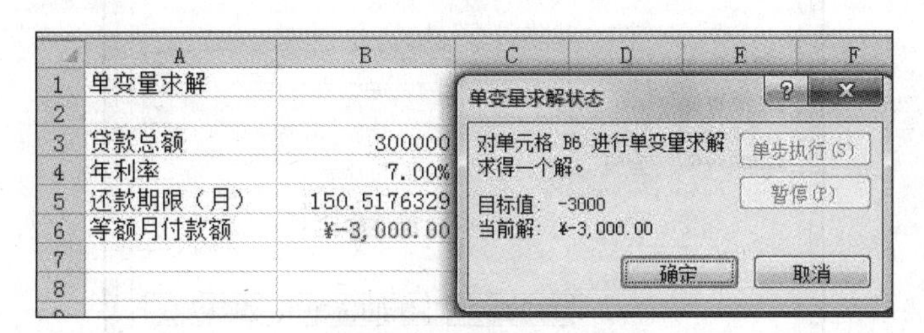

图 3.151 单变量求解结果

7. 宏功能的简单使用

用户若要在 Excel 中重复执行多项操作，则可以录制一个宏来自动执行这些操作。宏是可运行任意次数的一个操作或一组操作。

首先在功能区显示“开发工具”选项卡。单击“文件”按钮，在左侧导航栏中选择“选项”选项卡。然后在弹出的“Excel 选项”对话框中选择“自定义功能区”选项卡，在右侧的“主选项卡”列表框中勾选“开发工具”复选框。

下面用户就可以录制宏了，具体过程如下：

(1) 单击“开发工具”选项卡，然后单击“代码”组中的“录制宏”按钮，再单击“确定”开始录制。

(2) 在工作表中执行后面将要重复执行的操作，例如设置字体加粗、字体颜色为红色等。

(3) 在“开发工具”选项卡上的“代码”组中，单击“停止录制”按钮。

在后面的操作中，若要重复执行为字体加粗、字体颜色为红色的操作，则可以单击“代码”组的“宏”按钮，然后运行即可。

3.2.7 页面设置与打印

工作表创建好后，为了提交或者留存查阅方便，常常需要把它打印出来，或只打印它的一部分。此时，需先进行页面设置(如果打印工作表一部分时，还须先选定打印的区域)，再进行打印预览，最后打印输出。

1. 页面设置

页面设置的作用是调整纸张大小、页边距等。

单击“页面布局”选项卡，然后再单击“页面设置”组右下角的 按钮，打开“页面设置”对话框，其中页面和页边距选项卡如图 3.152 和图 3.153 所示。

图 3.152 “页面”选项卡

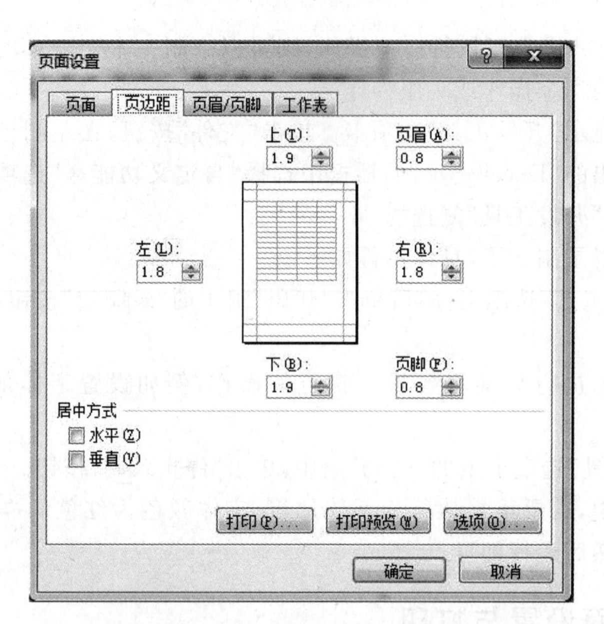

图 3.153 “页边距”选项卡

单击“页面布局”选项卡，在“页面设置”组中，用户也可以对页边距、纸张方向等进行设置，如图 3.154 所示。

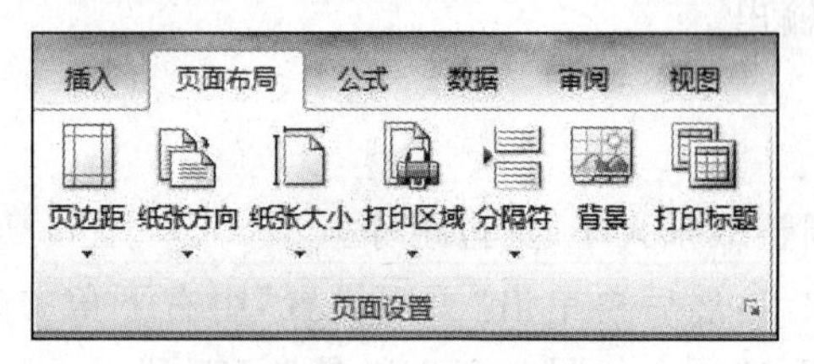

图 3.154 “页面设置”组

在“页眉/页脚”选项卡中,可以从下拉列表中选择页面和页脚的格式,如图 3.155 所示。

图 3.155 “页眉/页脚”选项卡

用户也可以自定义设置页眉与页脚格式。下面以设置居中页眉“成绩表”为例,具体操作步骤如下:

(1) 单击图 3.155 中“自定义页眉”按钮。

(2) 在图 3.156 中间输入文字。

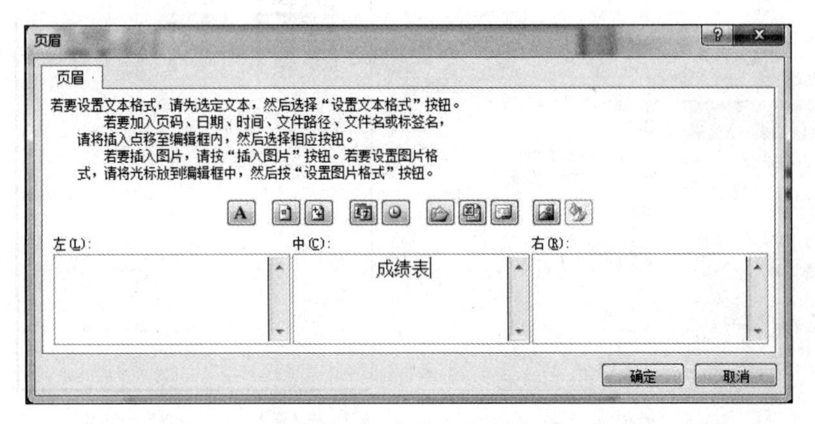

图 3.156 “页眉”对话框

(3) 各按钮的功能分别是设置字体、增加页码、总页数、日期、时间、路径和文件名、文件名、标签名和图片,用户可根据需要进行设置。

(4) 单击“确定”按钮。

另外,用户也可以通过单击“插入”选项卡,再在“文本”组中单击“页眉和页脚”按钮。文档自动进入到页面编辑状态,单击占位符输入页眉内容。用户可在“页眉和页脚工具/设计”选项卡中进行进一步设置,如图 3.157 所示。

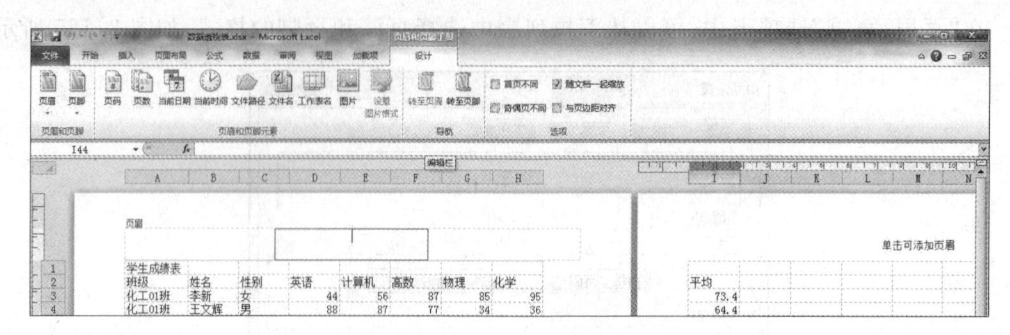

图 3.157 “页眉和页脚工具/设计”选项卡

2. 打印预览

单击“文件”按钮,在左侧的导航栏中选择“打印”选项卡,在显示窗格的右侧即可看打印效果,如图 3.158 所示。用户可通过单击右下角按钮,调整预览页面显示大小。在窗格左侧用户同样可以对纸张方向、页面大小进行设置。单击“打印”按钮,即可实现文件打印。

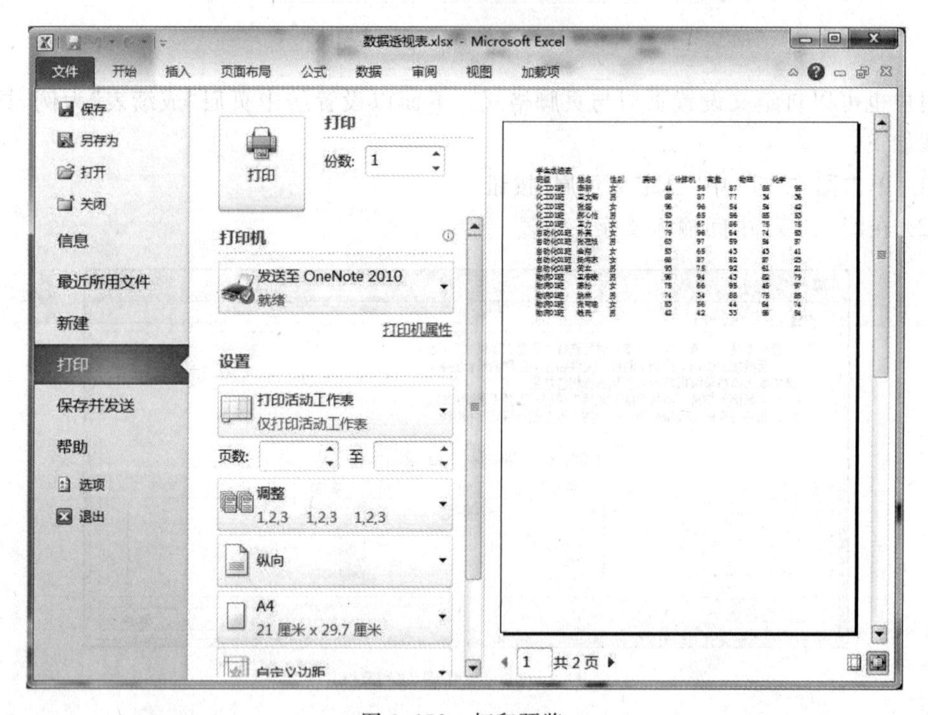

图 3.158 打印预览

3.3 PowerPoint 2010 演示文稿的编辑与制作

PowerPoint 的主要功能是进行幻灯片的制作和演示,可有效帮助用户演讲、教学和产品演示等,更多地应用于企业和学校等教育机构。最新的 PowerPoint 2010 提供了比以往更多的方法创建动态演示文稿与访问群体共享。令人耳目一新的视听功能及用于视频和照片编辑的新增和改进工具可以帮助用户创作更加完美的作品。新增功能主要包括：可为文稿带来更多的活力和视觉冲击的新增图片效果应用、支持直接嵌入和编辑视频文件、依托新增的 SmartArt 图形快速创建美妙绝伦的图表演示文稿、全新的幻灯片动态切换展示等。

3.3.1 工作环境

启动 PowerPoint 2010 后，将出现如图 3.159 所示的工作环境，其中标题栏、滚动条、状态区、任务窗格等区域与 Word 窗口组成部分基本相同，其不同点如下：

1. 幻灯片设计区

PowerPoint 窗口中间的白色区域为幻灯片设计区，该部分是演示文稿的核心部分，主要用于显示和编辑当前幻灯片。

2. 视图窗格

位于幻灯片设计区的左侧，包含“大纲”和“幻灯片”两个选项卡，用于显示演示文稿的幻灯片数量及位置。

3. 备注窗格

备注窗格位于幻灯片设计区的下方，通常用于为幻灯片添加注释说明，比如幻灯片摘要等。

4. 视图切换按钮

用于在不同视图间切换。

图 3.159 PowerPoint 2010 工作环境

3.3.2 基本操作

PowerPoint 2010 主要用于演示文稿创建,即幻灯片的制作,可有效地帮助用户进行演讲、教学、产品演示等。如果用户准备使用 PowerPoint 2010 制作演示文稿,应先掌握演示文稿的基本操作。

1. 启动与退出

1) 启动 PowerPoint 2010

可以通过以下方式启动 PowerPoint。

(1) 选择"开始"→"所有程序"→Microsoft Office→Microsoft PowerPoint 2010 命令,即可启动 PowerPoint 应用程序。

(2) 双击桌面上的 PowerPoint 2010 快捷方式图标。

(3) 双击已存在的文档。在打开已存在文档的同时,启动 Microsoft PowerPoint 2010。

2) 退出 PowerPoint 2010

用户可以通过以下几种方式退出 PowerPoint 应用程序。

(1) 单击"关闭"按钮。

(2) 单击"文件"按钮,在左侧导航栏中选择"退出"命令。

(3) 使用快捷键 Alt+F4。

2. 新建演示文稿

用户既可以创建空白演示文稿,也可以使用系统自带的模板和主题创建基于模板或主题的演示文稿。

1) 新建空白演示文稿

(1) 启动 PowerPoint 2010 应用程序后,将自动新建一个空白演示文稿。

(2) 在打开的演示文稿中新建一个空白的演示文稿。单击"文件"按钮,在左侧的导航栏中选择"新建"选项卡,然后在"可用模板和主题"下单击"空白演示文稿",再单击右侧的"创建"按钮,或者直接双击"空白演示文稿"。

2) 使用模板创建演示文稿

若希望创建带有格式或内容的演示文稿,可以利用 PowerPoint 提供的模板来创建。

(1) 在 PowerPoint 应用程序窗口中单击"文件"按钮,在左侧导航栏中单击"新建"选项卡,然后在窗格的左侧选择需要的模板类型,如在"Office.com 模板"栏下选择"证书、奖状"类型。

(2) 选择需要的模板样式,然后单击"下载"按钮。

3) 根据现有的演示文稿新建演示文稿

如只是需要在以前设计好的演示文稿的基础上创建一个演示文稿,则可以使用现有的文稿新建演示文稿。

(1) 单击"文件"按钮,在左侧导航栏中选择"新建"选项卡,然后在"可用模板和主题"栏下选择"根据现有内容创建"选项。

(2) 在弹出的"根据现有演示文稿新建"对话框中选择需要的演示文稿,然后单击"新建”按钮即可。

3. 保存演示文稿

创建和编辑好演示文稿后，需要将其保存起来，以供以后查看和使用。

1）保存新建的演示文稿

（1）单击“文件”按钮，在左侧的导航栏中单击“保存”命令。

（2）在打开的“另存为”对话框中，选择保存的位置，然后在“文件名”中输入演示文稿名称。

（3）单击“保存”按钮。

2）保存已存在的演示文稿

对于已存在的演示文稿，当用户修改后，若要以原来的文件名保存到原来的位置，则单击“文件”按钮，在导航栏中选择“保存”命令。或是在快速访问工具栏上单击“保存”按钮即可。

若是想将已存储过的演示文稿保存为另外一个演示文稿，则单击“文件”按钮，在左侧的导航栏中，选择“另存为”命令。在打开的“另存为”对话框中，指定演示文稿的存储位置和文件名。

4. 打开演示文稿

打开演示文稿有以下3种方法：

（1）单击“文件”按钮，在左侧的导航栏中选择“打开”命令，然后在打开的“打开”对话框中选择需要打开的演示文稿。

（2）使用Ctrl＋O组合键。

（3）进入想要打开的演示文稿的文件夹中，双击该文件即可。

5. 关闭演示文稿

（1）单击“文件”按钮，在左侧的导航栏中选择“关闭”命令。

（2）单击应用程序窗口右上方的“关闭”按钮 X 。

（3）双击标题栏上的控制菜单图标 P 。

（4）单击“文件”按钮，在左侧的导航栏中选择“退出”命令。

（5）右击标题栏，在弹出的快捷菜单中选择“关闭”命令。

（6）按Alt＋F4组合键。

3.3.3 演示文稿浏览与编辑

1. 演示文稿视图方式

PowerPoint 2010的视图模式是显示演示文稿的方式，分别应用于创建、编辑、放映或预览演示文稿等不同阶段，主要有“普通视图”、“幻灯片浏览视图”、“备注页”、“幻灯片放映”和“阅读模式”5种视图模式。

（1）普通视图。是PowerPoint 2010默认的视图模式，主要用于撰写或设计演示文稿。

(2) 幻灯片浏览视图。在该视图模式下,可浏览当前演示文稿中的所有幻灯片,以及调整幻灯片排列顺序等,但不能编辑幻灯片中的具体内容。

(3) 备注页。以上下结构显示幻灯片和备注页面,主要用于撰写和编辑备注内容。

(4) 幻灯片放映。主要用于播放演示文稿,在播放过程中,可以查看演示文稿的动画、切换等效果。

(5) 阅读视图。是 PowerPoint 2010 新增的一种视图方式,它以窗口的形式来查看演示文稿的放映效果,在播放过程中,同样可以查看演示文稿的动画、切换等效果。

用户可以通过以下方式,在这几种视图模式下切换。

(1) 单击"视图"选项卡,然后在"演示文稿视图"组中单击相应的按钮即可切换到对应的视图模式下。

(2) 利用视图切换按钮。该按钮共有 4 个,分别是"普通视图"按钮、"幻灯片浏览"按钮、"阅读视图"按钮和"幻灯片放映"按钮,单击相应的按钮即可切换到对应的模式下。

2. 幻灯片基本操作

1) 选择幻灯片

在编辑幻灯片的过程中,首先需要选择幻灯片。

(1) 选择单张幻灯片。在视图窗格的"幻灯片"或"大纲"选项卡中,单击需要选择的幻灯片,即可选择该张幻灯片。

(2) 选择多张不连续的幻灯片。在视图窗格的"幻灯片"或"大纲"选项卡中,按住 Ctrl 键,然后单击需要选择的幻灯片,即可选择多张幻灯片。

(3) 选择多张连续的幻灯片。在视图窗格的"幻灯片"或"大纲"选项卡中,选择第一张幻灯片,按住 Shift 键,再单击最后一张幻灯片,即可选中多张连续的幻灯片。

(4) 选择全部幻灯片。在视图窗格的"幻灯片"或"大纲"选项卡中,按 Ctrl+A 组合键,即可选中当前演示文稿中的全部幻灯片。

2) 新建幻灯片

(1) 在视图窗格的"幻灯片"或"大纲"选项卡中,选择某张幻灯片,单击"开始"选项卡,然后在"幻灯片"组中单击"新建幻灯片"上方的按钮,这时会在选中的幻灯片下方新建一张幻灯片。

(2) 在视图窗格的"幻灯片"或"大纲"选项卡中,选择某张幻灯片,单击"开始"选项卡,然后在"幻灯片"组中单击"新建幻灯片"的下拉按钮,再在弹出的下拉列表中选择需要的幻灯片版式即可在当前幻灯片的后面添加一张所选版式的新幻灯片。

(3) 在视图窗格的"幻灯片"选项卡中,右击某张幻灯片,然后在弹出的快捷菜单中选择"新建幻灯片"命令,同样可创建一张新幻灯片。

(4) 在视图窗格的"幻灯片"或"大纲"选项卡中,选择某张幻灯片后按下 Enter 键,可快速在此幻灯片后面添加一张新幻灯片。

3) 删除幻灯片

对于多余的幻灯片,可将其删除。

(1) 选择需要删除的幻灯片,按 Delete 键,即可将该幻灯片删除。

(2) 右击要删除的幻灯片,然后在弹出的快捷菜单中选择"删除幻灯片"命令,即可删除该幻灯片。

4）移动幻灯片

（1）选中要移动的幻灯片，按住鼠标左键不放并拖动鼠标，到达需要的位置后，释放鼠标即可。

（2）右击要移动的幻灯片，然后从弹出的快捷菜单中选择“剪切”命令。将光标定位到目标位置，右击，然后从弹出的快捷菜单中选择“粘贴”命令。或者利用“开始”选项卡的“剪贴板”组中的“剪切”和“粘贴”命令。

5）复制幻灯片

（1）右击要复制的幻灯片，然后从弹出的菜单中选择“复制”命令。将光标定位到目标位置，右击，然后从弹出的快捷菜单中选择“粘贴”命令。

（2）单击“开始”选项卡，然后在“剪贴板”组中单击“复制”下拉按钮，如图 3.160 所示，再在弹出的列表中选择第一个“复制”命令，可以复制一次所选的幻灯片，选择第二个“复制”命令，则能复制并粘贴所选的幻灯片。

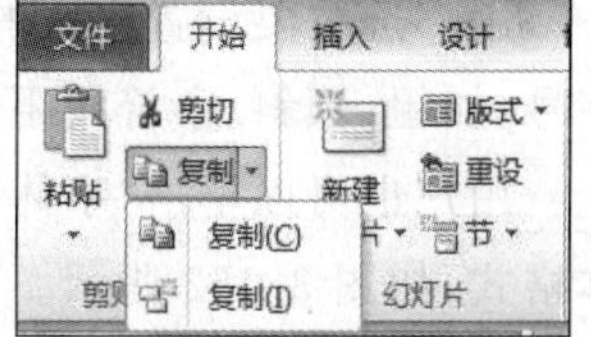

图 3.160　不同的复制命令

6）隐藏幻灯片

在演示文稿中的某一张幻灯片，若希望它在幻灯片放映时不出现，则可以隐藏幻灯片。

选中需要隐藏的幻灯片，单击“幻灯片放映”选项卡，然后在“设置”组中单击“隐藏幻灯片”按钮即可。

若要取消隐藏，则再次单击“设置”组中的“隐藏幻灯片”按钮，则此张幻灯片就可在幻灯片放映时显示。

3. 输入文本

在图 3.161 中看到的两个有虚线边框的方框称为占位符。在占位符内单击，即可看到

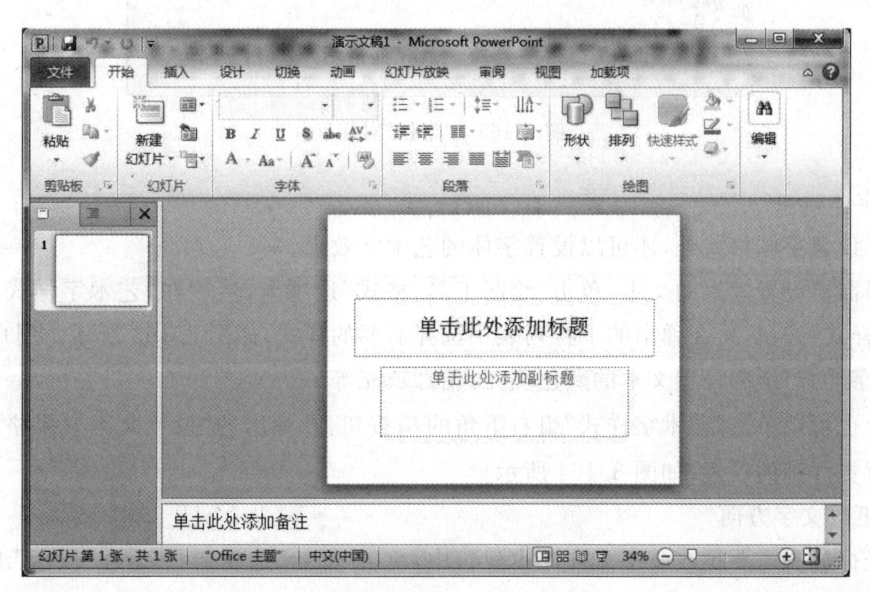

图 3.161　新建的演示文稿

光标在其内闪烁并且原来的“单击此处添加标题”也消失。此时用户可在光标处输入文字,然后单击占位符外侧即可结束输入。

若要在演示文稿中插入一些特殊符号,则在将光标定位到插入位置后,单击“插入”选项卡,然后在“符号”组中单击“符号”按钮。再在弹出的“符号”对话框中,选择所需的符号,单击“插入”按钮,最后单击“关闭”按钮关闭该对话框。

若要在演示文稿中输入公式,则在将光标定位到输入位置后,单击“插入”选项卡,然后在“符号”组中单击“公式”按钮,随即进入公式的编辑状态。用户可利用“公式工具/设计”选项卡中提供的功能编辑公式。

4. 文本格式化

1) 字体格式

用户选中要设置格式的文本后,单击“开始”选项卡,然后在“字体”组中可以设置字型、字号、加粗、倾斜、字符间距等。

用户也可以单击“字体”组右下角的按钮,在弹出的“字体”对话框中同样可以设置字体格式,如图 3.162 所示。

图 3.162 “字体”对话框

2) 字体效果

除了设置字体格式外,还可以设置字体的艺术字效果。

选择需要设置效果的文本,单击“绘图工具/格式”选项卡,然后在“艺术字样式”组中单击“快速样式”按钮,再在弹出的下拉列表中选择需要的样式,如图 3.163 所示。用户还可以在“艺术字样式”组中设置文本的颜色填充、轮廓填充等。

用户也可以单击“艺术字样式”组右下角的按钮,在弹出的“设置文本效果格式”对话框中进行更详细的设置,如图 3.164 所示。

3) 更改文字方向

将光标放置需要更改文字方向的占位符中,单击“开始”选项卡,然后在“段落”组中单击“文字方向”按钮,再从弹出的列表中选中需要的调整方式。

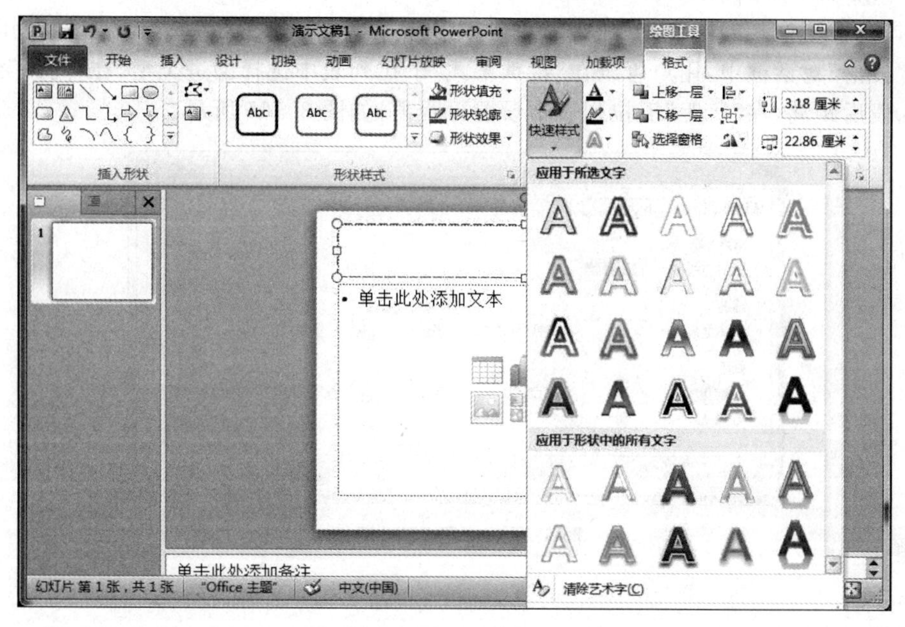

图 3.163 快速样式

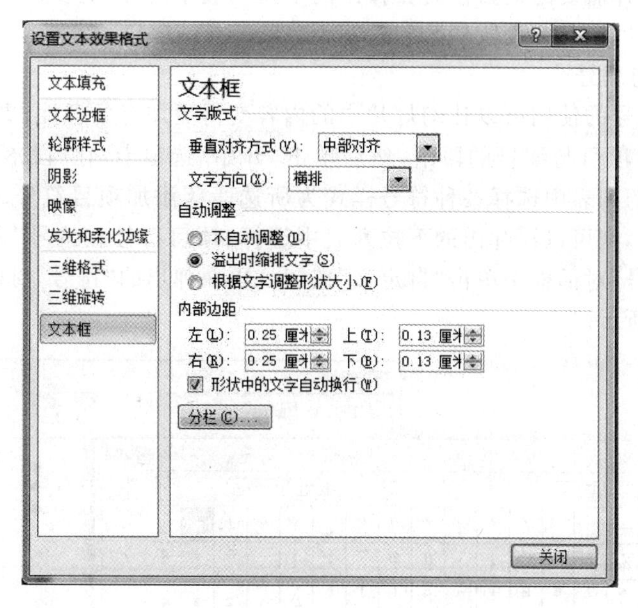

图 3.164 “设置文本效果格式”对话框

4）段落对齐方式

选择需要设置对齐方式的段落，单击“开始”选项卡，在“段落”组中可以设置段落的左对齐、居中对齐、右对齐、两端对齐、分散对齐。

除此之外，用户还可以设置段落在垂直方向上的对齐方式，单击“开始”选项卡，然后在“段落”组中单击“对齐文本”按钮，再在弹出的列表中选择需要的对齐方式。

5）段落缩进方式、行距和间距

选择要设置格式的段落，单击“开始”选项卡，然后单击“段落”组右下角的按钮，再在弹出的“段落”对话框中，用户可以在“特殊格式”下拉列表中选择缩进类型，在“间距”组中设置段前、段后距离，在“行距”下拉列表中设置行距值，如图 3.165 所示。

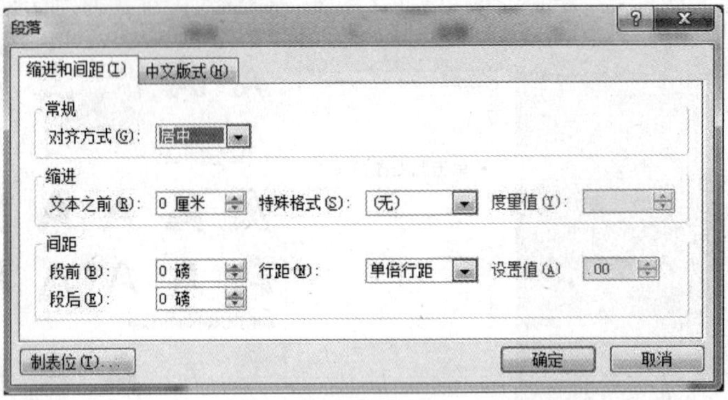

图 3.165 “段落”对话框

6）分栏

选择要分栏的段落，单击“开始”选项卡，然后在“段落”组单击“分栏”按钮，再在弹出的下拉列表中选择需要的栏数。若在弹出的下拉列表中选择“更多栏”命令，则会弹出“分栏”对话框，用户可以在其中设置栏数和栏间距。

7）项目符号与编号

项目符号和编号的使用可以让幻灯片中的内容变得更加有条理性，更方便阅读。

选择需要设置项目与编号的段落，然后单击“开始”选项卡，在“段落”组中单击下拉按钮，再从弹出的列表中选择一种符号样式为所选段落添加项目符号。若列表中的样式不能满足用户要求，则可以在弹出的下拉列表中选择“项目符号和编号”命令。然后在弹出的“项目符号和编号”对话框中单击“自定义”按钮。再在弹出的“符号”对话框中选择需要的符号，如图 3.166 所示。

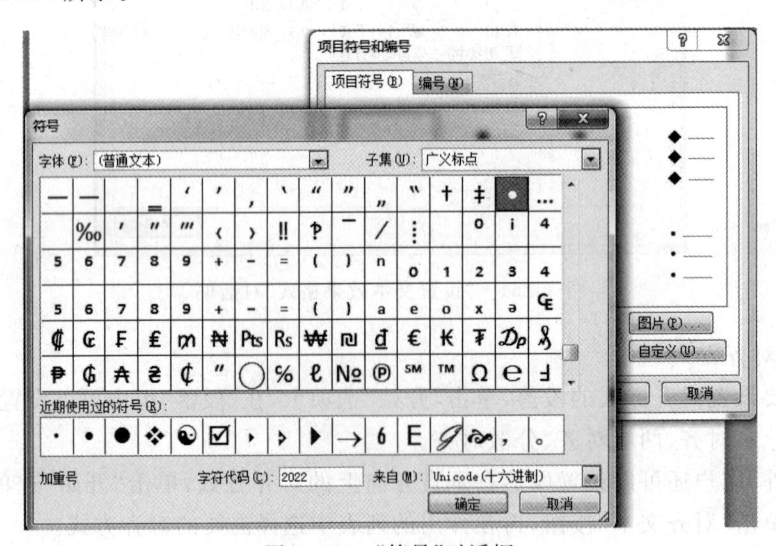

图 3.166 “符号”对话框

若单击☰▾下拉按钮，则可在弹出的列表中选取一种编号样式，为所选段落添加项目编号。

3.3.4 插入对象

在幻灯片中除了文本对象外，可插入表格、图表、剪贴画、图片、组织结构图、媒体剪辑、自选图形和其他对象等。

1. 文本框

PowerPoint 中的所有文本信息都是放置在一个个的文本框里的。适当地加入不同类型的文本框，可以让整个演示文稿看起来更清楚，明了。

(1) 单击选择幻灯片确定插入文本框的位置，单击“插入”选项卡，然后在“文本”组中单击“文本框”下拉按钮。

(2) 在弹出的列表中选择“横排文本框”或“竖排文本框”命令。

(3) 鼠标指针变成↓或←形状，按住鼠标左键并拖动至适合的大小即可。

2. 剪贴画与图片

剪贴画和图片是幻灯片中比较常用的图形对象。

1) 插入剪贴画

剪贴画是 Office 中自带的图片，在所有的 Office 组件中都可以使用。

(1) 选中要插入剪贴画的幻灯片，单击“插入”选项卡，然后在“图像”组中单击“剪贴画”按钮，打开“剪贴画”窗格。

(2) 在“搜索文字”文本框中输入需要插入剪贴画的名称，然后单击“搜索”按钮。或是直接按 Enter 键。

(3) 将符合搜索文字相关的剪贴画显示在窗格下方，单击剪贴画，就将其插入到幻灯片中。

2) 插入图片

选择需要插入图片的幻灯片，单击“插入”选项卡，然后在“图像”组单击“图片”按钮。再在弹出的“插入图片”对话框中，选择需要插入的图片，单击“插入”按钮即可。

3. SmartArt 图形

选择要插入 SmartArt 图形的幻灯片，单击“插入”选项卡，然后在“插图”组中单击 SmartArt 按钮。再在弹出的“选择 SmartArt 图形”对话框中选择满足用户需要的 SmartArt 图形。

4. 艺术字

选择要插入艺术字的幻灯片，单击“插入”选项卡，然后在“文本”组中单击“艺术字”按钮，再在弹出的下拉列表中选择一种艺术字样式，在弹出的文本框中输入艺术字内容。最后，单击文本框以外的任意地方结束艺术字的输入。

5. 自选图形

选择要插入自选图形的幻灯片,单击"插入"选项卡,然后在"插图"组中单击"形状"按钮,再在弹出的下拉列表中选择一种图形,此时指针变成+形状。在幻灯片中按住鼠标左键并拖动,至适合位置后松开左键,即可绘制出相应的图形。

6. 表格

选中要插入表格的幻灯片,单击"插入"选项卡,然后在"表格"组单击"表格"按钮,再在弹出的下拉列表中选择表格的行数和列数,释放鼠标左键,即会在选中的幻灯片中插入表格。

7. 图表

选中要插入图表的幻灯片,单击"插入"选项卡,然后在"插图"组中单击"图表"按钮。再在弹出的"插入图表"对话框中,选择图表的类型,然后单击"确定"按钮。所选样式的图表即会插入到选定幻灯片中。同时,应用程序会自动打开与图表数据相关联的工作簿,并提供了默认数据。

根据需要,在工作表中输入相应的数据,然后关闭工作簿。

返回当前幻灯片,即可看见所插入的图表。

8. 多媒体对象

一个好的演示文稿除了有文字和图片外,还少不了在其中加入一些多媒体对象,如视频片段、声音特效等。加入这些内容可以让演示文稿更加生动活泼、丰富多彩。

1) 影片

选择需要插入视频的幻灯片,单击"插入"选项卡,然后在"媒体"组中单击"视频"下拉按钮,再在弹出的下拉列表中选择视频的来源,例如选择"文件中的视频"。在"插入视频文件"对话框中选择要插入的视频,然后单击"插入"按钮。

2) 声音

选择需要插入声音的幻灯片,单击"插入"选项卡,然后在"媒体"组中单击"音频"下拉按钮,再在弹出的下拉列表中选择音频的来源,例如选择"文件中的音频"。在"插入音频"对话框中选择要插入的声音,然后单击"插入"按钮。

3.3.5 幻灯片设计

在播放演示文稿时,非常重要的一点就是演示文稿的美化程度。其中包括演示文稿的主题设计、母版的设计等,通过这些设置,可以让一篇演示文稿拥有一个夺目的外表。

1. 版式

幻灯片版式是幻灯片内容的布局结构,并指定某张幻灯片上使用哪些占位符框,以及应该摆放在什么位置。在编辑幻灯片的过程中,如果需要将它们更改为其他版式,可通过以下方式实现。

在“普通视图”或“幻灯片浏览”视图模式下，选中需要更换版式的幻灯片，单击“开始”选项卡，然后在“幻灯片”组中单击“版式”按钮，再在弹出的下拉列表中选择需要的版式即可，如图 3.167 所示。

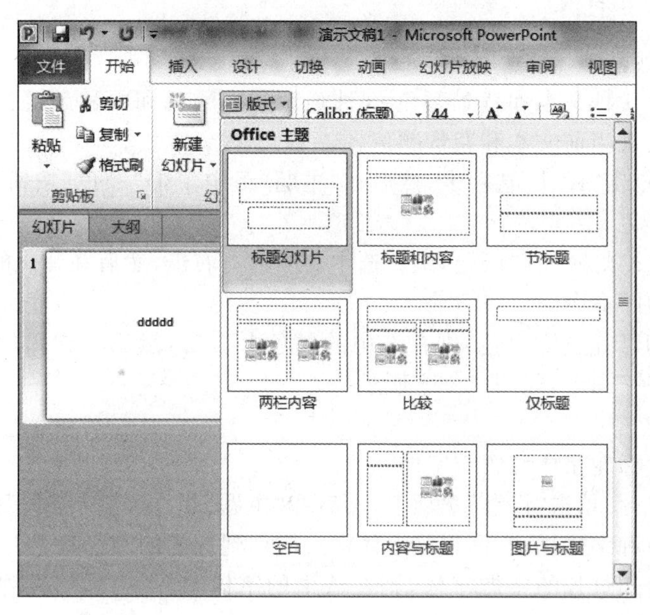

图 3.167 “版式”按钮

在视图窗格的“幻灯片”选项卡中，右击需要更换版式的幻灯片，然后在弹出快捷菜单中选择“版式”命令，在弹出的下一级列表中选择需要的版式即可。

2. 主题

用户可利用 PowerPoint 内置的主题来美化幻灯片效果。

1) 使用默认主题

选定要修改的幻灯片，单击“设计”选项卡，然后在“主题”组中单击按钮，可以预览内置的主题，如图 3.168 所示。

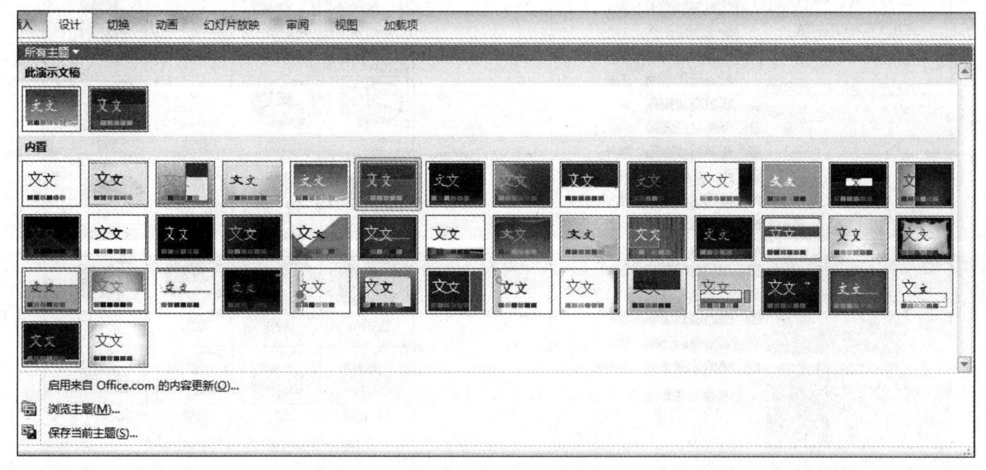

图 3.168 内置的主题

若要为某一张幻灯片设置主题，则选中该幻灯片，然后右击选择的主题，在弹出的快捷菜单中选择“应用于所选幻灯片”命令。

若要为所有幻灯片设置主题，则右击选择的主题，在弹出的快捷菜单中选择“应用于所有幻灯片”命令。

2）设置主题颜色

主题颜色包括4种文本和背景颜色、6种强调文字颜色和两种超链接颜色。“颜色”按钮上显示的颜色代表当前文本和背景颜色。

选取幻灯片，单击“设计”选项卡，然后在“主题”组中单击“颜色”按钮，再从弹出的下拉列表中选择一种颜色。

若要为某一张幻灯片设置颜色，则在选中的颜色上右击，然后在弹出的下拉列表中选择“应用于所选幻灯片”命令。

若要为所有幻灯片设置颜色，则在选中的颜色上右击，然后在弹出的下拉列表中选择“应用于所有幻灯片”命令，如图3.169所示。

3）主题字体

主题字体包含标题字体和正文字体。

选中某张幻灯片，单击“设计”选项卡，然后在“主题”组中单击“字体”按钮，再在弹出的下拉列表中选择一种字体样式，即将该字体样式应用到选定的幻灯片上。

若要设置所有幻灯片的主题字体，则在选中的字体上右击，然后在弹出的列表中选择“应用于所有幻灯片”命令。

4）主题效果

主题效果是线条和填充效果的组合。

单击“设计”选项卡，然后在“主题”组中单击“效果”按钮，再在弹出的下拉列表中选择其中一种效果即可，如图3.170所示。

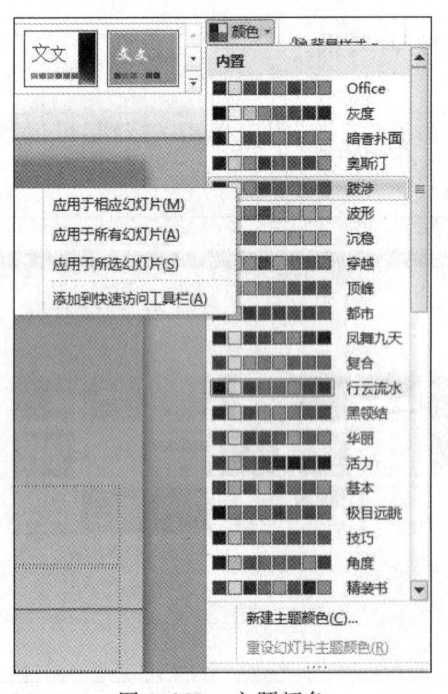

图3.169 主题颜色

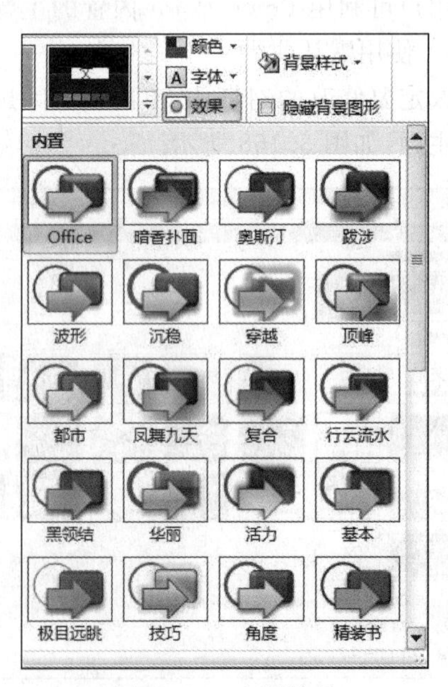

图3.170 主题效果

3. 母版

母版是 PowerPoint 中的一种特殊的幻灯片，它用于控制演示文稿中各幻灯片的某些共有的格式(如文本格式、背景格式)或对象。

幻灯片中的母版用于统一整个演示文稿格式。因此，只需要对母版进行修改，即可完成对多张幻灯片的外观进行改变。

单击“视图”选项卡，然后在“母版视图”中单击“幻灯片母版”按钮，即可切换到幻灯片母版视图中，如图 3.171 所示。用户可通过单击“幻灯片母版”选项卡“关闭”组中的“关闭母版视图”按钮，关闭母版视图。

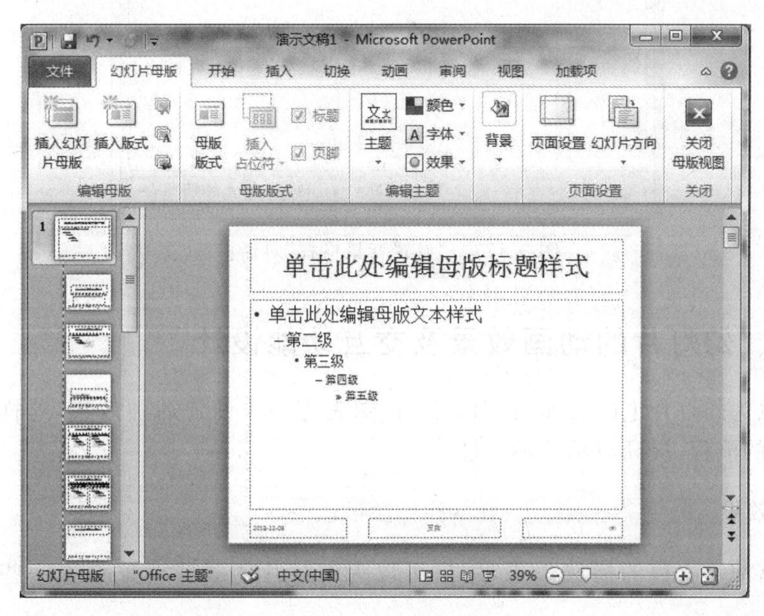

图 3.171 幻灯片母版

4. 背景

选择要修改背景的幻灯片，单击“设计”选项卡，然后在“背景”组中单击“背景样式”按钮。再在弹出的下拉列表中右击需要的背景样式，如图 3.172 所示，若在弹出的快捷菜单中选择“应用于所选幻灯片”命令则将选定的背景样式应用在所选幻灯片上。若在弹出的快捷菜单中选择“应用于所有幻灯片”命令，则将修改应用到所有幻灯片上。

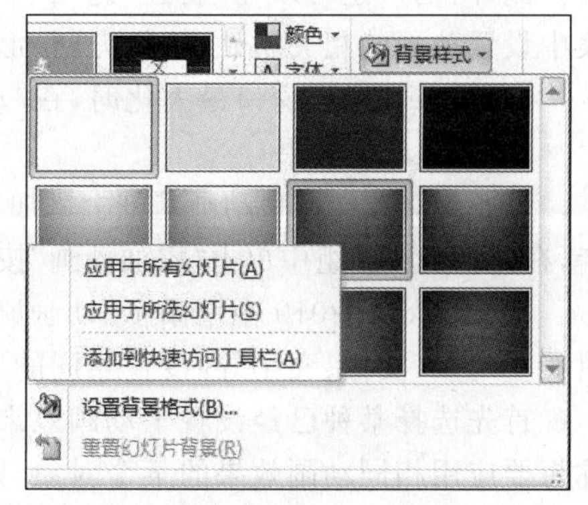

图 3.172 背景样式

在弹出的下拉列表中，若选择“设置背景格式”命令，则将弹出“设置背景格式”对话框，如图 3.173 所示。此外，用户还可以通过单击“设计”选项卡“背景”组右下角的 按钮，在弹出的“设置背景格式”对话框中进行设置。或者在选中的幻灯片上右击，然后在弹出的快捷菜单中选择“设置背景格式”命令，也会弹出“设置背景格式”对话框。

图 3.173 “设置背景格式”对话框

3.3.6 幻灯片的动画效果及交互功能设计

用户可以为幻灯片上的文本、图片、表格、图表等对象设置动画效果,这样可以突出重点、控制信息的流程、提高演示的趣味性。

1. 动画效果

为了丰富演示文稿的播放效果,用户可以为幻灯片的某些对象设置一些特殊的动画效果。

1) 设置动画效果

选择要设置动画的对象,单击“动画”选项卡,然后在“动画”组中单击“动画样式”按钮,在其下拉列表中可以看到动画样式,包括“进入”“退出”“强调”和“动作路径”4 类动画,如图 3.174 所示。单击需要的动画效果,即会将此动画应用到选定对象上。

用户可以通过“动画”选项卡“预览”组中的“预览”按钮,预览动画效果。

此外,用户还可以在“动画”选项卡“动画”组中,单击“效果选项”按钮,然后在弹出的列表中设置动画的相关属性,例如方向、形状等。

在 PowerPoint 窗口最大化时,在“动画”组中可以直接预览一部分动画样式。

2) 添加动画效果

若要为对象在原来动画基础上增加其他的动画效果,则应选中对象,然后单击“动画”选项卡,在“高级动画”组中单击“添加动画”按钮,在弹出的下拉列表中选择需要添加的动画即可。

PowerPoint 2010 中增添了“动画刷”,用它可以轻松快速地复制动画效果,大大方便了对同一对象(图像、文字等)设置相同的动画效果/动作方式工作。

首先选择某种已经设置了动画效果的某个对象(文字或图像等),单击动画刷,然后单击你想要应用相同动画效果的某个对象,则两者动画效果/动作方式完全相同,单击完成之后动画刷就没有了,鼠标恢复正常形状,再次使用还需要再次单击动画刷图标。

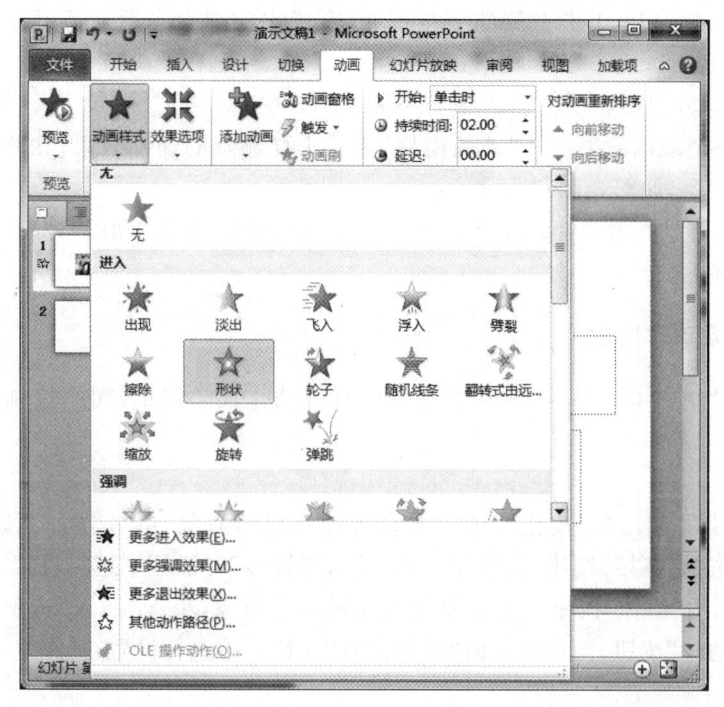

图 3.174　动画样式

双击动画刷步骤与“单击动画刷”相同，只是双击后可以多次应用动画刷。要取消只需再次单击“动画刷”即可。

3）动画窗格

单击“动画”选项卡，在“高级动画”组中单击“动画窗格”按钮，即可在窗口右侧出现“动画窗格”，在其中可以看到每个动画前都会有一个播放编号，如图 3.175 所示。

图 3.175　动画窗格

选中某个动画效果,单击右侧的下拉按钮,在弹出的列表中用户还可以进行更多的操作,如图 3.176 所示。

4) 取消动画效果

(1) 取消某个动画效果。在“动画窗格”中右击要删除的动画效果,在弹出的快捷菜单中选择“删除”命令,如图 3.176 所示。

(2) 取消所有动画效果。选中要取消动画效果的对象,单击“动画”选项卡,在“动画”组中选择动画样式“无”。

2. 超链接及动作按钮

对于幻灯片中文本对象、图片对象等可以设置动作或超链接,用于控制幻灯片放映的顺序。

1) 超链接

方法一:利用“超链接”按钮。选中要设置超链接的对象,单击“插入”选项卡,然后在“链接”组中单击“超链接”按钮,再在弹出的“插入超链接”对话框中进行设置。

方法二:利用“动作”按钮。选中要设置超链接的对象,单击“插入”选项卡,然后在“链接”组中单击“动作”按钮,再在弹出的“动作设置”对话框中进行设置,如图 3.177 所示。

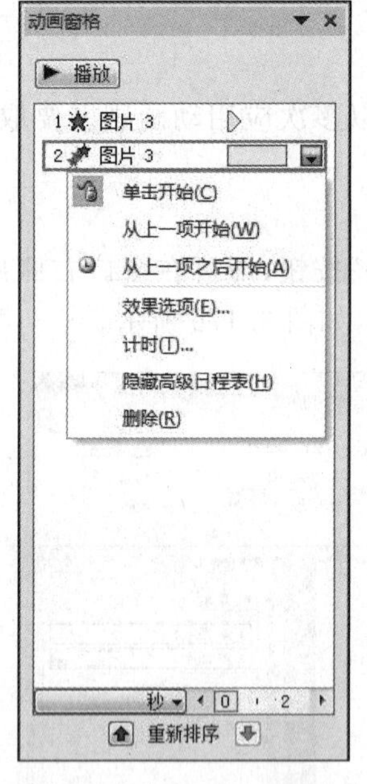

图 3.176 动画效果更多操作

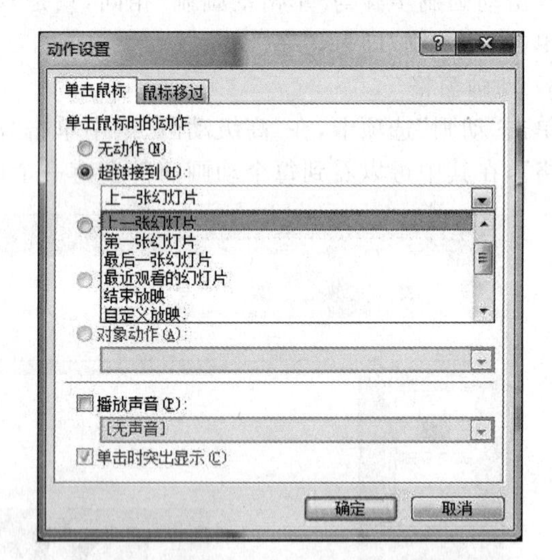

图 3.177 “动作设置”对话框

2) 动作按钮

选中要插入动作按钮的幻灯片,单击“插入”选项卡,然后在“插图”组中单击“形状”按钮,再在弹出的下拉列表中选择“动作按钮”一栏下的某个动作按钮。随后光标变成十字形状,拖动鼠标即可在选中的幻灯片中绘制所需的动作按钮。在弹出的“动作设置”对话框中进行设置,如图 3.177 所示。

3. 幻灯片切换

幻灯片间切换效果是指幻灯片放映时由前一张幻灯片切换至本张幻灯片的动画效果。

在普通视图的“幻灯片”选项卡中，选取一张或多张要添加同样切换效果的幻灯片。

单击“切换”选项卡，然后在“切换到此幻灯片”组中选择需要的切换效果，同时在“切换到此幻灯片”组中单击“效果选项”按钮，设置切换方向等属性。

同时，用户还可以在“计时”组中设置切换动画持续的时间、换片方式以及换片时伴随的声音效果等。

若所有的幻灯片要应用同一种切换效果，则在“计时”组中单击“全部应用”按钮。

若要取消幻灯片的切换效果，则在普通视图的“幻灯片”选项卡中，选取一张或多张要取消切换效果的幻灯片，单击“切换”选项卡，然后在“切换到此幻灯片”组中单击“无”即可。

3.3.7 演示文稿放映

在放映幻灯片前，可以设置幻灯片的放映方式，用户可以根据不同场合的需要选择不同的放映方式，也可以通过自定义放映的形式来有选择地放映演示文稿中的部分幻灯片。

1. 放映方式与放映时间

1) 设置放映方式

单击“幻灯片放映”选项卡，然后在“设置”组中单击“设置幻灯片放映”按钮，打开“设置放映方式”对话框，如图 3.178 所示。

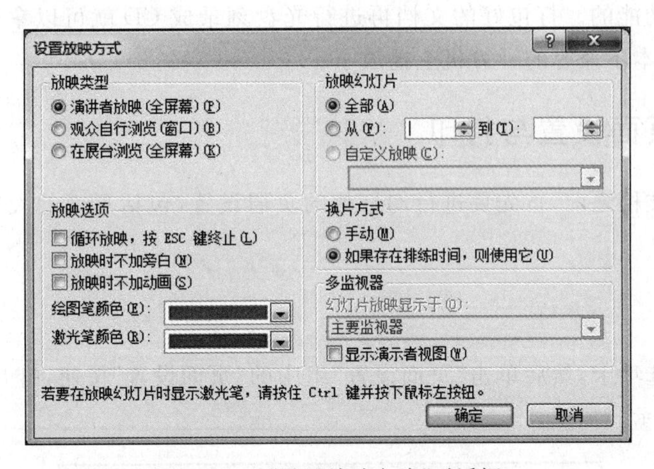

图 3.178 “设置放映方式”对话框

在其中可以设置 3 种放映方式，同时可以对每种方式进行相应的设置。

(1) 演讲者放映(全屏幕)。这是默认的放映方式，全屏显示放映，演讲者具有对放映的完全控制，用上下箭头键就可以控制幻灯片的放映。

(2) 观众自行浏览(窗口)。在标准窗口中运行放映，在这种方式下观众自行浏览幻灯片。

(3) 在展台浏览(全屏幕)。自动全屏放映。观众可以单击超链接和动作按钮的操作，但不能更改演示文稿。

2) 放映时间

默认情况下，在放映演示文稿时需要单击才会播放下一个动画或下一张幻灯片。若希望当前动画或幻灯片播放完毕后自动播放下一个动画或下一张幻灯片，可以设置幻灯片的放映时间。

选择幻灯片，单击“切换”选项卡，在“计时”组的“换片方式”一栏中，勾选“设置自动换片时间”复选框，然后在右侧的数值框中设置幻灯片的切换时间。同样方式设置其余的幻灯片。若设定的时间小于该页动画时间，则在动画播放完后自动切换至下页；若大于动画时间，则在设定时间后自动切换至下一页。

2. 打包演示文稿

在 PowerPoint 中打开想要打包的 PPT 演示文档，PowerPoint 2010 中提供了一个打包为 CD 的功能，单击“文件”按钮，找到“保存并发送”，在右侧窗口有个“将演示文稿打包成 CD”，单击最右侧“打包成 CD”按钮。接下来在弹出的“打包成 CD”窗口中，可以选择添加更多的 PPT 文档一起打包，也可以删除不要的打包的 PPT 文档。单击“复制到文件夹”按钮，之后弹出的是选择路径跟演示文稿打包后的文件夹名称，可以选择想存放的位置路径，也可以保存默认不变，系统默认有“在完成后打开文件夹”的功能，不需要可以取消掉前面的勾。单击“确定”按钮后，系统会自动运行打包复制到文件夹程序，在完成之后自动弹出打包好的 PPT 文件夹，其中看到一个 AUTORUN. INF 自动运行文件，如果打包到 CD 光盘上的话，是具备自动播放功能的。打包好的文档再进行光盘刻录成 CD 就可以拿到没有 PPT 的计算机或者 PPT 版本不兼容的计算机上播放了。

3.3.8 页面设置与打印

在打印演示文稿之前，首先要进行幻灯片的页眉设置，包括页面的大小、宽度、高度、编号和方向等。

1. 页面属性

单击“设计”选项卡，然后单击“页面设置”组中的“页面设置”按钮，打开“页面设置”对话框，如图 3.179 所示。

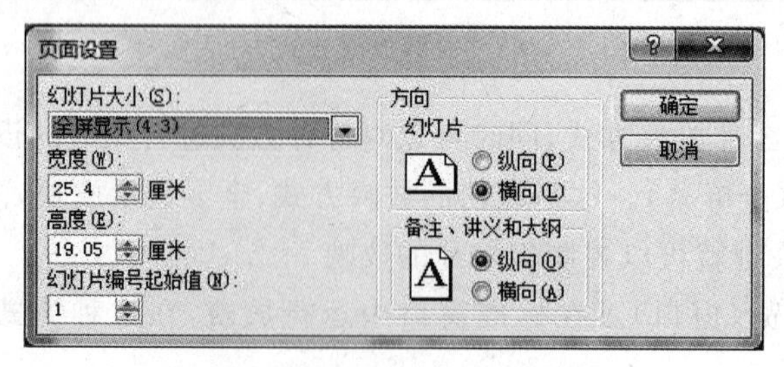

图 3.179 “页面设置”对话框

用户可以通过“幻灯片大小”下拉列表框设置幻灯片的大小，也可以直接设置幻灯片的高度和宽度。

用户还可以设置幻灯片编号起始值、幻灯片的方向。

2. 页眉和页脚

在幻灯片中和在 Word 文档中一样，也可以添加页眉页脚。

选中要设置页眉和页脚的幻灯片，单击“插入”选项卡，然后在“文本”组中单击“页眉和页脚”按钮，随即打开“页眉和页脚”对话框，如图 3.180 所示。

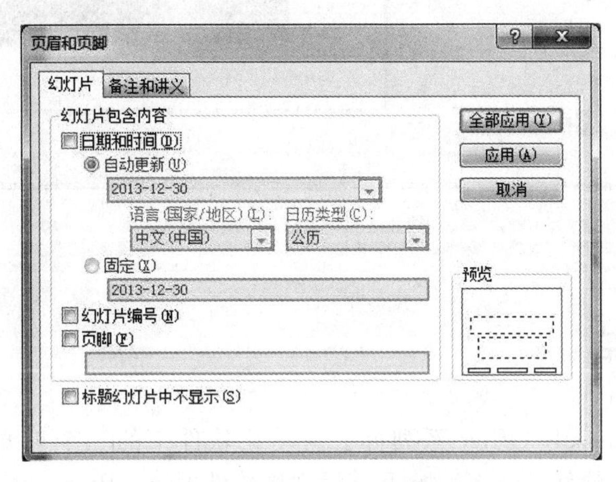

图 3.180 “页眉和页脚”对话框

勾选“日期和时间”复选框，可以为选中的幻灯片添加日期和时间。若选中“自动更新”单选按钮，则幻灯片中的日期在打开幻灯片时自动更新。若选中“固定”单选按钮，则为幻灯片添加一个固定的日期。

勾选“幻灯片编号”复选框，则在幻灯片中显示幻灯片的编号。当添加或删除幻灯片时编号会自动更新。

勾选“页脚”复选框，可以在下方文本框中输入内容。

若选中“标题幻灯片中不显示”复选框，则在标题幻灯片中不显示页眉和页脚。

3. 打印

对需要打印的演示文稿设置完毕并检查无误后，便可打印演示文稿。

单击“文件”按钮，在左侧导航栏中选择“打印”选项卡，即可在中间显示打印选项，在右侧显示打印效果，如图 3.181 所示。

在“份数”数值框中设置需要打印的份数。

单击“打印全部幻灯片”按钮，然后在弹出的列表中选择幻灯片的打印范围，是全部幻灯片还是部分幻灯片。

单击“整页幻灯片”按钮，在弹出的列表中可以选择打印版式和每页打印几张幻灯片。

用户可以通过单击“颜色”按钮，然后从弹出的列表中设置打印颜色。

图 3.181 “打印”窗口

3.4 本章小结

本章介绍了 Microsoft Office 系列办公自动化软件中的三个重要成员：字处理软件 Word 2010、电子表格软件 Excel 2010 和演示文稿软件 PowerPoint 2010。Word 2010 部分主要介绍如何使用 Word 对文档进行操作设置；Excel 2010 部分主要介绍如何使用 Excel 电子表格处理软件，在工作表中对复杂的数据内容进行操作与处理；PowerPoint 2010 部分主要介绍如何使用演示文稿将需要展示的文档、图形或图片等内容进行展示，并以幻灯片的形式进行播放，从而方便用户的浏览与查看。

在知识点的介绍中贯穿了多个小实例内容，通过日常工作中常见的事务为用户介绍如何使用软件中的各项操作设置功能，进而掌握各功能的用法。通过对本章的学习，使用户了解常用办公软件的功能；熟练掌握常用功能的操作技巧；学会建立、保存和管理文档，达到在实际生活中自如运用办公软件解决实际问题的目的。

习题 3

1. 简述保存 Word 文档的方法。
2. Word 对文本的修饰都包括哪些？
3. 简述在 Word 中复制文本的方法。
4. 在 Word 中怎样将多个文本框或图片合并成一体？
5. Word 对页面可进行哪些设置？
6. 简述 Word 设置页眉/页脚的方法。
7. 对已建好的 Word 表格可以进行哪些修饰？
8. Word 表格的排序可以按哪些顺序进行？

9. 怎样设置一个新样式？

10. 简述 Word 模板的作用。

11. 简述按工作表中某一字段进行升序排序的方法。

12. 如何将行、列、工作表隐藏？

13. 简述在工作簿中插入一个嵌入式簇状柱形图的方法。

14. 在工作簿中怎样对插入的簇状图进行修饰？

15. 如何给工作表更名？

16. 简述向幻灯片中插入图片的方法。

17. 简述在演示文稿中删除幻灯片的方法。

18. 如何设置循环播放幻灯片？

19. 如何更改幻灯片的配色方案？

20. 在演示文稿中，动作按钮的链接有哪几种方式？

第4章 计算机网络与应用

本章学习目标

- 了解计算机网络基础知识。
- 熟练掌握浏览器的使用和计算机网络资源的使用。
- 了解电子商务、物联网与云计算的基础知识。

本章向读者介绍计算机网络的基础、计算机网络资源的使用、浏览器的使用方法及电子商务、物联网与云计算的基础知识。

4.1 计算机网络简介

计算机网络是现代计算机技术与通信技术密切结合的产物，在当今的信息时代，社会对信息共享和信息传递日益增强，网络已经成为信息社会的命脉，计算机网络日益成为现代社会中各行业不可或缺的一部分。计算机网络就是利用通信设备和线路将地理位置不同的、功能独立的多个计算机系统互联起来，以功能完善的网络软件(即网络通信协议、信息交换方式和网络操作系统等)实现网络中资源共享和信息传递的系统。

4.1.1 计算机网络的形成与发展

计算机网络经历了由简单到复杂、由低级到高级的发展过程。

1. 计算机网络的发展过程

纵观计算机网络的发展的历史，大致可以划分为四个阶段：

第一阶段是远程终端联机阶段。1954 年伴随着终端的出现，人们将地理位置分散的多个终端通信线路连接到一台中心计算机上，用户可以在自己的办公室内的终端上输入程序和数据，通过通信线路传送到中心计算机，通过分时访问技术使用资源进行信息处理，处理结果再通过通信线路回送到用户终端显示或通过打印机打印。

第二阶段是以通信子网为中心的计算机网络。1968 年 12 月，美国国防部高级研究计划署(Advanced Research Projects Agency，ARPA)的计算机分组交换网 ARPANET 投入运行，它标志着计算机网络的发展进入了一个新纪元。ARPANET 也使得计算机网络的概念发生了根本性的变化。用户不但共享通信子网资源，而且还可以共享用户资源子网丰富的硬件和软件资源。

第三阶段是网络体系结构和网络协议的开放式标准化阶段。国际标准化组织(International Standard Organization,ISO)的计算机与信息处理标准化技术委员会TC87成立了一个专门研究此问题的分委员会,研究网络体系结构和网络协议国际标准化问题。

目前的计算机网络发展正处于第四阶段。进入20世纪80年代,计算机技术、通信技术以及建立在计算机和网络技术基础上的计算机网络技术得到了迅猛的发展,因特网作为覆盖全球的信息基础设施之一,已经成为人类最重要的、最大的知识宝库。互联、高速、智能计算机网络正成为最新一代的计算机网络的发展方向。

2. 计算机网络的用途

计算机网络使计算机的作用超越了时间和空间的限制,对人们的生活产生着越来越深远的影响。当前计算机网络主要具有以下用途:

1) 计算机通信

使不同地区的网络用户可通过网络进行对话,实现终端与计算机、计算机与计算机之间可互相交换数据和信息。

2) 资源共享

凡是入网用户均能享受网络中各个计算机系统的全部或部分软件、硬件和数据资源,为最本质的功能。

3) 分布式处理

将一个复杂的任务分解,然后放在多台计算机上进行处理,降低软件设计的复杂性,提高效率降低成本。

4) 负载分担

当网络中某一局部负荷过重时,可将某些任务传送给其他的计算机去处理,以均匀负载。

5) 集中管理

对地理位置上分散的组织和部门,通过计算机网络实现集中管理。

3. 计算机网络的分类

计算机网络类型的划分方法有许多种,按照计算机网络覆盖区域大小划分,可以划分为局域网(Local Area Network,LAN)、城域网(Metropolitan Area Network,MAN)和广域网(Wide Area Network,WAN)3种。

1) 局域网

局域网指覆盖在较小的局部区域范围内,将内部的计算机、外部设备互联构成的计算机网络。一般比较常见于一个房间、一个办公室、一幢大楼、一个小区、一个学校或者一个企业园区等,总之它所覆盖的范围相对较小。局域网有以太网(Ethernet)、令牌环网、光纤分布式接口网络几种类型,目前最为常见的局域网大多是采用以太网标准的以太网。以太网的传输速率从10Mb/s到10Gb/s。

2) 城域网

城域网的规模局限在一座城市的范围内,一般是一个城市内部的计算机互联构成的城市地区网络。城域网比局域网覆盖的范围更广,连接的计算机更多,可以说是局域网在城市范围内的延伸。在一个城市区域,城域网通常由多个局域网构成。这种网络的连接距离在10～100km的区域。

3) 广域网

广域网覆盖的地理范围更广,它一般是由不同城市和不同国家的局域网、城域网互联构成。网络覆盖跨越国界、洲界,甚至遍及全球范围。局域网是组成其他两种类型网络的基础,城域网一般都加入了广域网。广域网的典型代表是因特网。

4.1.2 计算机网络体系结构与协议

ISO(国际标准化组织)定义了网络互联的7层框架。遵照这个共同的开放模型,各个网络产品生产厂商就可以开发兼容的网络产品,开放系统互联模型的建立,大大推动了网络通信的发展。

1. OSI参考模型

早期计算机网络刚刚出现的时候,很多大型的公司都拥有了网络技术,公司内部计算机可以相互连接。可是却不能与其他公司连接,因为没有一个统一的规范。计算机之间相互传输的信息对方不能理解。为使不同计算机厂家的计算机能够互相通信,以便在更大的范围内建立计算机网络,有必要建立一个国际范围的网络体系结构标准。OSI参考模型将计算机网络划分为7层,由下至上依次是物理层、数据链路层、网络层、传输层、会话层、表示层和应用层,如图4.1所示。

应用层
表示层
会话层
传输层
网络层
数据链路层
物理层

图4.1 OSI参考模型

2. OSI参考模型各个层次划分遵循原则

(1) 网络中各结点都有相同的层次。

(2) 不同结点的同等层具有相同的功能。

(3) 同一结点内相邻层之间通过接口通信。

(4) 每一层使用下层提供的服务,并向其上层提供服务。

(5) 不同结点的同等层按照协议实现对等层之间的通信。

4.1.3 局域网拓扑结构

网络的拓扑结构是抛开网络物理连接来讨论网络系统的连接形式,它反映了网络的整体结构及各模块间的关系,网络中各站点相互连接的方法和形式称为网络拓扑。拓扑图给出网络服务器、工作站的网络配置和相互间的连接,它的结构主要有星型结构、总线型结构、树型结构、网状结构等。

1. 星型拓扑结构

星型拓扑结构是通过中心转发设备向四周连接的链路结构,任何两个普通结点之间都只能通过中心转发设备进行转接。它具有如下特点：结构简单，便于管理；控制简单，便于建网。网络延迟时间较小，传输误差较低。但缺点也是明显的：通信线材消耗较多，成本高，中央结点负载较重，中心转发设备出故障会引起全网瘫痪，如图 4.2 所示。

2. 环型拓扑结构

环型结构由网络中所有结点通过点到点的链路首尾相连形成一个闭合的环，所有的链路都按同一方向围绕着环进行循环传输，信息从一个结点传到另一个结点。特点是：信息流在网络中是沿着固定方向流动的，其传输控制简单，实时性强，但是可靠性差，不便于网络扩充，某个结点出故障就可以破坏全网的通信，如图 4.3 所示。

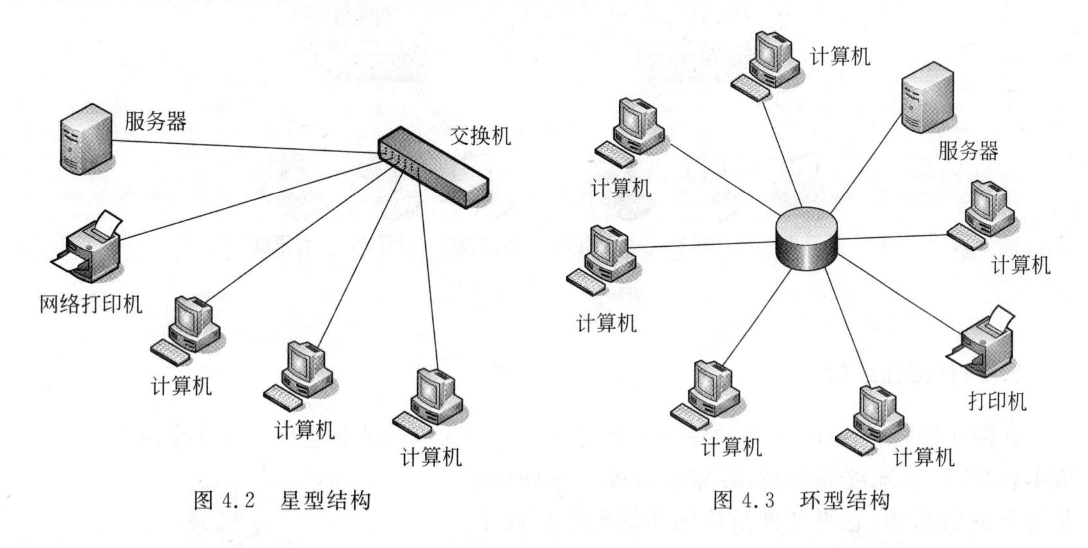

图 4.2　星型结构　　图 4.3　环型结构

3. 总线型拓扑结构

总线结构是指所有接入网络的设备均连接到一条公用通信传输线路上，传输线路上的信息传递总是从发送信息的结点开始向两端扩散。为了防止信号在线路终端发生反射，需要在两端安装终结器。

总线型结构的网络特点是结构简单、可充性好、用的电缆少、安装容易。缺点是当其中任何一个连接点发生故障，都会造成全线的瘫痪。故障诊断困难、故障隔离困难。一般只被用于计算机数量很少的网络，如图 4.4 所示。

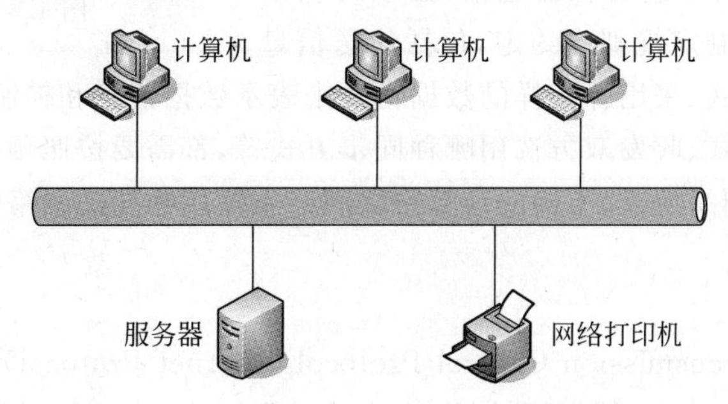

图 4.4　总线型结构

4. 树型拓扑结构

树型结构是分级的集中控制式网络，与星型相比，它的通信线路总长度短，成本较低，结点易于扩充，寻找路径比较方便，但除了叶结点及其相连的线路外，任意结点或其相连的线路故障都会使系统受到影响，如图 4.5 所示。

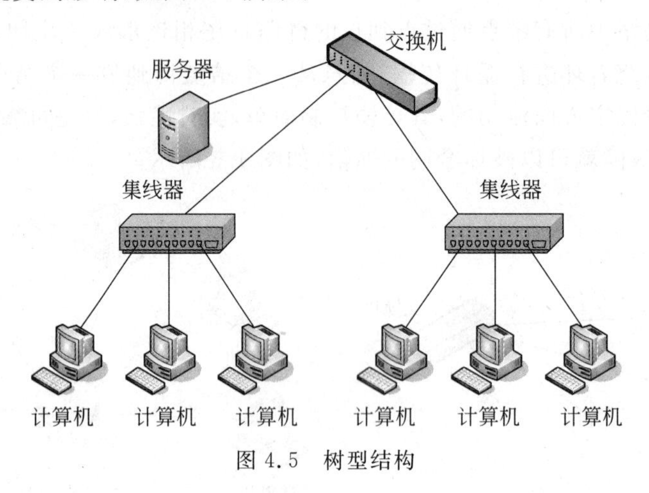

图 4.5 树型结构

5. 网状拓扑结构

在网状拓扑结构中，网络的每台设备之间均由点到点的链路连接。这种连接安装复杂，成本较高，但系统可靠性高，容错能力强。互联网就是这种网状结构，它将各种结构的局域网连接起来，组成一个大的网络，如图 4.6 所示。

以上各种拓扑结构都有其实用价值，对不同的需求采用不同拓扑结构，一个大的网络往往是几种结构的组合使用。

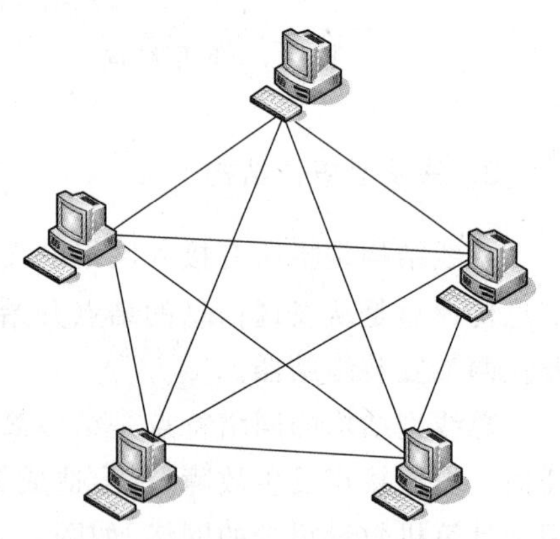

图 4.6 网状结构

4.1.4 网络协议与 IP 地址

在计算机网络中，两个相互通信的实体处在不同的地理位置，其上的两个进程相互通信，必须对整个通信过程的各个环节制定规则或约定，包括传送信息采用哪种数据交换方式、采用什么样的数据格式来表示数据信息和控制信息、若传输出错则采用哪种差错控制方式、收发双方选用哪种同步方式等，都需要按照预先共同约定好的规则进行，这些规则就是网络协议，不同的计算机之间必须使用相同的网络协议才能进行通信。

1. TCP/IP 协议

TCP/IP 协议(Transmission Control Protocol/Internet Protocol)叫做传输控制/网际协议，这个协议是 Internet 国际互联网络的基础。TCP/IP 在计算机网络体系结构中占有非常重要的地位，是 Internet 的核心。TCP 和 IP 是其中最重要的两个协议，即传输控制协议(TCP)和网际协议(IP),现在 TCP/IP 成了一组协议的代名词。它将网络体系结构分为四层,即网络接口层、互联层、传输层和应用层。

2. IP 地址

通过 TCP/IP 协议进行通信的计算机之间,为了确保计算机在网络中能相互识别,网络中的每台计算机都必须有一个唯一的标识,即 IP 地址。按照 TCP/IP 协议规定,IP 地址长 32b,平均分成四段,每段由 8 位二进制数组成,为便于书写,将每段 8 位二进制数用十进制数表示,中间用小数点分开,每组数字介于 0～255 之间,如 192.168.0.1、10.0.0.1 等。IP 地址按网络规模的大小主要可分成三类:A 类地址、B 类地址、C 类地址。

1) A 类 IP 地址

一个 A 类 IP 地址由 1 字节的网络地址和 3 字节主机地址组成,网络地址的最高位必须是"0",地址范围从 1.0.0.0 到 126.0.0.0。可用的 A 类网络有 126 个,每个网络能容纳 1 亿多个主机。

2) B 类 IP 地址

一个 B 类 IP 地址由 2 个字节的网络地址和 2 个字节的主机地址组成,网络地址的最高位必须是"10",地址范围从 128.0.0.0 到 191.255.255.255。可用的 B 类网络有 16382 个,每个网络能容纳 6 万多个主机。

3) C 类 IP 地址

一个 C 类 IP 地址由 3 字节的网络地址和 1 字节的主机地址组成,网络地址的最高位必须是"110"。范围从 192.0.0.0 到 223.255.255.255。C 类网络可达 209 万余个,每个网络能容纳 254 个主机。

3. 域名

域名(Domain Name)是由一串用点分隔的名字组成的 Internet 上某一台计算机或计算机组的名称,用于在数据传输时标识计算机的电子方位(有时也指地理位置,地理上的域名,指代有行政自主权的一个地方区域)。域名可以作为 IP 地址的"面具"。一个域名的目的是便于记忆和沟通的一组服务器的地址(网站、电子邮件、FTP 等)。

由于网络是基于 TCP/IP 协议进行通信和连接的,每一台主机都有一个唯一的标识固定的 IP 地址,由于 IP 地址是数字标识,使用时难以记忆和书写,因此在 IP 地址的基础上又发展出一种符号化的地址方案,来代替数字型的 IP 地址。每一个符号化的地址都与特定的 IP 地址对应,这样网络上的资源访问起来就容易得多了。这个与网络上的数字型 IP 地址相对应的字符型地址,就被称为域名。以"百度"域名为例,标号"baidu"是这个域名的主域名体,而最后的标号"com"则是该域名的后缀,代表的这是一个 com 国际域名,是顶级域名。

4.2 局域网

局域网(Local Area Network,LAN)是指在某一区域内由多台计算机互联成的计算机组。一般是方圆几千米以内。局域网可以实现文件管理、应用软件共享、打印机共享、工作组内的日程安排、电子邮件和传真通信服务等功能。局域网由网络硬件(包括网络服务器、网络工作站、网络打印机、网卡、网络互联设备等)和网络传输介质，以及网络软件所组成。

4.2.1 局域网的简介

一般把在有限的范围内，彼此之间的距离不太远的外部设备和通信设备互联在一起的网络系统称之为局域网。它可以是一个办公室内的几台计算机互相连接组成的网络，也可以是一栋楼房上下几百台、甚至上千台计算机互相连接而组成的网络。因此，这里所谓的“局域”，其实是指相互连接的计算机相对集中于某一区域。

4.2.2 局域网连接设备

网络连接设备用于将一个网络的几个网段(Segments)连接起来，或将几个网络(LAN-LAN，WAN-WAN，LAN-WAN)连接起来形成一个互联网络(Interwork or Internet)。常用的连接局域网设备主要有网卡、交换机与集线器、路由器等。

4.3 计算机网络资源使用

计算机网络资源是现代计算机网络的最主要的作用，它包括软件共享、硬件共享及数据共享。软件共享包括各种语言处理程序、应用程序和服务程序。硬件共享是指可在网络范围内提供对处理资源、存储资源、输入/输出资源等硬件资源的共享，特别是对一些高级和昂贵的设备，如巨型计算机、大容量存储器、绘图仪、高分辨率的激光打印机等的共享。

4.3.1 局域网中设置共享磁盘

通过网络实现资源共享是网络中最常见的应用，在小型家庭或办公网络中，实现磁盘共享也是常见的典型应用。下面通过实例介绍局域网中设置共享磁盘的过程。

(1) 打开“资源管理器”或“计算机”，找到你要共享的磁盘，在该磁盘上右击，在弹出的快捷菜单中选择“共享”命令，如图 4.7 所示。

(2) 进行磁盘共享设置，选择“共享”选项卡，如图 4.8 所示。

(3) 单击“高级共享”按钮，弹出“高级共享”对话框，选择“共享此文件夹”，并设置“共享名”。

(4) 单击“确定”按钮，完成共享设置。该磁盘前面会加一个“群”的图标，表示此磁盘可以通过网上邻居进行共享相关操作了。

4.3.2 局域网中设置共享打印机

当你的计算机安装了一台打印机，如果希望将此打印机在局域网中进行共享，可按照如下步骤。

(1) 单击“开始”按钮，选择“设备和打印机”命令，打开此窗口。

(2) 在“打印机和传真”窗口右击你要共享的打印机，在弹出的快捷菜单中选择“共享”

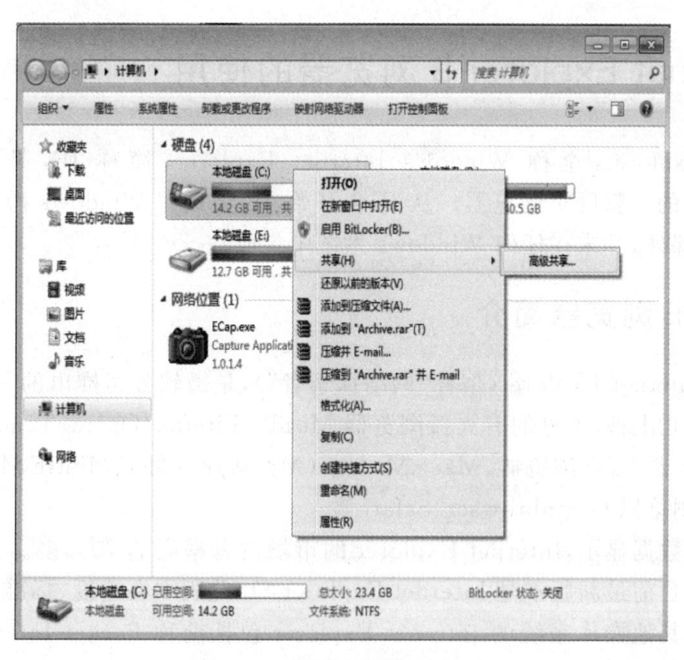

图 4.7　选择“高级共享”命令

命令，如图 4.9 所示。

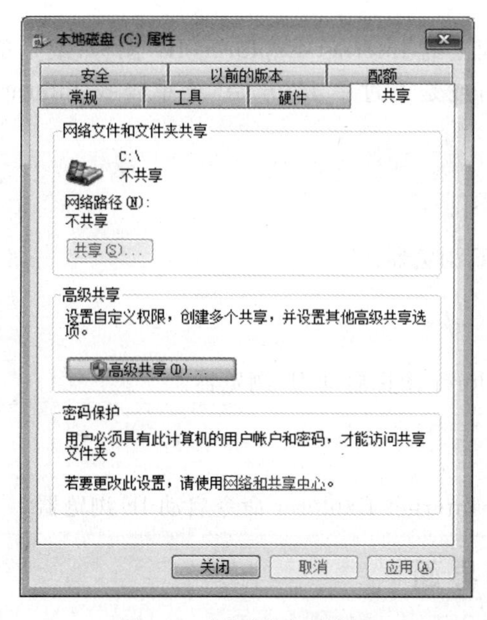

图 4.8　“共享”选项设置

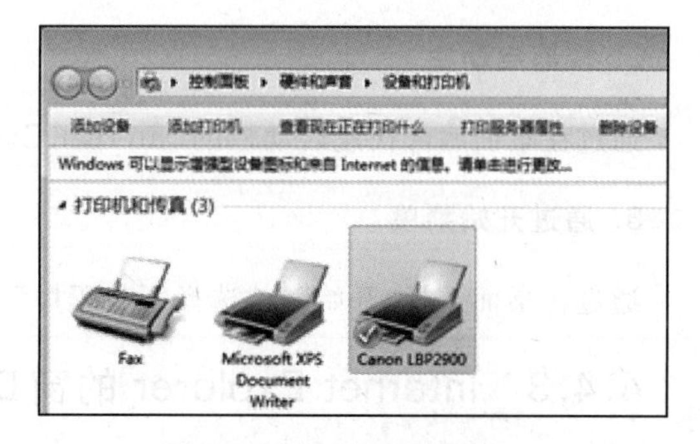

图 4.9　“打印机和传真”窗口

(3) 在打开的“打印机属性”对话框中选择“共享这台打印机”，在“共享名”中输入一个名字，单击“确定”按钮，完成打印机共享设置。

至此，打印机已被设置成共享，当同一局域网中的其他用户要使用此打印机，只需在他自己的计算机上按提示“安装网络打印机”后，便可与你共同使用此打印机。

4.4 Internet Explorer 9 浏览器的使用

Internet Explorer，全称 Windows Internet Explorer，简称 IE，是美国微软公司(Microsoft)推出的一款网页浏览器。从 IE 4 开始，IE 集成在 Windows 操作系统中作为默认浏览器(IE 9 除外，并未在任何 Windows 系统中集成)。

4.4.1 IE 浏览器简介

Windows Internet Explorer(俗称“网络探索者”)，是微软公司推出的一款网页浏览器。浏览器的种类有几十种，常见的有火狐浏览器 Mozilla-Firefox、Opera、Tencent Traveler(腾讯 TT)、360 浏览器、百度浏览器、MagicMaster (M2，魔法大师)、MiniIE、Thooe(随 E 浏览器)、遨游、绿色浏览器 Greenbrowser、Safari 等。

据有关统计数据显示，Internet Explorer 的市场占有率高达 70%多。它是使用最广泛的网页浏览器。目前最新版本是 Internet Explorer 11，此版本在速度、标准支持和界面均有很大的改善。在其他操作系统的 Internet Explorer 包括前称 Pocket Internet Explorer 的 Internet Explorer Mobile，用在 Windows Phone 及 Windows Mobile 上。

4.4.2 如何启动 IE 浏览器

启动 IE 浏览器的方法很简单，通过双击桌面上的 Internet Explorer(IE)图标，或是单击快速启动工具栏上的 Internet Explorer 按钮，或是通过单击“开始”菜单查找 Internet Explorer 图标，3 种方法均可启动 IE 浏览器。

1. 桌面快捷方式

在桌面上双击 Internet Explorer 图标启动 IE 浏览器。

2. 快速启动栏

通过在桌面底部快速启动栏的 Internet Explorer 图标启动 IE 浏览器。

3. 通过开始菜单

通过在桌面选择“开始”→“选择所有程序”→Internet Explorer 命令启动 IE 浏览器。

4.4.3 Internet Explorer 的窗口界面

在网上进行网页浏览时，主要通过 Internet Explorer 来完成。Internet Explorer 提供了直观、方便、友好的用户界面，如图 4.10 所示。

1. IE 浏览器的窗口组成

(1) 标题栏。显示浏览器当前正在访问网页的标题。

(2) 菜单栏。包含了在使用浏览器浏览时，能选择的各项命令。

图 4.10 IE 浏览器的窗口组成

(3) 工具栏。包括一些常用的按钮,如前后翻页键、停止键等。

(4) 地址栏。可输入要浏览的网页地址。

(5) 网页区。显示当前正在访问网页的内容。

(6) 状态栏。显示浏览器下载网页的实际工作状态。

2. IE 浏览器的几个主要按钮功能

(1) 后退。

回到浏览器访问过的上一个网页。如果要查看浏览过的网页列表,可单击工具栏上的“后退”或“前进”按钮右侧的小箭头,然后单击要查看的网页。

(2) 前进。

回到浏览器访问过的下一个网页,单击此按钮可以方便地前进到任意一个启动浏览器后已访问过的网页。

(3) 停止

停止下载当前网页,有时发觉网页的下载没完没了或对下载网页不感兴趣,可以单击此按钮停止当前网页的下载。

(4) 刷新。

当打开一些更新得很快的页面时,需要单击“刷新”按钮,或者是当打开的站点因为传输问题页面出现残缺时,也可单击“刷新”按钮,重新打开站点。

(5) 主页按钮。

可以回到起始页,也就是启动浏览器后显示的第一个页面。浏览器的起始网页可以通过对菜单的选择来改变。

(6) 搜索按钮。

可以登录到指定的搜索网站,搜索 WWW 的资源。

(7) 收藏夹按钮。

可以打开收藏夹下拉列表。

4.4.4 使用 IE 浏览器浏览网页

从 Web 服务器上搜索需要的信息、浏览 Web 网页、下载、收发电子邮件、上传网页等很多操作都是通过 IE 浏览器来完成的。通过 IE 浏览器浏览 Web 网页是最主要的也是最常见的工作。

1. 输入网址

启动浏览器后,在"地址"栏中,输入所要浏览的网页,如输入网易网站的网址"www.163.com",然后按 Enter 键,即可打开网易主页。

如果以前曾经浏览过网易的内容,也可单击"地址"栏右侧的向下箭头,在弹出的下拉式列表框中选择 http://www.163.com 也可以很方便地打开网易主页。

2. 在 IE 浏览器浏览所需内容

在打开的网页上,找到自己感兴趣的文章或话题,移动鼠标,使指针指向该标题,鼠标指针就变成一个"小手"的形状,则表示该标题上带有"超链接",单击,即可打开关于该新闻的 IE 浏览器窗口。打开并浏览"新闻"栏目内容。

如在 IE 窗口中,单击任意的带有超链接的文本或图片,即可打开一个新的关于该超链接的 IE 窗口。

3. 结束浏览

单击窗口右上角的"关闭"按钮,即可关闭目前打开的 IE 窗口。

4.5 电子商务

电子商务(Electronic Commerce),通常是指是在全球各地广泛的商业贸易活动中,在因特网开放的网络环境下,基于浏览器/服务器应用方式,买卖双方不见面进行各种商贸活动,实现消费者的网上购物、商户之间的网上交易和在线电子支付以及各种商务活动、交易活动、金融活动和相关的综合服务活动的一种新型的商业运营模式。

近年来,随着计算机的日益普及和互联网的迅速发展,一种新的企业把所有的商业活动和贸易往来采用电子化手段,在网络平台下实现网上购物、网上交易以及在线电子支付的各种商务活动。

4.5.1 电子商务的定义

电子商务是一种与传统的商务形式相对应的一个概念,是一种新型的商业模式,通俗地讲是以计算机网络为手段从事的商业商务活动都是电子商务。从宏观角度讲，电子商务是利用计算机网络和信息技术的一次创新，旨在通过电子手段建立起一种新的经济秩序，它不仅涉及商务活动本身，也涉及了各种具有商业活动能力的诸如金融、税务、法律和教育等其他社会层面；从微观的角度讲，电子商务是指各种具有商业活动能力的实体（如企业、政府机构、个人消费者等）利用计算机和其他信息技术手段进行的各项商业活动。

4.5.2 电子商务的优势

1. 覆盖面广

国际互联网已经遍及全球的各个角落，在这样一个巨大的网络平台下，用户仅通过手机就可以接到互联网的任一个网站，可同众多商家建立联系，进行快速、便利的交易活动。

2. 营业时间长

传统的商业一向摆脱不了营业时间、地区时差以及地域距离的限制，电子商务企业能够真正做到全天营业，不仅获得了更大的商业机会，而且给更多的客户和商家带来了采购的便利。

3. 运营成本低

通过建立网站、使用电子邮件、电子公告牌、网上会议等联络方式，可以大幅度节省通信费用；各环节尽量消除资料的重复录入，优化作业流程，相应降低运营费用。

4. 功能齐全服务周到

电子商务始终采用各种先进的技术手段，实现不同层次的商务目标，如网上发布商情、在线洽谈、建立虚拟商场等；同上下游的企业建立供应链管理，提高效率，减少库存；实时完成在线支付；实现文件安全传送；进行身份认证等。更突出的是，可以根据不同客户的个性化需求，提供有针对性的服务，实现全程营销。

5. 交易方便灵活

人们只要具有计算机和智能手机，能够登录到互联网，使用 Web 浏览器访问相应的商务网站，查找各地的商品目录，就可以选到所需商品，通过交易平台轻松地完成网上交易。

6. 提升企业竞争力

商场如战场，不论是大型企业，还是中小型企业，不论是在国际市场，还是在国内、本地区内，都将面临日益激烈的商业竞争。通过电子商务可以提高自身企业的核心竞争力，商家可以更短的时间内捕捉市场商机、迅速做出科学决策、有效降低企业运营成本、整体提升企业的竞争力。

4.5.3 电子商务的应用

1. 网上订购

电子商务通过电子邮件的交互传送实现客户在网上的订购。

2. 服务传递

电子商务通过服务传递系统将客户订购的商品尽快地传递到已订货付款的客户手中。

3. 咨询洽谈

电子商务使企业可借助实时的电子邮件、新闻组(News Group)和实时讨论组(Chat)来了解市场和商品信息、洽谈交易事务。

4. 网上支付

网上支付是电子商务交易过程中的重要环节,客户和商家之间可采用信用卡、电子支票和电子现金等多种电子支付方式进行网上支付,采用网上电子支付的方式节省了交易的成本。

5. 广告宣传

电子商务使企业可以通过自己的 Web 服务器、网络主页(Home Page)和电子邮件(E-mail)在全球范围内做广告宣传,在 Internet 上宣传企业形象和发布各种商品信息、客户用浏览器可以迅速找到所需的商品信息。

6. 意见征询

电子商务能十分方便地采用网页上的"选择"、"填空"等格式文件来收集用户对销售商品或服务的反馈意见,使企业的市场运营能形成一个快速有效的信息回路。

7. 交易管理

电子商务的交易管理系统可以对网上交易活动全过程中的人、财、物、客户及本企业内部的各方面进行协调和管理。

4.6 物联网与云计算

近几年来物联网技术受到了人们的广泛关注,"物联网"被称为继计算机、互联网之后,世界信息产业的第三次浪潮。计算机互联网可以把世界上不同角落、不同国家的人们通过计算机紧密地联系在一起,而采用感知识别技术的物联网也可以把世界上所有不同国家、地区的物品联系在一起,形成一个全球性物物相互联系的智能社会。

4.6.1 物联网技术

从"智慧地球"的理念到"感知中国"的提出,随着全球一体化、工业自动化和信息化进程的不断深入,物联网(Internet of Things, IOT)悄然来临。什么是物联网?虽然物联网技术已经引起国内外学术界、工业界和新闻媒体的高度重视,但当前对物联网的定义、内在原理、体系结构、关键技术、应用前景等都还在进行着热烈的讨论。为了尽量准确地表达物联网内涵，需要比较全面地分析其实质性技术要素，以便给出一个较为客观的诠释。

1. 物联网的特点

目前，物联网的精确定义并未统一。关于物联网（IOT）的比较准确的定义是：物联网是通过各种信息传感设备及系统（传感器、射频识别系统、红外感应器、激光扫描器等）、条码与二维码、全球定位系统，按约定的通信协议，将物与物、人与物、人与人连接起来，通过各种接入网、互联网进行信息交换，以实现智能化识别、定位、跟踪、监控和管理的一种信息网络。这个定义的核心是，物联网的主要特征是每一个物件都可以寻址，每一个物件都可以控制，每一个物件都可以通信。

（1）物联网是针对具有全面感知能力的物体及人的互联集合。两个或两个以上物体如果能交换信息即可称为物联。使物体具有感知能力需要在物品上安装不同类型的识别装置，如电子标签、条码与二维码等，或通过传感器、红外感应器等感知其存在。同时，这一概念也排除了网络系统中的主从关系，能够自组织。

（2）物联必须遵循约定的通信协议，并通过相应的软、硬件实现。互联的物品要互相交换信息，就需要实现不同系统中的实体的通信。为了成功通信，它们必须遵守相关的通信协议，同时需要相应的软件、硬件来实现这些规则，并可以通过现有的各种接入网与互联网进行信息交换。

（3）物联网可以实现对各种物品（包括人）进行智能化识别、定位、跟踪、监控和管理等功能。这也是组建物联网的目的。

总之，物联网是指通过接口与各种无线接入网相连，进而联入互联网，从而给物体赋予智能，可以实现人与物体的沟通和对话，也可以实现物体与物体相互间的沟通和对话，即对物体具有全面感知能力，对数据具有可靠传送和智能处理能力的连接物与物的信息网络。

2. 物联网的基本属性

总结目前对物联网概念的表述，可以将其核心要素归纳为“感知、传输、智能、控制”8个字。也就是说，物联网具有以下4个重要属性。

1）全面感知

利用RFID、传感器、二维码等智能感知设备，可随时随地感知、获取物体的信息。

2）可靠传输

通过各种信息网络与计算机网络的融合，将物体的信息实时准确地传送到目的地。

3）智能处理

利用数据融合及处理、云计算等各种计算技术，对海量的分布式数据信息进行分析、融合和处理，向用户提供信息服务。

4）自动控制

利用模糊识别等智能控制技术对物体实施智能化控制和利用，最终形成物理、数字、虚拟世界和社会共生互动的智能社会。

4.6.2　物联网系统的基本组成

计算机互联网可以把世界上不同角落、不同国家的人们通过计算机紧密地联系在一起，而采用感知识别技术的物联网也可以把世界上所有不同国家、地区的物品联系在一起,彼此之间可以互相"交流"数据信息,从而形成一个全球性物物相互联系的智能社会。

从不同的角度看物联网会有多种类型,不同类型的物联网,其软硬件平台组成也会有所不同。从其系统组成来看,可以把它分为软件平台和硬件平台两大系统。

物联网是以数据为中心的面向应用的网络,主要完成信息感知、数据处理、数据回传,以及决策支持等功能,其硬件平台可由传感网、核心承载网和信息服务系统等几个大的部分组成。其中,传感网包括感知结点(数据采集、控制)和末梢网络(汇聚结点、接入网关等);核心承载网为物联网业务的基础通信网络;信息服务系统硬件设施主要负责信息的处理和决策支持。

1. 感知结点

感知结点由各种类型的采集和控制模块组成,如温度传感器、声音传感器、振动传感器、压力传感器、RFID读写器、二维码识读器等,完成物联网应用的数据采集和设备控制等功能。

2. 末梢网络

末梢网络即接入网络,包括汇聚结点、接入网关等,完成应用末梢感知结点的组网控制和数据汇聚,或完成向感知结点发送数据的转发等功能。也就是在感知结点之间组网之后,如果感知结点需要上传数据,则将数据发送给汇聚结点(基站),汇聚结点收到数据后,通过接入网关完成和承载网络的连接;当用户应用系统需要下发控制信息时,接入网关接收到承载网络的数据后,由汇聚结点将数据发送给感知结点,完成感知结点与承载网络之间的数据转发和交互功能。

感知结点与末梢网络承担物联网的信息采集和控制任务,构成传感网,实现传感网的功能。

3. 核心承载网

核心承载网可以有很多种,主要承担接入网与信息服务系统之间的数据通信任务。根据具体应用需要,承载网可以是公共通信网,如2G、3G、4G移动通信网,WiFi,WiMAX,互联网,以及企业专用网,甚至是新建的专用于物联网的通信网。

4. 信息服务系统硬件设施

物联网信息服务系统硬件设施由各种应用服务器(包括数据库服务器)组成,还包括用户设备(如计算机、手机)、客户端等,主要用于对采集数据的融合/汇聚、转换、分析,以及对用户呈现的适配和事件的触发等。

4.6.3 云计算

随着互联网时代信息与数据的快速增长,有大规模、海量的数据需要处理。为了节省成本和实现系统的可扩展性,云计算(Cloud Computing)的概念应运而生。

云计算自2006年由Google公司首先提出。云计算的"云"就是存在于互联网服务器集群上的资源，它包括硬件资源和软件资源。云计算是实现物联网的核心技术，物联网是当代互联网发展之未来，而云计算则是支持物联网发展的重要计算工具。“云计算”给我们带来这样一种变革，由谷歌、IBM这样专业网络公司来搭建计算机存储、运算中心。用户通过一根网线借助浏览器就可以很方便地访问，把“云”作为资料存储以及应用服务的中心。云计算就是通过网络将庞大的计算处理程序自动分拆成无数较小的子程序，再交由多个服务器所组成的庞大系统，经搜索、分析、计算之后，将处理结果回传给用户。通过云计算技术，网络服务提供者可以在数秒之内，处理数以千万计甚至数以亿计的数据，达到与超级计算机具有同样强大效能的网络服务。这样本地计算机几乎不需要做什么，所有的处理工作都由云计算提供商所提供的计算机群来完成。其最终目标是将计算、服务和应用作为一种公共设施提供给公众，使人们就像日常使用水、电、煤气和电话那样以付费的方式使用计算机资源即可。

云计算是一个美好的网络应用模型，由Google首先提出。云计算最基本的概念是通过网络将庞大的计算处理程序自动分拆成无数个较小的子程序，再交由多个服务器所组成的庞大系统，经搜索、计算分析之后将处理结果回传给用户。通过云计算技术，网络服务提供者可以在数秒之内，形成处理数以千万计甚至数以亿计的数据，达到与超级计算机具有同样强大效能的网络服务。

云计算的核心是提供服务。用户可以使用各种终端如计算机、手机、电视等访问云中的数据和应用程序，用户在使用各种设备访问云中服务时得到的是完全相同的无缝体验。云计算服务的特征是快速部署资源、按需使用、随时扩展、按用量付费，减少用户终端的处理负担，降低用户对于专业知识依赖。2013年12月紫光公司推出我国首台自主研发的云计算机，即“紫云1000”。“紫云1000”的研发成功标志着我国在云计算核心技术领域取得重大突破。

4.7 本章小结

计算机网络是现代计算机技术与通信技术密切结合的产物，计算机网络经历了由简单到复杂、由低级到高级的发展过程。计算机网络类型按照计算机网络覆盖区域大可划分为局域网、城域网和广域网。其拓扑图结构主要有星型结构、环形结构、总线结构、树型结构、网状结构等。TCP和IP协议在计算机网络体系结构中占有非常重要的地位，它将网络体系结构分为网络接口层、互联层、传输层和应用层。

局域网是指在某一区域内由多台计算机互联成的计算机组。局域网可以实现文件管理、应用软件共享、打印机共享、工作组内的日程安排、电子邮件和传真通信服务等功能。局域网由网络硬件和网络传输介质，以及网络软件所组成。

Internet Explorer是美国微软公司推出的一款网页浏览器。它提供了直观、方便、友好的用户界面，通过它可以从Web服务器上搜索需要的信息、浏览Web网页、下载、收发电子邮件、上传网页等。电子邮件是一种用电子手段提供信息交换的通信方式，它可以是文字、图像、声音等多种形式。免费空间就是指网络上免费提供的网络空间，通过它可以搭建个人网络空间。

电子商务是基于浏览器/服务器应用方式，买卖双方不见面地进行各种商贸活动，实现消费者的网上购物、商户之间的网上交易和在线电子支付以及各种商务活动、交易活动、金融活动和相关的综合服务活动的一种新型的商业运营模式。电子商务的优势明显,应用广泛。

物联网采用感知识别技术以数据为中心的面向应用的网络,通过接口与各种无线接入网相连,进而联入互联网,主要完成信息感知、数据处理、数据回传,以及决策支持等功能。其应用广泛。

习题 4

1. 简述计算机网络的发展过程。
2. 计算机网络的用途有哪些?
3. 计算机网络的分类有哪些?
4. OSI 参考模型是怎样划分的?
5. 局域网最基本的拓扑结构有哪几种?
6. 什么是 TCP/IP 协议?
7. 什么是 IP 地址?
8. 如何在局域网中设置共享磁盘?
9. 电子商务的功能与特点是什么?
10. 电子商务的应用有哪些?
11. 物联网的基本属性有哪些?
12. 物联网的应用有哪些?
13. 什么是云计算?

第5章 计算机信息安全

本章学习目标

- 掌握信息安全的定义。
- 理解数据加密、数字签名、数字证书的概念。
- 了解防火墙的概念。
- 熟悉计算机病毒的预防和消除。

21世纪是信息技术快速发展的一个世纪，随着Internet在全世界日益普及，人类已经进入信息化社会。计算机与网络技术为信息的获取和利用提供了越来越先进的手段，同时也为好奇者和入侵者打开了方便之门，于是信息安全问题也越来越受关注。目前的网络和信息传播途径中蛰伏着诸多不安全因素，信息文明还面临着诸多威胁和风险。个人担心隐私泄露，企业和组织担心商业秘密被窃取或重要数据被盗，政府部门担心国家机密信息泄露。信息系统的安全性不仅关系到金融、商业、政府部门的正常运作，更关系到军事和国家的安全。信息安全已成为国家、政府、部门、组织、个人都必须重视的问题。

5.1 信息安全的概述

信息安全是指信息系统的硬件、软件和数据不为偶然和恶意的原因而遭到破坏、更改和泄露，保障系统连续正常运行和信息服务不中断。信息安全的本质和目的就是保护合法用户使用系统资源和访问系统中存储的信息的权利和利益，保护用户的隐私。

5.1.1 信息安全的定义

从技术角度看，计算机信息安全是一个涉及计算机科学、网络技术、通信技术、密码技术、信息安全技术等多种学科的边缘性综合学科。

信息安全包括两个方面：一方面是信息本身的安全，即在信息传输过程中是否有人把信息截获，尤其是重要文件的截获，造成泄密，此方面偏重于静态信息保护。另一方面是信息系统或网络系统本身的安全，一些人出于恶意或好奇进入系统使系统瘫痪，或者在网上传播病毒，此方面着重于动态意义描述。

综上分析，信息安全可以定义为：信息安全是研究在特定应用环境下，依据特定的安全策略,对信息及信息系统实施防护、检测和恢复的科学。

5.1.2 信息安全的要素

计算机信息安全包括物理安全、运行安全、数据安全、内容安全四个方面。

1. 物理安全

物理安全主要是指因为主机、计算机网络的硬件设备、各种通信线路和信息存储设备等物理介质造成的信息泄露、丢失或服务中断等不安全因素。主要涉及网络与信息系统的机密性、可用性、完整性、生存性、稳定性、可靠性等基本属性。所面对的威胁主要包括电源故障、通信干扰、信号注入、人为破坏、自然灾害、设备故障等;主要的保护方式有加扰处理、电磁屏蔽、数据检验、容错、冗余、系统备份等。

2. 运行安全

运行安全是指对网络与信息系统的运行过程和运行状态的保护。主要涉及网络与信息系统的真实性、可控性、可用性、合法性、唯一性、可追溯性、占有性、生存性、稳定性、可靠性等。

所面对的威胁包括非法使用资源、系统安全漏洞利用、网络阻塞、网络病毒、越权访问、非法控制系统、黑客攻击、拒绝服务攻击、软件质量差、系统崩溃等;主要的保护方式有防火墙与物理隔离、风险分析与漏洞扫描、应急响应、病毒防治、访问控制、安全审计、入侵检测、源路由过滤、降级使用、数据备份等。

3. 数据安全

数据安全是指对信息在数据收集、处理、存储、检索、传输、交换、显示、扩散等过程中的保护,使得在数据处理层面保障信息依据授权使用,不被非法冒充、窃取、篡改、抵赖。主要涉及信息的机密性、真实性、实用性、完整性、唯一性、不可否认性、生存性等。

所面对的威胁包括窃取、伪造、密钥截获、篡改、冒充、抵赖、攻击密钥等;主要的保护方式有加密、认证、非对称密钥、完整性验证、鉴别、数字签名、秘密共享等。

4. 内容安全

内容安全是指对信息在网络内流动中的选择性阻断,以保证信息流动的可控能力。在此,被阻断的对象可以是通过内容能够判断出来的会对系统造成威胁的脚本病毒;因无限制扩散而导致消耗用户资源的垃圾类邮件;导致社会不稳定的有害信息等。主要涉及信息的机密性、真实性、可控性、可用性、完整性、可靠性等。

所面对的难题包括信息不可识别(因加密)、信息不可更改、信息不可阻断、信息不可替换、信息不可选择、系统不可控等;主要的处置手段是密文解析或形态解析、流动信息的裁剪、信息的阻断、信息的替换、信息的过滤、系统的控制等。

5.2 信息安全基础

随着网络的普及与发展，人们十分关心在网络上交换信息的安全性，普遍认为密码技术是解决信息安全保护的一个最有效的方法。事实上，现在网络上应用的保护信息安全的技术（如数据加密技术、数字签名技术、消息认证与身份识别技术、防火墙技术以及反病毒技术）都是以密码技术为基础的。

5.2.1 数据加密

数据密码加密技术是为了提高信息系统及数据的安全性和保密性，防止秘密数据被外部剖析所采用的主要技术之一。数据加密的基本思想就是伪装信息，使非法接入者无法理解信息的真正含义。借助加密手段，信息以密文的方式归档存储在计算机中，或通过网络进行传输，即使发生非法截获数据或数据泄露的事件，非授权用户也不能理解数据的真正含义。

1. 加密与解密的概念

用某种方法伪装消息以隐藏它的内容的过程称为加密，加了密的消息称为密文，而把密文转变为明文的过程称为解密，如图 5.1 所示。

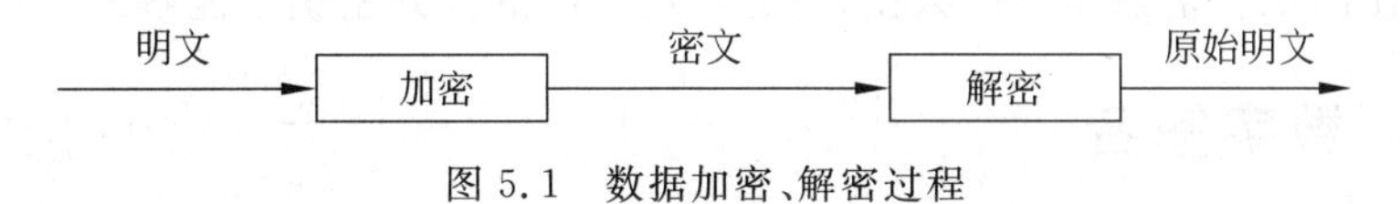

图 5.1 数据加密、解密过程

数据加密技术的术语：

(1) 明文。需要传输的原文。

(2) 密文。对原文加密后的信息。

(3) 加密算法。将明文加密为密文的变换方法。

(4) 解密算法。将密文解密为明文的变换方法。

(5) 密钥。控制加密结果的数字或字符串。

发送方用加密密钥，通过加密设备或算法，将信息加密后发送出去。接收方在收到密文后，用解密密钥将密文解密，恢复为明文。如果传输中有人窃取，他只能得到无法理解的密文，从而对信息起到保密作用。

2. 现代密码体制

密码体制是指实现加密和解密功能的密码方案，从密钥使用策略上，可分为对称密码体制（Symmetric Key Cryptosystem）和非对称密码体制（Asymmetric Key Cryptosystem）两种。

1) 对称加密算法

对称算法有时又叫传统密码算法，就是加密密钥能够从解密密钥中推算出来，反过来也成立。在对称加密技术中，文件的加密和解密使用的是同一密钥。这些算法也叫秘密密钥算法或单密钥算法,它要求发送者和接收者在安全通信之前,商定一个密钥。对称算法的安全性依赖于密钥,泄露密钥就意味着任何人都能对消息进行加密/解密。

对称密码算法有两种类型:分组密码(Block Cipher)和流密码(Stream Cipher,或称序列密码)。分组密码一次处理一个输入块,每个输入块生成一个输出块。流密码对单个输入元素进行连续处理,同时产生连续单个输出元素。分组密码将明文消息划分成固定长度的分组,各分组分别在密钥的控制下变换成等长度的密文分组。分组密码的工作原理如图 5.2 所示。

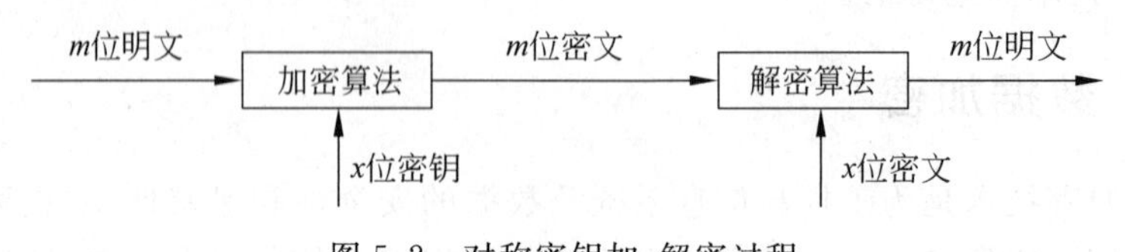

图 5.2 对称密钥加、解密过程

2) 非对称加密算法

非对称算法的设计原理为:用作加密的密钥不同于用作解密的密钥,而且解密密钥不能根据加密密钥计算出来(至少在合理假定的有限时间内)。非对称算法也叫做公开密钥算法,是因为加密密钥能够公开,即陌生者能用加密密钥加密信息,但只有用相应的解密密钥才能解密信息。在这些系统中,加密密钥叫做公开密钥,解密密钥叫做私有密钥。

公开密钥和私有密钥是成对出现的,使用公开密钥加密的数据,只有使用对应的私有密钥才能解密;使用私有密钥加密的数据,只有使用对应的公开密钥才能解密。

5.2.2 数字签名

数字签名的概念最早在 1976 年由美国斯坦福大学的 W. Diffie 和 M. Hellman 提出,其目的是使签名者对文件进行签署且无法否认该签名,而签名的验证者无法篡改已被签名的文件。1978 年,麻省理工学院 Rivest、Shamir 和 Adleman 给出了数字签名的具体应用方案。

数字签名(Digital Signature)是在数字文档上进行身份认证技术,类似于纸张上的手写签名,是无法伪造的。它利用数据加密技术,按照某种协议来产生一个反映被签署文件的特征和签署人特征,以保证文件的真实性和有效性的数字技术。

1. 数字签名的作用

1) 信息传输的保密性

交易中的商务信息均有保密的要求。如果信用卡的账号和用户名被别人获悉,就可能被盗用;订货和付款的信息被竞争对手获悉,就可能丧失商机,因此在电子商务的信息传播中一般都有加密的要求。

2) 交易者身份的可鉴别性

网上交易的双方很可能素昧平生,相隔千里。对于商家要确认客户端不是骗子,而客户也要相信网上的商店不是一个玩弄欺诈的黑店,因此能方便而可靠地确认对方的身份是网上交易的前提,为了做到安全、保密、可靠地开展服务活动,都需要进行身份认证的工作。

3）数据交换的完整性

交易的文件是不能被修改的，以保障交易的严肃性和公正性。

4）发送信息的不可否认性

由于商情的千变万化，交易一旦达成是不能被否认的，否则必然会损害一方的利益。因此电子交易通信过程的各个环节都必须是不可否认的。

5）信息传递的不可重放性

在数字签名中，如果采用了对签名报文添加流水号、时戳等技术，可以防止重放攻击。

2. 数字签名的用途

在网络应用中，数字签名比手工签字更具优越性，数字签名是进行身份鉴别与网上安全交易的通用实施技术。

数字签名的特点如下：

(1) 签名的比特模式依赖于消息报文。

(2) 数字签名对发送者来说必须是唯一的，能够防止伪造和抵赖。

(3) 产生数字签名的算法必须相对简单、易于实现，且能够在存储介质上备份。

(4) 对数字签名的识别、证实和鉴别也必须相对简单，易于实现。

(5) 无论攻击者采用何种手法，伪造数字签名在计算上是不可行的。

5.2.3　数字证书

数字证书如同我们日常生活中使用的身份证，它是持有者在网络上证明自己身份的凭证。在一个电子商务系统中，所有参与活动的实体都必须用证书来表明自己的身份。

1. 数字证书的定义

证书是一个经证书授权中心数字签名的包含公开密钥拥有者信息以及公开密钥的文件。证书一方面可以用来向系统中的其他实体证明自己的身份，另一方面由于每份证书都携带着证书持有者的公钥，所以证书也可以向接收者证实某人或某个机构对公开密钥的拥有，同时也起着公钥分发的作用。

数字证书采用公钥体制，即利用一对互相匹配的密钥进行加密、解密。每个用户自己设定一把特定的仅为本人所有的私有密钥（私钥），用它进行解密和签名；同时设定一把公共密钥（公钥）并由本人公开，为一组用户所共享，用于加密和验证签名。

2. 常用的数字证书

数字证书必须具有唯一性和可靠性。为了达到这一目的，需要采用很多技术来实现。常用的数字证书有如下几种：

1）SPKI

SPKI(Simple Public Key Infrastructure)是由 IETF SPKI 工作组指定的一系列技术和参考文档，包括 SPKI 证书格式。SPKI 证书又叫授权证书，主要目的是传递许可权。目前只有很少的 SPKI 证书应用需求，而且缺乏市场需求。

2) PGP

PGP(Pretty Good Privacy)是一种对电子邮件和文件进行加密与数字签名的方法。它规范了在两个实体间传递信息、文件和PGP密钥时的报文格式。

PGP证书与X.509证书之间存在着显著不同,它的信任策略主要是基于个人而不是企业。因此,虽然在Internet上的电子邮件通信中得到了一定范围内的应用,但对企业内部网来说,却不是最好的解决方案。

3) SET

SET(Secure Electronic Transaction)安全电子交易标准定义了在分布式网络上进行信用卡支付交易所需的标准。它采用了X.509第3版公钥证书的格式,并指定了自己私有的扩展。非SET应用无法识别SET定义的私有扩展,因此非SET应用无法接受SET证书。

4) 属性证书

属性证书是用来传递一个给定主体的属性以便于灵活、可扩展的特权管理。属性证书不是公钥证书,但它的主体可以结合相应公钥证书通过"指针"来确定。

3. 数字证书的验证

数字证书的验证,是验证一个证书的有效性、完整性、可用性的过程。证书验证主要包括以下五方面的内容:

(1) 验证证书签名是否正确有效,这需要知道签发证书的CA的公钥。

(2) 验证证书的完整性,即验证CA签名的证书散列值与单独计算的散列值是否一致。

(3) 验证证书是否在有效期内。

(4) 查看证书撤销列表,验证证书没有被撤销。

(5) 验证证书的使用方式与任何生命的策略及使用限制一致。

数字证书的用途很广泛,它可以用于方便、快捷、安全地发送电子邮件、访问安全站点、网上招标投标、网上签约、网上订购、网上公文的安全传送、网上办公、网上缴费、网上缴税、网上购物等安全电子事务处理和安全电子交易活动。

5.3 计算机病毒的防治

计算机病毒(Computer Viruses)是一种人为蓄意制造的,以破坏为目的的程序。从1984年第一个病毒"小球"诞生以来,计算机病毒不断翻新。计算机病毒的防治工作的基本任务是在计算机的使用管理中,利用各种行政和技术手段,防止计算机病毒的入侵、存留、蔓延。

5.3.1 计算机病毒的概念

"病毒"一词来源于生物学。计算机病毒最早是由美国加州大学的Fred Cohen提出的。他在1983年编写了一个小程序,这个程序可以自我复制,能在计算机中传播。该程序对计算机并无害处,能潜伏于合法的程序当中,传染到计算机上。

计算机病毒有很多种定义,国外最流行的定义为:计算机病毒是一段附着在其他程序上的可以实现自我繁殖的程序代码。在《中华人民共和国计算机信息系统安全保护条例》中的定义是："计算机病毒是指编制或者在计算机程序中插入的破坏计算机功能或者数据，影响计算机使用并且能够自我复制的一组计算机指令或者程序代码。"从广义上说，凡能够引起计算机故障，破坏计算机数据的程序通常为计算机病毒。

5.3.2 计算机病毒的特点与分类

目前，病毒到底有多少，各种说法不一。但不管怎样，病毒的数量确实在不断地增加，而且它们种类不一，感染目标和破坏行为也不尽相同。对病毒进行分类，研究病毒的特点，是为了更好地了解病毒，找到防治方法，使计算机免遭病毒的侵害。

1. 计算机病毒特点

计算机病毒是一段特殊的程序，除了与其他程序一样，可以存储和运行外，计算机病毒还有寄生性、传染性、潜伏性、隐藏性、破坏性等特征。

1）寄生性

计算机病毒寄生在其他程序之中，当执行这个程序时，病毒就起破坏作用，而在未启动这个程序之前，它是不易被人发觉的。

2）传染性

计算机病毒不但本身具有破坏性，更有害的是具有传染性，一旦病毒被复制或产生变种，其速度之快令人难以预防。传染性是病毒的基本特征。

3）潜伏性

有些病毒像定时炸弹一样，让它什么时间发作是预先设计好的。例如"黑色星期五"病毒，不到预定时间一点都觉察不出来，等到条件具备的时候一下子就爆炸开来，对系统进行破坏。

4）隐藏性

计算机病毒具有很强的隐藏性，有的可以通过病毒软件检查出来，有的根本就查不出来，有的时隐时现，变化无常，这类病毒处理起来通常很困难。

5）破坏性

计算机中毒后，可能会导致正常的程序无法运行，把计算机内的文件删除或受到不同程度的损坏。通常表现为增加、删减、改变、移动。

2. 病毒类型

按照计算机病毒的诸多特点及特性，其分类方法有很多种，按寄生方式分为引导型病毒、文件型病毒和混合型病毒；按照计算机病毒的破坏情况分类可分为良性计算机病毒和恶性计算机病毒；按照计算机病毒攻击的系统分为攻击 DOS 系统的病毒和攻击 Windows 系统的病毒。

某些病毒结合了诸多病毒的特性，例如将黑客、木马和蠕虫病毒集于一身，这种新型病毒对计算机网络有着致命的破坏性。甚至有的病毒给全球的计算机网络带来了不可预估的灾难。病毒发展初期，一些编程高手们只是想要炫耀自己的高超技术，而现如今编程高手想要通过某些病毒，来谋取一些非法利益，其中"木马盗号"便是商业用途病毒中最为典型的一个代表,通过木马病毒来盗取用户的银行卡账号、QQ密码和个人资料等。

5.3.3 计算机病毒的防范

计算机病毒防范,是指通过建立合理的计算机病毒防范体系和制度,及时发现计算机病毒侵入,并采取有效的手段阻止计算机病毒的传播和破坏,恢复受影响的计算机系统和数据。对于计算机病毒,需要树立以防为主,清除为辅的观念,防患于未然。

1. 计算机病毒的预防

计算机病毒的传染是通过一定途径实现的,为此要以预防为主,制订出一系列的安全措施,堵塞计算机病毒的传染途径,降低病毒的传染概率,而且即使受到传染,也可以立即采取有效措施将病毒消除,使病毒造成的危害减少到最低限度。对用户来说,抗病毒最有效的方法是备份,抗病毒最有效的手段是病毒库升级要快。

2. 计算机病毒的检测

计算机病毒的检测通常采用手工检测和自动检测两种方法。

1) 手工检测

它的基本过程是利用工具软件,对易遭病毒攻击和修改的内存及磁盘的有关部分进行检查,通过与在正常情况下的状态进行对比分析,判断是否被病毒感染。用这种方法检测病毒,费时费力,但可以检测识别未知病毒,以及检测一些自动检测工具不能识别的新病毒。

2) 自动检测

自动检测是指通过病毒诊断软件来识别一个系统是否含有病毒的方法。自动检测相对比较简单,一般用户都可以进行。这种方法可以方便地检测大量的病毒,但是,自动检测工具只能识别已知病毒,对未知病毒不能识别。

3. 计算机病毒的清除

1) 清除病毒的原理

清除计算机病毒要建立在正确检测病毒的基础之上。清除病毒主要应做好以下工作:

(1) 清除内存中的病毒。

(2) 清除磁盘中的病毒。

(3) 病毒发作后的善后处理。

2) 清除病毒的方法

由于计算机病毒不仅干扰受感染的计算机的正常工作,更严重的是继续传播病毒、泄密和干扰网络的正常运行。通常用人工处理或反病毒软件两种方式进行清除。

(1) 人工清除法

人工处理的方法有用正常的文件覆盖被病毒感染的文件;删除被病毒感染的文件;重新格式化磁盘,但这种方法有一定的危险性,容易造成对文件数据的破坏。

(2) 杀毒软件清除法

杀毒软件是专门用于对病毒的防治、清除的工具。采用杀毒软件清除法对病毒进行清除是一种较好的方法。对于感染主引导型病毒的机器可采用事先备份的该硬盘的主引导扇区文件进行恢复。

(3) 程序覆盖法

程序覆盖法适用于文件型病毒,一旦发现文件被感染,可将事先保留的无毒备份重新拷入系统即可。

(4) 格式化磁盘法

格式化磁盘法不能轻易使用,因为它会破坏磁盘的所有数据,并且格式化对磁盘亦有损害,在万不得已情况下,才使用此方法。

5.3.4　二维码安全问题的防范

近年来,随着移动智能终端的普及,二维码产业日渐兴起,越来越多的用户开始使用二维码支付,这种只需扫描二维码就可完成全部支付流程的付款方式,极大地方便了消费者和商家。但由于多数二维码扫描工具缺乏病毒木马检测能力,二维码的安全问题日益突出。

因此,加强二维码安全监管,提高安全性成为推动二维码产业发展的关键。二维码的监管策略可以从以下几个方面进行。

(1) 加强对二维码制作和扫描软件开发者的监管,引导用户选择使用安全级别高的二维码软件。

(2) 针对二维码传播木马病毒问题,建立规范二维码发布的网络安全管理流程。

(3) 鼓励开发者研发推广安全的二维码软件,提高二维码制作和扫描工具安全检测能力。

(4) 加强标准支撑,推荐使用具有自主知识产权的、保密能力强的二维码码制。

5.4　防火墙技术

随着因特网的发展,网络的安全越来越成为网络建设中的关键技术,企业级组织为确保内部网络及系统的安全,均设置不同层次的信息安全解决机制,而防火墙(Firewall)就是各企业及组织在设置信息安全解决方案中最常被优先考虑的安全控管机制。

5.4.1　防火墙的定义

防火墙一词来源于早期的欧式建筑,它是建筑物之间的一道矮墙,用来防止发生火灾时火势蔓延。在计算机网络中,防火墙通过对数据包的筛选和屏蔽,可以防止非法的访问进入内部或外部计算机网络。

1. 防火墙的概念

我国公安安全行业标准中对防火墙的定义为:“设置在两个或多个网络之间的安全阻隔,用于保证本地网络资源的安全,通常由包含软件部分和硬件部分的一个系统或多个系统的组合。”

防火墙作为网络防护的第一道防线,它由软件和硬件设备组合而成,它位于企业或网络群体计算机与外界网络的边界,限制着外界用户对内部网络的访问以及管理内部用户访问外界网络的权限。

防火墙是一种必不可少的安全增强点，它将不可信任网络同可信任网络隔离开，如图5.3所示。防火墙筛选两个网络间所有的连接，决定哪些传输应该被允许，而哪些应该被禁止。

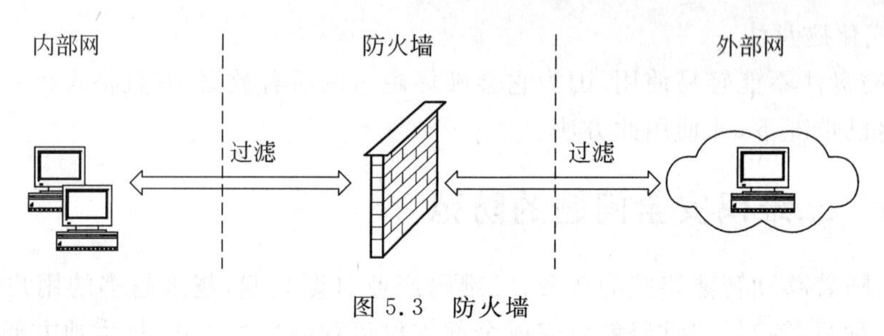

图5.3 防火墙

2. 防火墙的特性

防火墙是放置在两个网络之间的一些组件，防火墙一般有3个特性：

(1) 所有的通信都经过防火墙。

(2) 防火墙只放行经过授权的网络流量。

(3) 防火墙能经受得住对其本身的攻击。

防火墙主要提供以下4种服务：

(1) 服务控制。确定可以访问的网络服务类型。

(2) 方向控制。特定服务的方向流控制。

(3) 用户控制。内部用户、外部用户所需的某种形式的认证机制。

(4) 行为控制。控制如何使用某种特定的服务。

5.4.2 防火墙的分类

防火墙的分类方法很多，可以分别从采用的防火墙技术、软/硬件形式等标准来划分。

1. 按防火墙软硬件形式分类

1) 软件防火墙

软件防火墙运行于特定的机器上，它需要客户预先安装好的计算机操作系统的支持，一般来说这台计算机就是整个网络的网关，俗称“个人防火墙”。软件防火墙就像其他的软件产品一样，需要先在计算机上安装并配置才可以使用。

2) 硬件防火墙

这里说的硬件防火墙是指所谓的硬件防火墙，之所以加上“所谓”二字是针对芯片级防火墙说的，它们最大的差别在于是否基于专用的硬件平台。目前市场上大多数防火墙都是这种所谓的硬件防火墙。

3) 芯片级防火墙

芯片级防火墙基于专门的硬件平台，没有操作系统。

2. 按防火墙技术分类

1) 包过滤(Packing Filtering)型防火墙

包过滤型防火墙是工作在OSI网络参考模型的网络层和传输层,它根据数据包头源地址、目的地址、端口号和协议类型等标志确定是否允许通过。只有满足过滤条件的数据包才被转发到相应的目的地,其余数据包则从数据流中被丢弃。

2) 应用代理(Application Proxy)型防火墙

应用代理型防火墙工作在OSI参考模型的最高层,即应用层。其特点是完全"阻隔"了网络通信流,通过对每种应用服务编制专门的代理程序,实现监视和控制应用层通信流的作用。

3. 按防火墙结构分类

从防火墙结构上分,防火墙主要分为单一主机防火墙、路由器集成式防火墙和分布式防火墙三种。

1) 单一主机防火墙

单一主机防火墙是最为传统的防火墙,独立于其他网络设备,它位于网络边界。

2) 路由器集成式防火墙

原来单一主机的防火墙由于价格非常昂贵,仅有少数大型企业才能承受得起,为了降低企业网络投资,现在许多种高档路由器中都集成了防火墙功能。

3) 分布式防火墙

有的防火墙已不再是一个独立的硬件实体,而是由多个软、硬件组成的系统,这种防火墙俗称"分布式防火墙"。分布式防火墙再也不是只位于网络边界,而是渗透于网络的每一台主机,对整个内部网络的主机实施保护。

5.4.3 黑客

一般来说,以入侵他人计算机系统为乐趣并进行破坏的人,被称为"黑帽子","Cracker"指的也是这种人。

1. 黑客的定义

黑客一词,源于英文Hacker,原指热衷于计算机技术,水平高超的计算机专家,尤其是程序设计人员,也有人把他们比作"侠客"。黑客是那些检查系统完整性和安全性的人,他们非常精通计算机硬件和软件知识,并有能力通过新的方法剖析系统。黑客通常会去寻找网络中的漏洞,但是往往并不去破坏计算机系统。正是因为黑客的存在,人们才会不断了解计算机系统中存在的安全问题。

入侵者(Cracker,有人翻译成"骇客")是那些利用网络漏洞破坏系统的人,他们往往会通过计算机系统漏洞来入侵。他们具有广泛的计算机知识,但与黑客不同的是他们以破坏为目的。真正的黑客应该是一个负责任的人,他们认为破坏计算机系统是不正当的。但是现在Hacker和Cracker已经混为一谈,人们通常将入侵计算机系统的人统称为黑客。

2. 黑客的主要行为

黑客利用漏洞来做以下几方面的工作：

1) 获取系统信息

有些漏洞可以泄露系统信息，暴露敏感资料(如银行客户账号)，黑客们利用系统信息进入系统。

2) 入侵系统

通过漏洞进入系统内部，取得服务器上的内部资料，甚至完全掌管服务器。

3) 寻找下一个目标

一个胜利意味着下一个目标的出现，黑客会充分利用自己已经掌管的服务器作为工具，寻找并入侵下一个相似的系统。

3. 黑客的预防措施

常用的黑客预防措施有如下几种：

1) 防火墙技术

使用防火墙来防止外部网络对内部网络的未经授权访问，建立网络信息系统的对外安全屏障，以便对外部网络与内部网络交流的数据进行检测，符合的予以放行，不符合的则拒之门外。

2) 安全监测与扫描工具

经常使用安全监测与扫描工具作为加强内部网络与系统的安全防护性能和抗破坏能力的主要手段，用于发现安全漏洞及薄弱环节。当网络或系统被黑客攻击时，可用该软件及时发现黑客入侵的迹象，并进行处理。

3) 网络监控工具

使用有效的控制手段抓住入侵者。经常使用网络监控工具对网络和系统的运行情况进行实时监控，用于发现黑客或入侵者的不良企图及越权使用，及时进行相关处理，防患于未然。

4)备份系统

经常备份系统，以便在被攻击后能及时修复系统，将损失减少到最低程度。

5) 防范意识

加强安全防范意识，有效地防止黑客的攻击。

5.5 本章小结

随着信息化建设的不断深入，复杂应用系统和计算机网络的广泛应用，特别是政府上网工程和电子商务的开展，信息系统的安全问题日益显得重要。由于网络系统的开放性、互联性和资源共享性，以及网络协议本身先天的缺陷和安全漏洞，使得网络极易受到“黑客”、病毒、恶意软件的攻击，给信息系统带来各种各样的安全问题。本章介绍了信息安全的基本概念，信息安全的相关技术和措施，如数据加密、数字签名、数字证书、防火墙等，以及计算机病毒的防治技术。

习题 5

1. 什么是信息安全？
2. 什么是数字签名和数字证书？
3. 什么是数据加密？
4. 什么是计算机病毒？
5. 计算机病毒的特点是什么？
6. 计算机病毒的分类有哪几种？
7. 什么是防火墙？
8. 黑客的入侵技术有哪些？
9. 计算机病毒的预防需注意哪些问题？
10. 消除计算机病毒的方法有哪些？

第6章 多媒体技术

本章学习目标

- 了解多媒体技术的概念及特性。
- 了解音频文件、图像文件、视频文件的常见格式。
- 掌握音频、图形图像、视频的相关概念。

多媒体技术是20世纪80年代发展起来的一门综合技术，是计算机技术与微电子、通信技术、数字化音像技术和广播电视技术等紧密结合的产物。多媒体技术被称为是继纸张、印刷术、电报电话、广播电视、计算机之后，人类处理信息手段的一次大飞跃，是计算机技术的又一次革命。多媒体技术是利用计算机对文本、图形、图像、音频、视频和动画等多种媒体信息进行采集、压缩、存储、控制、编辑、变换、解压缩、播放、传输等数字化综合处理，使多种媒体信息建立逻辑连接，使之具有集成性和交互性等特征的系统技术。

6.1 多媒体技术及应用

多媒体技术处理的对象包括单一的字符信息和美妙的声音、精彩的图形与图像、动感的视频和动画等多种形式。多媒体技术正在不断地改变着人们的生活方式，将得到更加迅速的发展。随着计算机软硬件技术的不断发展，计算机的处理能力逐渐提高，具备了处理图形图像、声音视频等多媒体信息的能力，并已在教育、宣传、训练、仿真等方面得到了广泛的应用。

6.1.1 多媒体的概念

媒体(Medium)是社会生活中信息传播、交流、转换的载体，如书本、报纸、电视、广告、杂志、磁盘、光盘、磁带及相关设备等。在计算机领域，“媒体”包括两种含义：一是指用来存储信息的实际媒体，如磁带、磁盘、光盘和半导体存储器。二是指表达信息的逻辑载体，即信息的表现形式，如数字、文字、声音、图形、图像和动画等。在计算机领域的多媒体技术中所说的媒体是指后者。

多媒体一词译自英文“Multimedia”，它由Multiple(多)和Media(媒体)复合而成。对于多媒体，至今尚无一个非常准确、权威的定义，一般理解为多种媒体的综合。顾名思义，多媒体意味着非单一媒体，多媒体是对文字、图形、图像、动画、音频、视频等多种媒体的有机融合。在现代社会中，多媒体信息的获取、处理、存储、传输和呈现等过程，是离不开计算机的。所以，人们指的多媒体，首先是计算机处理的数字化的多媒体。

多媒体技术是指利用计算机能够同时对两种或两种以上媒体进行采集、操作、编辑、存储等综合处理的技术。简言之，多媒体技术就是计算机综合处理声、文、图信息的技术，具有集成性、实时性和交互性等特征。

6.1.2　多媒体系统的组成

与普通计算机系统的基本构成相同，多媒体计算机系统也是由硬件和软件两大部分组成。多媒体硬件系统主要包括多媒体计算机的主机、多媒体外部设备以及多媒体外部设备接口卡三部分。

1. 多媒体硬件系统

1）主机

在多媒体硬件系统中，计算机主机是基础部件，是硬件系统的核心。由于多媒体系统是多种设备、多种媒体信息的综合，因此计算机主机是决定多媒体性能的重要因素。多媒体主机是由主板、硬盘驱动器、CD-ROM 驱动器及输入/输出接口所构成，如图 6.1 所示。

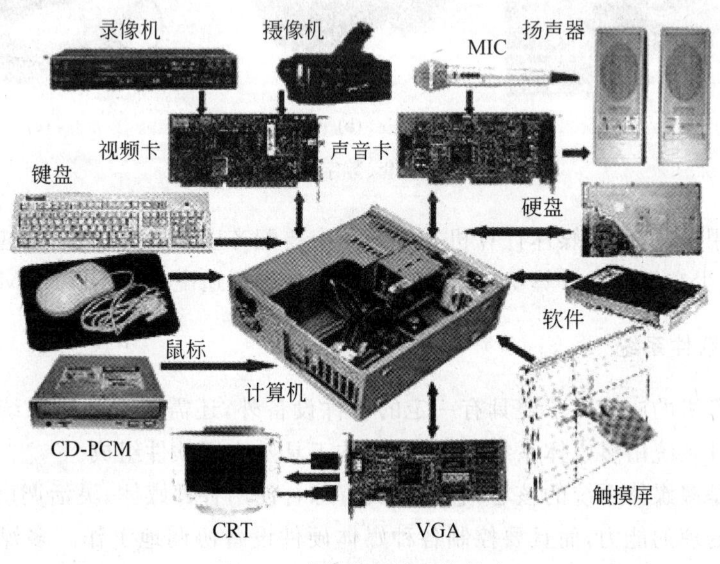

图 6.1　多媒体硬件系统构成

2）接口卡

接口卡又称功能卡，用来连接各种外部设备，解决音频、视频数据的输入/输出问题，可以根据需要添加。常用的接口卡有声卡、显卡、图形加速卡、IEEE 1394 卡、视频采集卡、视频压缩卡、视频解压卡、电视接收卡、视频输出卡等。

（1）声卡

声卡又称为音频卡，是处理和播放多媒体声音的关键部件，它插入主板扩展槽中与主机相连，或者作为个人电脑必备功能集成到主板上。多媒体计算机中的声卡的功能直接影响到多媒体系统的音频效果。常见的输入设备包括话筒、录音机和电子乐器等。常见的输出设备包括扬声器和音响设备等。

(2) 视频卡

视频卡是多媒体计算机中处理视频图像的适配器,不是特指一种设备,通常有视频捕获卡、视频叠加卡、电视编码卡和压缩/解压卡等。其主要功能是通过摄像机、录像机或电视获取视频信号,将其数字化后以文件形式存储在计算机内,且经过数/模转换后能将捕获的视频在 VGA 显示器上播放。

(3) 外部设备

外部设备简称外设,包括音频输入设备(话筒、MIDI 设备、扫描仪、录音机等)、音频输出设备(耳机、音响等)、视频输入设备(摄像机、录像机、影碟机、数码相机、数码摄像机等)、视频输出设备(电视机、大屏幕投影仪等)、基本输入/输出设备(键盘、鼠标、磁盘、光盘、扫描仪、手写笔等)、存储设备(软盘、硬盘、磁带、USB 移动盘、各种光盘等)。

随着科技的进步,出现了一些新的输入/输出设备,比如用于传输手势信息的数据手套,用于虚拟现实能够产生较好的沉浸感的数字头盔和立体眼镜等设备,如图 6.2 所示。

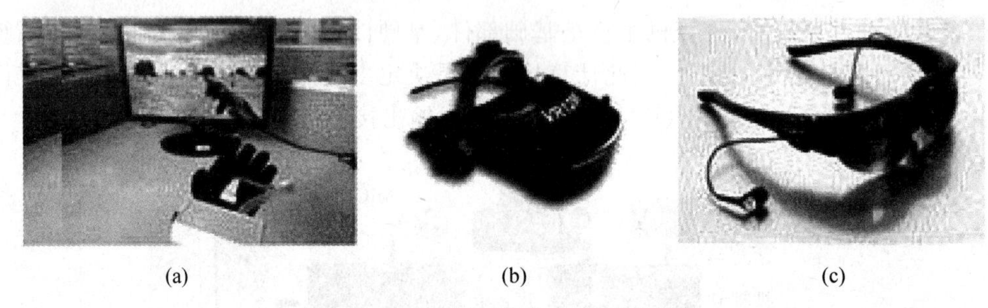

(a) (b) (c)

图 6.2 数据手套、数字头盔、立体眼镜

在实际应用中,一台多媒体计算机并不是一定要配齐以上所有设备,而应根据需要合理配置,但一般至少在常规的计算机的基础之上再配备音频适配卡和 CD-ROM 驱动器。

2. 多媒体软件系统

多媒体计算机的应用除了要具有一定的硬件设备外,还需要有软件系统的支持。多媒体计算机的软件系统由多媒体系统软件、多媒体工具及应用软件组成。

系统软件是多媒体系统的核心,它不仅具有综合使用各种媒体、灵活调度多媒体数据进行媒体传输和处理的能力,而且要控制各种媒体硬件设备协调地工作。多媒体系统软件主要包括多媒体操作系统、媒体素材制作软件及多媒体函数库、多媒体创作工具与开发环境、多媒体外部设备驱动软件和驱动器接口程序等。

应用软件是在多媒体创作平台上设计开发的面向应用领域的软件系统,通常由应用领域的专家和多媒体开发人员共同协作、配合完成。开发人员利用开发平台、创作工具,制作组织各种多媒体素材,生成最终的多媒体应用程序,并在应用中测试、完善,形成最终的多媒体产品。例如,教育软件、电子图书等。

3. 多媒体系统的层次结构

多媒体系统的层次结构与计算机系统的结构在原则上是相同的,由底层的硬件系统和其上的各层软件系统组成，如图6.3所示。

(1) 最底层是直接和多媒体底层硬件打交道的驱动程序，在系统初始化引导程序作用下把它安装到系统RAM中，常驻内存。

(2) 第二层是多媒体计算机的核心软件，即视频、音频信息处理软件，其任务是支持随机移动或扫描窗口下的运动及静止图像的处理和显示，为相关的音频和视频数据流的同步问题提供需要的实时任务调度等。

(3) 第三层是多媒体操作系统，除一般的操作系统功能外，它为多媒体信息处理提供设备无关的媒体控制接口。例如，Windows操作系统提供的媒体控制接口。

(4)第四层是开发工具。为了方便开发者和用户编制应用程序，不少厂商为多媒体计算机系统编制了工具软件，如Authorware等。

(5) 第五层是多媒体应用程序。包括一些系统提供的应用程序，如Windows系统中的录音机、媒体播放器应用程序和用户开发的多媒体应用程序。

多媒体应用程序
多媒体工具软件
多媒体操作系统
多媒体核心软件
多媒体硬件设备驱动程序
多媒体硬件设备

图6.3 多媒体系统的层次结构

6.1.3 多媒体技术的特点及应用

多媒体技术起源于计算机数据处理、通信等技术的发展与融合，目的是为了实现多种媒体信息的综合处理。多媒体技术的关键特性在于信息载体的多样性、集成性、实时性、交互性和准确性。

1. 多媒体技术的特点

1) 集成性

多媒体的集成性主要表现在两个方面：

(1) 多种信息媒体的集成

主要指多媒体信息的多通道统一获取、统一存储、组织及表现合成等方面，其中多媒体信息的组织和表现合成是采用超文本思想通过超媒体的方式实现的。

(2) 软硬件技术集成

硬件方面，应具备能够处理多媒体信息的高性能计算机系统以及与之相对应的输入/输出能力及外设。

软件方面，应该有集成于一体的多媒体操作系统、多媒体信息处理系统、多媒体应用开发与创新工具。

2) 实时性

由于多媒体技术是多种媒体集成的技术，其中声音及活动的视频图像是和时间密切相关的连续媒体，这就决定了多媒体技术必须要支持实时处理。例如，播放时，声音和图像出现停顿现象。

3) 多样性

多媒体的多样性是指计算机处理的对象从文字信息扩展到声音、图形图像、动画等多种形式，不同的媒体之间进行有机复合，可以组合成各种各样的多媒体信息，表示出丰富多彩的现实世界和虚拟世界。这样使得计算机处理信息的能力和范围扩大，给人与计算机的交互提供了更大的信息范畴。

4）准确性

在采用模拟方式对多媒体信息进行存储和播放的过程中，由于模拟信号是连续量的信号，在传输的过程中，信号的衰减和噪声的干扰较大。由此导致模拟信息表示媒体信息质量差、不准确。采用数字技术表示媒体的计算机多媒体技术在处理声音和图像等多媒体信息时可以实现高精确度、高质量的多媒体信息。

5）交互性

交互性向用户提供了更加有效地控制和使用信息的手段，可通过键盘、鼠标、触摸屏等对多媒体设备进行操作，在多媒体综合处理上也可做到随心所欲。例如，屏幕上的影视图像可以任意定格、缩放，可根据需要配上解说词和文字说明等。

2. 多媒体技术的应用

多媒体技术的应用涉及教育和培训、商业和服务行业、家庭娱乐和休闲、电子出版业、Internet 上的应用以及虚拟现实等。

1）商业领域

一些公司通过应用多媒体技术开拓市场，培训雇员，以降低生产成本，提高产品质量，增强市场竞争能力，例如企业形象设计、商业广告、多媒体网上购物等。

2）教育和培训

传统的由教师主讲的教学模式受到多媒体教学模式的极大冲击。多媒体技术将声、文、图集成于一体，使传递的信息更丰富、更直观。

3）远程医疗

在医疗诊断中经常采用的实时动态视频扫描、声影处理等技术都是多媒体技术成功应用的例证。多媒体数据库技术从根本上解决了医疗影像的存储管理问题。多媒体和网络技术的应用，使远程医疗从理想变成现实。

4）视听会议

在网上的每一个会场，都可以通过窗口建立共享的工作空间。通过这个空间，每一个与会者可以实现相互的远程会议、共享远程的数据、图像、声音等信息，这种形式的会议可以节约大量的财力、物力，提高工作效率。

5）家庭应用

像电视机、录像机、音响等设备进入家庭一样，MPC、数码摄像机、数字照相机、MP3 播放器、数字录音笔等多媒体产品已经成为现代家庭生活的必需品。

6.1.4 多媒体信息处理的关键技术

多媒体的关键技术主要包括数据压缩技术、多媒体专用芯片技术、多媒体存储技术、多媒体数据库技术、虚拟现实技术、多媒体网络通信技术等。

1. 数据压缩技术

通常，人们把包括数据压缩与解压缩内容的技术统称为数据压缩技术。

1）数据压缩

数据压缩的实质是在满足还原信息质量要求的前提下，通过代码转换或消除信息冗余量的方法来实现采样数据量的大幅缩减。被压缩的对象是原始的采样数据，压缩后的数据称为压缩数据。

2）解压缩

与数据压缩相对应的处理称为解压缩，又称数据还原。它是将压缩数据通过一定的解码算法还原到原始信息的过程。

2. 多媒体存储技术

高效快速的存储设备是多媒体系统的基本部件之一，多媒体存储技术是多媒体技术的关键技术之一，主要解决如何保存多媒体的内容。存储介质从最早的磁带、磁盘、CD、DVD发展到蓝光光盘，存储容量发生了巨大的变化。

3. 多媒体数据库技术

数据库是为了某种特殊目的组织起来的记录和文件的集合，传统的数据库管理系统在处理结构化数据、文字和数值信息等方面是很成功的。但是在处理大量的存在于各种媒体的非结构化数据（如图形、图像和声音等），传统的数据库就难以胜任了。因此需要研究和建立能处理非结构化数据的新型数据库——多媒体数据库。

4. 虚拟现实技术

虚拟现实技术是多媒体技术发展的更高层次，是一项综合集成技术。它通过综合应用计算机图像、模拟与仿真、传感器、显示系统等技术和设备，以模拟仿真的方式，给用户提供一个真实反映操纵对象变化与相互作用的三维图像环境所构成的虚拟世界，并通过特殊设备（如头盔式立体显示器、三维鼠标和数据手套）提供给用户一个与该虚拟世界相互作用的三维交互式用户界面。

虚拟现实技术已广泛应用于航空航天、医学实习、建筑设计、军事训练、体育训练、娱乐游戏等许多领域，如飞行器、汽车和外科手术等的模拟操作环境，如图6.4所示。

(a)　(b)　(c)

图6.4　虚拟现实

5. 多媒体网络通信技术

多媒体网络通信技术是指通过对多媒体信息特点和网络技术的研究，建立适合传输文本、图形、图像、声音、视频、动画等多媒体信息的信道、通信协议和交换方式等,解决多媒体信息传输中的实时与媒体同步等问题。

多媒体技术与通信技术的结合形成了新的应用领域,如视频对话(图 6.5)、语音对话、数字图书馆以及一些大规模的网络服务,如电子商务、远程教育等都是伴随着多媒体技术的发展而逐渐发展起来的。这些基于多媒体的网络服务为家庭、学校和企事业单位提供了更加丰富多彩的信息交流手段。

图 6.5 语音通话

6.2 数字音频处理技术

音频信息处理技术是多媒体信息处理的主要技术之一,它使计算机具备了录音、声音编辑、语音合成、声音播放等功能。声音是携带信息的重要媒体,是多媒体技术研究中的一个重要内容。

6.2.1 音频文件的常见格式

数字音频的文件格式很多,如同存储文本文件一样,存储声音数据也需要有存储格式,在多媒体技术中存储声音信息的文件格式包括 WAV 文件、SND 文件、MP3 文件、VOC 文件、MIDI 文件、MOD 文件、RA 文件、RM 文件、WMA 文件等。

6.2.2 音频信号的数字化

在计算机内,所有的信息均以数字表示,各种命令是不同的数字,各种幅度的物理量也是不同的数字。当然,语音信号也是由一系列数字来表示的,称之为音频。数字音频的特点是保真好,动态范围大。

1. 数字音频

1) 认识声音

声音是通过一定介质传播的一种连续的波,称为声波。一切声音都是由物体振动而产生，声源实际是一个振动源，它使周围的媒介如气体、液体、固体等产生振动，并以波的形式从声源向四周传播，人耳如果能感觉到这种传来的振动，再反映到大脑，就听到了声音。声音按频率大小可分为音频、次声、超声3类。正常人耳能够听见20Hz到20kHz，人们把频率高于20kHz的声音称为超声波，低于20Hz的称为次声波。次声和超声信号都是人耳无法感应到的声音。人们在日常说话时的语音信号频率在300Hz～3kHz。

2）声音三要素

（1）音调

音调代表声音的高低，也称音高。声音的高低由“频率”决定，频率越大，音调越高，频率的单位是Hz(赫兹)。平时常说“那么高的音唱不上去”和“那么低的音唱不出来”，这里的“高”和“低”指的就是音调的高低。

（2）音色

音色是指声音的感觉特性，表示声音的品质，也称音质。不同的发声体由于材料、结构不同，发出声音的音色也就不同。例如，人们能够分辨出各种不同乐器的声音，就是由于它们呈现出不同音色。

（3）音强

声音的强度，有时也被称为声音的响度，也就是常说的音量。音强是声音信号中主音调的强弱程度。声音是机械振动，振动越强，声音越大。平时常说的“引吭高歌”和“低声细语”里的“高”和“低”指的是音强的大小。

2. 音频数字化

由于声音信号无论在时间上还是幅度上都是连续的模拟信号，而计算机内的音频必须是数字形式的，因此必须把模拟信号转换成有限个数字表示的离散序列，即实现音频数字化。在这一处理技术中，涉及音频的采样、量化和编码。

声音的数字化分三步。第一步，按一定的频率对声音波形进行采样，采样频率通常有三种：44.1kHz、22.05kHz、11.025kHz，也可以自行选择。采样频率越高，声音的保真度越好。第二步，对得到的每个样本值进行模数转换(称之为A/D转换)。转换精度有两种选择：16个二进位和8个二进位，位数越多噪声越小。第三步，对产生的二进制数据进行编码(有时还需进行数据压缩)，按照规定的统一格式进行表示。

例如，我们可以将8个电压值(0V，0.1V，0.2V，…，0.7V)分别用3位二进制数000、001、010、011、100、101、110和111表示，这时模拟信号就转化为数字信号。其过程如图6.6所示。模拟信号数字化的结果为：000 011 100 001 010 001 101 010。

声音信息是模拟信号，只有经过采样、量化、编码这样的数字化过程才能转化成数字音频，才能在计算机中处理，音频数字化的过程如图6.7所示。

3. 影响数字化声音质量的因素

1）采样频率

采样的目的是在时间轴上对信号数字化。量化的目的是在幅度轴上对信号数字化。采样频率是单位时间内采取声音信号振幅数值的次数，单位是Hz。采样频率是描述声音文件的音质、音调、衡量声卡、声音文件的质量标准。采样频率越高，采样的间隔时间越短，则在

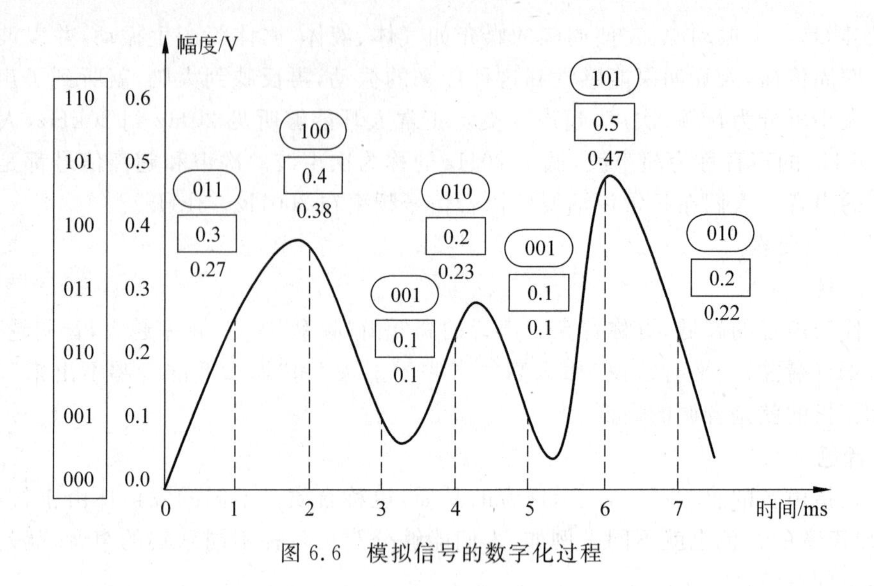

图 6.6 模拟信号的数字化过程

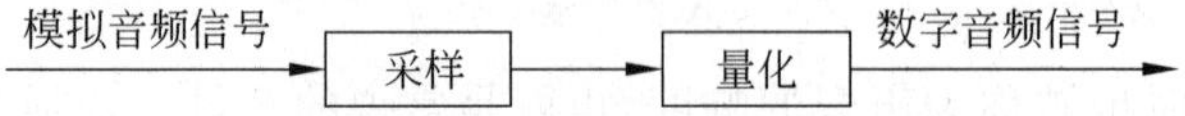

模拟音频信号 → 采样 → 量化 → 数字音频信号

图 6.7 音频数字化的过程

单位时间内计算机得到的声音样本数据就越多,对声音波形的表示也越精确。采样频率越高,数字化后的声音越接近原始声音,用于存储数字音频的数据量也越大。

2) 量化位数

量化就是把采样得到的声音信号幅度转换为数字值,使声音信号在幅度上离散化。量化位数 n 定义了每个采样点的数据范围(0～$2n-1$),也叫量化等级。量化等级的多少决定了声音的动态范围,即被记录和重放的声音最高与最低之间的差值。量化位数多,量化范围就越大,因而音质越好,数据量也越大。

3) 声道

声道数是指声音产生的波形数,一般为一个或两个。采集声音数据时,仅采集一个声波的数据称为单声道;采集两个声波数据,称为双声道(立体声);采集两个以上声波数据,称为多声道(环绕立体声)。立体声的效果比单声道声音丰富,但存储容量要增加一倍。

4) 数字音频的数据量

数字音频的数据量主要取决于两个因素:一是音质因素,它是由采样频率、量化位数和声道数 3 个参数决定的。采样频率越高、量化位数越多、声道数越多,数字音频的音质就越好,反之就越差。二是时间因素,采样时间越长,数据量越大。

数字化后声音文件的大小:

数据量(字节/秒)=(采样频率×量化位数×声道数)/8

例如,采样频率为 44.1kHz,采样精度 16 位的立体声声音,其 1 秒钟声音的数据量为:44 100×16×2÷8=176 400(字节)。

6.3　数字图像处理技术

图像是计算机中另一类重要的多媒体信息，在计算机对图像处理之前，同样也要对图像进行数字化。图像处理是指在计算机环境下，实现对图像的表示、绘制、处理、输出等。图像处理则包括对非数字化的图形/图像信息进行采样、量化及编码实现数字化，然后对数字化的信息进行编辑处理、压缩、存储、传输，当需要输出图像时，再将其解压缩还原。

6.3.1　图像文件的常见格式

图像文件格式是指图像文件在存储器上的存放方法，包括图像的各种参数信息。常见的图像文件格式有BMP、JPEG、TIFF、GIF、SVG、PCX、TGA、CDR等。下面介绍几种常用的图像文件格式。

6.3.2　图像的主要属性

描述一个图像的属性，可以使用不同的参数，这些参数中，重要的有分辨率、颜色深度、显示深度、真伪色彩等。其中分辨率又分为图像分辨率、扫描分辨率和显示分辨率。

1. 分辨率

分辨率用于衡量图像细节的表现能力。在图像处理过程中，经常涉及的分辨率概念有以下几种。

1）图像分辨率

图像中每单位长度上的像素数目，称为图像分辨率，其单位为像素/英寸或像素/厘米。

在相同尺寸的两幅图像中，高分辨率的图像包含的像素比低分辨率的图像包含的像素多。例如，打印尺寸为1英寸×1英寸的图像，如果图像分辨率为72像素/英寸，这幅图像所含的像素数目为72×72＝5184。如果分辨率为300像素/英寸，则图像中包含的像素数目为300×300＝90 000。高分辨率的图像在单位区域内使用更多的像素表示，打印时它们能够比低分辨率的图像显示出更详细和更精细的颜色变化，高分辨率的图像将能更清晰地表现图像内容。

2）显示分辨率

显示分辨率是指显示器上每单位长度显示的像素数目，屏幕分辨率取决于显示器大小及其像素设置。计算机显示器典型的分辨率为96像素/英寸，Mac显示器的分辨率一般约为72像素/英寸。在操作过程中，图像像素被转换成显示器像素或点，这样，当图像的分辨率高于显示器的分辨率时，图像在屏幕上显示的尺寸比实际的打印尺寸要大。

3）输出分辨率

输出分辨率是指打印机每英寸产生的油墨点数，单位是dpi。表示每平方英寸印刷的网点数。大多数激光打印机的输出分辨率为600dpi，高档的激光照排机在1200dpi以上。

4）颜色深度

颜色深度是指数字图像中为表示每个像素信息所占二进制数的位数。图像深度决定了彩色图像的每个像素所能显示的颜色数，因而决定了图像中可能出现的最多颜色数或灰度图像中的最大灰度等级。

5）显示深度

显示深度表示显示器上记录每个点所用的二进制数字位数，即显示器可以显示的色彩数，若显示器的显示深度小于数字图像的深度，就会使数字图像颜色的显示失真。

6）图像数据量

图像文件的大小与组成图像的像素数量和颜色深度有关，图像的数据量是指存储整幅图像所占的字节数(B)，其数据量可以由下面的公式计算：

图像字节数＝垂直方向的像素数×水平方向的像素数×颜色深度数值/8

例如，当要表示一个分辨率为 640×480 的“24 位真彩色”图像，则需要：

$$640\times480\times24/8\text{B}\approx0.88\text{MB}$$

由此可见，数字化后的图像数据量十分巨大，要减少图像文件的体积，除了采用适当的数据压缩算法以外，在保证图像质量的前提下，可采用颜色深度低的图像格式。

2. 颜色的三要素

从人的视觉系统看，色彩可用色调、饱和度和亮度来描述。人眼看到的任一彩色光都是这三个特性的综合效果，这三个特性可以说是颜色的三要素。

1）色调

色调也称色相，表示光的颜色，它决定于光的波长。它反映颜色的种类，是决定颜色的基本特性。某一物体的色调是指该物体在日照下所反射的光谱成分作用到人眼的综合效果。例如，红、橙、黄、绿、青、蓝、紫等颜色就分别对应着不同的色调。

2）亮度

亮度是指光作用于人眼时引起的明亮程度的感觉，它与被观察物体的发光强度有关。色彩的亮度变化包括三种情况：一是不同色相之间的明度变化。例如，白比黄亮、黄比橙亮、橙比红亮、红比紫亮、紫比黑亮。二是在某种颜色中添加白色，亮度会逐渐提高，饱和度也增加，添加黑色亮度就变暗，饱和度也降低。三是相同的颜色，因光线照射的强弱不同也会产生不同的明暗变化。

3）饱和度

饱和度也称为纯度或彩度，它是指彩色的深浅或鲜艳程度。原色是纯度最高的色彩，颜色混合的次数越多，纯度越低，反之，纯度越高。亮度和饱和度与光波的幅度有关。饱和度还和明度相关。例如，在明度太大或太小时，颜色就越接近白色或黑色，饱和度就偏低。

3. 图像的颜色模型

无论是静态图像处理还是动态图像处理，经常都会涉及不同颜色模式(或颜色空间)来表示图像颜色的问题。不同的应用领域一般使用不同的颜色模式，如计算机显示时采用RGB 彩色模式，图像打印输出时采用 CMY 颜色模式等。在图像处理过程中，根据用途的不同可选择不同的颜色模式。

1）RGB 颜色模式

所谓 RGB 颜色模式，就是任何一种颜色都可用红、绿、蓝三种基本颜色按不同的比例，可在显示屏幕上合成所需要的任意颜色。在计算机中,将红、绿、蓝三种颜色分别用8位二进制数表示,按光强度的不同分为0~255,共256个级别,每个像素就用24位表示。

三种颜色值的不同比例表示不同颜色。例如,255:0:0表示纯红色,0:255:0表示纯绿色,0:0:255表示纯蓝色,255:255:255表示白色,0:0:0则表示黑色,如图6.8所示。

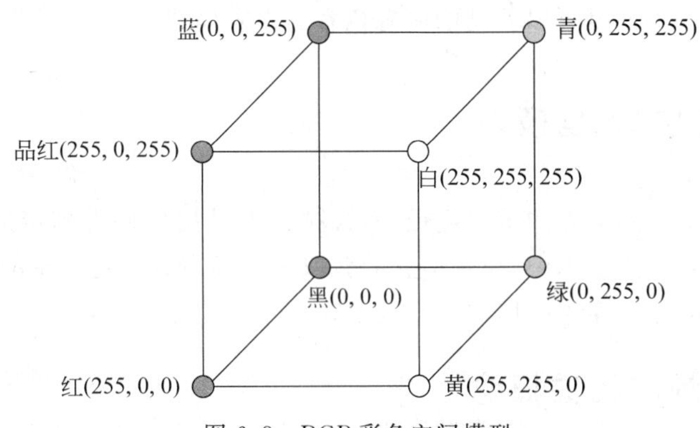

图6.8 RGB彩色空间模型

在多媒体个人计算机(MPC)中,使用最多的是RGB颜色模式,因为MPC彩色监视器的输入需要RGB三个彩色分量,所以不管多媒体系统中采用什么形式的色彩模式,最后的显示输出一定要转换成RGB颜色模式。

2) HSB颜色模式

HSB颜色模式着重描述光线的强弱关系,它实际上是依据人眼的视觉特征,用颜色的三要素色相、饱和度、亮度来描述颜色的基本特征,在图像处理和计算机视觉中大量算法都基于HSB颜色模式,只要对亮度信号操作就可获得良好效果。因此,利用HSB颜色模式可以大大简化图像分析和处理的工作量。利用HSB模式描述颜色比较自然,但实际使用却不方便。例如,显示时要转换成RGB模式,打印时要转化成CMY模式。

3) CMY颜色模式

CMY颜色模式是采用青(Cyan)、品红(Magenta)、黄(Yellow)三种基本颜色按一定比例合成颜色的方法,如表6.1所示。CMY模式与RGB模式不同,因为色彩不是直接由来自于光线的颜色产生的,而是由照射在颜料上反射回来的光线所产生的。虽然理论上利用CMY三基色混合可以制作出所需要的各种色彩,但实际上同量的CMY混合后并不能产生完善的黑色或灰色,因此在印刷时必须加上一个黑色(Black),由于字母B已经用来表示蓝色,因此黑色选用单词Black的最后一个字母“K”来表示,这样又称为CMYK颜色模式。

表6.1 CMYK混色原理

青	品红	黄	颜色	青	品红	黄	颜色
0	0	0	白	1	0	0	青
0	0	1	黄	1	0	1	绿
0	1	0	品红	1	1	0	蓝
0	1	1	红	1	1	1	黑

4) Lab 颜色模式

Lab 颜色模式设计与设备无关,不管使用什么设备(如显示器、打印机、计算机或扫描仪)创建或输出图像,这种颜色模型产生的颜色都保持一致。RGB 模式是一种发光屏幕的加色模式,CMYK 模式是一种颜色反光的减色模式。Lab 既不依赖光线,也不依赖于颜料,它是一个理论上包括了人眼可以看见的所有色彩的色彩模式。

6.4 数字视频处理技术

视觉是人类感知外部世界的重要途径,而视频技术是把我们带到接近于真实世界的最强有力的工具。在多媒体技术中,视频信息的获取及处理占有举足轻重的地位,视频处理技术在目前以至将来都是多媒体应用的核心技术。

6.4.1 视频的相关概念

视频(Video)是由一幅幅内容连续的图像所组成的,每一幅单独的图像就是视频的一帧。当连续的图像(即视频帧)按照一定的速度快速播放时,由于人眼的视频暂留现象,就会产生连续的动态画面效果,也就是所谓的视频。通常,视频又被称为活动图像或运动图像。

视频动态图像是由多幅连续的单帧图像序列构成的。当每一帧图像为实时获取的自然景物或活动对象时,称之为动态影像视频,简称动态视频或视频。

1. 视频的分类

视频按其存取方式可分为模拟视频和数字视频。

1) 模拟视频

模拟视频是一种常见的模拟信号,例如电视信号、传统的录像带信号都是模拟视频。如果要使用计算机处理模拟视频,则应首先通过视频采集卡将其转换成数字视频,这一过程叫做模拟视频数字化。

2) 数字视频

数字视频是基于数字技术以及其他更为拓展的图像显示标准的视频信息。数字视频技术有两层含义,一是将模拟视频信号输入计算机进行数字化视频编辑,最后制成数字视频产品。二是指视频图像由数字摄像机拍摄下来,从信号源开始,就是无失真的数字视频,当输入计算机时不再考虑视频质量的衰减问题,然后通过软件编辑制成产品。这种才是更为纯粹的数字视频技术。

2. 视频压缩标准

MPEG(Moving Pictures Experts Group)是运动图像专家组的英文缩写,是制定、修改和发展多媒体视频标准的全球性组织,活动始于 1988 年,其任务是给运动图像及其相关声音制定一种通用的数字编码标准。针对不同的应用目的,MPEG 专家组制定了 MPEG-1、MPEG-2、MPEG-4、MPEG-7 和 MPEG-21 等压缩标准。

3. 常见的视频存储设备

常见的视频存储设备有 CD 光盘、VCD 光盘、DVD 光盘、HD DVD 光盘、蓝光光盘等。

1) CD 光盘

标准的 CD 有两种尺寸，通用的是 120 mm 直径，容纳 74min 或者 89min 的音乐长度，或者 650～700MB 的数据容量。另外一种是 80mm 直径的微型 CD，它可以容纳 24min 音乐或者 210MB 数据，但是没有能够普及。目前大多数用的还是 120mm 直径的 CD。

2) VCD 光盘

VCD(Video CD)用于存储数字格式的视频媒体。VCD 可以在专用的 VCD 播放设备、流行的 DVD-Video 播放器及个人计算机上播放。VCD 光盘的存储容量一般在 700MB 左右。

3) DVD 光盘

DVD(Digital Video Disk)是比 VCD 水平更高的新一代 CD 产品。它采用 MPEG-2 标准。把分辨率更高的图像和环绕立体声的伴音按 MPEG-2 压缩编码后存储在高密度光盘上，光盘容量达 4.7GB 以上，读出速度可达 10Mb/s 以上，每张光盘可存放两小时以上高清晰度的影视节目。

4) HD DVD 光盘

HD DVD(High Definition DVD，高清晰 DVD)，是一种以蓝色激光技术存储数字内容的光盘格式。它的大小和 CD 一样都是 120mm，HD DVD 单面单层容量为 15GB，单面双层为 30GB。

5) 蓝光光盘

蓝光光盘(Blu-ray Disc，BD)是 DVD 之后的下一代光盘格式之一，用以存储高品质的影音和大容量的资料。一个单层的蓝光光盘为 25GB，足够录制一个长达 4 小时的高清晰电影。双层的蓝光光盘容量为 50GB，足够录一个长达 8 小时的高清晰电影。

6.4.2 视频文件的常见格式

由于对视频文件中不同媒体压缩格式所采用的存储策略的不同，形成了不同的数字视频文件格式。常见的视频文件格式有 AVI、MOV、MPG、RM 等。

6.5 本章小结

多媒体技术在当前已经成为计算机科学分支中的一个重要研究方向。多媒体技术充分发挥了计算机的运算速度快、综合处理能力强等优点，其最大贡献是计算机与人之间的交流变得生动活泼、丰富多彩，并且使计算机的应用从工作领域拓宽到生活领域。掌握和运用多媒体技术，已经成为在校大学生、研究生、相关研究人员和广大教师的一项重要任务。

本章主要介绍了多媒体技术的相关概念、音频、图形图像、视频的相关概念和常见格式，及数字化的过程。

习题 6

1. 什么是多媒体技术?
2. 多媒体技术的特性有哪些?
3. 简述多媒体技术应用的领域。
4. 声音是如何进行数字化的?至少列举三种音频格式。
5. 音频文件的数据量与哪些因素有关?
6. 什么是图像分辨率?
7. 常见的图像颜色模式有哪些?
8. 什么是视频?
9. 视频文件格式有哪些?
10. 模拟视频和数字视频的特点有哪些?

第7章 软件技术基础

本章学习目标

- 熟练掌握算法与数据结构的基本知识。
- 掌握程序设计方法与风格。
- 了解有关数据库的基本概念和基本知识。
- 掌握软件工程的基本概念、原理和方法。

软件是计算机系统的重要组成部分，计算机所具有的各种功能都是在硬件的基础上由软件表现和开发出来的。软件实现了计算机性能和功能的提升，所以软件设计是计算机科学研究的一个重要课题。

本章主要介绍软件开发过程中涉及的基本知识和基本理论：算法与数据结构、数据库基础知识、程序设计方法与风格以及软件工程等方面知识。学习理解和掌握这些知识为以后的程序设计打下良好的基础。

7.1 算法与数据结构

计算机科学是对信息进行表示和处理的科学。在计算机中所能表示和处理的信息都是以数据的形式体现的。因此，数据的表示和组织直接关系到计算机程序能否处理这些数据以及处理的效率如何。通常程序设计分为行为特性设计和结构特性设计两方面。

行为特性设计是指使用某种工具将解题过程描述出来，也称算法设计；结构特性设计是为解题设计合适的数据结构。计算机科学家沃斯教授将其总结为：算法＋数据结构＝程序。这里的数据结构是指数据的逻辑结构和存储结构，算法是指对数据运算的描述。两者关系密切，互为依存。

算法主要研究按部就班地解决某个问题的方法和步骤。计算机之所以能解决这些问题，是因为人能够解决这些问题，并将解决问题的方法，也就是算法，变成计算机的指令来执行。

数据结构主要研究大量数据在计算机内部的存储方式。将收集到的数据以及各数据之间存在的关系进行系统分析，以最有效的形态存放在计算机的存储器中，以便计算机能快速便捷地获取、维护、处理和应用数据。

用于组织数据的方法很多，基本类型的数据结构如线性表、栈、队列、树和二叉树等。通过本节的学习，能了解数据结构的逻辑结构和物理结构的基本概念，了解数据的组织、存储和处理方法。

7.1.1 算法的基本概念

算法是程序设计的基础，告诉计算机要做什么，计算机按照给定的算法来解决问题。

1. 算法的概念

算法(Algorithm)是对特定问题求解步骤的一种描述。或者说，算法是为求解某问题而设计的步骤序列。

算法不等于程序，也不等于计算方法。当然，程序也可作为算法的一种描述，但程序通常和某种特定的语言有关，涉及语言的很多语法问题。通常程序的编制不可能优于算法的设计。

2. 算法的特征

一个算法应该具有以下五个基本特征：

(1) 可行性。一是算法中的每一个步骤必须是能实现的；二是算法执行的结果要能达到预期的目的。

(2) 确定性。算法的每一步骤必须有确切的定义。即算法中所有待执行的步骤必须严格，而不能含糊不清、模棱两可。

(3) 有穷性。一个算法必须保证执行有限步骤之后结束。事实上，“有穷性”往往指“在合理的范围之内”，如让计算机执行一个历时1000年才结束的算法，这虽然是有穷的，但超出了合理的限度，人们也不把它视为有穷性。

(4) 输入。一个算法有0个或多个输入，以刻画运算对象的初始情况。所谓0个输入是指算法本身不需要输入任何信息。

(5) 输出。一个算法有一个或多个输出，以反映对输入数据加工后的结果。没有输出的算法是毫无意义的。

例7.1 求$s=n!$的值。

由于$n!=1\times2\times3\times\cdots\times n$，用自然语言描述算法如下：

第1步　输入n的值

第2步　s置为1

第3步　乘数i置为1

第4步　将乘数i与s相乘，结果存入s

第5步　将i加1

第6步　若i大于n，输出结果s，算法结束；否则转到第4步，继续执行。

3. 算法的控制结构

一个算法的功能不仅取决于所选的操作，而且还与各操作之间的执行顺序有关。算法中各个操作步骤之间的执行顺序称为算法的控制结构。

任何简单或复杂的算法都是由基本功能操作和控制结构这两个要素组成。算法的控制结构决定了算法的执行顺序。算法的基本控制结构包括顺序结构、选择结构和循环结构。

7.1.2 算法的设计方法与描述工具

算法是对解题过程的精确描述,算法设计的基本方法有列举法、归纳法、递推法、递归法、减半递推技术和回溯法等。不同的方法间存在着联系,在实际应用中,不同方法通常会交叉使用。算法的描述工具有自然语言、程序流程图、N-S图、伪代码、计算机程序设计语言等。

1. 算法的表示方法

1) 自然语言

例 7.2 算法描述用的就是自然语言,自然语言是人们日常所用的语言,如汉语、英语、德语等。使用这些语言不用专门训练,所描述的算法也通俗易懂。然而,其存在着下面的缺陷:易产生歧义性,往往需要根据上下文才能判别其含义,不太严格;语句比较烦琐冗长,并且很难清楚地表达算法的逻辑结构(顺序结构、选择结构和循环结构)。

2) 程序流程图

程序流程图(Program Flow Chart)也称程序框图,是一种广泛使用的图形表示工具。程序流程图直观、简单、形象,易于理解和掌握,是程序开发者最普遍采用的工具。然而,流程图也存在各种缺点,如其控制流程的箭头太过于灵活,虽有助于流程图的简单化,但如果使用不当,也容易导致流程图更加难以看懂,更加难以维护。另外一点不足之处是,程序流程图不描述相关的数据,只是描述程序执行的过程。图 7.1 列出了一些常用的流程图符号。

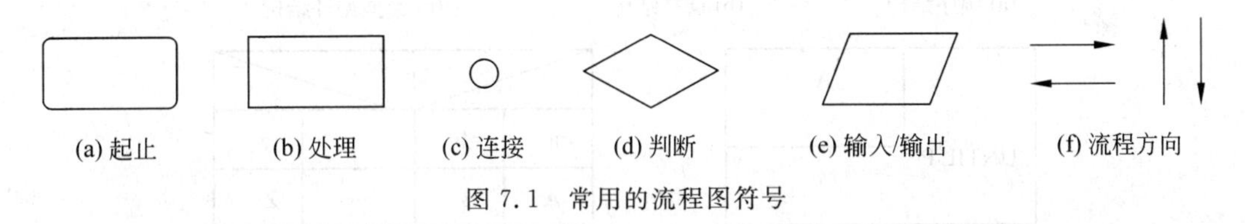

图 7.1 常用的流程图符号

为了实现使用程序流程图描述程序,程序流程图只使用以下五种基本控制结构,如图 7.2 所示。

3) N-S图

N-S图,是 Nassi 和 Shneiderman 提出的一种图形描述工具。对于程序中的每一个处理步骤,N-S图用一个盒子来表示,并规定程序流向只能从盒子的上头进入,从下头出来,而再也没有其他出入口,这样就有效地限制了随意地使用控制转移。

与程序流程图相似,对于五种基本控制结构,N-S图也有五种相应的表示形式,如图 7.3 所示。

4) 伪代码

伪代码是用介于自然语言和计算机语言之间的文字和符号来描述算法的工具。它不用图形符号,因此,书写方便、格式紧凑、易于理解、便于向计算机程序过渡,但不够直观。

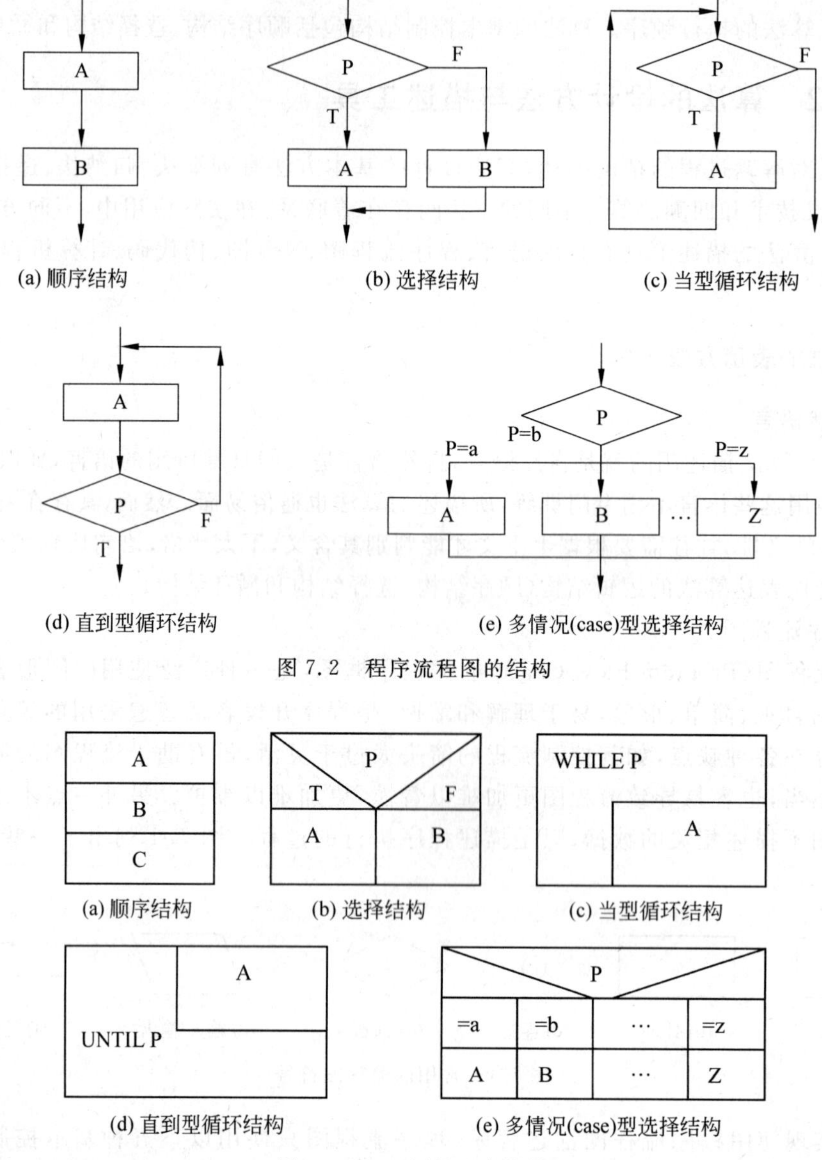

(a) 顺序结构　(b) 选择结构　(c) 当型循环结构

(d) 直到型循环结构　(e) 多情况(case)型选择结构

图 7.2　程序流程图的结构

(a) 顺序结构　(b) 选择结构　(c) 当型循环结构

(d) 直到型循环结构　(e) 多情况(case)型选择结构

图 7.3　N-S 图的基本结构

图 7.4 是求解 $n!$ 的伪代码表示。

```
开始
    输入n
    置s的初值为1
    置i的初值为1
    当i<=n, 执行下面操作:
    {
    使s= s* i
    使i= i + 1
    }
    输出s的值
结束
```

图 7.4　求解 $n!$ 的伪代码

5）计算机程序设计语言

计算机不识别自然语言、流程图和伪代码等算法描述语言，而设计算法的目的就是要用计算机解决问题，因此，用自然语言、流程图和伪代码等语言描述算法最终还必须转换为具体的计算机程序设计语言描述的算法，即转换为具体的程序。

一般而言，计算机程序设计语言描述的算法（程序）是清晰的、简明的，最终也能由计算机处理。图 7.5 用 C 语言程序描述例 7.1 中 $n!$算法。然而，就使用计算机程序设计语言描述算法而言，它还存在以下几个缺点：

(1) 算法的基本逻辑流程难于遵循。与自然语言一样，程序设计语言也是基于串行的，当算法的逻辑流程较为复杂时，这个问题就变得更加严重。

(2) 用特定程序设计语言编写的算法限制了与他人的交流，不利于问题的解决。

(3) 要花费大量的时间去熟悉和掌握某种特定的程序设计语言。

(4) 要求描述计算机步骤的细节而忽略算法的本质。

```
main()
{ int n, i; long s;
  scanf("%d",&n);
  s=1;
  i=1;
  while (i<=n)
     {s=s*i;
      i=i+1;
     }
  printf("\n,%ld", s);
}
```

图 7.5 用 C 语言求 $n!$算法

2. 算法设计的基本方法

1) 列举法

列举法的基本思想是，针对待解决的问题，列举所有可能的情况，并用问题中给定的条件来检验哪些是必需的，哪些是不需要的。因此，列举法常用于解决“是否存在”或“有多少种可能”等类型的问题。

例 7.3 百钱买百鸡问题。假定小鸡每只 0.5 元，公鸡每只 2 元，母鸡每只 3 元。现有 100 元，编写出所有购鸡的方案。

设小鸡、公鸡和母鸡各为 x,y,z 只，根据题意列出方程组

$$\begin{cases} x+y+z=100 \\ 0.5x+2y+3z=100 \end{cases}$$

3 个未知数，两个方程，此题有若干个整数解，算法用伪代码表示如下：

```
Begin
  For x=0 to 200
    For y=0 to 50
      z=100-x-y
      If 0.5 * x+ 2 * y+ 3 * z=100 then Output x,y,z
    Next y
    Next x
End
```

列举法的原理比较简单，但当列举的可能情况较多时，执行列举算法的工作量将会很大。

因此，在用列举法设计算法时，只要对实际问题进行详细的分析，将与问题有关的知识条理化、完备化、系统化，从中找出规律；或对所有可能的情况进行分类，引出一些有用的信息，以减少列举量。

列举法虽然是一种比较笨拙而原始的方法，运算量比较大，但在有些实际问题中(如寻找路径、查找、搜索等问题)，局部使用列举法却是很有效的。因此，列举法是计算机算法中的一个基础算法。

2) 归纳法

归纳法的基本思想是，通过列举少量的特殊情况，经过分析，最后归纳出一般的关系。

显然,归纳法比列举法更能反映问题的本质,并且可以解决列举量为无限的问题。从本质上讲,归纳就是通过观察一些简单而特殊的情况,最后总结出一般性的结论。

归纳法较为抽象,即从特殊现象中找出一般规律。但由于在归纳法中不可能对所有的情况进行列举,因此,该方法得到的结论只是一种猜测,还需要进行证明。

3) 递推法

递推法是从已知的初始条件出发,逐次推出所要求的各个中间环节和最后结果。其中初始条件或问题本身已经给定,或是通过对问题的分析与化简而确定。递推的本质也是一种归纳,工程上许多递推关系式实际上是通过对实际问题的分析与归纳而得到的,因此,递推关系式通常是归纳的结果。

例 7.4 猴子吃桃子问题。小猴在某天摘了若干桃子,当天吃掉一半,还不过瘾,又多吃了一个;第 2 天接着吃了剩下的一半多一个;以后每天都吃剩下的一半多一个,到第 7 天早上想要吃时,只剩下一个了,问小猴那天共摘了多少桃子。

问题分析:这是一个递推问题,先从最后一天推出倒数第二天,再从倒数第二天推出倒数第三天……。

设第 n 天的桃子为 x_n,它是前一天的桃子数的一半少 1,即 $x_n=0.5x_{n-1}-1$,那么它的前一天的桃子数为 $x_{n-1}=2(x_n+1)$(递推公式)。

用如图 7.6 所示流程图表示算法(简单起见,图中省略掉开始和结束标志符号)。

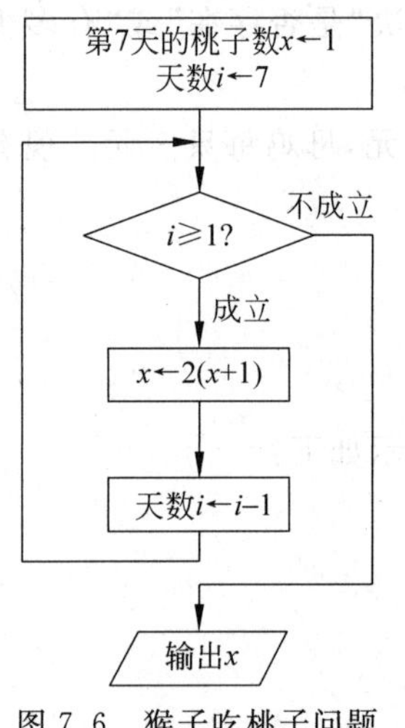

图 7.6 猴子吃桃子问题的流程图

4) 递归法

在解决一些复杂问题或问题的规模比较大时,为了降低问题的复杂程度,通常是将问题逐层分解,最后归结为一些最简单的问题。这种将问题逐层分解的过程,并没有对问题进行求解,而只有当解决了最后问题分解成的那些最简单的问题后,再沿着原来分解的逆过程逐步进行综合,才能将问题解决,这就是递归的基本思想。

递归分为直接递归和间接递归两种方法。如果一个算法直接调用自己,则称为直接递归调用;如果一个算法 A 调用另一个算法 B,而算法 B 又调用算法 A,则此种递归称为间接递归调用。递归过程是指将一个复杂的问题归纳为若干个较简单的问题,然后将这些较简单的问题再归结为更简单的问题,这个过程可以一直做下去,直到最简单的问题为止。由此可以看出,递归的基础也是归纳。工程实际中的许多问题和数学中的许多函数都是用递归来定义的。

递归在可计算性理论和算法设计中占很重要的地位。

5) 减半递推技术

实际问题的复杂程度往往与问题的规模有着密切的联系。因此,利用分治法解决这类实际问题是有效的。所谓分治法,就是对问题分而治之。工程上常用的分治法是减半递推技术。

所谓"减半",即将问题的规模减半,而问题的性质不变;所谓"递推",是指重复"减半"的过程。例如,一元二次方程的求解。

例 7.5 设方程 $f(x)=0$ 在区间$[a,b]$上有实根，且 $f(a)$与 $f(b)$异号。利用二分法求该方程在区间$[a,b]$上的一个实根。

用二分法求方程实根的减半递推过程如下：

首先取给定区间的中点 $c=(a+b)/2$。

然后判断 $f(c)$是否为 0。若 $f(c)=0$，则说明 c 即为所求的根，求解过程结束；如果 $f(c)\neq 0$，则根据以下原则将原区间减半：

若 $f(a)\cdot f(c)<0$，则取原区间的前半部分。

若 $f(b)\cdot f(c)<0$，则取原区间的后半部分。

最后判断减半后的区间长度是否已经很小。

若$|a-b|<\varepsilon$（ε 是非常小的正数），则过程结束，取$(a+b)/2$ 为根的近似值。

若$|a-b|>\varepsilon$，重复上述的减半过程。

6）回溯法

前面讨论的递推和递归算法本质上是对实际问题进行归纳的结果，而减半递推技术也是归纳法的一个分支。在工程上，有些实际的问题很难归纳出一组简单的递推公式或直观的求解步骤，也不能使用无限的列举。对于这类问题，只能采用“试探”的方法，通过对问题的分析，找出解决问题的线索，然后沿着这个线索进行试探，如果试探成功，就得到问题的解，如果不成功，再逐步回退，换别的路线进行试探。这种方法，即称为回溯法。

回溯法在处理复杂数据结构方面有着广泛的应用，如人工智能中的机器人下棋等。

7.1.3 算法的复杂度

评价一个算法优劣的主要标准是算法的执行效率与存储需求。算法的效率是指时间复杂度(Time Complexity)，存储需求指的是空间复杂度(Space Complexity)。

一般情况下，算法中原操作重复执行的次数是问题规模 n 的某个函数 $f(n)$，算法的时间复杂度记作：$T(n)=o(f(n))$。它表示随问题规模 n 的增大，算法执行时间的增长率和 $f(n)$的增长率相同，称作算法的渐进时间复杂度(Asymptotic Time Complexity)，简称时间复杂度。语句的频度(Frequency Count)指的是该语句重复执行的次数。

例如，对于下列三个简单的程序段：

```
1) x=x+1;
2) for(i=1;i<=n;i++)
       x=x+1;
3) for(i=1;i<=n;i++)
       for(j=1;j<=n;j++)
           x=x+1;
```

含基本操作“$x=x+1$”的语句的频度分别为 $1,n,n^2$，则这三个程序段的时间复杂度分别为 $o(1)$，$o(n)$和 $o(n^2)$，分别称作常数阶、线性阶和平方阶。

常用的时间复杂度，按数量级递增排列，依次为：常数阶 $o(1)$，对数阶 $o(\log_2 n)$，线性阶 $o(n)$，线性对数阶 $o(n\log_2 n)$，平方阶 $o(n^2)$，立方阶 $o(n^3)$，……，k 次方阶 $o(n^k)$，指数阶 $o(2^n)$。

类似于时间复杂度的讨论，一个算法的空间复杂度作为算法所需存储空间的量度，记作：$S(n)=o(f(n))$。

其中 n 为问题的规模(或大小),空间复杂度也是问题规模 n 的函数。

7.1.4 数据结构的基本概念

数据结构即大量数据在计算机内部的存储方式。将收集到的数据以及各数据之间存在的关系进行系统分析,以最有效的形态存放在计算机的存储器中,以便计算机能快速便捷地获取、维护、处理和应用数据。

1. 数据与数据结构

(1) 数据。数据是描述客观事物的数、字符以及所有能输入到计算机中并被计算机程序加工处理的符号的集合。如整数、实数、字符、文字、逻辑值、图形、图像、声音等都是数据。数据是信息的载体,是对客观事物的描述。

(2) 数据元素。数据元素是数据的基本单位,即数据集合中的个体。有时一个数据元素由若干个数据项组成,在这种情况下,称数据元素为记录。

(3) 数据项。数据项是具有独立意义的最小数据单位。而由记录所组成的线性表为文件。例如,一个班的学生登记表(表 7.1)构成一个文件,表中每个学生的情况就是一个数据元素(记录),而其中的每一项(如姓名、性别等)为数据项。

(4) 数据对象。具有相同特性的数据元素的集合,是数据的子集。例如,整数的数据对象是集合{0,±1,±2,…},字母符号的数据对象是集合{A,B,…,Z}。

表 7.1 学生登记表

姓　名	性　别	学　号	政治面貌
刘翔	男	20060101	团员
李红	女	20060102	团员
张三	男	20060103	党员
李四	男	20060104	团员

(5) 结构。被计算机加工的数据元素不是孤立无关的,它们彼此间存在着某些关系。通常将数据元素间的这种关系称为结构。

(6) 数据结构。带有结构特性的数据元素的集合。

2. 数据的逻辑结构

所谓数据的逻辑结构是指反映数据元素之间逻辑关系的数据结构。它包括数据元素的集合和数据元素之间的前后关系两个要素。根据数据元素之间的关系的不同特性,通常有下列四类基本结构:

(1) 集合结构。结构中的数据元素之间除了“同属于一个集合”的关系外,别无其他关系。

(2) 线性结构。结构中的数据元素之间存在一个对一个的关系。

(3) 树形结构。结构中的数据元素之间存在一个对多个的关系。

(4) 图状或网状结构。结构中的数据元素之间存在多对多的关系。

图 7.7 为上述四种基本数据结构图。一般地，把树形结构和图状结构称为非线性结构。

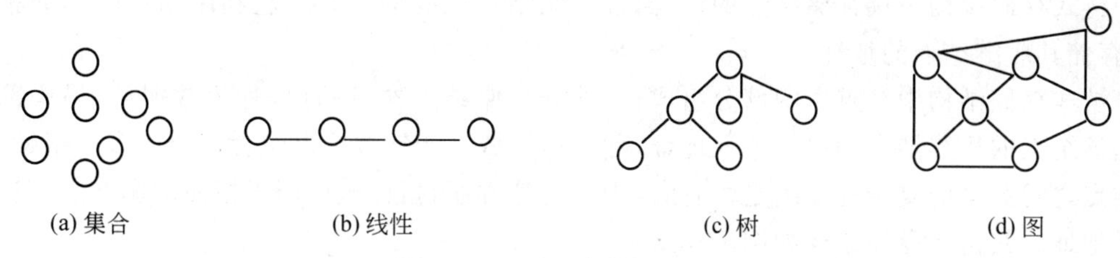

图 7.7 四种基本数据结构图

3. 数据的存储结构

数据的存储结构是数据的逻辑结构在计算机中的表示。它分为顺序存储和链式存储两种基本结构。顺序存储结构是用数据元素在存储器中的相对位置表示数据元素之间的逻辑关系；非顺序存储结构是用指示数据元素存储地址的指针表示数据元素之间的逻辑关系。

1）顺序存储结构

这种存储方式主要用于线性的数据结构，它把逻辑上相邻的数据元素存储在物理上相邻的存储单元里，顺序存储结构只存储结点的值，不存储结点之间的关系，结点之间的关系由存储单元的邻接关系来体现，如图 7.8 所示。

$data_1$	$data_2$	…	$data_n$

图 7.8 数据顺序结构存储

例如表 7.1 给出了学生登记表的逻辑结构，逻辑上每个学生的信息后面紧跟着另一个学生的信息。用顺序存储方式可以这样实现该逻辑结构，分配一片连续的存储空间给这个结构，例如从地址 500 开始的一片空间，将第一个学生的信息放在从地址 500 开始的存储单元里，将第二个学生的信息放在紧跟其后的存储单元里。假设每个学生的信息占用 20 个存储单元，则学生登记表的顺序存储表示如表 7.2 所示。

表 7.2 学生登记表的顺序存储表示

地 址	姓 名	性 别	学 号	政治面貌
500	刘翔	男	20060101	团员
520	李红	女	20060102	团员
540	张三	男	20060103	党员
560	李四	男	20060104	团员

顺序存储结构的主要特点是：

(1) 结点中只有自身信息域，没有连接信息域，因此存储密度大，存储空间利用率高。

(2) 可以通过计算直接确定数据结构中第 i 个结点的存储地址 L_i，计算公式为：$L_0+(i-l)m$，其中 L_0 为第一个结点的存储地址，m 为每个结点所占用的存储单元数。

(3) 插入、删除运算不便，会引起大量结点的移动。这一点在下面还会具体讲到。

2）链式存储结构

链式存储结构不仅存储结点的值，而且存储结点之间的关系。它利用结点附加的指针域，存储其后继结点的地址。

链式存储结构中结点由两部分组成，一部分存储结点本身的值，称为数据域，另一部分存储该结点的后继结点的存储单元地址，称为指针域。指针域可以包含一个或多个指针，这由结点之间关系的复杂程度决定。有时，为了运算方便，指针域也用于指向前驱结点的存储单元地址。其链式存储结构如图 7.9 所示。

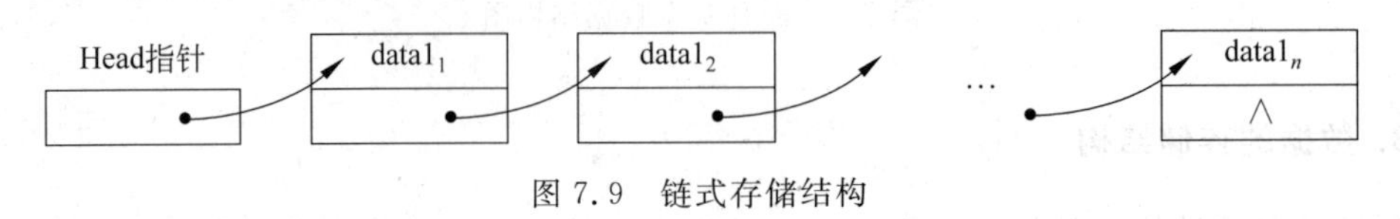

图 7.9 链式存储结构

链式存储结构的主要特点是：

(1) 结点中除自身信息之外，还有表示连接信息的指针域，因此比顺序存储结构的存储密度小，存储空间利用率低。

(2) 逻辑上相邻的结点物理上不必邻接，可用于线性表、树、图等多种逻辑结构的存储表示。

(3) 插入、删除操作灵活方便，不必移动结点，只要改变结点中的指针值即可。这一点在下面还会具体讲到。

4. 数据的运算

为进行数据处理，需在数据上进行各种运算。数据的运算是定义在数据的逻辑结构上的，但运算的具体实现要在存储结构上进行。数据的各种逻辑结构有相应的各种运算，每种逻辑结构都有一个运算的集合。下面列举几种常用的运算：

(1) 检索。在数据结构里查找满足一定条件的结点。

(2) 插入。往数据结构里增加新的结点。

(3) 删除。把指定的结点从数据结构里去掉。

(4) 更新。改变指定结点的一个或多个域的值。

(5) 排序。保持线性结构的结点序列里结点数不变，把结点按某种指定的顺序重新排列。例如按结点中某个域的值由小到大对结点进行排列。

数据的运算是数据结构的一个重要方面。讨论任何一种数据结构时都离不开对该结构上的数据运算及其实现算法的讨论。

7.1.5 基本数据结构

1. 线性表

线性表是最简单、最常用的一种数据结构。线性表的逻辑结构是 n 个数据元素的有限序列($a_1, a_2, \cdots, a_n$)。

用顺序存储结构存储的线性表称作顺序表。用链式存储结构存储的线性表称作链表。对线性表的插入、删除运算可以发生的位置加以限制，则是两种特殊的线性表——栈和队列。

1）顺序表

各种高级语言里的一维数组就是用顺序方式存储的线性表，因此常用一维数组来表示顺序表。

前面已经介绍了顺序表的存储方式和第 i 个结点的地址计算公式，下面主要讨论顺序表的插入和删除运算。

往顺序表中插入一个新结点时，由于需要保持运算的结果仍然是顺序存储，即结点之间的关系仍然由存储单元的邻接关系来体现，所以可能要移动一系列结点。一般情况下，在第 $i(1\leqslant i\leqslant n)$ 个元素之前插入一个元素时，需将第 n 至第 i（共 $n-i+1$）个元素依次向后移动一个位置，空出位置 i，将待插入元素插入到第 i 个位置。

例如，在表 7.2 所示的顺序表中学生"李红"之前插入一个新的学生"张易"的信息，则需要将"刘翔"之后的每个学生的信息都向后移一个结点位置，以空出紧跟在"刘翔"之后的存储单元来存放"张易"的信息。插入后如表 7.3 所示。若顺序表中结点个数为 n，在往每个位置插入的概率相等的情况下，插入一个结点平均需要移动的结点个数为 $n/2$，算法的时间复杂度是 $o(n)$。

表 7.3 插入后的顺序表

地址	姓名	性别	学号	政治面貌
500	刘翔	男	20060101	团员
520	张易	男	20060110	团员
540	李红	女	20060102	团员
560	张三	男	20060103	党员
580	李四	男	20060104	团员

类似地，从顺序表中删除一个结点可能需要移动一系列结点。一般情况下，删除第 $i(1\leqslant i\leqslant n)$ 个元素时，需将从第 $i+1$ 至第 n（共 $n-i$）个元素依次向前移动一个位置。在等概率的情况下，删除一个结点平均需移动结点个数为 $(n-1)/2$，算法的时间复杂度也是 $o(n)$。

2）链表

(1) 线性链表（单链表）

所谓线性链表就是链式存储的线性表，其结点中只含有一个指针域，用来指出其后继结点的存储位置。线性链表的最后一个结点无后继结点，它的指针域为空（记为 NULL 或^）。另外还要设置表头指针 Head，指向线性链表的第一个结点。如图 7.9 所示就是一个线性链表。

链表的一个重要特征是插入、删除运算灵活方便，不需移动结点，只要改变结点中指针域的值即可。图 7.10 显示了在单链表中指针 P 所指结点后插入一个新结点的指针变化情况，虚线所示的是变化后的指针。

图 7.11 显示了从单链表中删除指针 P 所指结点的下一个结点的指针变化情况，虚线所示的是变化后的指针。

注意，做删除运算时改变的是被删结点的前一个结点中指针域的值。因此，若要查找且删除某一结点，则应在查找被删结点的同时记下它前一个结点的位置。

p
Head指针
$data_1$
$data_2$
$data_3$
…
$data_n$
∧

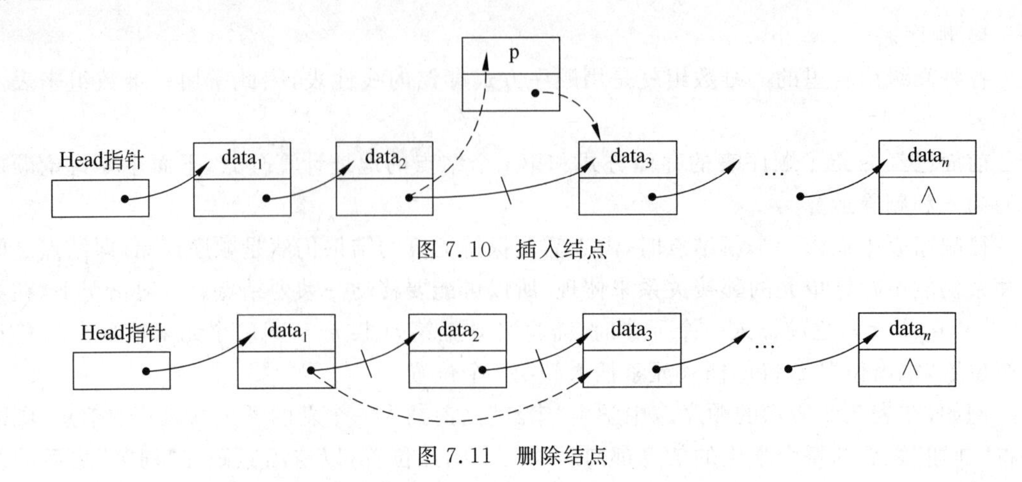

图 7.10　插入结点

Head指针
$data_1$
$data_2$
$data_3$
…
$data_n$
∧

图 7.11　删除结点

在线性链表中,往第一个结点前面插入新结点和删除第一个结点会引起表头指针 Head 值的变化。通常可以在线性链表的第一个结点之前附设一个结点,称为头结点。头结点的数据域可以不存储任何信息,也可以存储诸如线性表的长度等附加信息,头结点的指针域存储指向第一个结点的指针,如图 7.11 所示。这样,往第一个结点前面插入新结点和删除第一个结点就不影响表头指针 Head 的值,而只改变头结点的指针域的值,就可以和其他位置的插入、删除同样处理了。

(2) 循环链表

所谓循环链表是指链表的最后一个结点的指针域的值指向第一个结点,整个链表形成一个环,如图 7.12 所示。

$data_1$
$data_2$
…
$data_n$

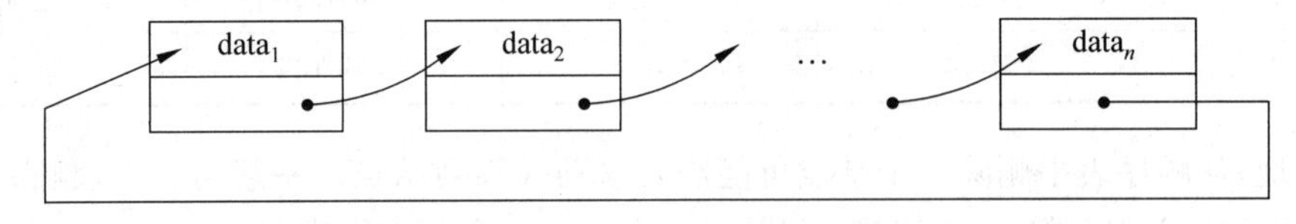

图 7.12　循环链表

显然对于循环链表而言,只要给定表中任何一个结点的地址,通过它就可以访问表中所有的其他结点。因此对于循环链表,并不需要像前面所讲的一般链表那样一定要指出指向第一个结点的指针 Head。显然对循环链表来说不需明确指出哪个结点是第一个,哪个是最后一个。但为了控制执行某类操作(如搜索)的终止,可以指定从循环链表中任一结点开始,依次对每个结点执行某种操作,当回到这个结点时,就停止执行操作。

2. 栈

栈是一种特殊的线性表。栈是限定仅在表尾(表的一端)进行插入和删除运算的线性表,表尾称为栈顶(top),表头叫做栈底(bottom)。栈中无元素时称为空栈。栈中若有元素 $a_1, a_2, \cdots, a_n$,如图 7.13 所示,称 a_1 是栈底元素。新元素进栈要置于 a_n 之上,删除或退栈必须先对 a_n 进行操作。这就形成了“后进先出”(LIFO)的操作原则。

进栈
出栈
栈顶
a_n
⋮
a_2
栈底
a_1

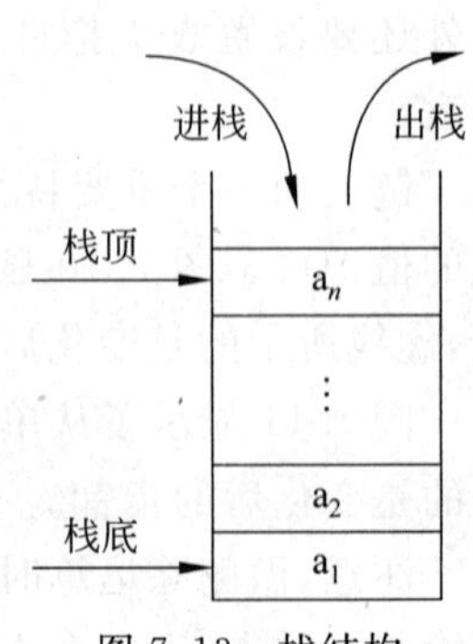

图 7.13　栈结构

栈的物理存储可以用顺序存储结构,也可用链式存储结构。

栈的运算除插入和删除外,还有取栈顶元素、检查栈是否为空、清除(置空栈)等。

1) 进栈

进栈运算是指在栈顶位置插入一个新元素 x,其算法步骤:

(1) 判断栈是否已满,若栈满,则进行溢出处理,返回函数值 1。

(2) 若栈未满,将栈顶指针加 1(top 加 1)。

(3) 将新元素 x 送入栈顶指针所指的位置,返回函数值 0。

2) 出栈

出栈运算是指退出栈顶元素,赋给某一指定的变量,其算法步骤:

(1) 判断栈是否为空,若栈空,则进行下溢处理,返回函数值 1。

(2) 栈若不空,将栈顶元素赋给变量(栈顶元素若不需保留,可省略此步)。

(3) 将栈顶指针退 1(top 减 1),返回函数值 0。

栈是使用最为广泛的数据结构之一,表达式求值、递归过程实现都是栈应用的典型例子。

3. 队列

队列是一种特殊的线性表。队列是限定所有的插入都在表的一端进行,所有的删除都在表的另一端进行的线性表。

进行删除的一端叫队列的头,进行插入的一端叫队列的尾,如图 7.14 所示。在队列中,新元素总是加入到队尾,每次删除的总是队头元素,即当前"最老的"元素,这就形成了先进先出(FIFO)的操作原则。

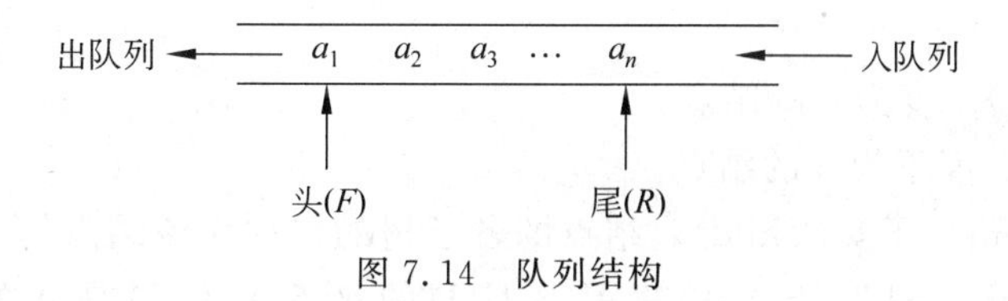

图 7.14　队列结构

队列的物理存储可以用顺序存储结构,也可以用链式存储结构。队列的运算除插入和删除外,还有取队头元素、检查队列是否为空、清除(置空队列)等。

在顺序方式存储的队列中实现插入、删除运算时,若采取每插一个元素则队尾指示变量 R 的值加 1,每删除一个元素则队头指示变量 F 的值加 1 的方法,则经过若干插入、删除运算后,尽管当前队列中的元素个数小于存储空间的容量,但却可能无法再进行插入了,因为 R 已指向存储空间的末端。通常解决这个问题的方法是:把队列的存储空间从逻辑上看成一个环,当 R 指向存储空间的末端后,就把它重新置成指向存储空间的始端。

队列在计算机中的应用也十分广泛,硬件设备中的各种排队器、缓冲区的循环使用技术、操作系统中的作业队列等都是队列应用的例子。

4. 树与二叉树

树形结构是非线性结构,树和二叉树是最常用的树形结构。

1) 树和二叉树的定义

树(Tree)是一个或多个结点组成的有限集合 T,有一个特定的结点称为根(Root),其余

的结点分为 $m(m\geqslant 0)$ 个不相交的集合 $T_1,T_2,\cdots,T_m$，每个集合又是一棵树，称作这个根的子树(Subtree)。

例如，图7.15(a)是只有一个结点的树(该结点也为根结点)，(b)是有12个结点的树，其中A是根，余下的11个结点分成3个互不相交的子集 $T_1=\{B,E,F,J\}$，$T_2=\{C\}$，$T_3=\{D,G,H,I,K,M\}$。T_1,T_2,T_3 都是树，而且是根结点A的子树。对于树 T_1，根结点是B，其余的结点分成两个互不相交的子集：$T_{11}=\{E\}$，$T_{12}=\{F,J\}$。T_{11},T_{12} 也是树，而且是根结点B的子树，而在 T_{12} 中，F是根，{J}是 F 的子树。

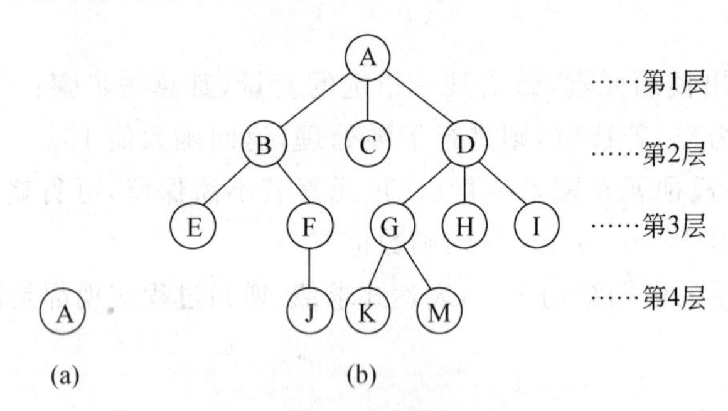

图7.15　树的示例

2）树形结构的常用术语

（1）结点的度(Degree)。一个结点的子树的个数。图7.15(b)中，结点A、D的度为3，结点B、G的度为2，F的度为1，其余结点的度均为0。

（2）树的度。树中各结点的度的最大值。图7.15(b)中，树的度为3，且称这棵树为3度树。

（3）树叶(Leaf)。度为0的结点。

（4）分支结点。度不为0的结点。

（5）双亲(Parent)、子女(Child)。结点的各子树的根称作该结点的子女；相应地，该结点称作其子女的双亲。图7.15(b)中A是B、C、D的双亲，B、C、D是A的子女。对于B来说，它又是E、F的双亲，而E、F是B的子女。显然，对于一棵树来说，其根结点没有双亲，所有的叶子没有子女。

（6）兄弟(Sibling)。具有相同双亲的结点互为兄弟。

（7）结点的层数(Level)。根结点的层数为1，其他任何结点的层数等于其双亲结点层数加1。

（8）树的深度(Depth)。树中各结点的层数的最大值。图7.15(a)中树的深度为1，图7.15(b)中树的深度为4。

（9）森林(Forest)：0棵或多棵不相交的树的集合(通常是有序集)。删去一棵树的根结点便得到一个森林；反过来，给一个森林加上一个结点，使原森林的各棵树成为所加结点的子树，便得到一棵树。

3）二叉树(Binary Tree)

二叉树是树形结构的一个重要类型，是 $n(n\geqslant 0)$ 个结点的有限集合，这个有限集合或者为空集($n=0$)，或者由一个根结点及两棵不相交的、分别称作这个根的左子树和右子树的二叉树组成。这是二叉树的递归定义。图7.16给出了二叉树的5种基本形态。

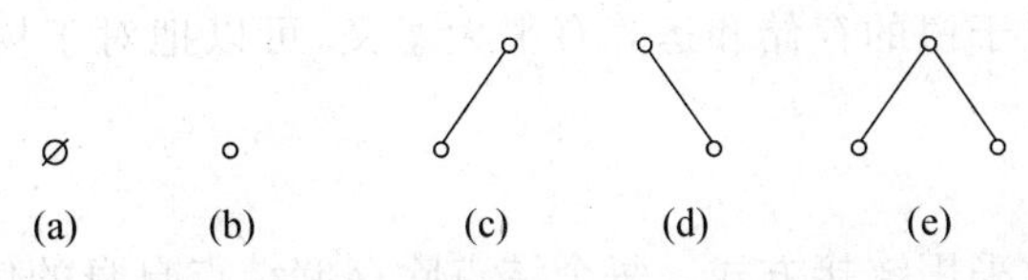

图 7.16 二叉树的5种基本类型

图 7.16 中,(a)为空二叉树,(b)为仅有一个根结点的二叉树,(c)为右子树为空的二叉树,(d)为左子树为空的二叉树,(e)为左、右子树均非空的二叉树。

特别要注意的是,二叉树不是树的特殊情形,尽管树和二叉树的概念间有很多关系,但它们是两个概念。树与二叉树间最主要的差别是:二叉树为有序树,即二叉树的结点的子树要区分为左子树和右子树,即使在结点只有一棵子树的情况下也要明确指出该子树是右子树还是左子树。图 7.16(c)和(d)是两棵不同的二叉树,但如果作为树,它们就是相同的了。

4) 二叉树的性质

(1) 在二叉树的 i 层上,最多有 2^{i-1} 个结点($i\geqslant 1$)。

(2) 深度为 k 的二叉树最多有 2^k-1 个结点($k\geqslant 1$)。

一棵深度为 k 且具有 2^k-1 个结点的二叉树称为满二叉树(Full Binary Tree)。深度为 k,有 n 个结点的二叉树,当且仅当其每一个结点都与深度为 k 的满二叉树中编号从 1 至 n 的结点一一对应时,称之为完全二叉树。

(3) 对任何一棵二叉树 T,如果其终端结点数为 n_0,度为 2 的结点数为 n_2,则 $n_0=n_2+1$。

(4) 具有 n 个结点的完全二叉树的深度为$\lfloor \log_2 n \rfloor+1$。

5) 树的二叉树表示

在树(森林)与二叉树间有一个自然的一一对应的关系,每一棵树都能唯一地转换到它所对应的二叉树。

有一种方式可把树或森林转化成对应的二叉树:凡是兄弟就用线连起来,然后去掉双亲到子女的连线,只留下到第一个子女的连线。对图 7.17(a)所示的树用上述方法处理后稍加倾斜,就得到对应的二叉树,如图 7.17(b)所示。树所对应的二叉树里,一个结点的左子女是它在原来的树里的第一个子女,右子女是它在原来的树里的下一个兄弟。

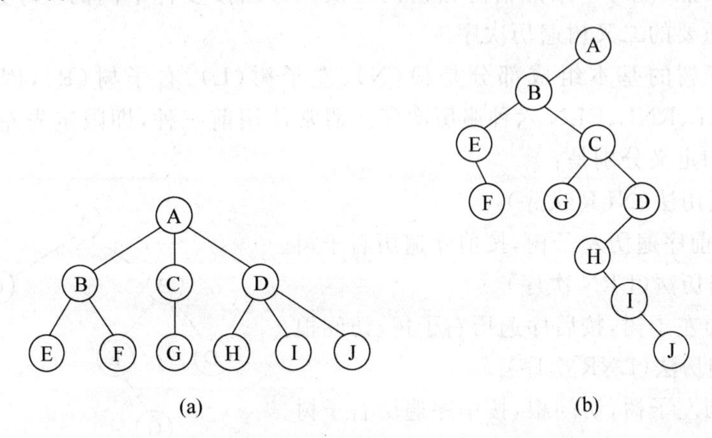

图 7.17 树所对应的二叉树表示

树的二叉树表示对于树的存储和运算有很大意义，可以把对于树的许多处理转换到对应的二叉树中去做。

6）二叉树的存储

二叉树的存储通常采用链接方式。每个结点除存储结点自身的信息外再设置两个指针域 llink 和 rlink，分别指向结点的左子女和右子女，当结点的某个指针为空时，则相应的指针值为空(NULL)。结点的形式为：

llink	info	rlink

一棵二叉树里所有这样形式的结点，再加上一个指向树根的指针 t，构成此二叉树的存储表示，把这种存储表示法称作 llink-rlink 表示法。图 7.18(b)就是图 7.18(a)所示的二叉树的 llink-rlink 法表示。

树的存储可以这样进行：先将树转换对应的二叉树，然后用 llink-rlink 法存储。

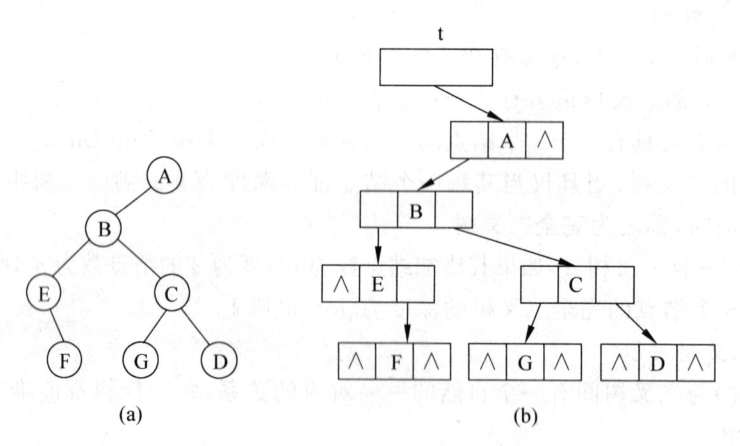

图 7.18 二叉树的 llink-rlink 法表示

7）二叉树的遍历

遍历是树形结构的一种重要运算。遍历一个树形结构就是按一定的次序系统地访问该结构中的所有结点，使每个结点恰好被访问一次。可以按多种不同的次序遍历树形结构。以下介绍三种重要的二叉树遍历次序。

考虑到二叉树的基本组成部分是根(N)、左子树(L)、右子树(R)，因此可有 NLR、LNR、LRN、NRL、RNL、RLN 六种遍历次序。通常使用前三种，即限定先左后右。这三种遍历次序的递归定义分别是：

(1) 前序遍历法(NLR 次序)

访问根，按前序遍历左子树，按前序遍历右子树。

(2) 后序遍历法(LRN 次序)

按后序遍历左子树，按后序遍历右子树，访问根。

(3) 中序遍历法(LNR 次序)

按中序遍历左子树，访问根，按中序遍历右子树。

对于图 7.19 所示的二叉树，它的结点的前序遍历序列是：ABDEGCFHI。

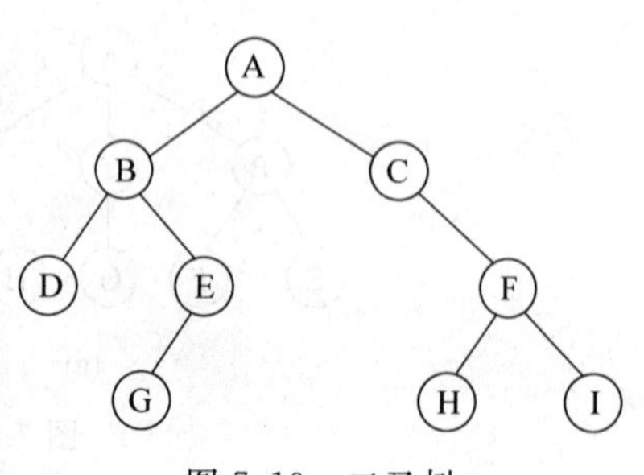

图 7.19 二叉树

它的结点的后序遍历序列是：DGEBHIFCA。

它的结点的中序遍历序列是：DBGEACHFI。

二叉树的这三种遍历次序是很重要的，它们与树形结构上的大多数运算有联系。

7.1.6 查找技术

查找是指在某种给定的数据结构中，找出满足指定条件的元素。查找是插入和删除等运算的基础，它是数据处理领域中的一个重要内容。查找的效率将直接影响数据处理的效率。

在查找的过程中，涉及查找的方法等问题，对于不同的数据结构，应选用不同的查找算法，以获得更高的查找效率。在众多查找算法中，顺序查找和二分法查找的应用最为广泛。

1. 顺序查找

顺序查找又称顺序搜索，是一种最简单的查找方法。它的基本思想是：从线性表的第一个元素开始，将目标元素与线性表中的元素逐个进行比较，如果相等，则查找成功，返回结果；若整个线性表扫描完毕后，未找到与被查元素相等的元素，则表示线性表中没有要查找的元素，查找失败。

例 7.6 在一维数组[2,4,2,9,5,7,8]中，查找数据元素 9，首先从第 1 个元素 2 开始进行比较，与要查找的数据不相等，接着与第 2 个元素 4 进行比较，依此类推，当进行到与第 4 个元素比较时，它们相等，所以查找成功。如果查找数据元素 1，则整个线性表扫描完毕，仍未找到与 1 相等的元素，表示线性表中没有要查找的元素，查找不成功。

在最理想的情况下，第一个元素就是目标元素，则查找次数为 1 次。

在最坏的情况下，最后一个元素是目标元素，顺序查找需要比较 n 次。

在平均情况下，需要比较 $n/2$ 次。因此，查找算法的时间复杂度为 $0(n)$。

由此可以看出，对于大的线性表来说，顺序查找法虽然效率很低，但在以下两种情况中，其却是查找运算唯一的选择。

(1) 若线性表中元素是无序排列，则无论是顺序存储结构还是链式存储结构，都只能进行顺序查找。

(2) 即便是有序线性表，若采用链式存储结构，也只能进行顺序查找。

2. 二分法查找

二分法查找也称折半查找，是一种较为高效的查找方法。

使用二分法查找的线性表，只适用于顺序存储结构的有序表。线性表中的元素按值非递减排列(即从小到大，但允许相邻元素值相等)。

对于长度为 n 的有序线性表，利用二分法查找元素 x 的过程如下：

将 x 与线性表的中间项比较，

(1) 如果 x 的值与中间项的值相等，则查找成功，结束查找。

(2) 如果 x 小于中间项的值，则在线性表的前半部分以二分法继续查找。

(3) 如果 x 大于中间项的值，则在线性表的后半部分以二分法继续查找。

例 7.7 长度为 8 的线性表的关键码序列为[4,11,24,29,37,45,46,77]，被查找元素为37,首先将与线性表的中间项比较,即与第4个数据元素29相比较,37大于中间项29,则在线性表[37,45,46,77]中继续查找;接着与中间项比较,即与第2个元素45相比较,37小于45,则在线性表[37]中继续查找,最后一次比较相等,查找成功。

顺序查找法每一次比较,查找范围减少1,而二分法查找每比较一次,查找范围则减少为原来的一半,效率大为提高。

容易证明得到,在最坏情况下,对于长度为n的有序线性表,二分法查找只需比较$\log_2 n$次,而顺序查找需要比较n次。

7.1.7 排序技术

排序也是数据处理的重要内容。它为数据查找操作提供方便,因为排序后的数据在进行查找操作时效率较高。

排序是指将一个无序序列整理成按值非递减顺序排列的有序序列的过程。排序的方法有很多,对于不同待排序序列的规模以及对数据处理的要求,应当采用不同的排序方法。本节主要介绍一些常用的排序方法,包括冒泡排序、快速排序、简单插入排序、简单选择排序等。

1. 冒泡排序法

冒泡排序法是最简单的一种交换类排序方法。其基本思想是:首先,将第1个元素和第2元素进行比较,若为逆序(在数据元素的序列中,对于某个元素,如果其后存在一个元素小于它,则称之为存在一个逆序),则交换之。接下来对第2个元素和第3个元素进行同样的操作,并依此类推,直到倒数第2个元素和最后1个元素为止,其结果是将最大的元素交换到了整个序列的尾部,这个过程称为第1趟冒泡排序。而第2趟冒泡排序是在除去这个最大元素的子序列中从第1个元素起重复上述过程,直到整个序列变为有序为止。排序过程中,小元素好比水中气泡逐渐上浮,而大元素好比大石头逐渐下沉,冒泡排序故此得名。

例 7.8 冒泡排序法示例。

设有9个待排序的记录,关键字分别为23、38、22、45、23、67、31、15、41,冒泡排序过程如表7.4所示。

表 7.4 冒泡排序

初始态	23 38 22 45 23 67 31 15 41	初始态	23 38 22 45 23 67 31 15 41
$i=1$	23 22 38 23 45 31 15 41 67	$i=5$	22 23 15 23 31 38 41 46 67
$i=2$	22 23 23 38 31 15 41 45 67	$i=6$	22 15 23 23 31 38 41 45 67
$i=3$	22 23 23 31 15 38 41 45 67	$i=7$	15 22 23 23 31 38 41 45 67
$i=4$	22 23 23 15 31 38 41 45 67		

假设初始序列的长度为n,冒泡排序需要经过$(n-1)$趟排序,需要的比较次数为$n(n-1)/2$。所需要的执行时间是$O(n^2)$。

2. 快速排序

快速排序又称分区交换排序，是对冒泡排序的一种改进。

快速排序的基本方法是：在待排序序列中任取一个记录，以它为基准用交换的方法将所有记录分成两部分，关键码值比它小的在一个部分，关键码值比它大的在另一个部分。再分别对两个部分实施上述过程，一直重复到排序完成。

例 7.9 设文件中待排序的关键码为 23、13、49、6、31、19、28 并假定每次在文件中取第一个记录作为将所有记录分成两部分的基准。让我们看看快速排序的过程。首先取第一个 23 为标准，把比 23 大的关键码移到 23 后面，将比 23 小的关键码移到 23 前面。用[ ]标定选定数字的位置，用()标定比较元素的位置。

当 $i=1$ 时：右侧扫描，(28)＞[23]，()前移一位变换成[23] 13 49 6 31 (19) 28。

当 $i=2$ 时：[23]＞(19)，23 和 19 交换位置变换成(19) 13 49 6 31 [23] 28。

当 $i=3$ 时：()位置后移一位，准备左侧扫描变换成 19 (13) 49 6 31 [23] 28。

当 $i=4$ 时：(13)＜[23]，()位置后移一位变换成 19 13 (49)6 31 [23] 28。

当 $i=5$ 时：(49)＞[23]，49 和 23 交换位置变换成 19 13 [23] 6 31 (49) 28。

当 $i=6$ 时：()位置前移一位，准备右侧扫描变换成 19 13 [23] 6 (31) 49 28。

当 $i=7$ 时：(31)＞[23]，()位置前移一位变换成 19 13 [23] (6) 31 49 28。

当 $i=8$ 时：(6)＜[23]，6 和 23 交换位置变换成 19 13 (6) [23] 31 49 28。

当 $i=9$ 时：()位置后移一位与[ ]重合变换成 19 13 6 [(23)] 31 49 28，一次划分结束。排序的过程参见表 7.5。

表 7.5 快速排序的一次划分过程

初始态	**[23] 13 49 6 31 19 (28)**	**初始态**	**[23] 13 49 6 31 19 (28)**
$i=1$	[23] 13 49 6 31 (19) 28	$i=6$	19 13 [23] 6 (31) 49 28
$i=2$	(19) 13 49 6 31 [23] 28	$i=7$	19 13 [23] (6) 31 49 28
$i=3$	19 (13) 49 6 31 [23] 28	$i=8$	19 13 (6) [23] 31 49 28
$i=4$	19 13 (49) 6 31 [23] 28	$i=9$	19 13 6 [(23)] 31 49 28
$i=5$	19 13 [23] 6 31 (49) 28		

再对 19、13、6 和 31、49、28 分别重复进行上述操作完成排序。

对 n 个记录的文件进行快速排序，在最坏的情况下执行时间为 $O(n^2)$，与冒泡排序相当。然而快速排序的平均执行时间为 $O(n\log_2 n)$，显然优于冒泡排序。

3. 简单插入排序法

简单插入排序是把 n 个待排序的元素看成一个有序表和一个无序表。开始时，有序表只包含一个元素，而无序表则包含剩余的 $n-1$ 个元素，每次取无序表中的第一个元素插入到有序表中的正确位置，使之成为增加一个元素的新的有序表。插入元素时，插入位置及其后的记录依次向后移动。最后当有序表的长度为 n，无序表为空时，排序完成。

在简单插入排序中，每一次比较后最多移掉一个逆序，因此该排序方法的效率与冒泡排序法相同。在最坏的情况下,简单插入排序需要进行 $n(n-1)/2$ 次比较。

例 7.10 用简单插入方法将 46、37、64、96、75、17、26、53 排序。

简单插入排序过程如表 7.6 所示。图中方括号"[ ]"内为有序的子表,方括号"[ ]"外为无序的子表,每次从无序子表中取出第一个元素插入到有序子表中。

表 7.6 简单插入排序过程

$i=1$(初始态)	[46] 37 64 96 75 17 26 53
$i=2$	[37 46] 64 96 75 17 26 53
$i=3$	[37 46 64] 96 75 17 26 53
$i=4$	[37 46 64 96] 75 17 26 53
$i=5$	[37 46 64 75 96] 17 26 53
$i=6$	[17 37 46 64 75 96] 26 53
$i=7$	[17 26 37 46 64 75 96] 53
$i=8$	[17 26 37 46 53 64 75 96]

初始状态时,有序表只包含一个元素 46,而无序表包含其他 7 个元素。

当 $i=2$ 时,即把第 2 个元素 37 插入到有序表中,37 比 46 小,所以在有序表中的序列为[37 46]。

当 $i=3$ 时,即把第 3 个元素 64 插入到有序表中,64 比前面 2 个元素大,所以在有序表中的序列为[37 46 64]。

当 $i=4$ 时,即把第 4 个元素 96 插入到有序表中,96 比前面 3 个元素大,所以在有序表中的序列为[37 46 64 96]。

当 $i=5$ 时,即把第 5 个元素 75 插入到有序表中,75 比前面 3 个元素大,比 96 小,所以在有序表中的序列为[37 46 64 75 96]。

依此类推,直到 $i=8$ 时,所有的元素都插入到有序序列中,此时有序表中序列为[17 26 37 46 53 64 75 96]。

初始排序序列本身就是有序的情况(即最好情况)下,简单插入排序的比较次数为 $n-1$ 次,移动次数为 0 次;初始排序序列是逆序的情况(即最坏情况)下,比较次数为 $n(n-1)/2$,移动次数为 $n(n-1)/2$。对 n 个记录的文件进行简单插入排序,时间复杂度是 $O(n^2)$。

4. 简单选择排序

简单选择排序法的基本思想是:首先从所有 n 个待排序的数据元素中选择最小的元素,将该元素与第 1 个元素交换,再从剩下的 $n-1$ 个元素中选出最小的元素与第 2 个元素交换。重复操作直到所有的元素有序。

对初始状态为(77,25,40,10,12,32)的序列进行简单选择排序过程如表 7.7 所示。表中方括号"[]"内为有序的子表,方括号"[]"外为无序的子表,每次从无序子表中取出最小的一个元素加入到有序子表的末尾。

表 7.7 简单选择排序

i=1 初始态	77 25 40 10 12 32
i=2	[10] 25 40 77 12 32
i=3	[10 12] 40 77 25 32
i=4	[10 12 25] 77 40 32
i=5	[10 12 25 32] 40 77
i=6	[10 12 25 32 40] 77
i=7	[10 12 25 32 40 77]

步骤如下：

从这 6 个元素中选择最小的元素 10，将 10 与第 1 个元素交换，得到有序序列[10]；从剩下的 5 个元素中挑出最小的元素 12，将 12 与第 2 个元素交换，得到有序序列[10 12]；从剩下的 4 个元素中挑出最小的元素 25，将 25 与第 3 个元素交换，得到有序序列[10 12 25]；依此类推，直到所有的元素都插入到有序序列中，此时有序表中序列为[10 12 25 32 40 77]。

简单选择排序法在最坏的情况下需要比较 $n(n-1)/2$ 次。所需要的执行时间是 $O(n^2)$。

综合比较本节内讨论的各种内部排序方法，大致有如下结果，如表 7.8 所示。

表 7.8 几种常见排序算法的比较

排序方法	平均时间	最坏情况
冒泡排序	$O(n^2)$	$O(n^2)$
快速排序	$O(n\log_2 n)$	$O(n^2)$
简单插入排序	$O(n^2)$	$O(n^2)$
简单选择排序	$O(n^2)$	$O(n^2)$

7.2 程序设计方法与风格

程序设计是一门技术，需要相应的理论、技术、方法和工具来支持。就程序设计方法和技术的发展而言，主要经过了结构化程序设计和面向对象的程序设计阶段。除了好的程序设计方法和技术之外，程序设计风格也是很重要的。良好的程序设计风格可以使程序结构清晰合理，使程序代码便于维护，因此，程序设计的方法与风格对保证程序的质量是很重要的。

本节主要介绍程序设计风格和结构化程序设计方法的概念、原则和基本结构以及面向对象方法的一些基本概念及其优点。

7.2.1 程序

程序是由序列组成的，告诉计算机如何完成一个具体的任务。程序是软件开发人员根据用户需求开发的、用程序设计语言描述的适合计算机执行的指令(语句)序列。由于计算机还不能理解人类的自然语言,所以还不能用自然语言编写计算机程序。

一个程序应该包括以下两方面的内容。

1. 对数据的描述

在程序中要指定数据的类型和数据的组织形式,即数据结构(Data Structure)。

2. 对操作的描述

对操作的描述,即操作步骤,也就是算法(Algorithm)。

程序是为实现特定目标或解决特定问题而用计算机语言编写的命令序列的集合。指一个能让计算机识别的文件,一般是.exe型的可执行文件。

著名的瑞士科学家尼可莱·沃思(Niklaus Wirth)在1976年提出这样一个公式:程序=算法+数据结构。

7.2.2 程序设计语言

程序设计语言(Programming Language)用于书写计算机程序的语言。语言的基础是一组记号和一组规则。根据规则由记号构成的记号串的总体就是语言。在程序设计语言中,这些记号串就是程序。

程序设计语言有3个方面的因素,即语法、语义和语用。语法表示程序的结构或形式,亦即表示构成语言的各个记号之间的组合规律,但不涉及这些记号的特定含义,也不涉及使用者。语义表示程序的含义,亦即表示按照各种方法所表示的各个记号的特定含义,但不涉及使用者。语用表示程序与使用者的关系。

计算机语言的种类非常多,总的来说可以划分为机器语言、汇编语言、高级语言三大类。

1. 机器语言

机器语言是用二进制代码(即由0和1构成的代码)表示的计算机能直接识别和执行的一种机器指令的集合。它是计算机的设计者通过计算机的硬件结构赋予计算机的操作功能。

用机器语言编写程序,编程人员要熟记所用计算机的全部指令代码和代码的含义。由于它与人类语言的差别极大,所以我们称之为机器语言,也称第一代计算机语言。机器语言是计算机能识别的唯一语言,但人类却很难理解它,后来的计算机语言就是在这个基础上,将机器语言越来越简化到人类能够直接理解的、近似于人类语言的程度,但最终被送入计算机执行的工作语言,还是这种机器语言。机器语言中的每一条语句实际上是一条二进制形式的指令代码,其格式如下:

操作码	操作数

操作码指定了应该进行什么操作,操作数指定了参与操作的数本身或它在内存中的地址。例如,计算A=10+20的机器语言程序如下:

10110000 00001010: 把10放入累加器A中

00101100 00010100： 20 与累加器 A 中的值相加，结果仍放入 A 中

1110100： 结束，停机

由上述可见，用机器语言编写程序是十分烦琐的工作，编写的程序全是由 0 和 1 构成的指令代码，可读性差，容易出错，而且不同的机器，其指令系统不同，因此机器语言是面向机器的语言。现在，除了计算机生产厂家的专业人员外，绝大多数程序员已经不再去学习机器语言了。

2. 汇编语言

比起机器语言，汇编语言大大前进了一步，它是将机器指令的代码用英文助记符来表示，代替机器语言中的指令和数据。例如用 ADD 表示加、SUB 表示减等，容易识别和记忆。例如上面计算 A＝10＋20 的汇编语言程序如下：

MOV A，10： 把 10 放入累加器 A 中

ADD A，20： 20 与累加器 A 中的值相加，结果仍放入 A 中

HLT： 结束，停机

一般把汇编语言称为第二代计算机语言，仍然是“面向机器”的语言，用汇编语言编写的程序，必须翻译成计算机所能识别的机器语言，才能被计算机执行，但它是机器语言向更高级语言进化的桥梁。

汇编语言的实质和机器语言是相同的，都是直接对硬件操作，只不过指令采用了英文缩写的标识符，更容易识别和记忆。它同样需要编程者将每一步具体的操作用命令的形式写出来。汇编程序的每一句指令只能对应实际操作过程中的一个很细微的动作，例如移动、自增等，因此汇编源程序一般比较冗长、复杂、容易出错，而且使用汇编语言编程需要有更多的计算机专业知识。汇编语言的优点是非常明显的，用汇编语言所能完成的一些操作其他高级语言是无法实现的，而且源程序经汇编生成的可执行文件不仅比较小，而且执行速度很快。

3. 高级语言

当计算机语言发展到第三代时，就进入了“面向人类”的语言阶段。第三代语言也被人们称之为“高级语言”。高级语言是一种接近于人们使用习惯的程序设计语言。它允许用英文写解题的计算程序，程序中所使用的运算符号和运算式子，都和我们日常用的数学式子相似。高级语言容易学习和掌握，一般人都能很快学会并使用高级语言进行程序设计，并且完全可以不了解机器指令，也可以不懂计算机的内部结构和工作原理，就能编写出应用计算机进行科学计算和事务管理的程序。

高级语言主要是相对于汇编语言而言，它并不是特指某一种具体的语言，而是包括了很多编程语言，如目前流行的 C 语言、C++、VB、VFP、Java 等，这些语言的语法、命令格式都各不相同。

高级语言所编制的程序不能直接被计算机识别，必须经过转换才能被执行，按转换方式可将它们分为两类。

解释类：执行方式类似于我们日常生活中的“同声翻译”，应用程序源代码一边由相应语言的解释器“翻译”成目标代码(机器语言)，一边执行，因此效率比较低，而且不能生成可

独立执行的可执行文件,应用程序不能脱离其解释器,但这种方式比较灵活,可以动态地调整、修改应用程序。BASIC 语言属于解释类高级语言。

编译类:编译是指在应用源程序执行之前,就将程序源代码"翻译"成目标代码(机器语言),因此其目标程序可以脱离其语言环境独立执行,使用比较方便、效率较高。但应用程序一旦需要修改,必须先修改源代码,再重新编译生成新的目标文件(*.obj)才能执行,只有目标文件而没有源代码,修改很不方便。现在大多数的编程语言都是编译型的,例如 C 语言、C++ 等属于编译类高级语言。

1) C 语言

C 语言是一种通用的编程语言,它具有高效、灵活、功能丰富、表达力强和移植性好等特点。它既可用于编写系统软件也可用于编写应用软件,当前最有影响、应用最广泛的 Windows、Linux 和 UNIX 三个操作系统都是用 C 语言编写的。

C 语言是由丹尼斯·里奇(Dennis Ritchie)和肯·汤普逊(Ken Thompson)于 1970 年在研制出的 B 语言的基础上发展和完善起来的。C 语言可以广泛应用于不同的操作系统,例如 UNIX、MS-DOS、Microsoft Windows 及 Linux 等。C 语言是一种面向过程的语言,同时具有高级语言和汇编语言的优点,是一门十分优秀而又重要的语言,当前应用广泛的 C++ 语言、Java 语言、C# 语言等都是在 C 语言的基础上发展起来的。

C 语言程序设计是面向过程的程序设计,它蕴含了程序设计的基本思想,囊括了程序设计的基本概念,所以它是理工科高等院校的一门基础课程。

2) C++

C++ 程序设计语言是由来自 AT&T Bell Laboratories 的 Bjarne Stroustrup 设计和实现的,它兼具 Simula 语言在组织与设计方面的特性以及适用于系统程序设计的 C 语言设施。C++ 最初的版本被称作"带类的 C(C with classes)",在 1980 年被第一次投入使用;当时它只支持系统程序设计和数据抽象技术。支持面向对象程序设计的语言设施在 1983 年被加入 C++;之后,面向对象设计方法和面向对象程序设计技术就逐渐进入了 C++ 领域。

C++ 是一种使用非常广泛的计算机编程语言。它在 C 语言的基础上发展而来,但它比 C 语言更容易为人们学习和掌握。它是一种静态数据类型检查的、支持多种程序设计风格的通用程序设计语言。它支持过程式程序设计、数据抽象、面向对象程序设计等多种程序设计风格。C++ 以其独特的语言机制在计算机科学的各个领域中得到了广泛的应用。面向对象的设计思想是在原来结构化程序设计方法基础上的一个质的飞跃,C++ 完美地体现了面向对象的各种特性。

3) Java

Java 是由 Sun Microsystems 公司于 1995 年 5 月推出的 Java 面向对象程序设计语言(以下简称 Java 语言)和 Java 平台的总称。由 James Gosling 和同事们共同研发,并在 1995 年正式推出。用 Java 实现的 HotJava 浏览器(支持 Java applet)显示了 Java 的魅力:跨平台、动态的 Web、Internet 计算。从此,Java 被广泛接受并推动了 Web 的迅速发展,常用的浏览器均支持 JavaApplet。另一方面,Java 技术也不断更新(2010 年 Oracle 公司收购了 Sun)。

Java 由四方面组成:Java 编程语言、Java 类文件格式、Java 虚拟机和 Java 应用程序接口(Java API)。

Java 分为三个体系 Java SE(J2SE)(Java 2 Platform Standard Edition,Java 平台标准版),Java EE(J2EE)(Java 2 Platform,Enterprise Edition,Java 平台企业版),JavaME(J2ME)(Java 2 Platform Micro Edition,Java 平台微型版)。

与传统程序不同,Sun 公司在推出 Java 之际就将其作为一种开放的技术。全球数以万计的 Java 开发公司被要求所设计的 Java 软件必须相互兼容。“Java 语言靠群体的力量而非公司的力量”是 Sun 公司的口号之一,并获得了广大软件开发商的认同。这与微软公司所倡导的注重精英和封闭式的模式完全不同。

Sun 公司对 Java 编程语言的解释是:Java 编程语言是个简单、面向对象、分布式、解释性、健壮、安全与系统无关、可移植、高性能、多线程和动态的语言。

Java 编程语言的风格十分接近 C、C++ 语言。Java 是一个纯粹的面向对象的程序设计语言,它继承了 C++ 语言面向对象技术的核心。Java 舍弃了 C 语言中容易引起错误的指针(以引用取代)、运算符重载(Operator Overloading)、多重继承(以接口取代)等特性,增加了垃圾回收器功能用于回收不再被引用的对象所占据的内存空间,使得程序员不用再为内存管理而担忧。在 Java 1.5 版本中,Java 又引入了泛型编程(Generic Programming)、类型安全的枚举、不定长参数和自动装/拆箱等语言特性。

Java 不同于一般的编译执行计算机语言和解释执行计算机语言。它首先将源代码编译成二进制字节码(Bytecode),然后依赖各种不同平台上的虚拟机来解释执行字节码。从而实现了“一次编译、到处执行”的跨平台特性。不过,每次的执行编译后的字节码需要消耗一定的时间,这同时也在一定程度上降低了 Java 程序的运行效率。

7.2.3 程序设计方法

程序设计的过程要消耗大量的人力,为了提高程序开发的效率,便于对程序的维护,许多年来,人们一直在研究程序设计的方法,常用的方法有两大类:结构化方法和面向对象方法。

1. 结构化方法

1) 结构化程序设计的概念

结构化程序设计(Structured Programming)是进行以模块功能和处理过程设计为主的详细设计的基本原则。其概念最早由 E. W. Dijikstra 在 1965 年提出的,是软件发展的一个重要的里程碑,它的主要观点是采用自顶向下、逐步求精的程序设计方法;使用三种基本控制结构构造程序,任何程序都可由顺序、选择、循环三种基本控制结构构成的。

2) 结构化程序的基本结构

在使用结构化程序设计方法之前,程序员都是按照各自的习惯和思路来编写程序,没有统一的标准,这样编写的程序可读性差,更为严重的是程序的可维护性差,经过研究发现,造成这一现象的根本原因是程序的结构问题。

1966 年,C. Bohm 和 G. Jacopini 提出了关于“程序结构”的理论,并给出了任何程序的逻辑结构都可以用顺序结构、选择结构和循环结构来表示的证明。在程序结构理论的基础上,1968 年,戴克斯特拉提出了“Goto 语句是有害的”的问题,并引起了普遍重视,从此结构化程序设计方法逐渐形成,并成为计算机软件领域的重要方法,对计算机软件的发展具有重要的意义。

结构化程序设计要求把程序的结构限制为顺序、选择、循环三种基本结构，以便提高程序的可读性。

(1) 顺序结构。最简单、常用的一种结构，计算机按语句出现的先后次序依次执行，如图 7.20 所示。

(2) 选择结构。程序在执行过程中需要根据某种条件的成立与否有选择地执行一些操作，如图 7.21 所示。

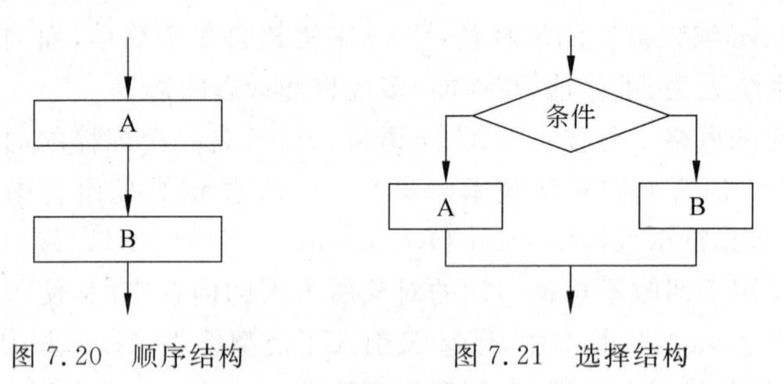

图 7.20 顺序结构　　图 7.21 选择结构

(3) 循环结构。有两种形式：当型循环和直到型循环。当型循环先判断循环条件，当满足循环条件时，执行循环体 A(图 7.22)。直到型循环是先执行 1 次循环体，再判断退出循环的条件，若退出循环的条件不成立则继续执行循环体，若满足退出循环的条件，则循环结束，如图 7.23 所示。

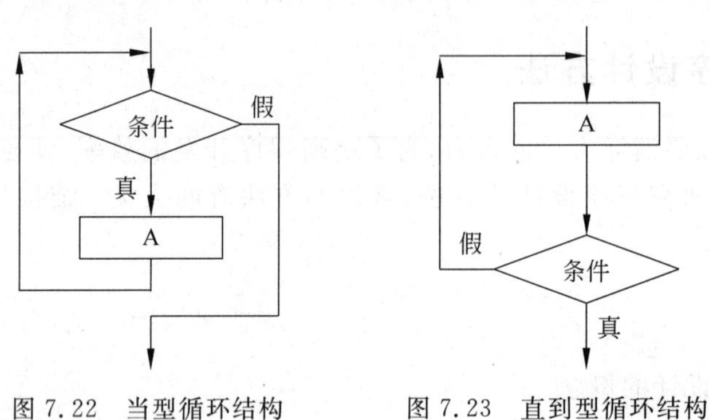

图 7.22 当型循环结构　　图 7.23 直到型循环结构

3) 结构化程序设计的原则

(1) 程序逻辑使用语言中的顺序、选择、重复等有限的基本控制结构来表示。

(2) 选用的控制结构只允许有一个入口和一个出口。

(3) 程序语句组成容易识别的块，每块只有一个入口和一个出口。

(4) 复杂结构应该用基本控制结构进行组合嵌套来实现。

(5) 语言中没有的控制结构，可以用一段等价的程序段模拟。

(6) 严格控制 GOTO 语句的使用，仅在下列情形才予以考虑：

① 用非结构化的程序设计语言来实现结构化的构造。

② 在某种可以改善而不是损害程序可读性的情况下。

采用结构化程序设计的方法编写程序，可使程序结构良好，易读、易理解、易维护，从而可以提高编程工作的效率，降低软件开发成本。

2. 面向对象方法

面向对象技术的研究首先是在编程语言的研究中兴起的。美国 Xerox PARC 研究中心在 20 世纪 70 年代末 80 年代初发表的 Smalltalk-80 正式确立了面向对象的基本框架,它认为世界由对象组成,引入了类、方法、实例等概念,这也是至今最纯粹的面向对象语言。

Smalltalk 总结了以往许多编程语言的经验,如从 20 世纪 50 年代的表处理语言 Lisp 中吸收了动态联编(Dynamic Binding)、交互式开发环境;从初级语言 Logo 中看到图形界面的意义;从 20 世纪 60 年代的模拟语言 Simula(Simulation Language)中吸收了类(Class)、继承(Inheritance)的概念;从 20 世纪 70 年代的学术语言 Clu 中吸收了抽象数据类型。在 Smalltalk 之后,面向对象开始为人们注目,特别是 C++ 的推出,使面向对象在业界也广为人知。从此,面向对象语言分为两大阵营:以 Smalltalk 和 Eiffel 为代表的纯粹型面向对象语言和以 C++ 和 CLOS 为代表混合型面向对象语言,前者强调软件开发的探索性和原型化开发方面,后者强调运行时的时间效率,是对现有语言的扩充,已被工业界所接受。

面向对象的设计方法提供了一种有目的地把系统分解为模块策略,并将设计决策与客观世界的认识相匹配。在对面向对象语言进行研究时,人们也看到了面向对象的潜在能力,面向对象思维同现实对象的一一对应关系和它的组织、处理信息能力。在人工智能、数据库、信息模型领域的研究表明,面向对象不仅是有效的程序设计技术,而且成为了软件开发的基本方法,所以面向对象软件开发技术是今后软件发展的主流之一。

1) 面向对象技术的基本概念

(1) 对象

客观世界由实体及其实体之间的联系所组成,其中客观世界中的实体称为对象。例如,一本书、一辆车等都是一个对象。对象有自己的属性(包括自己特有的属性和同类对象的共性)。属性的作用有:与其他对象通信,表现为特征调用;反映自身状态变化,表现为当前的属性值。因此,面向对象程序设计中的对象可以表示为接口、数据、操作等。

(2) 类

类描述的是具有相似性质的一组对象。例如,每本具体的书是一个对象,而这些具体的书都有共同的性质,它们都属于更一般的概念——"书"这一类对象。一个具体对象称为类的实例。类是对客观世界中一组具有共同属性的事物的抽象,类提供的是对象实例化的模板,它包括了这组事物的共性,在程序运行过程中,类只有被实例化成对象才起作用。类的概念是面向对象程序设计的基本概念,是支持模块化设计的设施。

(3) 继承

继承反映的是类与类之间抽象级别的不同,根据继承与被继承的关系,可分为父类(基类)和子类(衍类),正如"继承"这个词的字面提示一样,子类将从父类那里获得所有的属性和方法,并且可以对这些获得的属性和方法加以改造,使之具有自己的特点。一个父类可以派生出若干子类,每个子类都可以通过继承和改造获得自己的一套属性和方法,由此,父类表现出的是共性和一般性,子类表现出的是个性和特性,父类的抽象级别高于子类。继承具有传递性,子类又可以派生出下一代孙类,相对于孙类,子类将成为其父类,具有较孙类高的抽象级别。继承反映的类与类之间的这种关系,使得程序人员可以在已有的类的基础上定义和实现新类,所以有效地支持了软件构件的复用,使得当需要在系统中增加新特征时所需的新代码最少。

(4) 封装

封装是一种信息隐蔽技术,目的在于将对象的使用者和对象的设计者分开。用户只能见到对象封装界面上的信息,不必知道实现的细节。封装一方面通过数据抽象,把相关的信息结合在一起,另一方面也简化了接口。

(5) 多态性

多态性在形式上表现为一个方法根据传递给它的参数的不同,可以调用不同的方法体,实现不同的操作。将多态性映射到现实世界中,则表现为同一个事物随着环境的不同,可以有不同的表现形态及不同的和其他事物通信的方式。

2) 面向对象程序设计方法的优点

(1) 用“类”、“对象”的概念直接对客观世界进行模拟,客观世界中存在的事物、事物所具有的属性、事物间的联系均可以在对象式程序设计语言中找到相应的机制,对象式程序设计方法采用这种方式是合理的,它符合人们认识事物的规律,改善了程序的可读性,使人机交互更加贴近自然语言,这与传统程序设计方法相比,是一个很大的进步。

(2) 面向对象程序设计方法是基于问题对象的,问题对象的模板是现实世界中的实在对象,对象式程序设计从内部结构上模拟客观世界,与基于功能模拟的传统程序设计方法相比,问题对象比功能更稳定,功能也许是瞬息万变的、也许是长期不变的,而问题对象却相对稳定,因而模拟问题对象比模拟功能使得程序具有较好的稳定性,也减轻了程序人员的工作难度。

(3) 面向对象程序设计方法中提供了若干种增加程序可扩充性、可移植性的设施。如继承设施、多态设施、接口设施。继承设施和多态设施前已提及。接口是一个对象供外部使用者调用的设施,外部使用者通过调用一个对象的接口对该对象进行操作,完成相应功能,使得该对象的状态改变,或对其他对象进行动作,以实现生成新的对象或与其他对象通信的目的。

(4) 面向对象程序设计方法中类与类之间的关系有继承关系、引用关系,这两种关系模拟了客观世界中事物间“是”和“有”的关系。当客观世界中存在两种事物,假设为事物 A 和事物 B。如果 A 和 B 之间存在 A 中“有”B 这样的关系,那么在用对象式程序模拟的时候,我们需要在类 A 和类 B 之间建立允引关系,A 为引用类,B 为允用类,且 A 中存在变量设为 x,有 x: B 这样的语句;如果 A 和 B 之间存在“是”这样的关系,如 A 是 B 的一种特例,那么在用对象式程序模拟的时候,类 A 和类 B 间是继承关系,A 为衍类,B 为基类,在实现类 A 的继承部分,需要有 Inherit B 这样的语句。类间这两种关系的引入,给程序人员提供了很大的方便,可以在系统原有的类的基础上生成新类,节省了时间和空间。

总之,面向对象程序设计(Object-Oriented Programming,OOP)方法使软件的开发周期短、效率高、可靠性高,所开发的程序更易于维护、更新和升级。而且继承和封装能使得在修改应用程序时所带来的影响更加局部化。

7.2.4 程序设计风格

一个软件质量的好坏,不仅跟程序设计的语言有关,还与程序设计的规范与风格有着紧密的关系。程序员应当掌握适当的编程技巧、统一的编程风格,建立良好的编程习惯。编程的规范与风格是指程序员在编程时应遵循的一套形式与规则，主要是让程序员和其他人方便容易地读懂程序、理解程序功能及作用。

程序设计风格是指编写程序时所表现出的特点、习惯和逻辑思路。程序是由人来编写的，为了测试和维护程序，往往还要阅读和跟踪程序，因此程序设计的风格应该是强调简单和清晰，程序必须是可以理解的，应该是清晰第一，效率第二。不能为了片面提高效率而牺牲程序的可读性。要形成良好的程序设计风格，主要应注意和考虑以下几方面因素。

1. 源程序文档化

程序文档化应考虑如下几点：

(1) 符号名的命名。符号名的命名应具有一定的实际含义，以便于对程序功能的理解。

(2) 程序注释。正确的注释能够帮助读者理解程序。注释一般分为序言性注释和功能性注释。序言性注释通常位于每个程序的开头部分，它给出程序的整体说明，主要描述内容可以包括程序标题、程序功能说明、主要算法、接口说明、程序位置、开发简历、程序设计者、复审者、复审日期、修改日期等。功能性注释的位置一般嵌在源程序体之中，主要描述其后的语句或程序做什么。

(3) 视觉组织。为使程序的结构一目了然，可以在程序中利用空格、空行、缩进等技巧使程序层次清晰。

2. 数据说明的方法

在编写程序时，需要注意数据说明的风格，以便使程序中的数据说明更易于理解和维护。一般应注意如下几点：

(1) 数据说明的次序规范化。鉴于程序理解、阅读和维护的需要，使数据说明次序固定，可以使数据的属性容易查找，也有利于测试、排错和维护。

(2) 说明语句中变量安排有序化。当一个说明语句说明多个变量时，变量按照字母顺序排序为好。

(3) 使用注释来说明复杂数据的结构。

3. 语句的结构

程序应该简单易懂，语句构造应该简单直接，不应该为提高效率而把语句复杂化。一般应注意如下：

(1) 每一行只写一条语句。

(2) 如果一条语句需要多行，则所有的后续行往里缩进。

(3) 使用分层缩进的写法显示嵌套结构层次。

(4) 适当使用空格或圆括号作隔离符。

(5) 注释段与程序段以及不同的程序段之间插入空行。

4. 输入和输出

输入和输出信息是用户直接关心的，在设计和编程时应该考虑如下原则：

(1) 对所有的输入数据都要检验数据的合法性。

(2) 检查输入项的各种重要组合的合理性。

(3) 输入格式要简单,以使得输入的步骤和操作尽可能简单。

(4) 输入数据时,应允许使用自由格式。

(5) 应允许缺省值。

(6) 输入一批数据时,最好使用输入结束标志。

(7) 在以交互式输入/输出方式进行输入时,要在屏幕上使用提示符明确提示输入的请求,同时在数据输入过程中和输入结束时,应在屏幕上给出状态信息。

(8) 当程序设计语言对输入格式有严格要求时,应保持输入格式与输入语句的一致性。给所有的输出加注释,并设计输出报表格式。

7.3 数据库设计基础

数据库技术是计算机领域的一个重要分支。在科学计算、数据处理和过程控制三大计算机应用领域中,数据处理约占其中的70%,而数据库技术就是作为一门数据处理技术发展起来的。随着计算机应用的普及和深入,数据库技术变得越来越重要了,而了解、掌握数据库系统的基本概念和基本技术是应用数据库技术的前提。本节分别介绍了数据库系统的基础知识、基本数据模型,特别是其中的E-R模型和关系模型;另外,对关系代数的运算及数据库的设计与管理做了介绍。

7.3.1 数据库系统基本概念

1. 数据、数据库、数据库管理系统

1) 数据

数据是指存储在某一种媒体上能够被识别的物理符号,即描述事物的符号记录。

数据是有结构的。首先,数据有型与值的区别,型即类型,值是符合指定类型的值。

数据的概念在数据处理领域中已经大大地拓宽了。数据不仅包括数字、字母、文字和其他特殊字符组成的文本形式的数据,而且还包括图形、图像、动画、影像、声音等多媒体数据。但是使用最多、最基本的仍然是文字数据。

2) 数据库

数据库(DataBase,DB)是存储在计算机存储设备上,结构化的相互关联的数据的集合。它不仅包括描述事物的数据本身,而且还包括相关事物之间的联系。

数据库用综合的方法组织和管理数据,具有较小的数据冗余,可供多个用户共享,具有较高的数据独立性,具有安全机制,能够保证数据的安全、可靠,允许并发地使用数据库,能有效、及时地处理数据,并能保证数据的一致性和完整性。

例如,某个学校的相关数据,如学生基本情况、选课情况、学籍管理等所涉及的相关数据的集合。

3) 数据库管理系统

数据库管理系统(DataBase Management System,DBMS)是对数据库进行管理的系统软件,它的职能是有效地组织和存储数据、获取和管理数据,接受和完成用户提出的访问数

据的各种请求。同时还能保证数据的安全性、可靠性、完整性、一致性,还要保证数据的高度独立性。

数据库管理系统主要功能包括以下几个方面:

(1) 数据模式定义

数据库管理系统负责为数据库构建模式,也就是为数据库构建起数据框架。

(2) 数据存取的物理构建

数据库管理系统负责为数据模式的物理存取及构建提供有效的存取方法和手段。

(3) 数据操纵

数据库管理系统为用户使用数据库中的数据提供方便,一般提供查询、插入、修改和删除数据的功能,此外,还具有简单的算术运算和统计功能,还具有非常强大的程序控制功能。

(4) 数据的完整性、安全性定义与检查

数据库中的数据具有内存语义上的关联性与一致性,即数据的完整性。数据的完整性是保证数据库中数据正确的必要条件。

(5) 数据的并发控制与故障恢复

数据库是一个集成、共享的数据集合体,它能为多个应用程序服务,因此,当多个应用程序对数据库并发操作时,要保证数据不被破坏,这就是数据库的并发控制。

(6) 数据的服务

数据库管理系统提供了对数据库中数据的多种服务,如数据拷贝、转存、重组、性能监测、分析等。

为了完成以上6项功能,数据库管理系统提供的相应的数据语言包括如下:

(1) 数据定义语言(Data Definition Language,DDL)

用户通过它可以方便地对数据库中的相关内容进行定义。例如,对数据库、表、索引进行定义。

(2) 数据操纵语言(Data Manipulation Language,DML)

用户通过它可以实现对数据库的基本操作。例如,对表中数据的查询、插入、删除和修改。

(3) 数据控制语言(Data Control Language,DCL)

负责数据完整性、安全性的定义与检查以及并发控制、故障恢复等功能,包括系统初启程序、文件读/写与维护程序、存取路径管理程序、缓冲区管理程序、安全性控制程序、完整性检查程序、并发控制程序、事务管理程序、运行日志管理程序、数据库恢复程序等。

目前流行的DBMS均为关系型数据库系统,如Oracle、Sybase公司的PowerBuilder及IBM的DB2、微软的SQLServer等。还有一些小型的数据库,如Visual FoxPro和Access等。

(4) 数据库管理员

数据库的管理员(DataBase Administrator,DBA)对数据库的规划、设计、维护、监视等进行管理。

数据库的管理员主要工作如下:

① 数据库设计。

② 数据库维护。

③ 改善系统性能,提高系统效率。

(5) 数据库系统

数据库系统(DataBase System,DBS)由如下几个部分组成:

数据库(数据)、数据库管理系统(软件)、数据库管理员(人员)、系统平台(硬件平台和软件平台)。

硬件平台包括计算机、网络。

软件平台包括操作系统、数据库系统开发工具和接口软件。

(6) 数据库应用系统

数据库应用系统(DataBase Application System,DBAS)是程序员根据用户的需要,在数据库系统的支持下,用数据库管理系统提供的命令编写、开发并能够在数据库管理系统的支持下运行的程序和数据库的总称。它包括数据库、数据库管理系统、数据库管理员、硬件平台、软件平台、应用软件、应用界面。数据库系统的结构如图 7.24 所示。

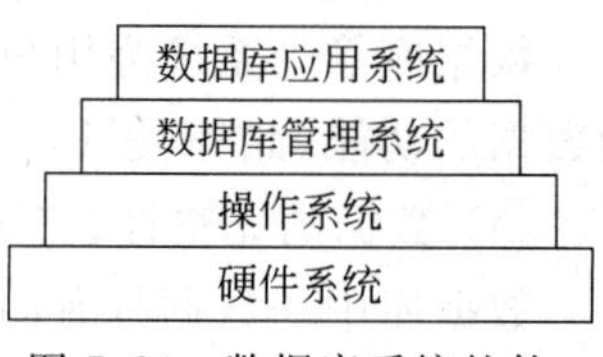

图 7.24 数据库系统的软、硬件层次结构图

2. 数据库系统的发展

随着计算机软硬件技术的发展,数据处理方法也经历了从低级到高级的发展过程,按照数据管理的特点可将其划分为人工管理、文件系统及数据库系统三个阶段。

1) 人工管理阶段

在 20 世纪 50 年代,计算机主要用于数值计算。从当时的硬件看,外存只有纸带、卡片、磁带,没有直接存取设备;从软件看(实际上,当时还未形成软件的整体概念),没有操作系统以及管理数据的软件;从数据看,数据量小,数据无结构,由用户直接管理,且数据间缺乏逻辑组织,数据依赖于特定的应用程序,缺乏独立性。

2) 文件系统阶段

20 世纪 50 年代后期到 20 世纪 60 年代中期,进入文件系统阶段。是数据库系统发展的初级阶段,它提供了简单的数据共享和数据管理能力,但无法提供完整的、统一的管理和数据共享的能力。

3) 数据库系统阶段

关系数据库系统出现于 20 世纪 70 年代,它的数据库结构简单,使用方便,逻辑性强,使用广泛。由于应用的领域不同,通常分为工程数据库系统、图形数据库系统、图像数据库系统、统计数据库系统、知识数据库系统、分布式数据库系统、并行数据库系统、面向对象数据库系统。

3. 数据库系统的基本特点

数据库技术是在文件系统基础上发展产生的,两者都以数据文件的形式组织数据,但由于数据库系统在文件系统之上加入了 DBMS 对数据进行管理,从而使得数据库系统具有以下特点:

1) 数据的集成性

(1) 在数据库系统中采用统一的数据结构方式,如在关系数据库中采用二维表作为统一结构方式。

(2) 在数据库系统中按照多个应用程序的需要组织全局的统一的数据结构(即数据模式),数据模式可建立全局的数据结构,也可建立数据间的语义联系从而构成一个内在紧密联系的数据整体。

(3) 数据模式是多个应用程序共同的、全局的数据结构,而每个应用的数据则是全局结构中的一部分,称为局部结构(即视图),这种全局与局部的结构模式构成了数据库系统集成性的主要特征。

2) 数据的高共享性与低冗余性

数据共享不但可以减少数据的冗余性,而且还可以减少不必要的存储空间,更为重要的是可以避免数据的不一致性。数据的一致性是指系统中同一数据的不同出现应保持相同的值,而数据的不一致性是指同一数据在系统不同拷贝处有不同的值。减少数据的冗余性可以避免数据的不一致性。

3) 数据的独立性

数据的独立性是指数据与程序间的互不依赖性。即数据的逻辑结构、存储结构与存取方式的改变不会影响应用程序。数据独立性分为物理独立性与逻辑独立性两级。

(1) 物理独立性

即数据的物理结构(包括存储结构、存取方式)的改变,不会影响数据库的逻辑结构,即不会引起应用程序的变化。

(2) 逻辑的独立性

数据库总体逻辑的改变,如修改数据模式、增加新的数据类型、改变数据间的联系等,不需要相应修改应用程序,这就是数据的逻辑独立性。

4) 数据统一管理与控制

数据库系统不仅为数据提供高度集成环境,同时它还为数据提供统一管理的手段,包括以下三个方面:

(1) 数据完整性检查。检查数据库中数据的正确性以保证数据的正确。

(2) 数据的安全性保护。检查数据库访问者以防非法访问。

(3) 并发控制。控制多个应用程序的并发访问所发生的相互干扰以保证其正确性。

4. 数据库系统的内部结构体系

数据库系统在体系结构上通常具有相同的特征,即采用三级模式结构,并提供二级映射的功能。

1) 数据库系统的三级模式

数据模式是数据库系统中数据结构的一种表示形式,它具有不同的层次与结构方式。

(1) 概念模式

概念模式是数据库系统中全局数据逻辑结构的描述,是全体用户公共数据视图。概念模式主要描述数据的概念记录类型以及它们之间的关系,还包括一些数据间的语义约束。

(2) 外模式

外模式又称子模式或用户模式,是用户的数据视图,即用户见到的数据模式,它由概念模式推导而出。

概念模式给出系统全局的数据描述而外模式则给出每个用户的局部数据描述。一个概念模式可以有若干个外模式,每个用户只关心与他有关的模式,这样不仅可以屏蔽大量无关信息而且有利于数据保护。

(3) 内模式

内模式又称物理模式,它给出数据库物理存储结构与物理存储方法,如数据存储的文件结构、索引、集簇及 hash 等存取方式与存取路径,内模式的物理性主要体现在操作系统及文件级上。

内模式对一般的用户是透明的,但它的设计直接影响到数据库系统的性能。

模式的三个级别层次反映了模式的三个不同环境以及它们的不同要求,其中内模式处于最底层,它反映数据在计算机物理结构中的实际存储形式,概念模式处于中层,它反映了设计者的数据全局逻辑要求,而外模式处于最外层,通过两种映射由物理数据库映射而成,它反映用户对数据的要求。

2) 数据库系统的二级映射

数据库系统的三级模式是对数据的三个级别抽象,它把数据的具体物理实现留给物理模式,使得全局设计者不必关心数据库的具体实现与物理背景;通过两级映射建立了模式间的联系与转换,使得概念模式与外模式虽然并不具备物理存在,但也能通过映射获得实体。同时,两级映射也保证了数据库系统中数据的独立性。

两级模式的映射:

(1) 概念模式到内模式的映射。该映射给出概念模式中数据的全局逻辑结构到数据的物理存储结构间的对应关系。

(2) 外模式到概念模式的映射。一个概念模式可以定义多个外模式,每个外模式是概念模式的一个基本视图。该映射给出了外模式与概念模式之间的对应关系。

7.3.2 数据模型

数据是现实世界符号的抽象,而数据模型是数据特征的抽象,它从抽象层次上描述了系统的静态特征、动态行为和约束条件,为数据库系统的信息表示与操作提供了一个抽象的框架。数据模型通常由数据结构、数据操作和数据的约束条件 3 个要素组成。

1. 数据模型的基本概念

1) 数据结构

描述数据的类型、内容、性质及数据间的联系等。

2) 数据操作

主要描述在相应的数据结构上的操作类型与操作方式。

3) 数据约束

主要描述数据结构内数据间的语法、语义联系,它们之间的制约与依存关系,以及数据动态变化的规则,以保证数据的正确、有效与相容。

2. 数据模型的类型

数据模型按不同的应用层次分成 3 种类型,即概念数据模型(Conceptual Date Model)、逻辑数据模型(Logic Date Model)和物理数据模型(Physical Date Model)。

(1) 概念数据模型简称概念模型,它是一种面向客观世界、面向用户的模型,其与具体的数据库管理系统无关,与具体的计算机平台无关。概念模型着重于对客观世界复杂事物的结构描述及它们之间的内在联系的刻画。概念模型是整个数据模型的基础。

目前,较为有名的概念模型有 E-R 模型、扩充的 E-R 模型、面向对象模型及谓词模型等。

(2) 逻辑数据模型也称数据模型,它是一种面向数据库系统的模型,该模型着重在数据库系统一级的实现。概念模型只有在转换成数据模型后才能在数据库中得以表示。

目前,逻辑数据模型也有很多种,较为成熟并先后被人们大量使用的有层次模型、网状模型和关系模型等。数据模型的特点如表 7.9 所示。

表 7.9 各种数据模型的特点

发展阶段	主要特点
层次模型	用树形结构表示实体及其之间联系的模型称为层次模型,上级结点与下级结点之间为一对多的联系
网状模型	用网状结构表示实体及其之间联系的模型称为网状模型,网中的每一个结点代表一个实体类型,允许结点有多于一个的父结点,可以有一个以上的结点没有父结点
关系模型	用二维表结构来表示实体以及实体之间联系的模型称为关系模型,在关系模型中把数据看成是二维表中的元素,一张二维表就是一个关系

(3) 物理数据模型也称物理模型,它是一种面向计算机物理表示的模型,此模型给出了数据模型在计算机上物理结构的表示。

3. E-R 模型

概念模型是面向现实世界的,它的出发点是有效和自然地模拟现实世界,给出数据的概念化结构。长期以来被广泛使用的概念模型是 E-R 模型(Entity-Relationship Model),又称实体联系模型。该模型将现实世界的要求转化成实体、联系、属性等几个基本概念,以及它们间的连接关系,并且可以用一种 E-R 图非常直观地表示出来。

1) E-R 模型的基本概念

(1) 实体。现实世界中的事物可以抽象成为实体,实体是概念世界中的基本单位,它们是客观存在的且又能相互区别的事物。

(2) 属性。现实世界中事物均有一些特性,这些特性可以用属性来表示。

(3) 联系。在现实世界中,事物间的关联称为联系。两个实体集间的联系实际上是实体集间的函数关系,这种函数关系可以有下面几种方式,即一对一联系、一对多联系、多对一联系或多对多联系。

① 一对一联系(1∶1)。如果实体集 A 中的任一个实体至多与实体集 B 中的一个实体存在联系,反之亦然,则称实体集 A 与实体集 B 之间存在一对一联系,记为 1∶ 1。

② 一对多联系(1∶ n)。如果实体集 A 中的任一个实体,可以与实体集 B 中的多个实体存在联系,而实体集 B 中的每一个实体,至多可以与实体集 A 中的一个实体相联系,则称实体集 A 与实体集 B 存在一对多联系,记为 1∶n。

③ 多对多联系($m:n$)。如果实体集A中的任一个实体,可以与实体集B中的多个实体存在联系,而实体集B中的每一个实体,也可以与实体集A中的多个实体存在联系,则称实体集A与实体集B存在多对多联系,记为$m:n$。

2) E-R模型的图形表示

用矩形表示实体集,在矩形内部标出实体集的名称;用椭圆形表示属性,在椭圆内标出属性的名称;用菱形表示联系,在菱形内标出联系名;属性依附于实体,它们之间用无向线段连接;属性也依附于联系,它们之间用无向线段连接;实体集与联系之间的连接关系,通过无向线段表示。某学校的教学管理E-R图如图7.25所示。

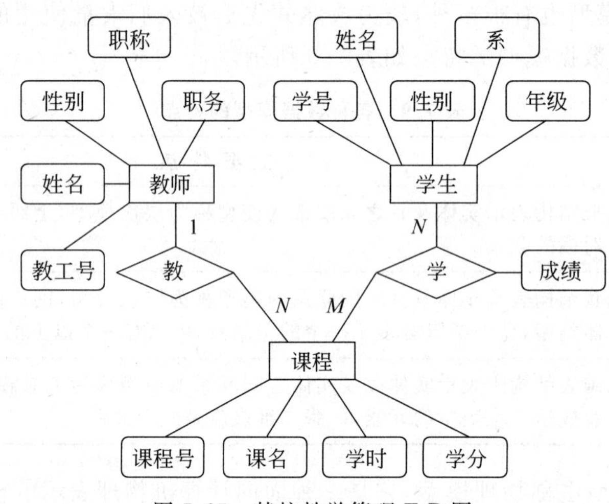

图7.25 某校教学管理E-R图

4. 层次模型

若用图来表示,层次模型是用图来表示一棵倒立的树。在数据库中,满足以下两个条件的数据模型称为层次模型:

(1) 有且仅有一个结点无父结点,这个结点称为根结点。

(2) 除根结点外,其他结点有且仅有一个父结点。

在层次模型中,结点层次从根开始定义,根为第一层,根的子结点为第二层,根为其子结点的父结点,同一父结点的子结点称为兄弟结点,没有子结点的结点称为叶结点。

层次模型表示的是一对多的关系,即一个父结点可以对应多个子结点。这种模型的优点是简单、直观、处理方便、算法规范;缺点是不能表达含有多对多关系的复杂结构。

层次模型如图7.26所示,图中R1是根结点,R2、R3是R1的子结点,它们互为兄弟结点;R4、R5为R2的子结点,它们也互为兄弟结点;R4、R5、R6是叶子结点。其中,每一个结点都代表一个实体型,各实体型由上而下是$1:n$的联系。

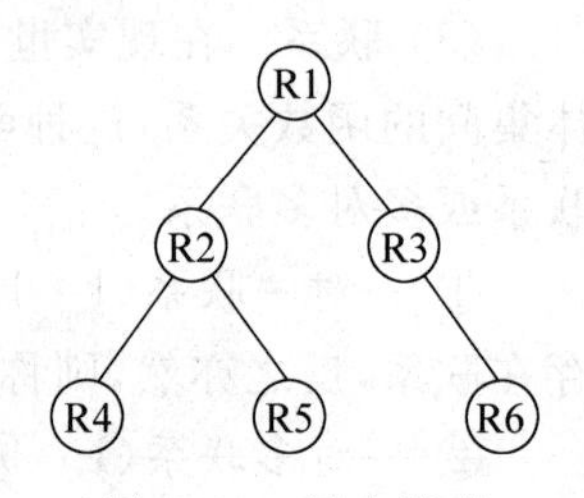

图7.26 层次模型

支持层次模型的DBMS称为层次数据库管理系统,在这种数据库系统中建立的数据库是层次数据库。层次数据模型支持的操作主要有查询、插入、删除和更新。

5. 网状模型

若用图来表示，网状模型是一个网络。如图 7.27 所示，在数据库中，满足以下两个条件的数据模型称为网状模型。

(1) 允许一个以上的结点无父结点。

(2) 一个结点可以有一个以上的父结点。

网状模型的优点是可以表示复杂的数据结构，存取数据的效率比较高；缺点是数据结构复杂，编程难度大。

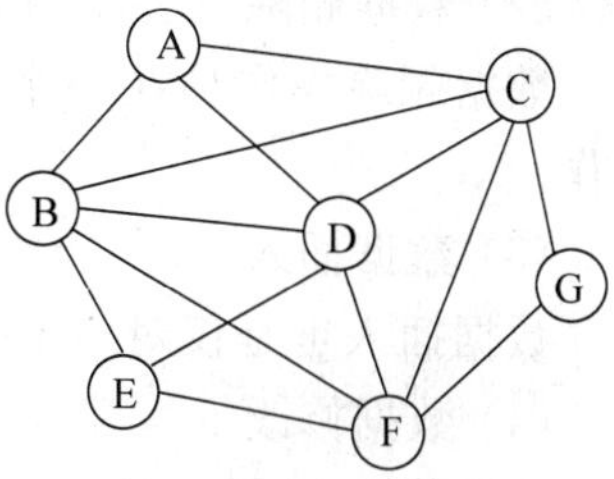

图 7.27　网状模型

6. 关系模型

关系模型采用二维表来表示，一个关系对应一张二维表。也可以说成一个关系就是一个二维表，但不是任意一个二维表都能表示一个关系。

1) 关系的数据结构

关系模型是目前最常用的数据类型，关系模型的数据结构非常单一，在关系模型中，现实世界的实体以及实体间的各种联系均可用关系来表示。

关系模型中常用的术语如下所示：

(1) 元组。在一个二维表(一个具体关系)中，水平方向的行称为元组。元组对应存储文件中的一个具体记录。

(2) 属性。二维表中垂直方向的列称为属性，每一列有一个属性名。

(3) 域。域指的是属性的取值范围，也就是不同元组对同一属性的取值所限定的范围。

(4) 候选码或候选键。在二维表中唯一标志元组的最小属性值称为该表的候选码或候选健。

(5) 主键或主码。从二维表的所有候选键选取一个作为用户使用的键称为主键或主码。

(6) 外键或外码。二维表 A 中的某属性集 F，但 F 不是 A 的主键，并且 F 是另一个二维表 B 的主键，则称为二维表 A 的外键或外码。

二维表要求满足的条件：

(1) 二维表中元组的个数有限。

(2) 元组在二维表中的唯一性，在同一个表中不存在完全相同的两个元组。

(3) 二维表中元组的顺序无关，可以任意调换。

(4) 元组中的各分量不能再分解。

(5) 二维表中各属性名唯一。

(6) 二维表中各属性的顺序无关。

(7) 二维表属性的分量具有与该属性相同的值域。

在关系中一般支持空值，空值表示未知的值或不可能出现的值，一般用 NULL 表示。关系的主键中不允许出现空值，因为如果主键为空值则失去了其元组标识的作用。

2) 关系操作

关系模型的数据操作是建立在关系上的数据操作，一般有数据查询、数据删除、数据插入和数据修改。

(1) 数据查询

在一个关系中查询数据,操作方式是先定位,然后再操作;在多个关系中查询数据,先将多个关系合并为一个关系,再在合并后的新关系中进行定位,然后再操作。

(2) 数据删除

数据删除操作是在一个关系中删除元组的操作。操作方式也是先定位,然后再删除操作。

(3) 数据插入

数据插入也是仅对一个关系的操作。即在指定的关系中插入一个或多个元组。

(4) 数据修改

数据修改是在一个关系中修改指定的元组与属性。数据修改不是一个基本的操作,可分解为删除要修改的元组,再插入修改后的元组两个基本操作。

3) 关系中的数据约束

关系模型允许定义3类数据约束,它们是实体完整性约束、参照完整性约束和用户定义的完整性约束,前两种完整性约束由关系数据库系统自动支持。用户定义的完整性约束是用户使用由关系数据库提供的完整性约束语言来写出约束条件,运行时由系统自动检查。

(1) 实体完整性约束

该约束要求关系的主键中属性值不能为空值,这是数据库完整性的基本要求,主键的唯一决定元组的唯一性。

(2) 参照完整性约束

该约束是关系之间相关联的基本约束,不允许关系引用不存在的元组,即关系中的外键要么是所关联关系中实际存在的元组,要么为空值。

(3) 用户定义的完整性约束

这是针对具体数据环境与应用环境由用户具体设置的约束,它反映了具体应用中数据的语义要求。

7.3.3 关系代数运算

关系数据库系统的特点之一是它建立在数学理论基础上的,有很多数学理论可以表示关系模型的数据操作,其中最为著名的是关系代数(Relational Algebra)与关系演算(Relational Calculus)。数学上已经证明两者在功能上是等价的。关系代数是一种抽象的查询语言,它用对关系的运算来表达查询。关系代数是关系模型和关系数据库的理论基础。

关系代数的运算主要分为两类:传统的集合运算和专门的关系运算。传统的集合运算将关系看成组的集合,其运算是从关系的行的角度进行的;而专门的关系运算则涉及了行、列两方面的运算。

1. 传统的集合运算

传统的集合运算是二目运算。设关系 R 和关系 S 具有相同的目 n(即 n 个属性),且相应的属性取自同一个域,则可以定义以下四种运算。

1) 并(Union)

关系 R 和关系 S 的并记作 $R \cup S$,由属于 R 或属于 S 的元组组成,结果仍为 n 目关系。

由表 7.10 和表 7.11 可知，由于，关系 R 和关系 S 中有两行相同元组，完成并运算后结果为四行元组，如表 7.12 所示。

表 7.10 关系 *R*

A	B	C
A1	B3	C2
A1	B2	C2
A2	B2	C1

表 7.11 关系 *S*

A	B	C
A1	B1	C1
A1	B2	C2
A2	B2	C1

表 7.12 关系 $R \cup S$

A	B	C
A1	Bl	C1
Al	B2	C2
A2	B2	C1
A1	B3	C2

2）差(Difference)

关系 R 和关系 S 的差记作 $R-S$，由属于 R 而不属于 S 的元组组成，结果仍为 n 目关系。由表 7.10 和表 7.11 可知，由于关系 R 和关系 S 中有两行相同元组，完成差运算后在关系 R 中去掉关系 S 中也有的元组，结果为一行元组，如表 7.13 所示。

3）交(Intersection)

关系 R 和关系 S 的交记作 $R \cap S$，由属于 R 且属于 S 的元组组成，结果仍为 n 目关系。由表 7.10 和表 7.11 可知，由于关系 R 和关系 S 中有两行相同元组，完成交运算后只剩下相同的两行元组，如表 7.14 所示。

表 7.13 关系 $R-S$

A	B	C
A1	B3	C2

表 7.14 关系 $R \cap S$

A	B	C
A1	B2	C2
A2	B2	C1

4）广义笛卡儿积

设有 n 目关系 R 及 m 目关系 S，它们分别有 p、q 个元组，则关系 R 与 S 经笛卡儿积记为 $R \times S$，该关系是一个 $n+m$ 目关系，元组个数是 $p \times q$，由 R 与 S 的有序组组合而成。表 7.15 和表 7.16 给出了两个关系 R、S 的实例，表 7.17 给出了 R 与 S 的笛卡儿积 $T=R \times S$。

表 7.15 关系 *R*

R1	R2	R3
A	B	C
D	E	F
G	H	I

表 7.16 关系 *S*

S1	S2
J	K
M	N
P	Q

表 7.17 $T=R \times S$

R1	R2	R3	S1	S2
A	B	C	J	K
A	B	C	M	N

续表

R1	R2	R3	S1	S2
A	B	C	P	Q
D	E	F	J	K
D	E	F	M	N
D	E	F	P	Q
G	H	I	J	K
G	H	I	M	N
G	H	I	P	Q

2. 专门的关系运算

给出一个学生成绩数据库,它包括3个关系(表),如表7.18至表7.20所示,分别为学生信息表S、课程信息表C和学生成绩表SC。下面将在这个数据库的基础上来介绍关系运算。

表7.18 学生信息表S

学号	姓名	班级	性别
130101	张志成	1301	男
130201	王菲	1302	女
130306	许雷	1303	女
130408	王振兴	1304	男

表7.19 课程信息表C

课 程 号	课 程 名
C1	离散数学
C2	C语言
C3	高等数学

表7.20 学生成绩表SC

学 号	课 程 号	成 绩
130101	C1	95
130101	C2	63
130201	C2	74
130201	C3	82
130306	C2	90
130306	C3	66
130408	C1	73

1) 选择(Selection)运算

选择运算是关系中查找符合指定条件元组的操作。先指定所选择的逻辑条件,选择运算选出符合条件(使逻辑表达式为真)的所有元组。选择结果是原关系的子集,关系模式不变。选择运算是在一个关系中进行水平方向的选择,选取的是满足条件的整个元组。

在学生信息表S中选取所有的男同学，运算结果如表7.21所示。

2）投影(Projection)运算

从关系中选取若干个属性，叫做投影运算。投影运算将关系中的若干属性取出形成一个新的关系。投影运算是在一个关系中进行的垂直选择，选取关系中元组的某几列的值。投影运算的结果如果有内容完全相同的元组，在结果关系中应将重复元素去掉。

选择学生关系中所有的姓名和性别，投影运算结果如表7.22所示。

表7.21　选择运算结果

学号	姓名	班级	性别
130101	张志成	1301	男
130408	王振兴	1304	男

表7.22　投影运算结果

姓　名	性　别
张志成	男
王菲	女
许雷	女
王振兴	男

3）连接(Join)运算

连接运算是将两个二维表格中的若干列按同名等值的条件连接成一个新的二维表格。一般的连接运算是从行的角度进行运算，但自然连接还要取消重复列，所以是同时从行和列的角度进行运算的。

学生成绩表SC和课程信息表C做连接运算的结果如表7.23所示。

表7.23　连接运算结果

学　号	课　程　号	课　程　名	成　绩
130101	C1	离散数学	95
130101	C2	C语言	63
130201	C2	C语言	74
130201	C3	高等数学	82
130306	C2	C语言	90
130306	C3	高等数学	66
130408	C1	离散数学	73

7.3.4　数据库设计与管理

数据库设计是数据库应用的核心。数据库设计目前一般采用生命周期(Life Cycle)法，即将整个数据库应用系统的开发分解成目标独立的若干阶段，分别是需求分析阶段、概念设计阶段、逻辑设计阶段、物理设计阶段、编码阶段、测试阶段、运行阶段、进一步修改阶段。在数据库设计中采用上面几个阶段中的前四个阶段。

数据库是一种共享资源，它需要维护与管理，这种工作称为数据库管理(Database Administration)，而实施此项管理的人则称为数据库管理员。数据库管理一般包含如下内容：数据库的建立、数据库的调整、数据库的重组、数据库的安全性控制与完整性控制、数据库的故障恢复和数据库的监控。下面我们详细介绍数据库设计与管理的内容。

1. 数据库设计

1) 需求分析

需求收集和分析是数据库设计的第一阶段,这一阶段收集到的基础数据和一组数据流图(Data Flow Diagram,DFD)是下一步设计概念结构的基础。概念结构是整个组织中所有用户关心的信息结构,对整个数据库设计具有深刻影响。要设计好概念结构,就必须在需求分析阶段用系统的观点考虑问题、收集和分析数据。

2) 概念设计

数据库概念设计的目的是分析数据间内在语义关联,在此基础上建立一个数据的抽象模型。数据库概念设计的方法有以下两种。

(1) 集中式模式设计法。这是一种统一的模式设计方法,它根据需求由一个统一机构或人员设计一个综合的全局模式。这种方法设计简单方便,强调统一与一致,适用于小型或并不复杂的单位或部门,而不适合大型的或复杂的系统设计。

(2) 视图集成设计法。这种方法将一个单位分解成若干个部分,先对每个部分做局部模式设计,建立各个部分的视图,然后以各视图为基础进行集成。在集成过程中可能会出现一些冲突,这是由于视图设计的分散性形成的不一致所造成的,因此需对视图做修正,最终形成全局模式。视图集成设计法是一种由分散到集中的方法,它的设计过程复杂但能较好地反映需求,适合于大型与复杂的单位,避免设计的粗糙与不周到,目前此种方法使用较多。

3) 逻辑设计

逻辑设计一般分为两个阶段:第一步是从 E-R 图向关系模式转换,第二步是逻辑模式规范化及调整、实现。

在从 E-R 图向关系模式转换的阶段中,主要工作是将 E-R 图转换成指定 RDBMS 中的关系模式。实体与联系都可以表示成关系,E-R 图中属性也可以转换成关系的属性。

在第二步逻辑模式规范化及调整、实现的阶段中,还需对关系做规范化验证。对逻辑模式进行调整以满足 RDBMS 的性能、存储空间等要求,同时对模式做适应、RDBMS 限制条件的修改。

逻辑设计的另一个重要内容是关系视图的设计,又称为外模式设计。关系视图是在关系模式基础上设计的直接面向操作用户的视图,它可以根据用户需求随时创建,一般 RDBMS 均提供关系视图的功能。

4) 数据库的物理设计

数据库物理设计的主要目标是对数据库内部物理结构做调整并选择合理的存取路径,以提高数据库访问速度及有效利用存储空间。在现代关系数据库中已大量屏蔽了内部物理结构,因此留给用户参与物理设计的余地并不多。

2. 数据库管理

1) 数据库的建立

数据库的建立包括两部分内容:数据模式的建立与数据加载。

(1) 数据模式的建立

数据模式由 DBA 负责建立，DBA 利用 RDBMS 中的 DDL 语言定义数据库名，定义表及相应属性，定义主关键字、索引、集簇、完整性约束、用户访问权限，申请空间资源，定义分区等，此外还需定义视图。

(2) 数据加载

在数据模式定义后即可加载数据，DBA 可以编制加载程序将外界数据加载至数据模式内，从而完成数据库的建立。

2) 数据库的调整

在数据库建立并经一段时间运行后往往会产生一些不适应的情况，此时需要对其做调整，数据库的调整一般由 DBA 完成，调整包括下面一些内容：

(1) 调整关系模式与视图使之更能适应用户的需求。

(2) 调整索引与集簇使数据库性能与效率更佳。

(3) 调整分区、数据库缓冲区大小以及并发度使数据库物理性能更好。

3) 数据库的重组

数据库在经过一定时间运行后，其性能会逐步下降，下降的原因主要是由于不断地修改、删除与插入造成的。由于不断地删除而造成盘区内废块的增多而影响 I/O 速度，由于不断地删除与插入而造成集簇的性能下降，同时也造成存储空间分配的零散化，使得一个完整表的空间分散，从而造成存取效率下降。基于这些原因需要对数据库进行重新整理，重新调整存储空间，此种工作叫数据库重组。一般数据库重组需花大量时间，并做大量的数据搬迁工作。实际中往往是先做数据卸载，然后重新加载从而达到数据重组的目的。目前，一般 RDBMS 都提供一定手段，以实现数据重组功能。

4) 数据库安全性控制与完整性控制

数据库是一个单位的重要资源，它的安全性是极其重要的，DBA 应采取措施保证数据不受非法盗用与破坏。此外，为保证数据的正确性，使录入库内的数据均能保持正确，需要有数据库的完整性控制。

5) 数据库的故障恢复

一旦数据库中的数据遭受破坏，需要及时进行恢复，RDBMS 一般都提供此种功能，并由 DBA 负责执行故障恢复功能。

6) 数据库监控

DBA 需随时观察数据库的动态变化，并在发生错误、故障或产生不适应情况时随时采取措施，如数据库死锁、对数据库的误操作等，同时还需监视数据库的性能变化，在必要时对数据库做调整。

7.4 软件工程基础

软件工程是计算机软件科学的一个重要的内容，它是指导如何正确开发高质量软件的一门工程科学。它涉及程序设计语言、算法与数据结构、数据库、软件开发工具、设计模式等方面的知识。

7.4.1 软件工程的基本概念

软件工程的概念是随着软件开发技术和方法的不断进步和改进而不断完善的,要了解软件工程的概念,要先从了解软件和软件危机谈起。

1. 软件

软件是计算机系统的一个组成部分,人们对软件的认识是随着计算机技术的发展而不断深化的。计算机发展的初期,软件的规模很小,软件开发由程序员个人完成,人们把软件就认为是程序,后来软件规模不断扩大,软件开发需要几个程序员合作完成,人们认为软件是程序加上说明书。

随着计算机的飞速发展,软件在计算机系统中的比重越来越大,传统的软件生产方式已经不能适应发展的需要,而且工程学的基本原理和方法逐渐应用到软件设计和生产中。软件开发被分成几个阶段,每个阶段都有严格的管理和质量检验,并在设计和生产过程中用书面文件作为共同遵循的依据。这些书面文件就是文档。文档是软件质量的基础,而程序是文档代码化的表现形式。

现在,软件被公认为是程序、数据和文档的集合,可简单的表示为:软件＝程序＋数据＋文档。

2. 软件的特点

(1) 软件是一种抽象的逻辑产品。
(2) 软件的生产与硬件不同。
(3) 软件产品不会用坏,不存在硬件产品那样的机械磨损、老化等问题。
(4) 软件产品的生产主要是脑力劳动。
(5) 软件费用不断增加,软件成本相当昂贵。
(6) 软件工作涉及各种社会因素。

3. 软件工程

软件工程的概念源于软件危机,20 世纪 60 年代末以后“软件危机”一词经常出现。所谓软件危机是指在计算机软件的开发和维护过程中所遇到的一系列严重问题。这些问题绝不仅仅是不能正常运行的软件才具有的。实际上,几乎所有软件都不同程度地存在这些问题。概括地说,软件危机包含下述两方面的问题:如何开发软件,以满足对软件的日益增长的需求;如何维护数量不断膨胀的软件。

具体来说,软件危机主要有以下一些典型表现:
(1) 对软件开发成本和进度的估计常常很不准确。
(2) 用户对所交付的软件系统不满意的现象时有发生。
(3) 软件产品的质量往往靠不住。
(4) 软件常常是不可维护的。
(5) 软件文档资料通常不完整、不合格。
(6) 软件的价格昂贵,软件成本在计算机系统总成本中所占的比例逐年上升。

(7) 软件开发生产率提高的速度,既跟不上硬件的发展速度,也远远跟不上日益增长的软件需求。

分析软件危机产生的原因,一方面是软件规模不断扩大,另一方面主要还是软件开发和维护方法不正确。为了消除软件危机,通过认真研究解决软件危机的方法,认识到软件工程是使计算机软件走向工程科学的途径,逐步形成了软件工程的概念。软件工程就是试图用工程、科学和数学的原理与方法研制、维护计算机软件的有关技术及管理方法。

关于软件工程的定义,国标(GB)中指出,软件工程是应用于计算机软件的定义、开发和维护的一整套方法、工具、文档、实践标准和工序。

1968 年在北大西洋公约组织会议(NATO 会议)上,讨论消除软件危机的办法,软件工程(Software Engineering)作为一个概念首次被提出,这在软件技术发展史上是一件大事。其后的几十年里,各种有关软件工程的技术、思想、方法和概念不断地被提出,软件工程逐步发展成为一门独立的科学。在会议上,德国人 Fritz Bauer 认为:"软件工程是建立并使用完善的工程化原则,以较经济的手段获得能在实际机器上有效运行的可靠软件的一系列方法。"

1993 年,IEEE(Institute of Electrical&Electronic Engineers,电气和电子工程师学会)给出了一个更加综合的定义:"将系统化的、规范的、可度量的方法应用于软件开发、运行和维护的过程,即将工程化应用于软件中。"这些主要思想都是强调在软件开发过程中需要应用工程化原则。

软件工程包括 3 个要素,即方法、工具和过程。方法是完成软件工程项目的技术手段;工具支持软件的开发、管理、文档生成;过程支持软件开发的各个环节的控制、管理。

软件工程的定义虽多,但其主要思想都是在强调软件开发中应用工程化原则的重要性。这种工程化的思想一直贯穿需求分析、设计、实现和维护整个软件生命过程。软件工程是指导计算机软件开发和维护的一门工程学科。它应用计算机科学、数学及管理科学等原理,借鉴传统工程的原则、方法和经验来解决软件问题。软件工程以提高质量,降低成本为目的,采用了若干科学的、现代化的方法技术来开发软件,极大提高了软件开发生产的效率。软件工程所包含的内容也不是一成不变的,它必将随着软件系统开发和生产技术的发展而有所改变。

总之,软件工程是一个发展的概念,随着计算机的普及应用以及软件产业的不断发展,人们对软件工程的认识不断深化。

7.4.2 软件生命周期

同许多事物一样,软件系统也要经历孕育、诞生、成长、成熟和衰亡等阶段。我们把软件从定义开始,经过开发、使用和维护,直到最终退役的全过程称为软件生命周期。

软件生命周期由软件定义、软件开发、软件的使用与维护三个阶段。而每个阶段又可以进一步划分成若干阶段,它们是问题定义、可行性研究、需求分析、概要设计、详细设计、实现、测试、运行和维护等,如图 7.28 所示。

1. 软件定义

软件定义的基本任务是弄清待开发的软件系统要做什么,即软件开发工程必须完成的

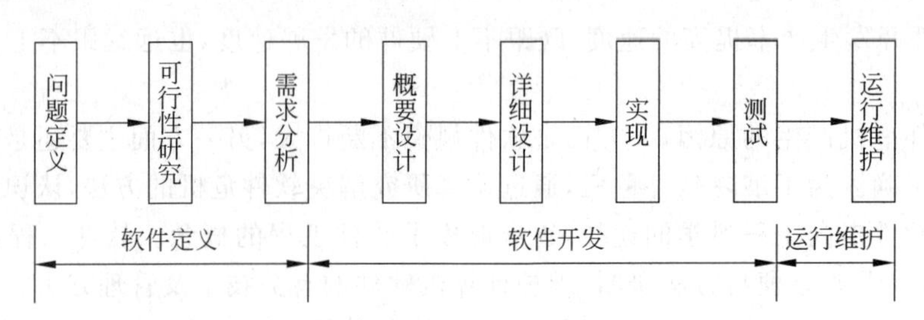

图 7.28 软件生命周期

总目标。软件定义包括问题定义、可行性研究和需求分析。

(1) 问题定义。确定要解决的问题是什么。

尽管确切定义问题的必要性是十分明显的,但在实践中它却可能是最容易被忽视的问题,通过对客户的访问调查,系统分析员扼要的写出问题的性质、工程目标和工程规模的书面报告,经过讨论和必要的修改后这份报告应该得到客户用户的确认。

(2) 可行性研究。研究上一个阶段确定的问题是否有解决的办法。可行性研究分为技术可行性、经济可行性、操作可行性和社会可行性等。

(3) 需求分析。确定目标系统必须做什么。

需求分析要确定软件系统的功能需求、性能需求和运行环境约束。这时系统分析员和开发人员必须与用户反复讨论、协商,将用户需求逐步精确化、一致化、完全化,最终借助各种方法和工具构建出软件系统的逻辑模型。

需求分析阶段工作完成后要提交软件需求规格说明书(Software Requirements Specification,SRS)、软件验收测试大纲、初步的用户手册等文档资料。需求规格说明书是需求分析工作之后最重要的阶段性成果,将作为软件开发人员进行软件设计的依据。

2. 软件开发

软件开发过程即软件的设计和实现,主要分为以下几个阶段:概要设计、详细设计、实现、测试。其中,概要设计又称为总体设计,与详细设计统称为软件设计。实现包括编码和单元测试。测试包括组装测试和验收测试。软件开发过程就是软件开发人员按照需求规格说明的要求,把抽象的系统需求实现到具体的程序代码和相关文档等,并经过严格测试产生最终软件产品的过程。

1) 概要设计

概要设计的主要任务是,在需求规格说明中提供的软件系统的逻辑模型的基础上,建立软件系统的总体结构和数据结构,定义子系统、功能模块及各子系统之间、各功能模块之间的关系。通常有多种设计方案,要从这些方案中选出最优的方案作为下一步工作的基础。概要设计的阶段性成果包括概要设计说明书、数据库或数据结构说明书、组装计划等文档。

2) 详细设计

详细设计阶段的任务是将概要设计产生的功能模块逐步细化,形成可编程的程序模块,用某种过程设计语言(Procedure Design Language)描述模块的内部细节,包括算法和数据结构、数据分布、数据组织、模块间的接口信息等。另外,应为编码提供必要的说明,并拟定模块的单元测试方案。详细设计可以利用各种方法和工具,如结构化设计方法、面向对象设计方法等。详细设计后应提供目标系统的详细设计规格说明书和单元测试计划的文档。

3）实现

实现主要是编码和单元测试。编码是一个编程和调试程序的过程，根据详细设计规格说明书用选定的程序设计语言把详细设计的结果转化为机器可运行的源程序。每编写和调试出一个程序模块后，应对其进行模块测试，即单元测试。单元测试的任务是按照详细设计阶段的单元测试计划测试每一个程序模块，找出程序错误并改正，包括验证程序模块接口与详细设计文档的一致性。实现阶段的成果包括存盘的单元测试的程序模块集合，以及详细的单元测试报告等。

4）测试

测试按不同的层次可分单元测试、集成测试、确认测试和系统测试等。单元测试是查找各模块在功能和结构上是否符合要求。集成测试将经过单元测试的模块逐步进行组装和测试，主要测试各模块之间连接接口的正确性，系统或子系统的正确处理能力、容错能力、输入/输出能力是否达到要求等。确认测试是按需求规格说明书上的功能和性能要求及确认测试计划对软件系统进行测试，决定开发的软件是否合格，能否达到用户对系统的要求。测试是保证软件质量的重要手段。软件测试报告应包括测试计划、测试用例、测试结果等内容。这些文档资料作为软件配置的一部分，应进行科学管理和妥善保存。

3. 软件的使用、维护和退役

软件开发结束后，经过用户确认验收，便可安装到特定的用户环境中供用户使用。软件的使用即软件的运行。软件投入实际使用以后的主要任务是确保软件持久满足用户的要求。软件的使用可以持续几年甚至几十年，运行中往往会因为发现了软件隐含的错误而需要修改，也可能为了适应变化了的软件工作环境而需要做相应的变更，或因为用户业务发生变化而需要扩充和增强软件的功能等，所以软件的修改几乎是不可避免的。

软件的维护就是为了延长软件的寿命而对软件产品进行修改或对软件需求变化做出响应的过程。软件的维护是软件生命周期中时间最长的阶段，软件维护的工作量可能占了软件生命周期全部工作量的60%以上。软件维护可分为纠错性维护、适应性维护、完善性维护和预防性维护。纠错性维护是诊断和改正在使用过程中发现的软件错误。适应性维护是修改软件以适应不同运行环境的变化。完善性维护是改善、加强软件系统的功能和性能以满足用户新的需求。预防性维护是修改软件以提高软件的可维护性和可靠性，为将来的软件维护和改进活动预先做准备。

软件的退役即软件的停止使用，意味着软件生命周期的结束，表明软件系统已不再具有维护价值。

7.4.3 结构化分析方法

软件开发方法是软件在开发过程所遵循的方法和步骤，其目的在于有效地得到一些工作产品，即程序和文档，并且满足质量要求。结构化方法经过30多年的发展，已经成为系统、成熟的软件开发方法之一。结构化方法包括已经形成了配套的结构化分析方法、结构化设计方法和结构化编程方法，其核心和基础是结构化程序设计理论。

1. 需求分析

需求分析是整个软件开发过程最重要的一步,通过软件需求分析,才能把软件功能和性能的总体概述为具体的需求规格说明,从而形成各个软件开发阶段的基础。需求分析是指用户对目标软件系统在功能、行为、性能和设计约束等方面的期望,其任务是发现需求、求精、建模和定义需求过程。需求分析将创建所需的数据模型、功能模型和行为模型。

1) 需求分析的定义

1997 年 IEEE 软件工程标准词汇表对需求分析定义如下:

(1) 用户解决问题或达到目标所需的条件或权能。

(2) 系统或系统部件要满足合同、标准、规范或其他正式规定文档所需具有的条件或权能。

(3) 一种反映(1)或(2)所描述的条件或权能的文档说明。

由需求分析的定义可知,需求分析的内容包括提炼、分析和仔细审查已收集到的需求;确保所有利益相关者都明白其含义并找出其中的错误、遗漏或其他不足的地方;从用户最初的非形式化需求到满足用户对软件产品的要求的映射;对用户意图不断进行提示和判断。

2) 需求分析阶段的工作

需求分析阶段的工作,可以概括为以下四个方面:

(1) 需求获取。需求获取的目的是确定对目标系统的各方面需求。涉及的主要任务是建立获取用户需求的方法框架,并支持和监控需求获取的过程。

需求获取涉及的关键问题有:对问题空间的理解;人与人之间的通信;不断变化的需求。

需求获取是在同用户的交流过程中不断收集、积累用户的各种信息,并且通过认真理解用户的各项要求,澄清那些模糊的需求,排除不合理的需求,从而较全面地提炼系统的功能性与非功能性需求。一般功能性与非功能性需求包括系统功能、物理环境、用户界面、用户因素、资源、安全性、质量保证及其他约束。

要特别注意的是,在需求获取过程中,容易产生诸如与用户存在交流障碍、相互误解、缺乏共同语言、理解不完整、忽视需求变化、混淆目标和需求等问题,这些问题都将直接影响到需求分析和系统后续开发的成败。

(2) 需求分析。对获取的需求进行分析和综合,最终给出系统的解决方案和目标系统的逻辑模型。

(3) 编写需求规格说明书。需求规格说明书作为需求分析的阶段成果,可以为用户、分析人员和设计人员之间的交流提供方便,可以直接支持目标软件系统的确认,又可以作为控制软件开发进程的依据。

(4) 需求评审。在需求分析的最后一步,对需求分析阶段的工作进行复审,验证需求文档的一致性、可行性、完整性和有效性。

2. 需求分析方法

常见的需求分析方法有结构化分析方法和面向对象的分析方法:

(1) 结构化分析方法。主要包括面向数据流的结构化分析方法(Structured Analysis

SA),面向数据结构的 Jackson 方法(Jackson System Development Method,JSD)和面向数据结构的结构化数据系统开发方法(Data Structured System Development Method,DSSD)。

(2) 面向对象的分析方法(Object-Oriented Analysis Method,OOA)。从需求分析建立的模型的特性来分,需求分析又分为静态分析方法和动态分析方法。

3. 结构化分析方法

1) 结构化分析方法

结构化分析方法是结构化程序设计理论在需求分析阶段的运用。它是20世纪70年代中期倡导的基于功能分解的分析方法,其目的是帮助弄清用户对软件的需求。结构化分析方法的实质是着眼于数据流,自顶向下,逐层分解,建立系统的处理流程,以数据流图和数据字典为主要工具,建立系统的逻辑模型。

结构化分析的步骤如下:

(1) 通过对用户的调查,以软件的需求为线索,获得当前系统的具体模型。

(2) 去掉具体模型中非本质因素,抽象出当前系统的逻辑模型。

(3) 根据计算机的特点分析当前系统与目标系统的差别,建立目标系统的逻辑模型。

(4) 完善目标系统并补充细节,写出目标系统的软件需求规格说明。

(5) 评审直到确认完全符合用户对软件的需求。

2) 结构化分析的常用工具

结构化分析的常用工具包括数据流图(Data Flow Diagram,DFD)、数据字典(Data Dictionary,DD)、判定树和判定表。其中数据流图和数据字典较为常用。

(1) 数据流图

结构化分析方法采用"分解"的方式来理解一个复杂的系统。"分解"需要有描述手段,数据流图就是作为描述分解的手段而引入的。数据流图是用来描述数据处理的工具,是用图形表示需求理解的逻辑模型。

数据流图从数据传递和加工的角度,来刻画数据流从输入到输出的移动变换过程。数据流图中的主要图形元素及说明如表7.24所示。

表7.24 数据流图的主要图形元素

图 形	说 明
⬭	加工(转换):输入数据经加工产生输出
→	数据流:沿箭头方向传送数据,一般在旁边标注数据流名
═	存储文件:表示处理过程中存放各种数据的文件
▭	外部实体

数据流图与程序流程图中用箭头表示的控制流有本质不同,千万不要混淆。此外,数据存储和数据流都是数据,仅仅是所处的状态不同。数据存储是处于静止状态的数据,数据流是处于运动中的数据。

(2) 数据字典

数据字典是结构化分析方法的核心,它是对所有与系统相关的数据元素的一个有组织的列表,以及明确的、严格的定义,使用户和系统分析员对于输入、输出、存储成分和中间计算结果有共同的理解。数据字典通常包含的信息有名称、别名、何处使用/如何使用、内容描述和补充信息等。数据字典把不同的需求文档和分析模型紧密地结合在一起,与各模型的图形表示配合,能清楚地表达数据处理的要求。概括地说,数据字典的作用是对数据流图中出现的被命名的图形元素的确切解释。

数据字典中有4种类型的条目:数据流、数据项、数据存储和数据加工。在数据字典各条目的定义中,常使用的符号如表7.25所示。

表7.25 数据字典中的符号

符　号	含　义	说　明
=	被定义为或等价于	
+	与	$M=x+y$ 表示 M 由 x 和 y 组成
[…|…] (…|…)	或(选择结构)	$M=[x \mid y]$或 $M=[x,y]M$ 由 x 或 y 组成
{…}	重复	$M=\{x\}$表示 M 由0个或多个 x 组成
$m\{\cdots\}n$ 或$\{K\}m\ n$	重复	$M=3\{x\}5$ 或 $M=\{x\}3\ 5$ 表示在 M 中 x 最多出现5次,最少出现3次,注意3{…}表示最少出现3次
(…)	可选	$M=(x)$表示 x 可有可无,可以出现也可不出现
"…"	基本数据元素	M="x"表示 M 是取值为字符 x 的数据元素
..	连接符	$M=a..z$ 表示 M 取 a 到 z 之间任意一个字符
…	注释符	*号之间的内容表示注释的部分

(3) 判定树

判定树又称决策树,是一种描述加工的图形工具,适合描述问题处理中具有多个判断,而且每个决策与若干条件有关的事务。在使用判定树进行描述时,应先从问题定义的文字描述中分清哪些是判定的条件,哪些是判定的结论,根据描述材料中的连接词找出判定条件之间的从属关系、并列关系和选择关系,根据它们构造判定树。

例7.11 某工厂对工人的超产进行奖励。该厂生产两种产品A和B,凡工人每月的实际生产量超过计划指标者,均有奖励。奖励政策为:

对于产品A的生产者,超产数 N 小于或等于100件时,每超产1件奖励2元;N 大于100件小于等于150件时,大于100件的部分每件奖励2.5元,其余的每件奖励金额不变;N 大于150件时,超过150件的部分每件奖励3元,其余按超产150件以内的方案处理。

对于产品B的生产者,超产数 N 小于或等于50件时,每超产1件奖励3元;N 大于50件小于等于100件时,大于50件的部分每件奖励4元,其余的每件奖励金额不变;N 大于100件时,超过100件的部分每件奖励5元,其余按超产100件以内的方案处理。

上述处理功能用判定树描述,如图7.29所示。

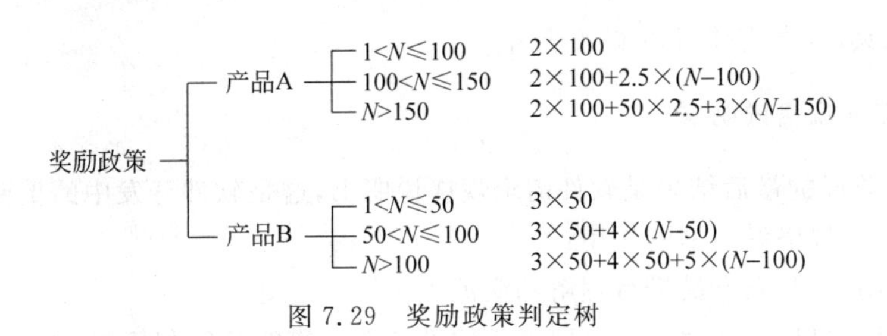

图 7.29　奖励政策判定树

(4) 判定表

判定表与判定树相似，也是描述加工的一种图形工具。当数据流图中的加工要依赖于多个逻辑条件的取值时，即完成该加工的一组动作是由于某一组条件取值的组合而引发的，使用判定表描述比较合适。

判定表由四部分组成，如图 7.30 所示，判定表分为：条件定义、条件的值、动作定义和特定条件下相应的动作的值。

条件定义	条件的值
动作定义	特定条件下相应的动作的值

图 7.30　判定表组成

例 7.12　某校制定了教师的讲课课时津贴标准。对于各种性质的讲座，无论教师是什么职称，每课时津贴费一律是 50 元。而对于一般的授课，则根据教师的职称来决定每课时津贴费：教授 30 元，副教授 25 元，讲师 20 元，助教 15 元。此问题的判定表如表 7.26 所示。

表 7.26　教师课时津贴判定表

	1	2	3	4	5
教授	—	T	F	F	F
副教授	—	F	T	F	F
讲师	—	F	F	T	F
助教	—	F	F	F	T
讲座	T	F	F	F	F
50	*				
30		*			
25			*		
20				*	
15					*

由表 7.26 可见，判定表将比较复杂的决策问题简洁、明确、一目了然地描述出来，它是描述条件比较多的决策问题的有效工具。判定表或判定树都是以图形形式描述数据流的加工逻辑，它结构简单，易懂易读。尤其遇到组合条件的判定，利用判定表或判定树可以使问题的描述清晰，而且便于直接映射到程序代码。在表达一个加工逻辑时，判定树、判定表都

是好的描述工具,根据需要可以交叉使用。

4. 软件需求规格说明书

需求分析阶段的最后结果是软件需求规格说明书,这是软件开发中的重要文档之一。

1) 软件需求规格说明书的作用:

(1) 便于用户、开发人员进行理解和交流。

(2) 反映出用户问题的结构,可以作为软件开发工作的基础和依据。

(3) 作为确认测试和验收的依据。

2) 软件需求规格说明书的特点

软件需求规格说明书的标准主要有:

(1) 正确性。要正确地反映待开发系统,体现系统的真实要求。

(2) 无歧义性。每一个需求的解释没有二义性。

(3) 完整性。要涵盖用户对系统的所有需求,包括功能要求、性能要求、接口要求和设计约束等。

(4) 可验证性。描述的每一个需求都可在有限代价的有效过程中验证确认。

(5) 一致性。各个需求的描述之间不能有逻辑上的冲突。

(6) 可理解性。为了使用户能看懂需求说明书,应尽量少使用计算机的概念和术语。

(7) 可修改性。说明的结构风格在有需要时可以改变。

(8) 可追踪性。每个需求的来源和流向是清晰可追踪的。

作为设计的基础和验收的依据,软件需求规格说明书应该是精确而无二义性,需求说明书越精确,则以后出现错误、混淆、反复的可能性越小。用户能看懂需求说明书,并且发现和指出其中的错误,是保证软件系统质量的关键,因而需求说明书必须简明易懂,尽量少包含计算机的概念和术语,以便用户和软件人员双方都能接受它。

3) 软件需求规格说明书的内容

软件需求规格说明书是作为需求分析的一部分而指定的可交付文档。该说明把在软件计划中确定的软件范围加以展开,制定出完整的信息描述、详细的功能说明、恰当的检验标准,以及其他与要求有关的数据。软件需求规格说明书所包括的内容和书写框架如下。

(1) 概述

(2) 数据描述

① 数据流图;②数据字典;③系统接口说明;④内部接口。

(3) 功能描述

① 功能;②处理说明;③设计限制。

(4) 性能描述

① 性能参数;②测试种类及条件;③预期的软件响应;④应考虑的特殊问题。

(5) 参考文献目录

(6) 附录

其中,概述是从系统的角度描述软件的目标和任务。数据描述是对软件系统所必须解决的问题做出详细的说明。功能描述视为解决用户问题所需要的每一项功能的过程细节。对每一项功能要给出处理说明和在设计时需要考虑的限制条件。性能描述是说明系统应达到的性能和应该满足的限制条件、检测的方法和标准、预期的软件响应和可能需要考虑的特殊问题。参考文献目录描述应包括与该软件有关的全部参考文献,其中包括前期的其他文档、技术参考资料、产品目录手册及标准等。附录部分包括一些补充资料,如列表数据、算法的详细说明、框图、图表和其他材料。

7.4.4 结构化设计方法

在软件的需求分析阶段已经完全弄明白了软件的各种需求,较好地解决了所开发的软件"做什么"的问题,并已经在软件需求说明书中详尽和充分地阐述了这些需求,下一步就要着手解决"如何做"的问题,而软件设计就是把软件的需求分析变成软件表示的过程。

1. 软件设计概述

1) 软件设计的基础

软件设计是软件工程的重要阶段,是一个将软件需求转换为软件表示的过程。软件设计的基本目标是用比较抽象、概括的方式确定目标系统如何完成预定的任务,即软件设计是确定系统的物理模型。

软件设计是开发阶段最重要的步骤。

从工程管理的角度来看,软件设计可分为两步:

(1) 概要设计。将软件需求转化为软件体系结构,确定系统及接口、全局数据结构或数据库模式。

(2) 详细设计。确立每个模块的实现算法和局部数据结构,用适当方法表示算法和数据结构的细节。

从技术观点来看,软件设计包括以下4个步骤:

(1) 结构设计。定义软件系统各主要部件之间的关系。

(2) 数据设计。将分析时创建的模型转化为数据结构的定义。

(3) 接口设计。描述软件内部、软件和协作系统之间以及软件与人之间如何通信。

(4) 过程设计。把系统结构部件转换成软件的过程描述。

2) 软件设计的基本原理

软件设计遵循软件工程的基本目标和原则,建立了适用于在软件设计中应该遵循的基本原理和软件设计有关的概念,其中主要包括抽象、模块化、信息隐藏以及模块的独立性。

(1) 抽象。人类在认识复杂现象的过程中使用的最强有力的思维工具就是抽象。抽象就是抽出事物的本质特性,集中和概括其相似的方面,忽略它们之间的差异性。

(2) 模块化。模块化是指把软件划分成独立命名且可独立访问的模块,每个模块完成一个子功能,把这些模块集成起来构成一个整体,可以完成指定的功能,满足用户的需求。模块化是为了把复杂的问题自顶向下逐层分解成许多容易解决的小问题,应该避免模块划分的数目过多或者过少。

(3) 信息隐藏。信息隐藏原理指出:设计和确定模块时,应使得某个模块内包含的信息(过程和数据)对于不需要这些信息的模块来说,是不能访问的。

(4) 模块独立性。模块独立性是指每个模块完成一个相对独立的特定子功能,并且和其他模块之间的联系最少且接口简单。模块的独立程度可以由两个定性标准度量:内聚性和耦合性。

衡量一个模块内部各个元素彼此结合的紧密程度,即内聚性。

内聚性是一个模块内部各元素之间彼此结合的紧密程度的度量。内聚是从功能的角度来度量模块内部的联系。功能内聚是指模块内所有元素共同完成一个功能,缺一不可,模块已不可再分。内聚分为以下几种情况,由低到高排列为:

① 偶然内聚。指一个模块内的各处理元素之间没有任何联系。

② 逻辑内聚。指模块内执行几个逻辑上相关的功能,通过参数确定该模块完成哪一个功能。

③ 时间内聚。把需要同时或顺序执行的动作组合在一起形成的模块为时间内聚模块。例如,初始化模块,它按顺序为变量置初值。

④ 过程内聚。如果一个模块内的处理元素是相关的,而且必须以特定次序执行,则称为过程内聚。

⑤ 通信内聚。指模块内所有处理功能都通过使用公用数据而发生关系。这种内聚也具有过程内聚的特点。

⑥ 顺序内聚。指一个模块中各个处理元素和同一个功能密切相关,而且这些处理必须顺序执行,通常前一个处理元素的输出就是下一个处理元素的输入。

⑦ 功能内聚。指模块内所有元素共同完成一个功能,缺一不可,模块已不可再分。这是最强的内聚。

内聚性是指信息隐蔽和局部化概念的自然扩展。一个模块的内聚性越强,则该模块的模块独立性越强。软件结构设计的原则,要求每一个模块的内部都具有很强的内聚性,它的各个组成部分彼此都密切相关。

衡量不同模块彼此间互相依赖(连接)的紧密程度,即耦合性。

耦合性是模块间相互连接的紧密程度的度量,它表示模块之间的松散程度。耦合度应该越低越好。耦合度低,说明模块的独立性好。耦合性取决于各个模块之间接口的复杂程度、调用方式以及哪些信息通过接口。耦合分为以下 7 种情况,由高到低排列为:

① 内容耦合。如一个模块直接访问另一个模块的内容,则这两个模块称为内容耦合。

② 公共耦合。若一组模块都访问同一全局数据结构,则它们之间的耦合称为公共耦合。

③ 外部耦合。如果一组模块都访问同一全局简单变量(而不是同一全局数据结构),且不通过参数表传递该全局变量的信息,则称为外部耦合。

④ 控制耦合。若一模块明显地把开关量、名称等信息送入另一模块,控制另一模块的功能,则为控制耦合。

⑤ 标记耦合。若两个以上模块都需要其余某一数据结构子结构时,不使用其余全局变量的方式而是用记录传递的方式,即两模块间通过数据结构交换信息,这样的耦合称为标记耦合。

⑥ 数据耦合。若一个模块访问另一个模块,被访问模块的输入和输出都是数据项参数,即两模块间通过数据参数交换信息,则这两个模块为数据耦合。

⑦ 非直接耦合。若两个模块没有直接关系,它们之间的联系完全是通过主模块的控制和调用来实现的,则称这两个模块为非直接耦合。非直接耦合独立性最强。

上面是对耦合机制进行的分类。可见，一个模块与其他模块的耦合性越强，该模块的独立性越弱。原则上讲，模块化设计总是希望模块之间的耦合表现为非直接耦合方式。但是，由于问题所固有的复杂性和结构化设计的原则，非直接耦合往往是不存在的。

耦合性与内聚性是模块独立性的两个定性标准，耦合与内聚是相互关联的。一般来说，设计要求模块之间的低耦合，即模块尽可能独立，且要求模块的高内聚，即模块内联系紧密。内聚性和耦合性是一个问题的两个方面，耦合性程度弱的模块，其内聚程度一定高。

3）结构化设计方法

结构化设计就是采用最好的方法设计系统的各个组成部分及各部分之间的内部联系的技术。也就是说，决定用哪些方法把哪些部分联系起来，才能解决好某个具体有清楚定义的问题的过程就是结构化设计的工作。结构化设计方法的基本思想是将软件设计成由相对独立、单一功能的模块组成的结构。结构化设计的步骤如下：

(1) 评审和细化数据流图。

(2) 确定数据流图的类型。

(3) 把数据流图映射到软件模块结构，设计出模块结构的上层。

(4) 基于数据流图逐步分解高层模块，设计中、下层模块。

(5) 对模块结构进行优化，得到更为合理的软件结构。

(6) 描述模块接口。

2. 概要设计

1）概要设计的任务

(1) 设计软件系统结构。在需求分析阶段，已经把系统分解成层次结构，在总体设计阶段，需要进一步分解，划分为模块以及模块的层次结构。

划分的具体过程是：首先采用某种设计方法，将一个复杂的系统划分成模块；然后确定每个模块的功能；确定模块之间的调用关系；确定模块之间的接口，即模块之间传递的信息；评价模块结构的质量。

(2) 数据结构及数据库设计。数据设计是实现需求定义和规格说明中提出的数据对象的逻辑表示。数据设计的具体任务是：确定输入、输出文件的详细数据结构；结合算法设计，确定算法所必需的逻辑数据结构及其操作；确定对逻辑数据结构所必需的那些操作的程序模块，限制和确定各个数据设计决策的影响范围；确定当需要与操作系统或调度程序接口时，进行数据交换的详细数据结构和使用规则；数据的保护性设计，包括防卫性、一致性、冗余性设计。

数据设计的设计原则：

① 用于功能和行为的系统分析原则也适用于数据设计。

② 应该标识所有数据结构以及其上的操作。

③ 应当建立数据字典，并用于数据设计和程序设计。

④ 低层的设计决策应该推迟到设计过程的后期。

⑤ 只有那些需要直接使用数据结构、内部数据的模块才能看到该数据的表示。

⑥ 应该开发一个由有用的数据结构和应用于其上的操作所组成的库。

⑦ 软件设计和程序设计语言应该支持抽象数据类型的规格说明和实现。

(3) 编写概要设计文档。文档有概要设计说明书、数据库设计说明书和集成测试计划等。

(4) 概要设计文档评审。在文档编写完成后,要评审设计部分是否完整地实现了需求中规定的功能、性能等要求,设计方案是否可行,关键的处理及内外部接口定义是否正确、有效,各部分之间是否一致等,避免在以后的设计中出现大的问题而返工。

常用的软件结构设计工具是结构图(Structure Chart,SC),也称程序结构图。使用结构图描述软件系统的层次和分块结构关系,它反映了整个系统的功能实现以及模块与模块之间的联系与通信,是未来程序中的控制层次体系。

结构图是描述软件结构的图形工具,其基本图符如图 7.31 所示。

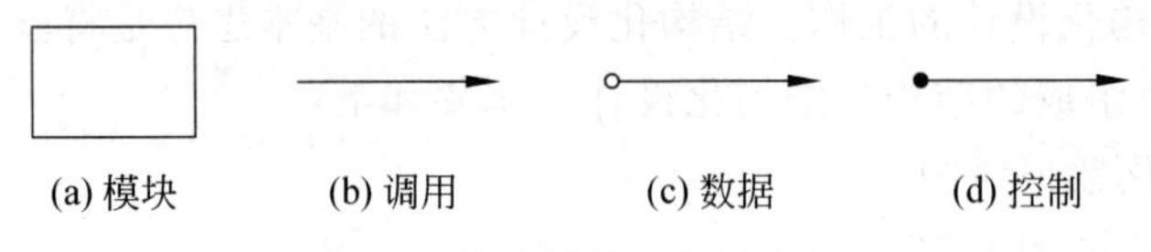

图 7.31 模块结构图的基本符号

模块用一个矩形表示,矩形内注明模块的功能和名字;箭头表示模块间的调用关系。在结构图中还可以用带注释的箭头表示模块调用过程中来回传递的信息。如果希望进一步标明传递的信息是数据还是控制信息,则可用带实心圆的箭头表示传递的是控制信息,用带空心圆的箭头表示传递的是数据信息。有关模块还有几个相关术语如下:

- 深度。表示控制的层数。
- 宽度。整体控制跨度(最大模块数的层)的表示。
- 扇入。调用一个给定模块的模块个数。
- 扇出。一个模块直接调用的其他模块数。

2) 面向数据流的设计方法

面向数据流的设计方法定义了一些不同的映射方法,利用这些映射方法可以把数据流图变换成用结构图表示的软件结构。数据流图从系统的输入数据流到系统的输出数据流的一连串连续加工形成了一条信息流。

数据流图的信息流可以分为两个类型:变换流和事务流。相应地,数据流图也有两个典型的结构形式:变换型和事务型。

(1) 变换型

信息沿输入通路进入系统,从外部形式转化成内部形式,然后通过变换中心,经加工处理以后从输出通路转化为外部形式离开软件系统。当数据流图具有这些特征时,这种信息流就称为变换流,这种数据流图称为变换型数据流图。变换型数据流图可以分成输入、变换中心和输出三大部分,如图 7.32 所示。

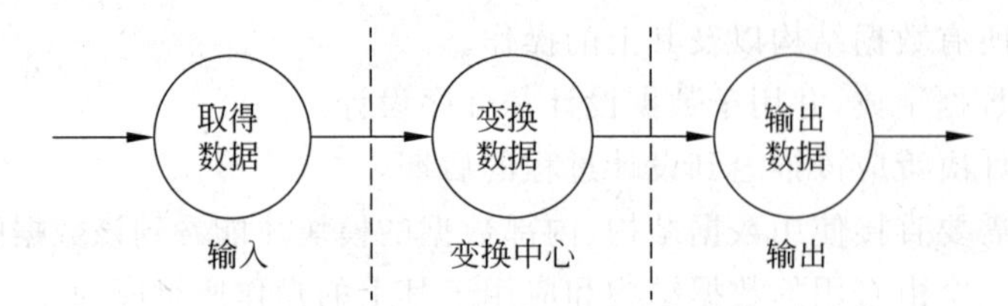

图 7.32 变换型数据流图的组成

(2) 事务型

信息沿着输入通路到达一个事务中心，事务中心根据输入信息(称为事务)的类型在若干个处理序列(称为活动流)中选择一个来执行，这种信息流称为事务流，这种数据流图称为事务型数据流图。事务型数据流图有明显的事务中心，各活动流以事务中心为起点呈辐射状流出，如图 7.33 所示。

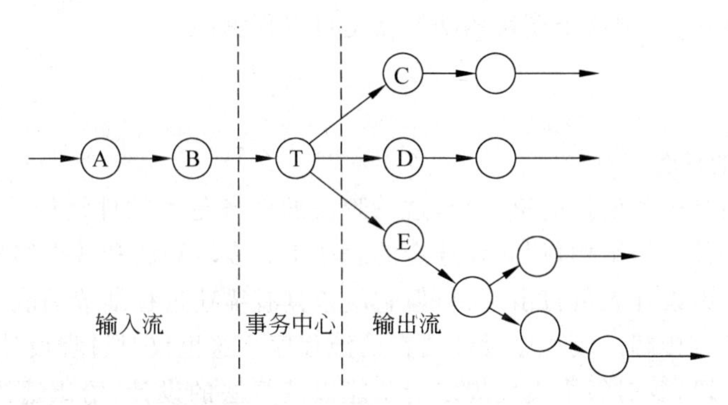

图 7.33 事务型数据流图的结构

面向数据流的结构化设计过程如下：

① 确认数据流图的类型(是事务型还是变换型)。

② 说明数据流的边界。

③ 把数据流图映射为程序结构。

④ 根据设计准则对产生的结构进行优化。

3) 结构化设计的准则

大量的实践表明，指导结构化设计和优化软件结构图应遵守以下准则：

(1) 提高模块独立性。在得到模块的软件结构之后，就应首先着眼于改善模块的独立性，考虑是否应把一些模块提取或合并，力求降低耦合、提高内聚。

(2) 深度、宽度、扇入和扇出都应适当。如果深度过大，则说明有的控制模块可能简单了。如果宽度过大，则说明系统的控制过于集中。如果扇出过大，则意味着模块过于复杂，需要控制和协调过多的下级模块，这时应适当增加中间层次；如果扇出过小，则可以把下级模块进一步分解成若干个子功能模块，或者合并到上级模块中去。一个模块的扇入是表明有多少个上级模块直接调用它，扇入越大，共享该模块的上级模块数目就越多。

(3) 模块的作用域应该在控制域之内。模块的作用域是指模块内一个判定的作用范围，凡是受这个判定影响的所有模块都属于这个判定的作用域。在一个设计得很好的系统中，所有受某个判定影响的模块应该都从属于做出判定的那个模块，最好局限于做出判定的那个模块本身及它的直属下级模块。对于那些不满足这一条件的软件结构，修改的办法是，将判定点上移或者将那些在作用范围内但是不在控制范围内的模块移到控制范围以内。

(4) 设计单入口、单出口的模块。这条原则警告软件工程师不要使模块间出现内容耦合。当从顶部进入模块，并且从底部退出来时，软件是比较容易理解的，也是比较容易维护的。

(5) 降低模块之间接口的复杂程度。模块的接口复杂是软件容易发生错误的一个主要原因。应该仔细设计模块接口,使信息传递简单且和模块的功能一致。

(6) 模块规模应该适中。经验表明,当模块过大时,模块的可理解性就迅速下降。但是对大的模块分解时,不应降低模块的独立性。因为,当对一个大的模块分解时,有可能会增加模块间的依赖。

(7) 模块功能应该可以预测。如果一个模块可以当作一个"黑盒",也就是不考虑模块的内部结构和处理过程,则这个模块的功能就是可以预测的。

3. 详细设计

1) 详细设计的任务

详细设计阶段是软件设计的第二步,这一阶段的任务是为软件结构图中的每一个模块确定实现算法和局部数据结构,用某种选定的表达工具表示算法和数据结构的细节。

表达工具可以由设计人员自由选择,但它应该具有描述过程细节的能力,而且能够使程序员在编程时便于直接翻译成程序设计语言的源程序。这里仅对过程设计进行讨论。

在过程设计阶段,要对每个模块规定的功能以及算法的设计,给出适当的算法描述,即确定模块内部的详细执行过程,包括局部数据组织、控制流、每一步具体处理要求和各种实现细节等。其目的是确定应该怎样来具体实现所要求的系统。

2) 详细设计的工具

常见的过程设计工具有:

(1) 图形工具。N-S 图、PAD 图、HIPO 图、程序流程图。

(2) 表格工具。判定表。

(3) 语言工具。PDL(伪码)。

下面简单介绍几种主要的工具:

(1) 程序流程图。程序流程图是一种传统的、应用最广泛的图形描述工具。程序流程图表达直观、清晰,易于学习掌握,且独立于任何一种程序设计语言。

(2) N-S 图。又称为盒图,它将整个程序写在一个大框图内,这个大框图由若干个小的基本框图构成。

(3) PAD 图。又称问题分析图(Problem Analysis Diagram),它是一种支持结构化算法的图形表达工具,也是用于业务流程描述的系统方法。

(4) HIPO 图。其特点是以模块分解的层次性以及模块内部输入、处理、输出 3 大基本部分为基础建立的。

(5) PDL 常用的语言工具是 PDL(伪码)。PDL 是一种用于描述功能模块的算法设计和加工细节的语言,是过程设计语言,也称为结构化的语言和伪码。它是一种"混合"语言,采用英语的词汇,同时却使用另一种语言(某种结构化的程序设计语言)的语法。

7.4.5 软件测试

随着计算机软、硬件技术的发展,计算机的应用领域越来越广泛,而且软件的复杂程度也越来越高。如何才能保证软件的可靠性和软件的质量呢?对软件产品的测试是保证软件可靠性、软件质量的有效方法。

软件测试的主要过程包括需求定义阶段的需求测试,编码阶段的单元测试、集成测试以及其后的确认测试、系统测试，验证软件是否合格、能否交付用户使用等。软件测试涵盖了整个软件生命周期的过程，是保证软件质量的重要手段。软件测试的投入(包括人员和资金)是巨大的，通常，软件测试的工作量占软件开发总工作量的40%或以上，而且具有很高的组织管理和技术难度。

1. 软件测试的目的

对软件测试而言，它的目的是发现软件中的错误。但是发现错误不是我们的最终目的，软件工程的根本目的是开发出高质量的尽量符合用户需要的软件。

1983年，IEEE将软件测试定义为：使用人工或自动手段来运行或测定某个系统的过程，其目的在于检验它是否满足规定的需求或是弄清预期结果与实际结果之间的差别。

J. Myers给出了软件测试的目的或定义：

软件测试是为了发现错误而执行程序的过程。

一个好的测试用例是指可能找到迄今为止尚未发现的错误的用例。

一个成功的测试是为了发现至今尚未发现的错误的测试。

软件测试的目的是为了发现软件中的错误。

因此我们可以看出，测试是以查找错误为目的，而不是为了演示软件的正确功能。

2. 软件测试的准则

鉴于软件测试的重要性，要做好软件测试，设计出有效的测试方案和好的测试用例，软件测试人员需要充分理解和运用软件测试的一些基本准则。

(1) 所有测试都应追溯到用户需求。软件测试的目的是发现错误，而最严重的错误不外乎是导致程序无法满足用户需求的错误。

(2) 穷举测试是不可能的。所谓穷举测试是指把程序所有可能的执行路径都进行检查的测试。但是，即使规模很小的程序，其路径排列数也是相当大的，在实际测试过程中不可能穷尽每一种组合。这说明，测试只能证明程序中有错误，不能证明程序中没有错误。

(3) 充分注意测试中的群集现象。经验表明，程序存在错误的概率与该程序中已发现的错误数成正比。这一现象说明，为了提高测试效率，测试人员应集中对付那些错误群集的程序。

(4) 程序员应避免检查本人的程序。为了达到好的测试效果，应由独立的第三方来构造测试。因为从心理学角度讲，程序员或设计方在测试自己的程序时，要采取客观的态度处理测试过程中存在的不同程度的障碍。

(5) 严格执行测试计划，排除测试的随意性。软件测试应当制订明确的测试计划并按照计划执行。测试计划应包括所测软件的功能、输入和输出、各项测试的目的和进度安排、测试资料、测试工具、测试用例的选择、资源要求、测试控制方法和过程等。

(6) 妥善保存测试计划、测试用例、出错统计和最终分析报告，为软件的维护提供方便。

3. 软件测试技术和方法

软件测试的方法是多种多样的，对于软件测试方法和技术，可以从不同的角度分类。按照是否需要执行被测软件的角度划分，软件测试可以分为静态测试和动态测试。按照功能划分，软件测试可以分为白盒测试和黑盒测试。

1）静态测试与动态测试

（1）静态测试

静态测试并不实际运行软件，主要通过人工进行分析，充分发挥人的逻辑思维优势，也可以借助软件工具自动进行。包括代码检查、静态结构分析、代码质量度量等。

经验表明，使用人工测试能够有效地发现30%～70%的逻辑设计和编码错误。在软件开发过程的早期阶段，由于可运行的代码尚未产生，不可能进行动态测试，而这些阶段的中间产品的质量直接关系到软件开发的成败，因此在这些阶段，静态测试尤为重要。

代码检查主要检查代码和设计的一致性，包括代码逻辑表达的正确性、代码结构的合理性等方面。这项工作可以发现违背程序编写标准的问题，如程序中不安全、不明确和模糊的部分，找出程序中不可移植部分、违背程序编写风格的问题，包括变量检查、命名和类型审查、程序逻辑审查、程序语法检查和程序结构检查等内容。代码检查包括代码审查、代码走查、桌面检查和静态分析等具体方式。

① 代码审查。小组集体阅读、讨论检查代码。

② 代码走查。小组成员通过用"脑"研究、执行程序来检查代码。

③ 桌面检查。由程序员自己检查自己编写的程序。程序员在程序通过编译之后，进行单元测试之前，对源代码进行分析、检验，并补充相关文档，目的是发现程序的错误。

④ 静态分析。对代码的机械性、程式化的特性分析方法，包括控制流分析、数据流分析、接口分析、表达式分析。

（2）动态测试

动态测试是基于计算机的测试，是为了发现错误而执行程序的过程。或者说，是根据软件开发各阶段的规格说明和程序的内部结构而精心设计的一批测试用例(即输入数据及其预期的输出结果)，并利用这些测试用例去运行程序，以发现程序错误的过程。

设计高效、合理的测试用例是动态测试的关键。测试用例就是为测试设计的数据，分为测试输入数据和预期的输出结果两部分。测试用例的格式为：

[(输入值集),(输出值集)]

2）白盒测试与黑盒测试

测试用例的设计方法一般分为两类：黑盒测试和白盒测试。下面讨论白盒测试和黑盒测试。

（1）白盒测试与测试用例设计

白盒测试也称结构测试，它根据程序的内部逻辑来设计测试用例，检查程序中的逻辑通路是否都按预定的要求正常地工作。

这一方法是把测试对象看作一个打开的盒子，测试人员依据程序内部逻辑结构相关信息，设计或选择测试用例，对程序所有逻辑路径进行测试，通过在不同点检查程序的状态来了解实际的运行状态是否与预期的状态一致。所以，白盒测试是在程序内部进行，主要用于完成软件内部操作的验证。

白盒测试的基本原则：保证所测模块中每一独立路径至少执行一次；保证所测模块所

有判断的每一分支至少执行一次；保证所测模块每一循环都在边界条件和一般条件下至少各执行一次；验证所有内部数据结构的有效性。

"白盒"测试全面了解程序内部逻辑结构，对所有逻辑路径进行测试。按照白盒测试的基本原则，"白盒"法是穷举路径测试。在使用这一方案时，测试者必须检查程序的内部结构，从检查程序的逻辑着手，得出测试数据。贯穿程序的独立路径数是天文数字，但即使每条路径都测试了，仍然可能有错误。第一，穷举路径测试决不能查出程序是否违反了设计规范，即程序本身是个错误的程序。第二，穷举路径测试不可能查出程序中因遗漏路径而出现错误。第三，穷举路径测试可能发现不了一些与数据相关的数据。

白盒测试的主要方法有逻辑覆盖测试和基本路径测试等。逻辑覆盖测试是指一系列以程序内部的逻辑结构为基础的测试用例技术，包括语句覆盖、路径覆盖、判定覆盖、条件覆盖、判断/条件覆盖。基本路径测试的思想是根据软件过程描述中的控制流程确定程序的环路复杂性度量，用此度量定义基本路径集合，并由此导出一组测试用例，对每一条独立执行路径的测试。下面介绍逻辑覆盖测试。

① 语句覆盖

选择足够的测试用例，使程序中的每一条语句至少都执行一次。

例如，设有程序流程图表示的程序如图 7.34 所示。

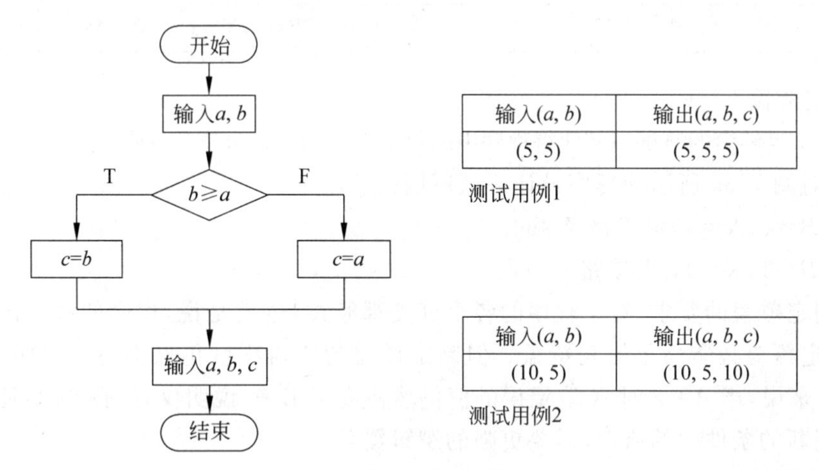

图 7.34　程序流程图

按照语句覆盖的测试要求，对图 7.34 所示的程序设计测试用例 1 和测试用例 2。

语句覆盖是逻辑覆盖中基本的覆盖，尤其对单元测试来说。但是语句覆盖往往没有关注判断中的条件可能隐含的错误。

② 路径覆盖

执行足够的测试用例，使程序中所有的可能路径都至少执行一次。

例如，设有程序流程图表示的程序如图 7.35 所示。

对图 7.35 所示的程序设计如表 7.27 列出的一组测试用例，就可以覆盖该程序的全部 4 条路径。

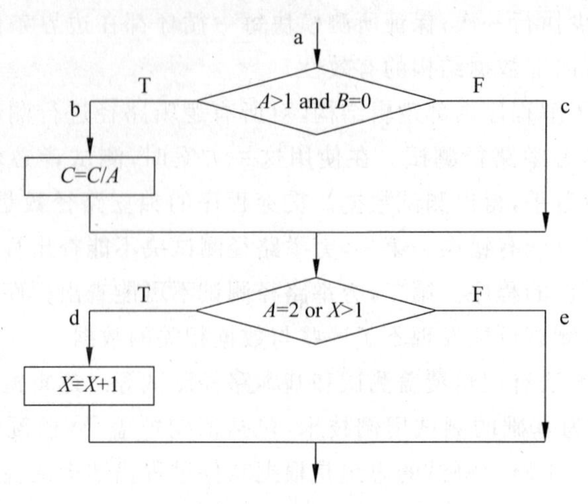

图 7.35 程序流程图

表 7.27 图 7.35 对应的测试用例

测试用例	通过路径	测试用例	通过路径
[(A=1,B=1,X=1),(输出略)]	(ace)	[(A=4,B=0,X=1),(输出略)]	(abe)
[(A=2,B=0,X=1),(输出略)]	(abd)	[(A=2,B=1,X=1),(输出略)]	(acd)

③ 判定覆盖

是指设计足够多的测试用例使得程序中的每个判定的取值分支(T 或 F)至少经历一次。

例如,对图 7.35 所示的程序设计测试用例:

A=4,B=0,X=1,覆盖路径 abd。

A=1,B=1,X=1, 覆盖路径 ace。

根据判定覆盖的要求,对于程序的各个分支都经过,也就是说,程序的各个语句都测试了,所以判定覆盖必然满足语句覆盖。但判定覆盖的覆盖程度仍然不高。比如,对于 A=2 OR X>1来说,当 A=2 时 X 取错误的值仍然检查不出来,说明仅有判断覆盖还无法保证能查出在判断的条件中的错误,需要更强的逻辑覆盖。

④ 条件覆盖

设计的测试用例保证程序中每个判断的每个条件的可能取值至少执行一次。

例如,如图 7.35 所示的程序中共有 4 个条件:$A>1$,$B=0$,$A=2$,$X>1$。为了使得逻辑表达式中的每个条件的每种可能值都至少出现一次,设计测试用例如表 7.28 所示。

表 7.28 条件覆盖测试用例

测试用例	覆盖路径	覆盖条件
A=2,B=0,X=3	abd	$A>1,B=0,A=2,X>1$
A=1,B=1,X=1	ace	$A\leqslant1,B\neq0,A\neq2,X\leqslant1$
A=1,B=0,X=3	acd	$A\leqslant1,B=0,A\neq2,X>1$
A=2,B=1,X=1	ace	$A>1,B\neq0,A=2,X\leqslant1$

条件覆盖深入到判断中的每个条件，但是可能会忽略全面的判断覆盖的要求。有必要考虑判断/条件覆盖。

⑤ 判断/条件覆盖

设计足够的测试用例，使判断中每个条件的所有可能取值至少执行一次，同时每个判断的所有取值分支至少执行一次。

按照判断/条件覆盖的测试要求，对图7.35程序的两个判断框的每个取值至少经历一次，同时两个判断框中4个条件的所有可能取值至少执行一次，设计测试用例如表7.29所示就能保证满足判断/条件覆盖。

表7.29　判定/条件覆盖测试用例

测试用例	覆盖路径	覆盖条件
$A=2,B=0,X=3$	abd	$A>1,B=0,A=2,X>1$
$A=1,B=1,X=1$	ace	$A\leqslant 1,B\neq 0,A\neq 2,X\leqslant 1$

判断/条件覆盖也有缺陷，对质量要求高的软件单元，可根据情况提出多重条件覆盖以及其他更高的覆盖要求。

(2) 黑盒测试与测试用例设计

黑盒测试也称为功能测试或数据驱动测试，它根据规格说明书的功能来设计测试用例，检查程序的功能是否符合规格说明的要求。

黑盒测试的主要诊断方法有等价类划分法、边界值分析法和错误推测法等，主要用于软件确认测试。

① 等价类划分法

这是一种最常用的黑盒测试方法，它是先把程序所有可能的输入划分成若干个等价类，然后根据等价类选取相应的测试用例。每个等价类中各个输入数据发现程序中错误的概率几乎是相同的。因此，从每个等价类中只取一组数据作为测试数据，这样选取的测试数据最有代表性，最可能发现程序中的错误，并且大大减少了需要的测试数据的数量。

② 边界值分析法

边界值分析法是对各种输入、输出范围的边界情况设计测试用例的方法。

大量实践表明，程序错误最容易出现在边界处理时，因此针对各种边界情况设计测试用例，可以查出更多的错误。

③ 错误推测法

错误推测法是一种凭直觉和经验推测某些可能存在的错误，从而针对这些可能存在的错误设计测试用例的方法。这种方法没有机械的执行过程，主要依靠直觉和经验。错误推测法针对性强，可以直接切入可能的错误，直接定位，是一种非常实用、有效的方法，但是需要非常丰富的经验。错误推测法的实施步骤，首先对被测试软件列出所有可能出现的错误和易错情况表，然后基于该表设计测试用例。

例如，输入数据为0或输出数据为0往往容易发生错误；如果输入或输出的数据允许变化，则输入或输出的数据为0和1的情况(例如，表为空或只有一项)是容易出错的情况。因此，测试者可以设计输入值为0或1的测试情况，以及使输出强迫为0或1的测试情况。

4. 软件测试的实施

软件测试是保证软件质量的重要手段之一。软件系统的开发是一个自顶向下、逐步细化的过程,而测试过程是以相反的顺序进行的集成过程。

软件测试的实施过程主要有4个步骤:单元测试、集成测试、确认测试(验收测试)和系统测试。

1) 单元测试

单元测试也称模块测试,模块是软件设计的最小单位。单元测试是对模块进行正确性的检验,以期尽早发现各模块内部可能存在的各种错误。

单元测试通常在编码阶段进行,它的依据除了源程序以外,还有详细设计说明书。

单元测试可以采用静态测试或者动态测试。动态测试通常以白盒测试法为主,测试其结构,以黑盒测试法为辅,测试其功能。

单元测试主要针对模块的以下5个基本特性测试:

(1) 模块接口测试。测试通过模块的数据流。例如,检查模块的输入参数和输出参数、全局变量、文件属性与操作等都属于模块接口测试的内容。

(2) 局部数据结构测试。例如,检查局部数据说明的一致性,数据的初始化,数据类型的一致以及数据的下溢、上溢等。

(3) 重要的执行路径检查。

(4) 出错处理测试。检查模块的错误处理功能。

(5) 影响以上各点及其他相关点的边界条件测试。

单元测试是针对某个模块,这样的模块通常并不是一个独立的程序,因此模块自己不能运行,而要靠其他辅助模块调用或驱动。同时,模块自身也会作为驱动模块去调用其他模块,也就是说,单元测试要考虑它和外界的联系,模拟环境是单元测试常用的。

所谓模拟环境,就是在单元测试中,用一些辅助模块去模拟与被测模块相联系的其他模块,即为被测模块设计、搭建驱动模块和桩模块。其中驱动模块相当于被测模块的主程序。它接收测试数据,并传给被测模块,输出实际测试结果,如图7.36所示。

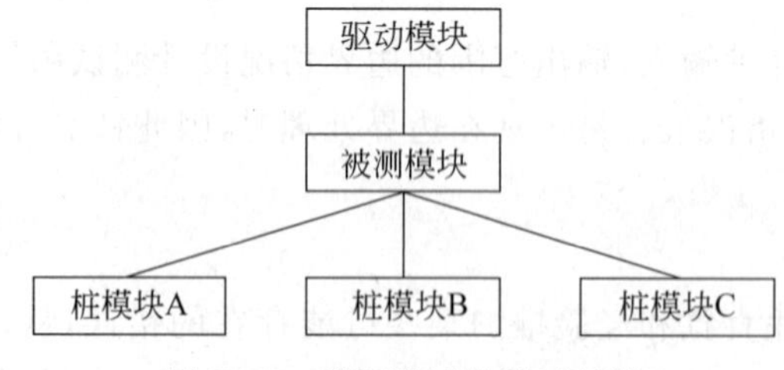

图7.36 单元测试的测试环境

桩(Stub)模块代替被测试的模块所调用的模块。因此桩模块也可以称为"虚拟子程序"。

它接受被测模块的调用,检验调用参数,模拟被调用的子模块的功能,把结果送回被测试的模块。

在软件的结构图中,顶层模块测试时不需要驱动模块,最底层的模块测试时不需要桩模块。

2）集成测试

集成测试主要用于发现设计阶段产生的错误，集成测试的依据是概要设计说明书，通常采用黑盒测试。

集成测试也称组装测试，它是对各模块按照设计要求组装成的程序进行测试，主要目的是发现与接口有关的错误。

集成测试的内容主要有软件单元的接口测试、全局数据结构测试、边界条件测试和非法输入测试。

集成测试时将模块组装成程序，通常采用两种方式：非增量方式与增量方式。

(1) 非增量方式也称为一次性组装方式，使用这种方式将测试好的每一个软件单元组装在一起再进行整体测试。

(2) 增量方式是将已经测试好的模块逐步组装成较大的系统，在组装的过程中边连接边测试，以发现连接过程中产生的问题。

增量方式包括自顶向下、自底向上、自顶向下与自底向上相结合的混合增量方法。

3）确认测试

确认测试又称验收测试，它的任务是用户根据合同进行，检查软件的功能、性能及其他特征是否与用户的需求一致，确定系统功能和性能是否可接受。它是以需求规格说明书作为依据的测试。确认测试通常采用黑盒测试。确认测试需要用户积极参与，或者以用户为主进行。

确认测试首先测试程序是否满足规格说明书所列的各项要求，然后要进行软件配置复审。复审的目的在于保证软件配置齐全、分类有序，以及软件配置所有成分的完备性、一致性、准确性和可操作性，并且包括软件维护所必需的细节。

4）系统测试

系统测试是将通过确认测试的软件，作为整个基于计算机系统的一个元素，与计算机硬件、外设、某些支持软件、数据和人员等其他系统元素结合在一起，在实际运行环境下，对计算机系统进行一系列的集成测试和确认测试。由此可知，系统测试必须在目标环境下运行，其功用在于评估系统环境下软件的性能，发现和捕捉软件中潜在的错误。

系统测试的目的是在真实的系统工作环境下检验软件能否与系统正确连接，发现软件与系统的需求不一致或与之矛盾的地方。

系统测试的具体实施一般包括功能测试、性能测试、操作测试、配置测试、外部接口测试和安全性测试等。

7.4.6　程序的调试

在对程序进行了成功的测试之后，将进入程序调试（通常称 Debug，即排错）阶段。它与软件测试不同，软件测试是尽可能多地发现软件中的错误，程序调试的任务是诊断和改正程序中的错误。

1. 程序调试的基本概念

调试是在测试发现错误之后排除错误的过程。先要发现软件的错误，然后借助于一定的调试工具去执行找出软件错误的具体位置。软件测试贯穿整个软件生命周期,调试主要在开发阶段。

程序调试活动由两部分组成:找到程序中错误的性质、原因和位置;对程序进行修改,排除错误。调试的基本步骤如下。

(1) 从错误的外部表现形式着手,确定错误的位置。

(2) 研究有关部分的程序,找出错误的内在原因。

(3) 修改设计和代码,排除错误。

(4) 进行回归测试,确认错误是否排除,或是否引入了新的错误。

(5) 如果不能通过回归测试,则撤销此次修改活动,恢复设计和代码至修改之前的状态,重复上述过程,直到错误得以纠正为止。

2. 程序调试方法

调试的关键在于推断程序内部的错误位置及原因。调试在跟踪和执行程序上类似于软件测试,分为静态调试和动态调试。

静态调试主要是指通过人的思维来分析源程序代码和排错,是主要的调试手段,而动态调试则是辅助静态调试的。主要的程序调试方法有强行排错法、回溯法和原因排除法。

7.5 本章小结

本章主要讲授了算法与数据结构、程序设计方法、数据库基础和软件工程基础 4 个方面的主要内容。这 4 个方面的知识是程序设计必须掌握的基本知识,学习和掌握这些知识为软件开发打下良好的基础。

算法就是解决给定问题的一种完整的步骤和方法。数据结构是研究程序设计中计算机操作对象以及它们之间关系和操作的科学。数据结构研究的内容就是数据的逻辑结构、数据的物理结构和数据的运算。程序=算法+数据结构,所以算法与数据结构是程序设计的基础。

程序设计方法是指结构化的程序设计方法和面向对象的程序设计方法。程序设计风格是指编写程序时所表现出来的特点、习惯和逻辑思路,良好的程序设计方法可以使程序结构清晰合理,使程序代码便于维护。从而提高软件的质量和可维护性。当今程序设计的主导风格是“清晰第一,效率第二”。

数据库是按照数据结构来组织、存储和管理数据的仓库,数据库技术是在文件系统基础上发展起来的数据管理技术,它是计算机科学的重要分支。程序设计不能没有数据,更离不开数据库技术。随着信息技术和市场的发展,数据管理不再仅仅是存储和管理数据,而转变成用户所需要的各种数据管理的方式。数据库有很多种类型,从最简单的存储有各种数据的表格到能够进行海量数据存储的大型数据库系统都在各个方面得到了广泛的应用。

软件工程是指导如何进行软件开发的一门工程科学,它是随着科学技术的不断进步和软件开发工具的不断更新而不断发展和完善的。通过学习软件工程基础知识可以更好地了解和掌握软件生命周期中各个阶段的特点和方法,克服软件开发过程中的种种不良做法,学会把软件工程原理和方法应用到软件开发实践中。

习题 7

1. 什么是算法？算法的描述工具有哪些？各有什么特点？
2. 简述数据结构的功能。
3. 二叉树有哪几种基本类型？
4. 简述冒泡排序的基本思想。
5. 什么是程序？程序设计的方法有哪几种？
6. 程序设计风格的含义是什么？
7. 什么是数据库、数据库管理系统、数据库系统？
8. 数据模型的类型有哪些？
9. 数据管理技术分哪三个阶段？各有什么特点？
10. 简述软件生命周期的内容。
11. 什么是软件工程？它的目标是什么？
12. 可行性研究的任务是什么？
13. 需求分析阶段的基本任务是什么？
14. 什么是数据字典？其作用是什么？它有哪些条目？
15. 什么是数据流图？其作用是什么？其中的基本符号各表示什么含义？
16. 软件概要设计阶段的基本任务是什么？
17. 详细设计的基本任务是什么？有哪几种设计工具？
18. 软件维护的特点是什么？
19. 什么是测试？测试的方法有哪些？
20. 什么是调试？它与测试有什么联系？

Excel常用函数

1. ABS 绝对值函数

(1) 函数原型：ABS(number)
(2) 功能：返回数值 number 的绝对值，number 为必需的参数。

2. AVERAGE 平均值函数

(1) 函数原型：AVERAGE(number1,[number2],…)
(2) 功能：求指定参数 number1、number2…的算术平均值。
(3) 参数说明：至少需要包含一个参数 number1，最多可包含 255 个。

3. AVERAGEIF 条件平均值函数

(1) 函数原型：AVERAGEIF(range,criteria,[average_range])
(2) 功能：对指定区域中满足给定条件的所有单元格中的数值求算术平均值。
(3) 参数说明

- range：必需的参数，用于条件计算的单元格区域。
- criteria：必需的参数，求平均值的条件，其形式可以为数字、表达式、单元格引用、文本或函数。
- average_range：可选的参数，要计算平均值的实际单元格。如果 average_range 参数被省略，Excel 会对在 range 参数中指定的单元格求平均值。

4. AVERAGEIFS 多条件平均值函数

(1) 函数原型：AVERAGEIFS(average_range,criteria_range1,criteria,[criteria_range2,criteria2],…)
(2) 功能：对指定区域中满足多个条件的所有单元格中的数值求算术平均值。
(3) 参数说明

- average_range：必需的参数，要计算平均值的实际单元格区域。
- criteria_range1,criteria_rang2…：在其中计算关联条件的区域。其中 criteria_range1 是必须的，随后的 criteria_range2…是可选的，最多可以有 127 个区域。
- criteria1,criteria2…：求平均值的条件。其中 criteria 是必需的，随后的 criteria2…是可选的，最多可以有 127 个条件。

说明：其中每个 criteria_range 的大小和形状必须与 average_range 相同。

5. CONCATENATE 文本合并函数

(1) 函数原型：CONCATENATE(text1,[text2],…)

(2) 功能：将几个文本项合并为一个文本项。可将最多 255 个文本字符串连接成一个文本字符串。连接项可以是文本、数字、单元格地址或这些项目的组合。

说明：至少有一个文本项，最多可有 255 个，文本项之间以逗号分隔。

6. COUNT 计数函数

(1) 函数原型：COUNT(value1,[value2],…)

(2) 功能：统计指定区域中包含数值的个数。只对包含数字的单元格进行计数。

(3) 参数说明：至少一个参数，最多可包含 255 个。

7. COUNTA 计数函数

(1) 函数原型：COUNTA (value1,[value2],…)

(2) 功能：统计指定区域中不为空的单元格的个数。可对包含任何类型信息的单元格进行计数。

(3) 参数说明：至少一个参数，最多可包含 255 个。

8. COUNTIF 条件计数函数

(1) 函数原型：COUNTIF (range,criteria)

(2) 功能：统计指定区域中满足单个指定条件的单元格的个数。

(3) 参数说明

- range：必需的参数，计数的单元格区域。
- criteria：必需的参数，计数的条件，条件的形式可以为数字、表达式、单元格地址或文本。

9. COUNTIFS 多条件计数函数

(1) 函数原型：COUNTIFS (criteria_range1,criteria,[criteria2_range2,criteria2],…)

(2) 功能：统计指定区域内符合给定条件的单元格的数量。可以将条件应用于多个区域的单元格，并计算符合所有条件的次数。

(3) 参数说明

- criteria_range1：必需的参数，在其中计算关联条件的第一个区域。
- criteria1：必需的参数，计数的条件，条件的形式可以为数字、表达式、单元格地址或文本。
- criteria2_range2,criteria2：可选的参数，附加的区域及其关联条件。最多允许 127 个区域/条件对。

说明：每一个附加的区域都必须与参数 criteria_range1 具有相同的行数和列数。这些区域可以不相邻。

10. DATEDIF

(1) 函数原型：DATEDIF (start_date,end_date,unit)

(2) 功能：计算两个日期的差值。

(3) 参数说明

- start_date：为一个日期，它代表时间段内的第一个日期或起始日期。日期有多种输入方法：带引号的文本串、系列数或其他公式或函数的结果。
- end_date：为一个日期，它代表时间段内的最后一个日期或结束日期。
- unit 为所需信息的返回类型。
  - "Y"：时间段中的整年数。
  - "M"：时间段中的整月数。
  - "D"：时间段中的天数。
  - "MD"：start_date 与 end_date 日期中天数的差。忽略日期中的月和年。
  - "YM"：start_date 与 end_date 日期中月数的差。忽略日期中的日和年。
  - "YD"：start_date 与 end_date 日期中天数的差。忽略日期中的年。

11. IF 逻辑判断函数

(1) 函数原型：IF (logical_test,[value_if_true],[value_if_false])

(2) 功能：如果指定条件的计算结果为 TRUE，IF 函数将返回某个值；如果该条件的计算结果为 FALSE，则返回另一个值。

(3) 参数说明

- logical_test：必需的参数，作为判断条件的任意值或表达式。该参数中可使用比较运算符。
- value_if_true：可选的参数，logical_test 参数的计算结果为 TRUE 是所要返回的值。
- value_if_false：可选的参数，logical_test 参数的计算结果为 FALSE 时所要返回的值。

12. INT 函数

(1) 函数原型：INT (number)

(2) 功能：向下取整函数。将数值 number 向下舍入到最接近的整数，number 为必需的参数。

13. LEFT 左侧截取字符串函数

(1) 函数原型：LEFT (text,[num_ chars])

(2) 功能：从文本字符串最左边开始返回指定个数的字符，也就是最前面的一个或几个字符。

(3) 参数说明

- text：必需的参数，包含要提取字符的文本字符串。

- num_chars：可选的参数，指定要从左边开始提取的字符的数量。num_chars 必须大于或等于零，如果省略该参数，则默认其值为1。

14. LEN 字符个数函数

(1) 函数原型：LEN (text)

(2) 功能：统计并返回指定文本字符串中的字符个数。

(3) 参数说明：text 为必需的参数，代表要统计其长度的文本。空格也将作为字符进行计数。

15. LOOKUP 查找函数

(1) 函数原型：LOOKUP (lookup_value， array)

(2) 功能：LOOKUP 的数组形式在数组的第一行或第一列中查找指定的值，并返回数组最后一行或最后一列内同一位置的值。

(3) 参数说明

- lookup_value：必需。LOOKUP 在数组中搜索的值。lookup_value 参数可以是数字、文本、逻辑值、名称或对值的引用。
  - 如果 LOOKUP 找不到 lookup_value 的值，它会使用数组中小于或等于 lookup_value 的最大值。
  - 如果 lookup_value 的值小于第一行或第一列中的最小值(取决于数组维度)，LOOKUP 会返回 #N/A 错误值。
- array：必需。包含要与 lookup_value 进行比较的文本、数字或逻辑值的单元格区域。
  - 如果数组包含宽度比高度大的区域(列数多于行数)，LOOKUP 会在第一行中搜索 lookup_value 的值。
  - 如果数组是正方的或者高度大于宽度(行数多于列数)，LOOKUP 会在第一列中进行搜索。

要点：数组中的值必须以升序排列。

16. LOOKUP 查找函数

(1) 函数原型：LOOKUP (lookup_value,lookup_vector，[result_vector])

(2) 功能：LOOKUP 的向量形式在单行区域或单列区域(称为“向量”)中查找值，然后返回第二个单行区域或单列区域中相同位置的值。

(3) 参数说明

- lookup_value 必需。LOOKUP 在第一个向量中搜索的值。Lookup_value 可以是数字、文本、逻辑值、名称或对值的引用。
- lookup_vector：必需。只包含一行或一列的区域。lookup_vector 中的值可以是文本、数字或逻辑值。
  - lookup_vector：中的值必须以升序排列：…，－2，－1，0，1，2，…，A～Z，FALSE，TRUE。否则，LOOKUP 可能无法返回正确的值。大写文本和小写文本是等同的。

- result_vector 可选。只包含一行或一列的区域。result_vector 参数必须与 lookup_vector 大小相同。

说明：

- 如果 LOOKUP 函数找不到 lookup_value，则它与 lookup_vector 中小于或等于 lookup_value 的最大值匹配。
- 如果 lookup_value 小于 lookup_vector 中的最小值，则 LOOKUP 会返回 #N/A 错误值。

17. MAX 最大值函数

(1) 函数原型：MAX (number1,[number2],…)

(2) 功能：返回一组值或指定区域中的最大值。

(3) 参数说明：

参数至少有一个，且必须是数值，最多可以有 255 个。

18. MID 截取字符串函数

(1) 函数原型：MID (text,start_num,num_chars)

(2) 功能：从文本字符串中的指定位置开始返回特定个数的字符。

(3) 参数说明

- text：必需的参数，包含要提取字符的文本字符串。
- strat_num：必需的参数，文本中要提取的第一个字符的位置。文本中的第一个字符的位置为 1，以此类推。
- num_chars：必需的参数，指定希望从文本串中提取并返回字符的个数。

19. NOW 当前日期和时间函数

(1) 函数原型：NOW ()

(2) 功能：返回当前日期和时间。当将数据格式设置为数值时，将返回当前日期和时间所对应的序列号，该序列号的整数部分表明其与 1900 年 1 月 1 日之间的天数。

(3) 参数说明：该函数没有参数，所返回的是当前计算机系统的日期和时间。

20. RANK 排位函数

(1) 函数原型：RANK (number,ref,[order])

(2) 功能：返回一个数值在指定数值列表中的排位。

(3) 参数说明

- number：必需的参数，要确定其排位的数值。
- ref：必需的参数，指定数值列表所在的位置。
- order：可选的参数，指定数值列表的排序方式。其中，如果 order 为 0(零)或忽略，对数值的排位就会基于 ref 是按照降序排序的列表，如果 order 不为零，对数值的排位就会基于 ref 是按照升序排序的列表。

21. RIGHT 右侧截取字符串函数

(1) 函数原型：RIGHT (text,[num_chars])

(2) 功能：从文本字符串最右边开始返回指定个数的字符，也就是最后面的一个或几个字符。

(3) 参数说明

- text：必需的参数，包含要提取字符的文本字符串。
- num_chars：可选的参数，指定要提取的字符的数量。num_chars 必须要大于或等于零，如果省略该参数，则默认其值为 1。

22. ROUND 四舍五入函数

(1) 函数原型：ROUND (number,num_digits)

(2) 功能：将制定数值 number 按指定的位数 num_digits 进行四舍五入。

23. SUM 求和函数

(1) 函数原型：SUM (number1,[number2],…)

(2) 功能：将指定的参数 number1,number2…相加求和。

(3) 参数说明：至少需要包含一个参数 number1，每个参数都可以是区域、单元格引用、数组、常量、公式或另一个函数的结果。

24. SUMIF 条件求和函数

(1) 函数原型：SUMIF (range,criteria,sum_range)

(2) 功能：对指定单元格区域中符合指定条件的值求和。

(3) 参数说明

- range：必需的参数，用于条件判断的单元格区域。
- criteria：必需的参数，求和的条件，其形式可以为数字、表达式、单元格引用、文本或函数。在函数中，任何文本条件或任何含有逻辑或数学符号的条件都必须使用双引号“”括起来，若是条件为数字，则无须使用双引号。
- sum_range：可选参数区域，要求和的实际单元格区域，如果 sum_range 参数被省略，Excel 会对在 range 参数中指定的单元格求和。

25. SUMIFS 多条件求和函数

(1) 函数原型：SUMIFS (sum_range, criteria_range1, criteria1, [criteria_range2, cirteria2],…)

(2) 功能：对指定单元格区域中满足多个条件的单元格求和。

(3) 参数说明

- sum_rang：必需的参数，求和的实际单元格区域，忽略空白值和文本值。
- criteria_range1：必需的参数，在其中计算关联条件的第一个区域。
- criteria1：必需的参数，求和的条件，条件的形式可以为数字、表达式、单元格地址或文本,可以用来定义将对 criteria_range1 参数中的单元格求和。

- criteria_range2,criteria2:可选的参数及其关联附加的条件,最多允许 127 区域/条件,其中每个 criteria_range 参数区域所包含的函数和列数必须与 sum_range 参数相同。

26. SUMPRODUCT 多条件求和函数

(1) 函数原型:SUMPRODUCT (array1, [array2], [array3],…)

(2) 功能:在给定的几组数组中,将数组间对应的元素相乘,并返回乘积之和。

(3) 参数说明

- array1:必需的参数。其相应元素需要进行相乘并求和的第一个数组参数。
- array2, array3,…:可选。2 到 255 个数组参数,其相应元素需要进行相乘并求和。

27. TEXT 文本函数

(1) 函数原型:TEXT (value, format_text)

(2) 功能:将数值转换为文本,并可使用户通过使用特殊格式字符串来指定显示格式。

(3) 参数说明

- value:必需。数值、计算结果为数值的公式,或对包含数值的单元格的引用。
- format_text:必需。使用双引号括起来作为文本字符串的数字格式。

28. TODAY 当前日期函数

(1) 函数原型:TODAY()

(2) 功能:返回今天的日期。当数据格式设置为数值时,将返回今天日期所对应的序列号,该序列号的整数部分表明其与 1900 年 1 月 1 日之间的天数。

29. TRIM 删除空格函数

(1) 函数原型:TRIM (text)

(2) 功能:删除指定文本或区域中的空格。除了单词之间的单个空格外,该函数将会清除文本中所有的空格。

30. TRUNC 取整函数

(1) 函数原型:TRUNC (number,[num_digits])

(2) 功能:将指定数值 number 的小数部分截取,返回整数。num_digits 为取整精度,默认为 0。

31. VLOOKUP 垂直查询函数

(1) 函数原型:VLOOKUP (lookup_value, table_array, col_index_num, [range_lookup])

(2) 功能:搜索指定单元格区域的第一列,然后返回该区域相同行上任何指定单元格中的值。

(3) 参数说明

- lookup_value：必需的参数。要在表格或区域的第 1 列中搜索到的值。
- table_array：必需的参数。要查找的数据所在的单元格区域，table_array 第 1 列中的值就是 lookup_value 要搜索的值。
- col_index_num：必需的参数。最终返回数据所在的列号 col_index_num 为 1 时，返回 table_array 第 1 列的值；col_index_num 为 2 时，返回 table_array 第 2 列中的值，以此类推。如果 clo_index_num 参数小于 1，则 VLOOKUP 返回错误值＃VALUE!；大于 table_array 的列数，则 VLOOKUP 返回错误值＃REF!。
- range_lookup：可选的参数。该值为一个逻辑值，取值为 TRUE 或 FALSE，指定希望 VLOOKUP 查找的是精确匹配值还是近似匹配值。如果 range_lookup 参数为 FALSE，VLOOKUP 将只查找精确匹配值。如果 table_array 的第 1 列中有两个或更多值与 lookup_value 匹配，则使用第一个找到的值。如果找不到精确配配置，则返回错误值＃N/A。

32. WEEKDAY 返回某日期为星期几

(1) 函数原型：WEEKDAY (serial_number,[return_type])

(2) 功能：默认情况下，其值为 1(星期天)到 7(星期六)之间的整数。

(3) 参数说明

- serial_number：必需。一个序列号，代表尝试查找的那一天的日期。应使用 DATE 函数输入日期，或者将日期作为其他公式或函数的结果输入。例如，使用函数 DATE(2008,5,23)输入 2008 年 5 月 23 日。如果日期以文本形式输入，则会出现问题。
- return_type：可选。用于确定返回值类型的数字。星期日＝1 到星期六＝7，用 1 或省略；星期一＝1 到星期日＝7，用 2；从星期一＝0 到星期六＝6，用 3。

参考文献

[1] 王丽君,曾子维. 大学计算机基础. 北京：清华大学出版社,2007.

[2] 常东超，高文来，贾银山. 大学计算机基础. 北京：高等教育出版社,2010.

[3] 贾宗福,等. 新编大学计算机基础教程. 北京：中国铁道出版社,2007.

[4] 熊艰. 大学计算机基础. 北京：北京邮电大学出版社,2012.

[5] 柴欣,史巧云,唐云廷. 大学计算机基础教程. 北京：科学出版社,2012.

[6] 博智书苑. 新手学 Windows 7 完全学习宝典. 上海：上海科学普及出版社,2012.

[7] 李虹丽，何会军. Office 2010 应用技巧. 北京：电子工业出版社,2012.

[8] 张海波. 精通 Office 2010 中文版. 北京：清华大学出版社,2012.

[9] 卓越科技. Excel 2007 表格处理百练成精. 北京：电子工业出版社,2008.

[10] 智慧向导. Excel 2007 公式、函数、图表、数据分析范例导航与技巧宝典. 北京：兵器工业出版社,2009.

[11] 马军. 中文版 Excel 2007 高校办公实例精讲. 北京：科学工业出版社,2008.

[12] 张明. 多媒体技术及其应用. 北京：清华大学出版社,2013.

[13] 杨帆,赵丽臻. 多媒体技术与信息处理. 北京：中国水利水电出版社,2012.

[14] 赵淑芬. 多媒体技术教程. 北京：清华大学出版社,2012.

[15] 秦维佳. 大学计算机基础教程. 北京：机械工业出版社,2006.

[16] 付永钢. 计算机信息安全技术. 北京：清华大学出版社,2012.

[17] 何泾沙. 信息安全导论. 北京：机械工业出版社,2012.

[18] 徐士良. 全国计算机等级考试二级教程——公共基础知识(2013 年版). 北京：高等教育出版社. 2013.

[19] 周丽娟,吴琼. 大学计算机基础. 北京：中国水利水电出版社. 2008.

[20] 刘怀亮. 软件工程导论. 北京：冶金出版社. 2007.

教学资源支持

敬爱的教师：

感谢您一直以来对清华版计算机教材的支持和爱护。为了配合本课程的教学需要，本教材配有配套的电子教案（素材），有需求的教师请到清华大学出版社主页（http://www.tup.com.cn）上查询和下载，也可以拨打电话或发送电子邮件咨询。

如果您在使用本教材的过程中遇到了什么问题，或者有相关教材出版计划，也请您发邮件告诉我们，以便我们更好地为您服务。

我们的联系方式：

地　　址：北京海淀区双清路学研大厦 A 座 707

邮　　编：100084

电　　话：010－62770175－4604

课件下载：http://www.tup.com.cn

电子邮件：weijj@tup.tsinghua.edu.cn

教师交流 QQ 群：136490705

教师服务微信：itbook8

教师服务 QQ：883604

（申请加入时，请写明您的学校名称和姓名）

用微信扫一扫右边的二维码，即可关注计算机教材公众号。

扫一扫

课件下载、样书申请

教材推荐、技术交流